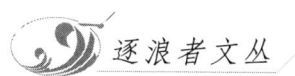

逐浪者文丛

# "三纲"与秩序重建

THE
CONFUCIAN
POLITICS
AND
SOCIAL ORDER

方朝晖 著

中央编译出版社
CCTP　Central Compilation & Translation Press

# 为中国寻找秩序

（代自序）

我思考中国文化中的秩序问题久矣。

究竟什么是中国社会秩序的根源？今日中国文化究竟走在怎样的路上？它的一系列问题的真正根源究竟在哪里？出路又在哪里？

自由主义者说，今天中国社会的秩序问题，从根本上说就是能否在中国建立民主、法治与宪政的问题。然而，他们始终不能解决这些东西在中国文化中缺乏根深蒂固的土壤怎么办的问题。尽管越来越多的自由主义学者承认并试图在中国传统中寻找有利于自由主义的资源，但终究难免人为嫁接之苦。中国的自由主义者，往往都是些不了解中国文化土壤的理想主义者。

国家主义／民族主义者说，今天中国社会的秩序问题，从根本上取决于国家的强大。只有国家强大了，综合国力上去了，有本钱与西方抗衡了，才有条件建立理想的制度。这种观点建立在发展阶段论、物质决定论、国家利益论之上，容易把集权合法化，在中国历史传统中它的典型代表就是法家。它不仅很危险，也无法回答现实生活中每天都在困扰着人们的信仰失落、道德沦丧和合法性焦虑，后者恰恰是中国社会今天失序的典型表现。事实上，国家再强大，经济再发达，人均生活水平再高，都不等于人们幸福指数高，也不代表社会秩序牢固，更不代表找到了文明的方向。

保守主义者（文化上的）说，今天中国社会的失序问题，主要是由于传统文化没有发扬光大。他们迷恋于古人思想的博大精深，陶醉于中国文化的千年一贯，期望用中国的优秀文化传统来拯救当下的道德、信仰及秩序危机。然而，这一套说辞最大的困境是无法渗透到每一个普通现代人的心灵中去。人们要问：我为什么要因为民族文化曾经伟大而去信仰它呢？我为什么不是为了我自己活着，而是为民族文化而活着？我为什么必须做中国人而不是世界公民？再说，自由主义所提出的那些关系到每一个人的价值与尊严的问题，如人权、自由、平等问题，你如何来面对和回答？

过去十余年来，我一直在深深地思索着中国社会秩序的根源问题。现在我认为，中国文化的"关系本位"特征导致了其中最有效的整合方式是治人而非治法、伦理本位而非制度本位、靠贤能治国而非靠法则治国等重要特征。这是我在拙著《文明的毁灭与新生》（中国人民大学出版社2011年版）一书中所论证的基本观点。本书像是那本书的续篇，进一步总结中国文化的深层结构及由其所决定的中国社会发展和演变的规律，包括诸如德性权威、分久必合、从风效应、礼大于法、人伦为本、治道重于政道等重要特点，说明儒家所倡导的以大一统、人伦重建、任贤使能、移风易俗、礼大于法、行业自治、教育立国等为主要内容的"治道"，是中国文化复兴——亦即中国文化中秩序重建的必由之路。

任何制度都可能被推翻，任何学说都可能被抛弃，但有一种东西总是在那里发生作用，那就是一个民族的文化习性，也可借用李泽厚的话称为"文化心理结构"，或借用孙隆基的话称为"文化的深层结构"。当今中国思想界的混乱，在一定程度上来源于对文化习性的漠视。人们忽视了，中国文化在权威模式、整合方式方面有自己不以人的意志为转移的规律。这种规律本身无所谓好与坏，但却时常惩罚那些不尊重它的人们。中西方文化都有自己基于过去数千年积淀形成的深层心理结构，其内容和特点有待于我们深入去揭示。

美国汉学家白鲁恂（Lucian W. Pye, 1921~2008）讲到一个有趣的例子：上世纪五十年代，他在马来亚做研究，接触到当地一位华裔共产党。这位共产党私下告诉他，为了信仰，他已准备无条件服从任何一位新领导。这使他感到十分惊讶。他无法理解的是，为了信仰，他为什么不追求自主和独立？[1]

---

[1] Lucian W. Pye, *Asian Power and Politics: the Cultural Dimensions of Authority*, with Mary W. Pye, Cambridge, Massachusetts and London, England: the Belknap Press of Harvard University Press, 1985, p.x: 'preface'.

这反映的实际上是一个"文化中的权威"问题。即不同的文化中，人们对权威的态度迥然不同。在美国人看来，一个人打算无条件地服从新领导，就是对自己人格独立性的背叛，人已不成其为人，还谈什么革命？而在中国人看来，这个人把自己无条件地交给组织，是一种顾大局的可贵精神。

我们要认识到，顾大局并不等于摧残人格独立性。正如本书上篇所论，"三纲"代表的正是一种顾大局精神，在儒家看来这样做才符合自己的良心，才能"尽己"。白鲁恂所不理解的问题，恰恰反映了东西方文化中对于权威的不同理解。西方人认为代表权威的是制度而不是人，所以没必要把自己交给别人。中国人认为代表权威的是人而不是制度，所以对大局的尊重就表现为对领导的服从。显然，美国人并不是没有"大局观"，美国人服从领导有时比中国人更加"无条件"。但区别在于：美国人认为他们在服从"制度"，中国人认为他们在服从"情理"。凡是不合乎情理的制度，在中国人看来都是可以变通的。

影响或决定一个社会中的制度的因素很多，但在天翻地覆式的千年巨变中，文化习性或许是其中最重要的因素之一。相对于其他因素来说，这个因素的影响力更加持久。文化的习性告诉我们，一个民族的制度和意识形态可能变了，但其中最有效的权威模式依然如故，后者恰恰是决定其制度是否牢固的基础。所谓"文化中有效的权威"，指人们基于过去千百年来的心理习惯而接受或认可的权威。比如白鲁恂讲到，在很多亚洲地区，人们在内心深处真正认可的权威是德性权威（德高望重之人）；但二战以后在这些非西方国家，模仿西方民主方式选出的国家领导人在人们心目中没有德性，也就没有威信，导致了政变和动乱。我曾在拙著中说过这么一件事：

托克维尔写道，一开始来到美洲开拓殖民地的英国清教徒多是中产阶级（bourgeois），在一片荒无人烟之地开始生计，他们订立规章，确立法度，成立自治政府，用清教徒的自由精神建立自己的政权，为日后美国民主和自由精神的健全发展奠定了良好基础。这引起我这样的联想：设想17世纪初叶来美洲开拓殖民地的是中国人，而不是英国清教徒。当他们初到此荒无人烟之地，在他们之上没有政府、国家和法律，一切靠他们自己，他们将会如何组织起自己的社会呢？我想，他们绝不会想到英国清教徒的自由投票方式和民主原则，因为那样做并不是真正有效的。真正有效的方式，还是推举那些品德端正、有公益心和责任感又有能力的人来管事。这就是儒家的任贤使能了。与此同时，他们还可倡导培育互相关爱的亲情，同舟共济的群体意识，亲如一家的大家庭精神，这就是儒家"齐家"为"治""平"之基的思想了。他们肯定会建立某种规章、制度，来规范和约束人们的行为。但是由于中国人从来不习惯于生活在硬性的、没有人味的impersonal法度中，人情大于法律，腐败和裙带关系在所难免。在这种情况下，最好的解决办法不是不断制定新的法度和规定，而是：一方面，以人情为基础来制定礼节规矩，这些礼节规矩就像习俗和传统一样，在人心中产生巨大的约束力，它的力量比硬性的、没有人情的法代表更大的权威。这就是儒家的礼制思想了。"凡礼之大体，体天地，法四时，则阴阳，顺人情，故谓之礼"（《礼记·丧服四制》）；另一方面，他们中的有识之士可能会认识到：把这群人管理好最有效的途径还是办学校、兴教化、崇有德、任贤才、敦风俗、美人伦，"正人心而后正天下"……这一切莫不是儒家的德治思想。唯此，他们才能真正地组织起来。①

文化的习性或文化心理结构，并不是什么一成不变的东西。但正如孙隆基所言，它是一个文化中最难改变的东西。这是因为文化习性是千百年历史积淀而成，在一个民族的社会生活中，它就像那"坚固的河床"（孙隆基语）难以融化，在很多方面决定着一个民族的制度和秩序。我们在先秦诸子著作中所读到的中国人的关系世界及其影响力，在今天仍十分明显，尽管这个民族的政治、经济、法律等等早已天翻地覆。今天的中国人，在一个同样是礼崩乐坏的时代，一个同样是秩序瓦解的社会，要想找到重建制度和秩序的正途，就必须正视文化习性的问题。当然，每个民族都可能有自己的文化习性，其特征是什么只能根据具体研究来说明，绝不能先验地决定。

本书上篇是对中国文化核心价值的个案研究。上篇试图说明，"三纲"

---

① 方朝晖：《文明的毁灭与新生：儒学与中国现代性研究》，北京：中国人民大学出版社，2011年，第185页。

（君为臣纲、父为子纲和夫为妻纲）的本义只是让人们在尊重差异的现实的情况下，如何确保人格的独立与完整，而丝毫没有主张无条件服从或绝对等级尊卑。换言之，现代人对"三纲"的否定也导致他们不尊重人与人现实的差异，结果他们在现实中不知道如何捍卫自己的人格，要么在强权的压迫下不知所措，不懂得如何捍卫自己的尊严，要么空前地强调无条件服从，做了奴才而不自知。上篇集中讨论"三纲"，部分是因为"三纲五常"曾经是过去几千年中国文化的核心价值，只有解开了它的秘密，才能找到现代中国文化核心价值及秩序重建的基石。中国文化的关系本位决定了，中国社会有效的整合依赖于人心，依赖于人与人的关系。这与以法律、制度为社会整合最有效的手段的西方文化是判然有别的。诚如本书下篇所已说明的：千百年来，精神价值和社会风气一直是这个民族建立秩序最重要的决定因素。

本书下篇是从文化习性的角度对中国文化中秩序之源的比较系统全面的研究。第1章从整体上说明中国文化的三个主要特征：关系本位、团体主义和此岸取向，它们可以说是后面各章的理论基础，从根本上决定了中国社会的整合规律和治道。第2章说明中国文化中的权威及其确立机制，第3章说明中国政治的逻辑及其改革之道，第4章从《毛诗》"风教"出发看社会风气在中国社会治理中的特殊作用，第5章说明从礼治与法治之别来说明中西方制度的差别基础，第6章说明人伦关系及道德重建对于中国文化中秩序重建的特殊意义，第7章基于前面各章研究，从整体上说明中国文化中的治道，以及今日中华文明复兴的方向与出路。各章虽自成一体，但总体上相呼应，理论上相统一。

本书上下两部分的关系是：第一部分关注微观，第二部分关注宏观；前者相当于个案研究，后者相当于总体研究；第二部分比第一部分更贴近现实。应当说，这两部分的根本精神是完全一致的，都是为了中国文化价值与秩序的重建。如果把第一、第二部分当作两个独立的作品来对待，也完全合适。

我确信，现代中国文化的根本任务是重建自己文明的基本概念，其中包括中华文化的核心价值、整合方式、制度架构、活力源泉等，它们和人类其他文明、特别是西方文明相区别的关键在哪里。本书及拙著《文明的毁灭与新生》，均对这个问题作了自己的探索。我试图从文化理论（文化人类学、文化心理学等）出发，为分析这个问题提供一种新视角，希望能帮助人们理清在这个问题迄今为止所存在的巨大混乱（当然人们还可以从其他角度出发来探索这个问题）。今天中华儿女该清醒了，在新世纪里，我们究竟应追求什么样的文明理想。

# ─ 目 录 ─

# 上篇　重新审视"三纲"

[提　要]

　　本篇旨在通过"三纲"（君为臣纲、父为子纲、夫为妻纲）来说明什么是中国文化的核心价值。检讨了一个多世纪以来被当作封建思想最大糟粕的儒家"三纲"思想的源流、演变及发展，试图揭示如下事实：中国历史上提倡"三纲"的学者从未主张绝对服从，或绝对的等级尊卑，相反，他们无论从人格、生平还是思想上看，都表现了顽强的人格独立性和谏诤品格。事实上，被现代人批判了一百多年的"三纲"，本义只是强调一种从大局出发、小我服从大我的精神。此外，"三纲"思想并非如一些学者所说，是汉儒为了适应汉代大一统的集权统治需要而新创，而是来源于孔子的"春秋学"，在汉代为公羊家阐发。准确地说，"三纲"思想是孔子有感于春秋时期天下大乱、为建立社会秩序提出的药方，对于现代人维系正常的社会秩序、乃至于现代民主制度建设，都有着不容小觑的现实意义。本书还说明，现代人对"三纲"的批判，其背后蕴藏的是中国文化价值的沦丧这一严重现实。长期以来人们将"三纲"视为儒家传统中最大的"封建糟粕"，以及妨碍社会进步和人性自由的沉重枷锁，这一看法不仅在很大程度上违背了历史事实，而且导致现代中国文化迷失了方向。

# 引言：对"三纲"的现代批判

"五四"以来，土苴传统，儒家伦理，千丑百怪，最昭著者，莫过于"三纲五常"。力陈"落后"，往往以此为矢的；痛批"封建"，常常用它当靶心。"三纲五常"成了现代学人中人人喊打的"过街老鼠"和观念转变过程"墙倒众人推"的典型。①

这是一位学者评述"三纲五常"时说的话。"过街老鼠、人人喊打"这八个字，可以说非常好地概括了"三纲五常"近代以来的惨境。不过这一现象的发生时间是比较晚的，一直到清末之前，"三纲五常"曾经享受过风光无限的漫长岁月。

明末清初思想家黄宗羲（1610~1695）、王夫之（1619~1692）等人曾对"三纲"在现实中被人们僵化地理解为臣对君、子对父、妻对夫的绝对服从，作出了深刻的检讨。在《明夷待访录》中，黄宗羲痛骂后世人君以天下为私人之产业，利用君臣纲纪为己私利之防护，"欲以如父如天之空名禁人之窥伺者"，并指责后世小儒将"君臣之义无所逃于天地之间"误解为对君王的绝对服从。（《原君》）另谓《礼记》等书所谓"视于无形，听于无声，以事其君"，乃至于"杀其身以事其君"，并非事君之典范。（《原臣》）王夫之批评"天下无不是底君"、"天下无不是底父母"。"假令君使我居俳优之位，执猥贱之役，亦将云'天下无不是底君'，便欣然顺受邪？"批评韩退之《拟文王操》"臣罪当诛兮，天王圣明"之语，乃是"欺天欺人，欺君欺己，以

---

① 景海峰：《"三纲五常"辩义》，载蔡德麟、景海峰主编：《全球化时代的儒家伦理》，北京：清华大学出版社，2007年，第177页。

涂饰圄昧冥行于人伦之际"，"朱子从而称之，亦未免为其佞舌所欺"。(《读四书大全说》卷九"离娄下篇之四")

然而，真正明确地对"三纲"思想大肆挞伐的是谭嗣同(1865～1898)，他明确地指出中国历史上的纲常名教为独夫民贼之帮凶。"独夫民贼，固甚乐三纲之名。"(《仁学》第三十七节)"数千年来，三纲五伦之惨祸烈毒，由是酷焉矣。……而仁尚有少存焉得乎？"(《仁学》第八节)接下来主要是五四期间以陈独秀、鲁迅、吴虞等人为代表，对纲常礼教展开了最猛烈的批判。而当时之中国思想界，似乎也已普遍接受"三纲"是桎梏精神思想、摧残独立人格的腐朽糟粕，不符合现代社会需要。新中国成立以来，这一说法通过官方教科书及主流媒体宣传，基本上获得了定性。

下面我们从内容、来源及评价等三方面总结目前学术界对"三纲"的主流看法。

## 1. 对"三纲"之典型认识

大体来说，谭嗣同以来，对"三纲"的认识包括如下几方面：

(1)"三纲"是一套道德规范体系。贺麟说："五伦观念在中国礼教中权威之大，影响之大，支配道德生活之普遍与深刻，亦以三纲说为最。"[①]按照一种有代表性的观点："'三纲五常'在漫长的封建时代，一直是主流社会的道德基础。……它确实体现了封建社会伦理道德的核心内涵。"[②]也有学者认为，"三纲五常"是以"忠"和"孝"为基础和核心演变而来的，"'忠'和'孝'不仅是指导处理社会各种人伦关系的基本原则，而且是约束人们的行为准则，是评价行为善恶的准绳。……忠孝道德规范概括和反映了古代社会宗法关系的本质特征"。[③]

(2)"三纲"从名分上确立了君、父、夫的权力和臣、子、妇的义务，从而以名宰实，把一种统治和被统治关系制度化。"君以名桎臣，官以名轭民，

---

① 贺麟：《五伦观念的新检讨》，见贺麟：《文化与人生》，北京：商务印书馆，1988年，第57页。
② 胡也、胡竹东：《新世纪道德建设的"新三纲"论》，载《绵阳师范学院学报》2008年第27卷第1期，第91页。
③ 陈谷嘉：《孔子与封建"三纲五常"道德规范体系——兼论孔子在中国思想史的地位与影响》，《湖南大学社会科学学报》1992年第6卷第2期，第32页。

父以名压子，夫以名困妻，兄弟朋友各挟一名以相抗拒，而仁尚有少存焉得乎？"（《仁学》第八节）"君臣之祸亟，而父子、夫妇之伦，遂各以名势相制为当然矣。此皆三纲之名为害也。"（《仁学》第三十七节）冯友兰说：按照"纲常名教"，"不管为君、为父、为夫者实际上是怎样的人，他们都有这些'名'所给他们的权利"。①

（3）"三纲"让人绝对地服从于权威。这种观点认为，"三纲"树立了君、父、夫的绝对权威，让臣、子、妇无条件地服从于前者。按照陈独秀的观点，"君为臣纲，则民于君为附属品"，"夫为妻纲，则妻于夫为附属品"。②冯友兰在20世纪30年代写的《中国哲学史》中也说："'君为臣纲，父为子纲，夫为妻纲'，于是臣、子、妻成为君、父、夫之附属品。"③又说，按照纲常名教，"他们[指君、父、夫]的臣、子、妻，对于他们都有绝对服从的义务"。④任继愈说："《白虎通》把下对上的服从关系更进一步绝对化了。"⑤

（4）"三纲"旨在确立一种单向而非双向、片面而非对等的关系。贺麟说："三纲说的本质在于要求君不君，臣不可以不臣；父不父，子不可以不子；夫不夫，妇不可以不妇。换言之，三纲说要求臣、子、妇尽单方面的忠、孝、贞的绝对义务。"⑥庞朴说："三纲""是一种专制的、单向的、主从的、绝对的伦理规定"。⑦《中国文化百科》上说，在"三纲"所规定的"君臣、父子、夫妻三方面的关系中，只有对单方面的道德要求"，"随着封建专制主义的强化，经过历史的演变，三伦中越来越强调臣对君、子对父、妻对夫的片面义务要求，和君对臣、父对子、夫对妻的绝对统治的局面"。⑧

---

① 冯友兰：《中国哲学史新编（三、四）》（冯友兰文集第八卷），长春：长春出版社，2008年，第54页。

② 陈独秀：《一九一六年》（1916年1月15日），原载《青年杂志》第一卷第五号，参任建树主编：《陈独秀著作选编》第一卷（1897~1918），上海：上海人民出版社，2009年，第197~200页，引文参第199页。

③ 冯友兰：《中国哲学史》（全二册），北京：中华书局，1961年，第521~522页。

④ 冯友兰：《中国哲学史新编（三、四）》（冯友兰文集第八卷），长春：长春出版社，2008年，第54页。

⑤ 任继愈主编：《中国哲学史》（二），北京：人民出版社，2010年第2版，第109、110页。

⑥ 贺麟：《五伦观念的新检讨》，《文化与人生》，第59页。

⑦ 庞朴：《本来样子的三纲——漫读郭店楚简之五》，《寻根》1999年第5期，第9~10页。

⑧ 王德有、陈战国主编：《中国文化百科》，长春：吉林人民出版社，1991年，第94、117页。

（5）"三纲"倡导和维护了一种人压迫人的阶级或等级制度，此乃礼教之本质。陈独秀说："三纲之根本义，阶级制度是也。所谓名教，所谓礼教，皆以拥护此别尊卑明贵贱之制度者也。近世西洋之道德政治，乃以自由平等独立之说为大原，与阶级制度极端相反。此东西文明之一大分水岭也。"①"教忠、教孝、教从，非皆片面之义务，不平等之道德，阶级尊卑之制度，三纲之实质耶？"②三纲倡导和确立了一种上下之间不平等的尊卑贵贱等级。例如，侯外庐等人所编《中国思想史》认为，《白虎通义》（亦称《白虎通》，本书中两种用法通用）中的"三纲"，打着神权的旗号，确立一套从天地到人间的尊卑等级制度，"不但天上地下有尊卑的等级，而且五行之中也有尊卑的等级"。"君权父权夫权之下的一切制度都是天所指挥的五行变化的征候，也即是神恩赐给封建制社会的权利义务的关系。在这里，最不平等自由的尊卑上下的制度是为神所最喜欢的。""这样封建社会的天罗地网，是不变的道德规律，'三纲法天地人，六纪法六合'，一切行为都要钳在尊卑上下的不平等关系之中。"③

（6）"三纲"代表中国人对于抽象道德理想的宗教追求，具有典型的信仰色彩。贺麟先生认为，作为"三纲"背后的"五常"之德，追求的是一种崇高、无私、不计个人利害的抽象理念，类似于宗教精神。"三纲说则将人对人的关系转变为人对理、人对位分、人对常德的单方面的绝对的关系"，其所追求的极限，"就是柏拉图的理念或范型"，或康德所谓"不顾一切经验中的偶然情况，而加以绝对遵守的道德律或无上命令"。④他认为董仲舒"正其谊不谋其利，明其道不计其功"（《汉书·董仲舒传》）讲的正是这种宗教精神。"所以就效果讲来，我们可以说，由'五伦'到'三纲'，即是由自然的人世间的道德进展为神圣不可侵犯的有宗教意味的礼教。"⑤景海峰也认为，"三

---

① 陈独秀：《吾人之最后觉悟》（1916年2月15日），原载《青年杂志》第一卷第六号，见《陈独秀著作选编》（第一卷），第201～204页，引文见第204页。
② 陈独秀：《宪法与孔教》（1916年11月1日），原载《新青年》第二卷第三号，见《陈独秀著作选编》（第一卷），第250页。
③ 侯外庐等：《中国思想史》（第二卷，两汉思想），北京：人民出版社，1957年版，2004年重印，第235～236页。
④ 贺麟：《五伦观念的新检讨》，《文化与人生》，第59～60页。
⑤ 贺麟：《五伦观念的新检讨》，《文化与人生》，第60页。

纲五常""不仅是一个有关社会制度和政治秩序的问题，甚至不简单是一个道德伦理的问题，而是包含了宗教意义上的情感依归和价值抉择"。①

## 2. 对"三纲"之典型评价

国内学者对"三纲"的典型评价至少有如下几种：

(1)"三纲"是束缚人民思想精神之绳索。张岱年说："三纲……加强了君权、父权、夫权，实为专制主义时代束缚人民思想的三大绳索，是中国传统文化中的严重糟粕。"②任继愈说："君权、父权、夫权，再加上神学世界观的神权，完整的四条封建绳索，从此，牢固地、紧紧地束缚在人民的身上。"③对于这些消极评价，贺麟先生曾概括为"桎梏人心，束缚个性，妨碍进步"十二个字④。

(2)"三纲"为维护专制制度服务。任继愈说，"三纲六纪"是"统治者为了巩固封建社会秩序"提出来的，经过韩非、董仲舒，《白虎通》把'三纲'作为永世不变的伦理规范和最高的政治准则，正式提出了君为臣纲、父为子纲、夫为妻纲，即是说君为本、父为本、夫为本"。⑤也有学者认为，"三纲"是继承了公羊学中"君、国一体"的思想，以朕代表国家，把君权神圣化、绝对化而提出来的。《白虎通义》论证"天子是天下的大'一'，……这个'一'，是绝对的、至上的，他拥有对天下的最高的占有权与最后的支配权，一切最高权力都归于他一人"。"《白虎通义》从天地、阴阳、五行与帝王一体化论证了帝王的绝对性与至上性。"⑥

(3)"三纲"抹杀人的自由意志和独立人格。陈独秀说："儒者三纲之说，为一切道德政治之大原……而无独立自主之人格矣。率天下之男女，为臣，为子，为妻，而不见有一独立自主之人者，三纲之说为之也。"⑦他进一步指

---

① 景海峰：《从"三纲五常"看儒家的宗教性》，《孔子研究》2007年第1期，第18页。
② 张岱年：《中国文化的要义不是三纲六纪》，《群言》2000年第7期，第33页。
③ 任继愈主编：《中国哲学史》(二)，北京：人民出版社，2010年第2版，第109、110页。
④ 贺麟：《文化与人生》，第60页。
⑤ 任继愈主编：《中国哲学史》(二)，第109、110页。
⑥ 刘泽华、葛荃：《中国古代政治思想史》(修订本)，天津：南开大学出版社，2001年，第244~247页。
⑦ 陈独秀：《一九一六年》，《陈独秀著作选编》(第一卷)，第197~200页，引文参第199页。

出，三纲培养了奴隶道德，与主人道德相对立。"缘此而生金科玉律之道德名词——曰忠，曰孝，曰节——皆非推己及人之主人道德，而为以己属人之奴隶道德也。"[①]张岱年也认为"三纲否认了臣对于君、子对于父、妻对于夫的独立人格"。[②]

(4)"三纲"扼杀了人性。谭嗣同说："三纲之慑人，足以破其胆，而杀其灵魂。"(《仁学》第三十七节)这方面最经典的说法来自于鲁迅，不过鲁迅似乎并没有明确批评"三纲"。因为他与吴虞等人矛头指向儒家礼教，今人既以"三纲"为礼教之本，故可认为鲁迅等人对礼教的批判包含对"三纲"的批判："我翻开历史一查，这历史没有年代，歪歪斜斜的每页上都写着'仁义道德'几个字。我横竖睡不着，仔细看了半夜，才从字缝里看出字来，满本都写着两个字是'吃人'！""四千年来时时吃人的地方，今天才明白，我也在其中混了多年。"[③]吴虞在《吃人与礼教》[④]中对鲁迅的观点热烈拥护，说鲁迅"把吃人的内容，和仁义道德的表面，看得清清楚楚。那些戴着礼教假面具吃人的滑头伎俩，都被他把黑幕揭破了"。"我们如今应该明白了！吃人的就是讲礼教的！讲礼教的就是吃人的呀！"今人亦常以"君要臣死，臣不敢不死；父要子亡，子不得不亡"、"天下无不是的父母"、"三从四德"、"从一而终"、"饿死事小、失节事大"等为由来说明"礼教杀人"。[⑤]

(5)"三纲"为维护大一统的政治格局及其社会秩序发挥了重要作用。这种评价和上面几种不同的地方，是承认"三纲"在古代社会条件下的积极作用。贺麟先生认为，"由五伦进展为三纲包含有由五常之伦进展为五常之德的过程"，可以"维持理想的常久关系……以奠定维持人伦的基础，稳定社会的纲常"。[⑥]正如有的学者指出的，"儒家社会秩序观的实质是：围绕正名

---

① 陈独秀：《陈独秀著作选编》（第一卷），第199页。
② 张岱年：《中国文化的要义不是三纲六纪》，《群言》2000年第7期，第33页。
③ 鲁迅先生纪念委员会编：《鲁迅全集》第一卷，《鲁迅全集》出版社，1948年第3版，第281、291页。
④ 原载《新青年》第6卷第6号，1919年11月1日。见《启蒙与反叛——"新青年"派杂文选》，北京：文化艺术出版社，1996年，第168~172页。
⑤ 王德有、陈战国主编：《中国文化百科》，第94、117页。
⑥ 贺麟：《文化与人生》，第59页。

定分，采取教化措施贵贱有等、长幼有序的理想至世"①；而"三纲六纪"和"三纲五常"，正是为实现这一秩序提出的最佳意识形态。

---

① 张造群：《三纲六纪与儒家社会秩序观的形成》，《学术研究》2011年第3期，第43页。

# 第一章　重新理解"三纲"

## 1. "纲"是对"纪"而言

我们今天所使用的"三纲"一词，在可查的文献记录中，最早出现于西汉大儒董仲舒（前179～前104）的《春秋繁露》中。该书《基义》篇中"王道之三纲，可求于天"一语，曾被后人引用无数遍。严格说来，"三纲"在董仲舒那里只是指君臣、父子、夫妇这三种关系，不是指君为臣纲、父为子纲、夫为妻纲（至少字面上不是），董仲舒从来没有说过"君为臣纲、父为子纲、夫为妻纲"；在董仲舒那儿，"三纲"是针对"五纪"而言，"五纪"应指另外五种相对次要的人伦关系。《春秋繁露》"深察名号篇"提到"三纲"时使用"三纲五纪"这一说法，虽未明确交代"五纪"的内容，但通过《白虎通》很容易理解。

最早系统、明确地论述"三纲"的书是《白虎通》。此书在界定"三纲"时，也把"三纲"理解为君臣、父子、夫妇这三种关系，而不应当指君为臣纲、父为子纲或夫为妻纲；以这三种关系本身为"纲"，而不是在三种关系内部确立"纲"；"纲"只是相对于其他六种关系——即"六纪"——而言才为纲的，"六纪"就是诸父、兄弟、族人、诸舅、师长和朋友。让我们来看原文：

> 三纲者，何谓也？谓君臣、父子、夫妇也。六纪者，谓诸父、兄弟、族人、诸舅、师长、朋友也。故《含文嘉》曰："君为臣纲，父为子纲，夫为妻纲。"又曰："敬诸父兄，六纪道行，诸舅有义，族人有序，昆弟有亲，师长有尊，朋友有旧。"（《白虎通·三纲六纪》）

君臣、父子、夫妇，六人也。所以称三纲何？一阴一阳谓之道，阳得阴而成，阴得阳而序，刚柔相配，故六人为三纲。（《白虎通·三纲六纪》）

从上面这两段话可以发现，作者虽引用《含文嘉》之文，但意不在强调"君为臣纲、父为子纲、夫为妻纲"，而在于"纲"与"纪"的对比。这一点，在下面的论述中表现得更加明确：

六纪者，为三纲之纪者也。师长，君臣之纪也，以其皆成己也。诸父、兄弟，父子之纪也，以其有亲恩连也。诸舅、朋友，夫妇之纪也，以其皆有同志为己助也。（《白虎通·三纲六纪》）

这里，作者明确地论述了，"纲"之所以为"纲"，正因为它要统帅"纪"：与师长相处取法君臣关系，与诸父、兄弟相处取法父子关系，与诸舅、朋友相处取法夫妇关系。

对于"纲"与"纪"的关系，《白虎通·三纲六纪》还作了专门界定：

何谓纲纪？纲者，张也。纪者，理也。大者为纲，小者为纪。所以张理上下，整齐人道也。人皆怀五常之性，有亲爱之心，是以纲纪为化，若罗网之有纪纲而万目张也。《诗》云："亹亹文王，纲纪四方。"

根据《说文解字》，"纲"本义是提网之总绳，"纪"是罗网之"别丝"（糸部）。因此，"纲纪"指的是事物关系中相对的主次轻重之别。据此，"纲"并不必然包含绝对服从的要求在内。

这种从纲、纪对应关系的角度来建立的"三纲五纪"或"三纲六纪"学说，在古人看来可让一切人伦关系、乃至整个社会秩序得到安顿：

子夏对曰："圣人作，为父子君臣，以为纪纲。纪纲既定，天下大定。"（《礼记·乐记》）

夫立君臣、等上下，使纲纪有序，六亲和睦，此非天之所为，人之

所设也。(班固《汉书·礼乐志》)

由此可知，后人将"三纲"普遍地理解为"君为臣纲、父为子纲、夫为妻纲"，并不符合"三纲"的最早提出或论述者的本义。今天看来，马融是可考文献中最早使用"三纲五常"这一术语的人①，然最早明确使用"君为臣纲、父为子纲、夫为妻纲"这一说法的，可查考的应该是《礼纬·含文嘉》，见于《白虎通·三纲六纪》之引。应该说，"三纲"的含义在后世有了演变，《含文嘉》的理解方式逐渐取代了董仲舒、《白虎通》的理解方式。

## 2．以某为纲即以某为重

当然，我们重视的是思想本身，而不是术语。正像后面说先秦儒家未使用过"三纲"这一术语、并不妨碍他们可能有"三纲"思想一样，这里的核心问题是：董仲舒、《白虎通》等书对于君臣、父子、夫妇关系的理解究竟是怎样？他们究竟有没有君为臣纲、父为子纲、夫为妻纲的思想？这两个问题，特别是后一个问题，之所以特别重要，是因为后人普遍地把"三纲"定义为"君为臣纲、父为子纲和夫为妻纲"(以《礼纬·含文嘉》为准)；他们在批判"三纲"时，往往认为董仲舒、《白虎通》有明确的君为臣纲、父为子纲和夫为妻纲思想。

为了回答上述问题，我们来看董仲舒等人对于君臣、父子、夫妇这三种关系的理解。我们都知道，董氏多次用阴阳关系来比喻君臣、父子和夫妇。现将《基义》中的一段经典说法摘录如下：

> 凡物必有合；合必有上，必有下……阴者，阳之合；妻者，夫之合；子者，父之合；臣者，君之合。物莫无合，而合各有阴阳。阳兼于阴，阴兼于阳；夫兼于妻，妻兼于夫；父兼于子，子兼于父；君兼于臣，臣兼于君。君臣、父子、夫妇之义，皆取诸阴阳之道。君为阳，臣为阴；父为阳，子为阴；夫为阳，妻为阴。阴道无所独行，其始也不得专起，

---

① 参见三国时魏国学者何晏注《论语·为政》"周因于殷礼"时引用马融"所因谓三纲五常"一句，参何晏注、邢昺疏《论语注疏》。

其终也不得分功，有所兼之义。

君臣、父子、夫妇之义，皆取诸阴阳之义。

这段话的意思大致可这样分析：

第一、事物需要在与其他事物之间的耦合关系中存在；

第二、一切耦合关系都可以看作阴、阳耦合；

第三、君臣、父子、夫妇关系正是阴阳耦合关系的典型体现；

第四、阴阳耦合关系表明，二者是互动、"相兼"的；

第五、但是在阴阳互动中阳为主，阴为客；阳处上位，阴处下位。

细读《基义》篇可知，作者的基本思路是：阴阳之间存在着高低贵贱，同时也是主次轻重的分工（阳上阴下、阳贵阴贱、阳经阴权、阳顺阴逆、阳善阴恶、阳德阴刑等），这种分工原理正是君臣、父子、夫妇关系所遵循的。然而，以阴阳解释人事，并不等于说臣、子、妻只能绝对服从君、父、夫。"王道之三纲，可求于天"（《春秋繁露·基义》）这句话，只是说"三纲"的道理合乎天理，并没有说君臣、父子、夫妇应该有绝对的等级关系。这种以阴阳解释"三纲"的做法，亦见于《白虎通》、《说苑》等①，可见在汉代颇流行。

《白虎通》在界定君臣、父子、夫妇关系时，明确强调了"双向互动"：

君臣者，何谓也？君，群也，群下之所归心也。臣者，缠坚也，厉志自坚固也。《春秋传》曰："君处此，臣请归也。"父子者，何谓也？父者，矩也，以法度教子也。子者，孳也，孳孳无已也。故《孝经》曰："父有争子，则身不陷于不义。"夫妇者，何谓也？夫者，扶也，以道扶接也。妇者，服也，以礼屈服也。《昏礼》曰："夫亲脱妇之缨。"

这里讲到"臣"并没有强调臣的义务是服从，而是说"厉志自坚固"；讲到"子"时，并没有强调子要听父之话，而是引《孝经》称"父有争子，

① 刘向《说苑·辨物》："其在民则夫为阳而妇为阴，其在家则父为阳而子为阴，其在国则君为阳而臣为阴。故阳贵而阴贱，阳尊而阴卑，天之道也。"

则身不陷于不义";在讲到"妇"时,虽说妇人"以礼屈服",却又同时引用《昏礼》"夫亲脱妇之缨"来说明夫以身作则以赢得妇从。可见在古人看来,所谓"以某人为纲"并不是指简单的服从与被服从关系。

在接下来的章节中,我们将证明,历史上那些提倡明确倡导"三纲"的学者,没有一个主张君臣、父子、夫妇应该是无条件的服从与被服从关系,更无意将他们之间的上下关系绝对化为谁比谁更高级。由于"纲"本义只是指罗网之总绳,即使把"三纲"定义为"君为臣纲、父为子纲、夫为妻纲",也不能说它的意思是指下对上的绝对服从或绝对尊卑。因此,即使董仲舒和汉儒的学说包含着君为臣纲、父为子纲和夫为妻纲,也不能因此说他们主张绝对服从或绝对尊卑。

鉴于汉以后学者普遍把"三纲"理解为"君为臣纲、父为子纲、夫为妻纲",本书在接下来的章节中也采纳了这一定义,现在就要弄明白一个问题——:"以某人为纲"该如何理解?

这涉及《礼纬·含文嘉》中的"君为臣纲、父为子纲、夫为妻纲"究竟是什么意思?是不是指下对上听话或绝对服从?从字源上讲,"纲"为提网总绳,"以某人为纲"就是"以某人为重"的意思。用董仲舒的话说,"凡物必有合,合必有上,必有下"(《春秋繁露·基义》)。什么意思?事物之间发生了关系,必然会有上下之分。这就好比阴阳之间一样,一定要有一个搭配;有了搭配,必定有上下分工,这可以说是宇宙万物关系的常态和常理。因为在事物的相互关系中,不可能个个位置和作用都一样。位置或角色不同,发挥的作用自然不同,必然有主次之分、轻重之别。尽管这种上下、主次、轻重的划分,容易给一方滥用权力的机会,甚至带来极为严重的后果。但是在实践中,还是必须这样做。这是因为,任何集体必须有最高决策者,也可以说争议的最后裁决者。如果持不同意见的人都可以自行其是,违犯最后决策,集体就会如一盘散沙,无法正常运转下去。从这个角度看,"三纲",就其以君为臣之纲、以父为子之纲、以夫为妻之纲而言,实际上是指"从大局出发"的意思。也可以用今天的话说,"三纲"就是不把小我凌驾于大我之上,不把个人凌驾于组织之上。

由此可知,"三纲"如果是指君为臣纲、父为子纲、夫为妻纲的话,含义非常简单、明白，在我们的现实生活中到处存在，普遍通行。比如我们今天常常说，作为领导集体中的一员，你可以对上级决策提出批评，或保留个人意见，但对于组织上已经形成的决定，在实践中没有擅自违背的权力。这不正是"君为臣纲"的另一种形式吗？又比如，在学校里，我们绝对是执行"师为生纲"的。虽然老师的决定或做法可能不当，学生可提异议，但在实践中没有轻易违背的权力。由此也可以理解，宋明理学家（如二程、朱子）之所以会说"尽己之谓忠"，正因为"三纲"所代表的道理，是符合一个正常人做人的基本道德或良知的。

这里必须强调，无论是《白虎通》，还是董仲舒等人，都没有预设"君权至上"、"家长制"或"男性中心主义"。强调上下、主次和轻重关系，是出于秩序和纪律的考虑，但丝毫也不意味着上与下之间在人格上有任何不平等。正像我们在现实生活中，不会因为自己的位置不如领导高，而在人格上与之不平等一样。清末以来对"三纲"的误解，主要正是把古人所强调的制度程序上的上下之分夸大为人格的不平等、权力的绝对化、等级秩序的确立等等。一旦这种夸大成立，对"三纲"的一切妖魔化都变得合情合理了。

事实上，不仅汉儒从来都没有强调所谓"单方面的绝对的义务"，而且更重要的是，所谓"尽己之谓忠"，只是教人按自己的良知良能良心来做，所谓"人皆怀五常之性，有亲爱之心，是以纲纪为化"（《白虎通·三纲六纪》）。这才与儒家性善论相一贯。也就是说，在儒家看来，"尽忠"只是为了做个真正的人，即"尽其性"而已，并不是为贺麟先生所谓"维系人与人之间的正常永久关系"这一功利目的。[1]细想可知，"三纲"是对愚夫愚妇而言的，要他们为了维系某种永久关系而去尽一种具有宗教意味的"忠"，未免不切实际。综而言之，我认为贺先生从宗教精神及柏拉图、康德道德学说等角度把"三纲"理解为"单方面的绝对的义务"，虽颇有新意，但终究不合文献，不如理解为从大局出发、小我服从大我更能讲通。

## 3．服从名位还是服从个人

既然"三纲"只是指以某人为重，并无绝对服从或绝对尊卑的意思，为

---

[1] 贺麟：《五伦观念的新检讨》，《文化与人生》，第62页。

何现代学者却普遍地批评它代表"绝对的等级关系"或一方对另一方"尽单方面的绝对的义务"呢？我认为，这主要是因为混淆了对名、位的服从或义务，与对具体个人的服从或义务这两者。前者是古今中外普遍通用的道理，后者则涉及独裁或专制。所谓"对名、位的服从或义务"，是指一个社会或单位由于现实需要而不得不确定某种上下、等级关系，并且赋予其中一方以特殊权利，特别是最后决定权，从而形成所谓的服从与被服从关系（即董仲舒所谓凡物必有合、合必有上下）。今天我们仍然常讲"下级服从上级"、"一切行动听指挥"、"军人以服从为天职"之类的话，其原因正在于此。正因为从等级关系的角度讲，领导者与被领导者之间的等级差别是由各自的位置决定的，不能就理解为是一种人与人关系的不平等。人与人之间名位上的等级差异，有的是由工作性质决定的，有的是由血缘关系决定的，有的是由性别决定的。这三个方面，代表的正是"三纲"中的三种关系——君臣、父子和夫妇。

我们可以举出很多现代社会的例子来说明：人与人由名位差异所确立的服从与被服从关系，是任何一个社会普遍存在的；正因为服从的是名位，它所代表的才是一种从大局出发的精神，即不把个人意志强加于组织；也正因为服从的是名位，这里名位代表的是集体和国家，所以出于对集体、单位或国家的责任心，下级必然会在有时向上级提出批评或建议，甚至发生激烈抗争；总之，这种关系不应上升到所谓"绝对的等级关系"或一方对另一方"尽单方面的绝对的义务"。当然，古代社会与现代社会从制度和结构上有了巨大改变，所以"三纲"在古代所对应的制度和结构已不存在，但其所代表的处理人与人关系的基本原理，无论在中国还是外国、大国抑或小国，在今天仍然存在。我的这一观点，在我之前已有不少学者作过清楚的论述。

对于"三纲"所代表的对名、位服从的精神，陈寅恪先生曾解释为是对"抽象理想"的追求，甚至以柏拉图的"理念"来指称。易言之，臣对君、子对父、妻对夫的服从，并不是服从于某个人，而是对一种抽象价值理想的追求。他指出：

吾中国文化之定义，具于《白虎通》三纲六纪之说，其意义为抽象理想最高之境，犹希腊柏拉图所谓 Idea 者。……其所殉之道，与所成之仁，均为抽象理想之通性，而非具体之一人一事。①

贺麟先生在《五伦观念的新检讨》一文中论述得更清楚：

先秦的五伦说注重人对人的关系，而西汉的三纲说则将人对人的关系转变为人对理、人对位分、人对常德的单方面的绝对的关系。故三纲说当然比五伦说来得深刻而有力量。举实例来说，三纲说认君为臣纲，是说君这个共相，君之理是为臣这个职位的纲纪。说君不仁臣不可以不忠，就是说为臣者或居于臣的职分的人，须尊重君之理，君之名，亦即是忠于事，忠于自己的职分的意思。完全是对名分、对理念尽忠，不是作暴君个人的奴隶。唯有人人都能在其位分内，单方面地尽他自己绝对的义务，才可以维持社会人群的纲常。②

我在前文中虽不同意贺先生将"三纲"理解为"单方面的绝对的关系"，但肯定他将"三纲"理解对名分、理念，即所谓的"忠于职事"，而不是作暴君个人的奴隶，因为这符合荀子"从道不从君，从义不从父"的思想。

类似陈寅恪、贺麟先生这样的观点，已有不少学者提到。比如叶蓬就指出：

在三纲之中，臣对君、子对父、妇对夫的服从，严格地说不是对某个个体，而是对道德义务的服从，即对自身相对对方的应履行的道德义务的服从。这是服从道德的权威，而不是服从世俗的权威。从义不从君，从道不从父，就是这层意思。换言之，从本义上讲，纲在理、在道，而不在人。……针对道德义务本身，不是针对人。③

---

① 陈寅恪：《王观堂先生挽词并序》，见陈美延、陈流求编：《陈寅恪诗集》，北京：清华大学出版社，1993 年，第 10 页。
② 贺麟：《五伦观念的新检讨》，《文化与人生》，第 60 页。
③ 叶蓬：《三纲六纪的伦理反思》，《河北师院学报》（社会科学版）1997 年第 3 期（7 月），第 36、37 页。

另外，张渊强调"三纲"思想的合理性在于对现实权威的承认和尊重，"三纲内在的三项原则——等级、年龄和性别"反映了人类的真实境况，因此以它们作为人们遵从的价值权威，有其"存在的理性根据"，和人人平等并不矛盾；"三纲所塑造的权威模式"有其现实基础，这个基础就是"五伦"；"在今天我们仍然提倡对权威的尊重，而事实上一个社会是需要各种各样的权威存在，没有权威存在的社会是一个混乱的社会，也是一个没有希望的社会"。①

有人认为"三纲"所代表的"名教"，正因为崇拜"名"，结果以名代实，甚至以名宰实，以至于不管现实中的君、父、夫是什么样的，都得绝对服从了（谭嗣同、冯友兰皆有此说②），其实不然。问题在于"名"的含义是什么。如果"名"是指超越具体个体的大我，即社稷、江山或国家，那么恰好是出于信仰这个"名"，人们可以对其所对应的当事人——即君、父、夫——提出强烈的批评或劝谏。这正是古人一面强调"三纲"，一面倡导谏诤的主因。事实上，在古人看来，谏诤是"三纲"的应有之义（这一点下面论证），这也正是我认为"三纲"应更准确地理解为从大局出发、小我服从大我的精神的主要原因之一。

最好的例子就是现代学者陈寅恪，他以颂扬"独立之精神、自由之思想"而闻名中外，为何又主张"三纲六纪"为中国文化之定义呢？这在很多人看来恐怕只能是自相矛盾了。张寅彭认为"三纲六纪"与个人的独立精神自由意志不仅不矛盾，而且可以包容后者，"是将君纲作为一种抽象的常理、位分对待的结果"③。正因如此，纲纪关系不是要人在现实中丧失个人意志，而是"抽象绝对服从"与"具体相对自主"的结合；"社会若无绝对服从的权威，则将无法组织；若无具体纠失的自由，也会失去调节"。像屈原、魏征这样的诤臣，就是这种结合的最好例子；他们是维护纲纪的典范，但他们从

---

① 张渊：《浅析儒家传统现代转化的家庭动力——以"三纲"权威主义与"五伦"仁爱思想为中心》，《内蒙古农业大学学报》（社会科学版）2008 年第 6 期（总第 42 期），第 297 页。

② 谭嗣同：《仁学》（第八节），见蔡尚思、方行编，《谭嗣同全集》（增订本，全二册），北京：中华书局，1981 年，第 299～300 页，冯友兰：《中国哲学史新编（三、四）》（冯友兰文集第八卷），第 54 页。

③ 张寅彭：《"三纲六纪"与独立自由意志——试释陈寅恪先生的思路》，《书屋》2007 年第 5 期，第 49 页。

不机械地忠于某个人，而是"实质上服从了作为常理的'君位'，同时又必不可少地平衡了绝对君权"。①

我们看到，"三纲"学说理解为对名分或位置的服从（即我所谓从大局出发的精神），而非丧失个人独立意志的"绝对服从"，才不至于误解影响后世两千多年的"三纲"思想。

## 4．关于"阳贵阴贱"

然而，把"三纲"理解为绝对服从或绝对等级尊卑，并不是没有文献上的根据。为了澄清认识，有必要对于学术界长期以来引为例证的一些文献加以澄清。这些文献中最常被引用来说明"三纲"思想的，莫过于董仲舒的《春秋繁露》和班固撰的《白虎通》这两本书了。下面我们逐条分析这两部书中相关的段落，说明误解是如何产生的。

《春秋繁露》称：

> 阳为德，阴为刑。……阳常居实位而行于盛，阴常居空位而行于末。……贵阳而贱阴也。（《阳尊阴卑》）
>
> 阴道无所独行，其始也不得专起，其终也不得分功，有所兼之义。……阳之出也，常县于前而任事；阴之出也，常县于后而守空处；此见天之亲阳而疏阴，任德而不任刑也。（《基义》）

有人以这些话为据指出，"在董仲舒的思想中，'阳尊阴卑'应是绝对的"，"已经包含着'君臣、父子、夫妇应该有绝对的（尊卑）等级关系'"；"由'贵阳而贱阴'推出的'上下、大小、强弱、贤不肖、善恶'等等，显然具有'绝对的等级关系'。因为臣之事君、子之事父、妇之事夫'皆法于地也'，而地之事天'犹下之事上'、'义之至也'……"②

---

① 张寅彭：《"三纲六纪"与独立自由意志——试释陈寅恪先生的思路》，《书屋》2007年第5期，第50页。

② 李存山：《对"三纲"之本义的辨析与评价——与方朝晖教授商榷》，《天津社会科学》2012年第1期，第27页。

然而，这些话主要是在讲阴阳之间分工之不同，以及与之相应的不同人物身份的不同。董氏用"贵"、"贱"来形容不同的级别，指身份高低不同，不是价值判断。如果从现代汉语语境出发，机械地理解为他鄙视了一部分人，恐怕就错了。古汉语中讲"卑贱"，未必都是价值判断，而是指身份卑微，这样的例子很多①。类似这样的社会分工，以及与此相应地形成的身份之不同，在现代社会同样存在。只要我们把董氏一生全部思想（包括《贤良对策》、《春秋繁露》，以及《史记》、《汉书》中有关其生平的传记）放到一起来，就可发现董氏思想的主旨恰恰是为民做主、限制权贵；用徐复观的话说，是让把人从非人的统治中解放出来（见后），他怎么可能鄙视臣、子、妇的人格呢？

那么，董氏是不是把阴阳关系和身份贵贱绝对化了呢？表面看来似乎如此。但是，需要质疑的是，所谓"绝对的尊卑和等级关系"，究竟是什么意思呢？"绝对"二字是指此关系不能变，还是指绝对服从，还是指人格不平等？还是指其中的道理是绝对的？由"贵阳贱阴"，推不出"绝对服从"来，因为它表达的是位置的上下之分。如果只是指这种位置划分的理论基础是绝对有效的，那就不能因此说"三纲"指绝对尊卑或绝对等级划分，至少要看在什么意义上这样讲。就像我们今天大学里有正教授、副教授、讲师、助教之等级划分，而教授当中还有一级、二级、三级、四级教授等一样，你能说这种划分不合理吗？涉及人格尊卑问题吗？就某个具体的个人而言，其在教师系列中的等级划分（职称）可以发生改变，包括升迁或倒退，但正教授高于副教授、副教授高于讲师、讲师高于助教，这个道理则是绝对的，不能改变，因而这些职称序列也可以说代表了"绝对的等级划分"，同样"可求于天"！董仲舒从来没有说过，处于上位的人一定不能下来，也没有说过下对上只能绝对服从。

## 5．关于"阳尊阴卑"

《春秋繁露·阳尊阴卑》称：

> 丈夫虽贱皆为阳，妇人虽贵皆为阴。

---

① 例如，孔子曰："吾少也贱，故多能鄙事。"（《论语·子罕》）《说文》释"贱"为"贾少也"。

> 恶之属尽为阴，善之属尽为阳。
>
> 《春秋》君不名恶，臣不名善，善皆归于君，恶皆归于臣。

有人认为，这段话表明臣、子、妇要尽"单方面的绝对义务"。然而，如果把这话理解为"尽单方面的绝对的义务"，那就与董仲舒强调为臣要谏诤相矛盾；如果把这话理解为对名、位的尊重，就与其对君父抗谏不相矛盾了。

事实上，"恶归阴，善归阳"也可以理解为指君臣上下团结合作、同心同德的理想状态下，下属自觉地将恶归于己、将善归于君。这里是在讲述在理想状态下臣子做人的一种美德，并不一定是强迫或勉强人们这样做。就像我们今天取得一项成绩，会说"这归功于父母的养育、领导的栽培"；如果犯了错误，我们倾向于首先反省自己的错误，而不是责怪父母或师长。这样做难道就意味着我们对父母、师长绝对服从了吗？难道就是父子、长幼、上下之间有了绝对尊卑？《白虎通·五行》上说：

> 善称君，过称己，何法？法阴阳共叙共生，阳名生，阴名煞。臣有功，归功于君何法？法归明于日也。

这里，"共叙共生"讲的正是上下同心协力的精神；"归明于日"讲的是对长上之位的尊重。《白虎通·谏诤》篇又谓：

> 人臣之义，当掩恶扬美，所以记君过何？各有所缘也。掩恶者，谓广德宣礼之臣。

显然，这是在交代，替国君掩恶只是一种社会形象考虑，故由"文德宣礼之臣"专门做；而正常情况下，是没有必要替国君掩恶的。

不仅如此，归恶于己、归美于人的做法，在董仲舒的叙述中也是在君长固守其德、赏罚得当的情况下才能发生。《春秋繁露·保权位》认为，如果君能做到"赏不空施，罚不虚出"，就会出现"群臣分职而治，各敬其事，争进其功，显广其名"的局面，此时人们自觉地将名归于君（即归善于君）。所以，董氏此言不是对国君没有要求，相反他要求"为人君者，固守其德"，"虚心静处"，"以附其民"；特别是，"其行赏罚也……影正则生正者进，影枉则生枉者绌"。这是说，一旦赏罚不当，就会上下离心，怨声四起，这时就不可能指望"功出于臣，名出于君"，自然也不可能指望臣民们自觉地归善于君、归恶于己，正所谓"浊其源而望流清，曲其形而欲影直，不可得也"①。所以"归美于君，归恶于己"，不能机械地理解为对臣下的强制要求，是指为人君所应追求的理想状态。

## 6. 关于"尊天受命"

《春秋繁露·顺命》称：

> 天子受命于天，诸侯受命于天子，子受命于父，臣妾受命于君，妻受命于夫，诸所受命者，其尊皆天也，虽谓受命于天亦可。……臣不奉君命，虽善，以叛言。

从表面看来，这段话似乎赋予了命令的发布以某种绝对意义，为了使君臣、父子、夫妇之间的关系建立了绝对权威的基础上，即前者有权威要求后者绝对服从，是不是这样呢？

其实，这明显是戴着现代人的有色眼镜来看古人。为什么这样说呢？臣受命于君，就像我们今天下级受命于上级一样；现代人这样做就是天经地义，古人这样做就是专制独裁，这叫什么道理？所谓"其尊皆天"、"可求于天"，就是今人"合乎天经地义"的意思。今日某地方政府公然违背中央，不执行其命令，可称为大逆不道；如果古人这么做，就不能"以叛言"吗？现代人奉上级之命行事，是恪尽职守；古人这样做，就是盲目服从？既然"君"是当时条件下唯一可行的政治权威，那么臣不奉君命为何不能"以叛言"？有些学者将董仲舒"天命"的思想，理解成"为了给君权至上提供合理根据"②；如果我们把董仲舒一生全部思想综合起来看，即可以发现这一理解

---

① 东汉刘恺语（凌曙注引）。见苏舆：《春秋繁露义证》，北京：中华书局，1992年，第176页。
② 刘泽华、葛荃：《中国古代政治思想史》（修订本），天津：南开大学出版社，2001年，第214页。

完全背离了事实；如前所述，"天命"只是在讲下级服从上级合乎天经地义而已，这本来就是像吃饭穿衣一样很平常的道理。所以我说我们受了进化论误导，潜意识中认为：古人只有批评君主制，才是合理的；只有违抗命令，才是进步的。如果我们承认古人也同样要有上下级关系，以维持一个社会的正常运转，就会发现这套逻辑实在行不通。况且古代不具有实行民主政治的条件，人们看不到比君主制更好的政体，为什么我们非要古人去反对它呢？

诚然，"三纲"的"纲"确实包含着屈服、服从的含义，但是否可以说，这种服从与被服从的关系就应该是绝对的、不可改变或颠倒的呢？须知，服从与被服从的关系，是我们现在天天讲的；下级服从上级，在任何一个社会大概都无可置疑。现代人讲这些就是合理的，古人讲这些就不合理？试问：服从与被服从关系的确立，不是任何一个社会维持正常秩序的必要条件吗？如果这种关系可以随时改变或颠倒，那还是一个正常的社会吗？关键是，如果这种服从与被服从的关系"是绝对的、不可颠倒的"，那也要看在什么意义上。你不可能把领导与下属关系颠倒成下级领导上级，不能把师生关系颠倒成学生教育老师，也不能把父子关系颠倒成以子为父、以父为子。如果从这个意义看，我想，这种关系的绝对性、不可颠倒性，没有什么不合理。

当然，我说"三纲"的本义是从大局出发、小我服从大我，未说大我、大局就是君、父或夫；我的意思是，人们正是从大局出发、有小我服从大我的精神，所以才服从于君、父或夫；他们从根本上不是服从于个人，而是服于其位，从此"位"所代表的大局看问题。


## 7. 关于"屈民伸君"

《春秋繁露·玉杯》云：

> 《春秋》之法：以人随君，以君随天。……故屈民而伸君，屈君而伸天，春秋之大义也。

在很多人看来，"屈民而伸君"就是说臣民要绝对服从于"君"，所谓"屈君而伸天"就是说君要绝对服从"天"。真是这样的吗？

须知，从"屈甲伸乙"直接推出"甲绝对服从乙"来，是有问题的。从逻辑上讲，我们最多只能得到"甲服从乙"，为什么不可说理解为"甲以乙为重"呢？这才符合"纲"字的本义呀！而且前面那种理解方式，会得出"屈民伸君"与"屈君伸天"相矛盾的结论来，因为如果"屈民伸君"是强化君权，"屈君伸天"就又是限制君权了。有的人正是这样认为的，主张"屈民伸君"是法家观点，"屈君伸天"是儒家观点；"屈民而伸君，屈君而伸天"在逻辑上自相冲突，因为"屈君而伸天""不是三纲所能具有的"。①但是，如果换个角度来看，把"屈甲伸乙"理解为"甲以乙为重"，就会发现"屈民伸君"与"屈君伸天"不仅不矛盾，且互相支持，共同体现了"三纲"精神！这是因为，人民服从国君（即"屈民伸君"），如果不是服从国君个人，而是出于对国家大局的尊重，那么这种服从就有了神圣的基础，即合乎天意，此与"屈君伸天"的精神一致。需要强调指出的是，"屈民伸君"与"屈君伸天"是两个互补的方面，只有相互结合才能更好地理解。如果"屈民伸君"是提醒臣民的义务（要尊重君位），"屈君伸天"则是提醒国君的义务（要尊重天道）；这两者如果只讲任何一个，都是片面的，只有结合起来才能建立完整的君臣关系。从本质上讲，"屈民伸君"也是出于尊重天道，而非国君个人。因为国君这个人也许无足轻重，但国君这个位却代表了一套秩序法则；伸君不是伸此人，而是伸其位；就其位与天下安宁相关而言，伸其位也就是尊天道。

正如我们在下一部分将看到的，董氏强调"屈君伸天"，实际上是为了建立道统奠定理论基础，从而为后世一切批评国君的行为提供理论依据。因为"天"代表的是"天理"、"道义"，任何一个有良知的臣民都可以凭自己的良知来确认它，因而都有资格和理由在君王和权威面前站立起来。这就从根本上打掉了君权的神圣光环，仅此一条，董氏可谓功莫大焉，徐复观就特别指出了这一点（第3章）。由此可见，如果不把"屈民伸君"和"屈君伸天"看成对立而是统一的关系，就不能把"屈民伸君"解释为强化君权的法家观点，而应当解释为尊重大局的献身精神，从而与儒家的民本、仁道精神完全一致。把这两句话解释成强化君权的法家观点与限制君权的儒家观点之

① 李存山：《对"三纲"之本义的辨析与评价》，《天津社会科学》2012年第1期，第30～31页。

间的对立，仿佛董仲舒犯了逻辑错误似的，未免低估了董仲舒思想的份量。

下章我们看到，董氏讲"屈民伸君"一直是有条件的，这个前提在很多情况下是君能尊民、伸民，这里先不谈。

## 8．关于"士不得谏"

《白虎通义》卷五有"士不得谏"条：

> 士贱，不得豫政事，故不得谏也。

这段话表面看来否定了臣子的发言权，有时被引用来说明"三纲"思想与民主思想相对立。

然而首先，这段话引自《白虎通义》卷五的"谏诤"部分，这部分通篇都在讲谏诤，只对于士说了一条"不得谏"。仅以此条来反映作者有反对谏诤的立场，相当片面（下面我们将引其他各条主张谏诤的文字）。其次，这段话在说"士不得谏"时，明确交代了是由于其身份卑微、"不得豫政事"之故。即是说，士的身份决定了他没机会、没条件谏诤，于是他没有谏诤的职责。这不存在价值立场问题。"不得"二字在这里当指"无条件"、"没机会"或"不适合"（非份内事），不是指"不应当"、"不允许"。因为紧接着作者就说"谋及之，得因尽其忠耳"。①也就是说，当有条件、机会或适合于劝谏时，还是要说的。同条下面还有一句云：

> 《礼·保傅》曰："大夫进谏，士传民语。"

此句清人陈立疏云：

> 《国语·周语》云："故天子听政，使公卿至于列士献诗"，《注》："献诗以讽也。"是也。《大戴·保傅篇》云："工诵正谏，士传民语"，与此

---

① 这里有三个"得"，即"不得豫政事"、"不得谏"、"得因尽其忠"，其义近。《说文》"得"指"行有所得也"，"得"本义不训"应当"，更不训"许可"，训"获得"，在这里指有条件。

所引异。《注》："工，乐人也。瞽官长诵，诵诗以讽。大夫谏，足以义使于瞽叟。"是大夫进谏之义，即具于正谏中也。《周语》又云"庶人传语"，《注》："庶人卑贱，见时得失，不得达，传以语王也。"是民语不能自达，须由士以传之语。①

从上文所引可知，《白虎通》根本没有反对进谏的意思，连人民的意见还要想办法反映到国君那儿去呢！

最后，让我们来看看《白虎通义》卷五"谏诤"条内容，该条共八章，下面是其中主要几条——：

- ■ "总论谏诤之义"条，说明谏诤为防君父无道；
- ■ "论三谏待放之义"条，强调为人臣者三谏而不听则待放；
- ■ "论妻谏夫"条，称"妻得谏夫者，夫妇一体，荣耻共之"；
- ■ "论子谏父"条，臣谏君以折正，子谏父以揉之；
- ■ "论五谏"条，分谏为五种，即讽谏、顺谏、规谏、指谏、陷谏，五谏对应于仁、义、礼、智、信五常义，并以讽谏为上；
- ■ "论记过彻膳之义"条，指出史、宰、工、三公等朝廷百官共同承担谏诤的职责。

凡此种种，"与民主体制下'你可以对上级决策提出批评，或保留异议'"，没有实质区别吧。

## 9. 关于"妇人三从"

《白虎通义》卷一"妇人无爵"篇中称：

妇人无爵何？阴卑无外事，是以有三从之义：未嫁从父，既嫁从夫，夫死从子。

这段话源于《仪礼·丧服传》。许多学者认为，这里"强调了妇女有绝

---

① 陈立：《白虎通疏证》（上册），吴则虞点校，北京：中华书局，1994年，第233页。

对服从的义务"。对此，首先我想指出，"妇人三从"只是针对当时社会条件下男女家庭分工而言。我们都知道在多妻制的制度下，妻从夫就是一种从大局出发的精神，而"夫死从子"体现的是对家族中以男性为主导这一原则的尊重。这在当时时代条件下不能说无意义。只有把妇人三从理解为从大局出发的精神，我们才能理解，为什么《白虎通义》一方面提倡妇人三从，另一方面又强调"妻谏夫"。我们不能忽略《白虎通义》卷五有"妻谏夫"一条：

> 妻得谏夫者：夫妇一体，荣耻共之。《诗》云："相鼠有体，人而无礼。人而无礼，胡不遄死？"此妻谏夫之诗也。谏不从，不得去之者，本娶妻非为谏正也。故一与之齐，终身不改，此地无去天之义也。右论妻谏夫。

如果按照有的学者，妇人三从就是指绝对服从，既如此为何这里又要讲什么"妻谏夫"呢？妻谏夫，还用"人而无礼，胡不遄死"这样激烈的言词，可见谏之烈。如果说"谏不从，不得去"就是宣扬夫的绝对权威，那么今天妻谏、夫不从，妻就该离去吗？

# 第二章 "三纲"来源辩证

前面我们说，"三纲"思想来源于孔、孟等人。然而，这一观点与目前学术界主流的看法背道而驰。让我们从目前在学术界的几种典型说法谈起。

## 1. 先秦儒家有无"三纲"思想

一种非常有影响的观点，是认为先秦、特别是战国儒家都主张君臣、父子、夫妇的关系是双向、互动的。因此，"三纲"不是先秦儒家，特别是孔、孟、荀的思想。庞朴说："孔孟时代，三纲观念还不可能出现与存在。"[①]韦政通从心性、教化、君臣关系三方面论证，董仲舒是抛弃了"先秦儒学最精要的部分"，把由人决定的事物改为由天来决定。他说"在这个意义上，董氏的儒学和先秦的儒学是对立的"，因而"儒家的真精神，遂亦葬送于此"。[②]《中国文化百科》上写道：本来儒家伦理"包含着一定的民主因素"；在先秦时期，虽然君臣、父子、夫妇关系在儒学中虽已不平等，"但毕竟双方都有要求，双方都须承担一定的义务"。[③]刘泽华等认为："在先秦诸子与汉儒中，有许多人虽主张君主专制，但同时又把君主与社稷、国家分开，强调社稷之利高于君主。"[④]所以只是到了汉代，董仲舒、《白虎通》提倡"三纲"，才使儒家伦理走向了绝对化。

另一个重要理由是，先秦儒家讲"五伦"、不讲"三纲"。"五伦"即君

---

① 庞朴：《本来样子的三纲——漫说郭店楚简之五》，《寻根》1999年第5期，第9~10页。
② 韦政通：《中国思想史·上》，长春：吉林出版集团，2009年，第325页。
③ 王国有、陈战国主编：《中国文化百科》，第94~95页。
④ 刘泽华、葛荃：《中国古代政治思想史》（修订本），第245页。

臣、父子、夫妇、兄弟、朋友五种基本关系，强调双方共同的责任；而到了汉代，就从"五伦"演变成"三纲"，强调一方的绝对义务。此一说法由贺麟先生所提出："将五伦观念发挥为更严密更有力量的三纲说"，"由五伦的相对关系，进展为三纲的绝对的关系。由五伦的交互之爱、等差之爱，进展为三纲的绝对之爱、片面之爱。"①

今按：《中庸》称君臣、父子、夫妇、昆弟、朋友之交五者为"天下之达道"，自朱子以来被当作是"五伦"最经典的表述；与《孟子·滕文公上》"父子有亲、君臣有义、夫妇有别、长幼有叙、朋友有信"的说法相呼应。②类似的人伦关系说法，还有《左传》隐公三年石碏的"六顺"之说："君义、臣行、父慈、子孝、兄爱、弟敬"；昭公二十六年晏子的十礼之议："君令、臣共、父慈、子孝、兄爱、弟敬、夫柔、妻和、姑慈、妇听"；《礼运》"十义"之称："父慈、子孝、兄良、弟弟、夫义、妇听、长惠、幼顺、君仁、臣忠。"这些人伦关系说法，确实都是对双方同时有所要求，不是单向度的关系。

但是问题在于，重视人伦关系的双向互动，并不仅仅是先秦儒家的特点，正如我们本书接下来章节中所揭示的，谏诤思想是历代儒家的共同主张。不仅董仲舒、班固、马融、刘向等如此主张，王安石、司马光、程颐、朱熹、薛瑄……莫不如此主张。其二，尽管先秦儒家主张双向互动，但是他们无论如何都不会、也不可能主张君臣、父子、夫妇之间是平等的关系。相反，他们都强调了二者之间的轻重、主次关系，而这种主次、轻重关系即是"三纲"之义（前面已说明）。本章后面辑录的先秦儒家主张服从的资料可帮助我们理解这一点。

诚然，从"五伦"到"三纲"，确实是儒家对于人伦关系理解的一个重要提升。具体来说，提升的过程也许分为两步：从①"五伦"到②"三纲五纪"或"六纪"，再到③"君为臣纲"、"父为子纲"和"夫为妻纲"。但是，这种"提升和凝聚"，是不是就意味着"大大地提升了人伦关系的绝对性"

---

① 贺麟：《五伦观念的新检讨》，《文化与人生》，第58页。
② 毛奇龄认为，朱熹《中庸章句》以"五达道"为"五伦"并不正确，这并不是宋以前人的看法，汉唐学者不知此事，三代以来皆无此说，五伦源自《尚书》、《左传》等中之"五典"、"五教"，本指父、母、兄、弟、子五者，"自唐虞夏商以及周之末季，皆只此数；……即《五帝纪》述五教，亦无异辞"。见毛奇龄：《四书賸言补》（卷二）。

呢？①这要进一步分析。正如有的学者指出的，"三纲"代表所有人伦关系中最基本的三种，分别基于等级、年龄和性别②；只要这三种关系确定了，其他所有关系也就有了准则。正因如此，董仲舒、《白虎通》把"三纲"与"五纪"或"六纪"相对应；也正因如此，张之洞《劝学篇·明纲》称"三纲"为"五伦之要"。但是，并没有任何证据表明，从"五伦"到"三纲"的"提升和凝聚"，必然意味着有一个从平等、交互关系到等级、单向关系的转变。这一点正是我们接下来所要说明的。

## 2. "三纲"是否源于黄老法家

李泽厚说："绝对君权和三纲秩序本是秦代就有的法家理论。"③在这方面，张岱年先生的说法最为系统。他说，

> "三纲"之说，始于汉代。先秦时代儒家的代表人物孔子、孟子、荀子都未讲"三纲"。……《韩非子》书的《忠孝》篇说："臣事君，子事父，妻事夫，三者顺则天下治，三者逆则天下乱，此天下之常道也。"此篇是否韩非所作，难以考定，但总是法家的作品。《忠孝》篇强调臣对君、子对父、妻对夫的片面义务，可以说是三纲观念的前驱。④

李存山也说，董仲舒从阴阳之道说君臣、父子、夫妇之义，"这绝不是先秦儒家的观点，而是采纳黄老学派和法家之说"；"汉儒提出'三纲'之说，正是吸收了黄老学派和法家的思想因素。"他并引用马王堆出土的《黄帝四经》中用阴阳来理解天地、春秋、夏冬、主臣、上下、男女、父子、兄弟、长少、贵贱、达穷之间的关系，来证明董氏思想来自于黄老学派。⑤

---

① 景海峰：《五伦观念的再认识》，《哲学研究》2008年第5期，第56页。

② 张渊：《浅析儒家传统现代转化的家庭动力——以"三纲"权威主义与"五伦"仁爱思想为中心》，《内蒙古农业大学学报》（社会科学版）2008年第6期（总第42期），第296～298页。

③ 李泽厚：《中国古代思想史论》，北京：人民出版社，1986年版，第149～150页。

④ 张岱年：《中国伦理思想研究》，见张岱年：《张岱年文集》（第六卷），北京：清华大学出版社，1995年，第607页。

⑤ 李存山：《对"三纲"之本义的辨析与评价》，《天津社会科学》2012年第1期，第29页；李存山：《反思儒家文化的"常道"》，《浙江学刊》2010年第6期，第9页。

然而，认为"三纲"来源于黄老或法家的学者，并不能从后者著作里发现"三纲"或"君为臣纲、父为子纲、夫为妻纲"的说法，而是由于他们认为法家主张君权至上，强调君主集权。法家的思想倾向，确实与今人所普遍理解的"三纲代表绝对服从"的思想完全一致。但是假如汉代儒家所理解的"三纲"并不是指绝对服从，是否还可以说"三纲"来源于法家呢？

诚然，董仲舒、班固等汉儒借用黄老学派阴阳的术语是有可能的。但是，他们也可能只是借用了阴阳家的术语，而未必接受了黄老法家的思想，特别是没有接受法家绝对服从的思想。正如我们已经论证的那样，董仲舒、《白虎通》在用阴阳比喻君臣、父子、夫妇关系时，只是强调他们之间的主从和相兼，而没有主张绝对服从。

需要指出的是，迄今为止，那些主张董仲舒等人的"三纲"思想来源于法家的人，都是在坚信"三纲代表绝对服从或绝对等级尊卑"这一思想前提下这么主张的，而并没有思考过这一思想前提本身是不是成立。更奇怪的是，这种观点的主张者，通常也只是引用一下《韩非子·忠孝篇》等之中的那句话，而没有更进一步的证明。我们在后面证明汉儒并没有绝对服从或绝对尊卑的思想，也就自然驳倒了这种观点。

## 3. "三纲"是否源于秦汉大一统

一种很有影响的观点说，西汉时代大一统的帝国需要有一种伟大的宗教，于是以"三纲"为核心的儒教就应运而生。贺麟先生说，"三纲说在西汉的时候才成立"是因为"西汉既然有组织的伟大帝国"，所以需要"一个伟大的有组织的伦理系统以奠定基础；于是将五伦观念发挥为更严密更有力的三纲说，及以三纲说为核心的礼教，便应运而生了"。[①]

这一观点的另一深层含义是，"三纲"之所以在西汉应运而生，是"汉承秦制"的历史现实决定的，即它满足了专制统治的现实需要。庞朴说："三纲""是历史进入中央集权专制以后才确定下来的主要人际关系准则。"[②]白效咏论证了庞朴的观点，认为董仲舒提倡"三纲""与当时不断完善的中央

---

① 贺麟：《五伦观念的新检讨》，《文化与人生》，第58页。
② 庞朴：《本来样子的三纲》，《寻根》1999年第5期，第9~10页。

集权君主专制的郡县制政体有关"。①《中国文化百科》说,"到了汉代,封建政权已经确立,董仲舒为了适应封建统治者巩固和加强宗法统治和思想专制的需要,对儒家的伦理观进行了改造",从而首次提出了"三纲"学说。②李存山说,"汉儒提出'三纲'之说……与'汉承秦制'相契合";所以"三纲"思想产生的历史背景,"应从秦汉之际这一历史的'大变局'来理解"。③

我并不否认秦汉大一统对于"三纲"思想有巨大催生作用,但这是不是就意谓它是为专制统治服务的?我们也都知道,汉以后儒家政治传统的基本精神是主张道统高于政统(即所谓"道尊于势"),为专制统治服务显然与整个儒家政治传统是对立的。事实上,把"三纲"归因于秦汉大一统的学者,有不少人预设了"三纲代表一种绝对服从权威的思想"。如果这一预设不成立,就要换个思考方式。比如,这一说法事实上把"三纲"当成了法家传统,从而一方面将"三纲"与孔子以来的先秦儒家传统割裂开来,否认了后世儒家政治思想与先秦的连续性;另一方面又要将汉代以来整个儒家传统看成是内在分裂的。因为汉以后最有影响的儒学大家(如董仲舒、朱熹等人),恰恰是倡导"三纲"最力的人。难道汉代以来整个儒家传统都处在这样一种自相矛盾、言行不一的自我对立中?这种看待儒家的方式是很成问题的。

那些从社会政治背景出发说明"三纲"来源的人,往往忘记了一个事实:在春秋时期,诸侯蜂起,天下大乱,天子权威扫地,更需要加强权威,那时更需要"君为臣纲"。孔子作《春秋》以"尊王"和"大一统"为宗旨,原因部分在此。相反,到了秦汉时代,中央集权体制已经确立,人们更关心的不是加强中央权威,而是君权过于膨胀的问题。所以更需要强调谏君、抗君、格君之非。这些也正是我们在董仲舒、刘向、马融等汉儒论著中经常看到的论调。我们将论述,古人多认为"三纲"思想来源于孔子作《春秋》,而非出于秦汉大一统,绝不是没有原因的。但是"三纲"就其本身而言阐述的是理想的上下关系,其内涵并不局限于特定时代背景。

---

① 白效咏:《"三纲"说与先秦秦汉之际的伦理道德转化新探》,《浙江社会科学》2010年第2期,第87~92页。

② 王德有、陈战国主编:《中国文化百科》,第94~95页。

③ 李存山:《对"三纲"之本义的辨析与评价》,《天津社会科学》2012年第1期,第29页。

主张"三纲"源于秦汉大一统的人，还有一个思想史上的原因。即在先秦，讲人伦关系多从自然亲情出发，而到汉代，则从自然性过渡到了社会性。比如有的学者指出，《周易·序卦》、《中庸》、《荀子·大略》等均有以男女关系为基点建构人伦关系的论述，体现了先秦儒家对人伦关系的提倡侧重于自然性，和汉代以后的"三纲"思想侧重于社会性和道德性不同。①战国时期的儒家，甚至还有更进一步的说法。比如孟子提出过舜"窃负而逃"（《孟子·尽心上》），《郭店简·六德》有"为父绝君，不为君绝父"的说法。这一说法可有助于说明，在理解人伦关系的顺序时，先秦儒家把自然或亲情放首位，而汉儒把君臣关系放在首位，二者有重要不同，体现了汉代儒家对于君主专制制度的妥协。

然而，这里可能存在叙事角度的不同。比如把亲情关系放在首位，和把君臣关系放首位，分别代表从成长和规范两个不同角度理解人伦关系，不一定冲突。所谓"窃负而逃"、"为父绝君"，本来就是从《论语》里"父子互隐"（《子路》）、"孝悌为仁之本"（《学而》）之类说法的翻版，是儒家千百年一贯的"爱有差等"思想，从发生顺序上讨论人的道德成长过程。这种精神与"三纲"从社会规范上确定人伦秩序，是两种不同的路径，历来并存互用，相辅相成。我们都知道，汉代以后，人们虽倡导"三纲"，但仍同时坚持把亲亲容隐制度化、法律化，正好说明了这一点。董仲舒就曾说："义而中感母恩，虽废君命，纵之可也。"②另一方面，《白虎通·五行》"不以父命废王父命"的说法，在先秦儒家经典中也并不是没有，《左传》隐公五年盛赞"大义灭亲"就是其例。究竟是"君"重要，还是"亲"重要，在《郭店简·六德》中是"义"与"恩"的张力，在后世也就是"忠"与"孝"的张力。当二者不可两全时，无论是先秦儒家还是后世儒家，都没有机械地坚持一方、

---

① 这方面的材料参《周易·序卦传》："有天地，然后有万物；有万物，然后有男女；有男女，然后有夫妇；有夫妇，然后有父子；有父子，然后有君臣；有君臣，然后有上下；有上下，然后礼义有所错。夫妇之道不可以不久也，故受之以恒……"此处把男女关系放在首位。类似的说法如《中庸》云："君子之道，造端乎夫妇，及其至也，察乎天地。"《荀子·大略》称："夫妇之道不可不正也，君臣、父子之本也。"《郭店简·六德》有："生民斯必有夫妇、父子、君臣，此六位也。"

② 转引自苏奥：《春秋繁露义证》，钟哲点校，北京：中华书局，1992 年，第 94 页。

废弃另一方，而是主张有经有权，也有常有变，董仲舒对此尤其强调①。

另一方面，以男女为人伦关系之首，反映的不过是对人伦关系形成的自然过程的认识；相比之下，从君臣关系出发叙述，反映的是对社会治理过程的探索。两者并不矛盾，历来互补共容。《周易·序卦传》从男女关系出发讨论人伦，应该说来自于《周易》的阴阳宇宙观。《周易》中的阴阳有上下之分，可分别代表天地或夫妇。所以，董仲舒、《白虎通》借阴阳来说明君臣、父子和夫妇关系，其"三纲"思想本来就是对《周易》阴阳宇宙观的继承和发展。此外，以君臣关系为先，还体现了儒家欲人君率先垂范、为民立极的思想。这尤其表现在董仲舒"为人君者，正心以正朝廷，正朝廷以正百官，正百官以正万民，正万民以正四方"（《贤良对策》）这一经典表述中，真德秀也有类似的表述（第5章），这种思想在先秦儒家中本来就丰富。②

事实上，即使是在先秦，讲人伦关系以君臣为先也是常见的，尤其是在讨论治理方式时。比如《中庸》讲"五达道"（君臣也、父子也、夫妇也、兄弟也、朋友之交也），即以君臣为先；《大学》中讲"为人君，为人臣，为人子，为人父，与国人交"，以君臣关系为先；《孟子·告子下》论"君臣、父子、兄弟终去仁义"，以君臣为先；《左传》隐公三年石碏"六顺"之说、昭公二十六年晏子"十礼"之议，皆以君臣为先；《礼记·祭统》讲"十伦"，以君臣为首，后及于父子、夫妇、长幼。可见究竟是何为先，要视具体情况而定，从先秦到汉代，并无一定之规，亦非判然有别，因为完全可以同时坚持这三种或两种不同的立场。若重尊尊，则以君臣为先；若重亲亲，则以父

---

① 《春秋繁露·竹林》："春秋之道，固有常有变，变用于变，常用于常，各止其科，非相妨也。"《玉英》："春秋有经礼，有变礼。"《阳尊阴卑》："天以阴为权，以阳为经；阳出而南，阴出而北；经用于盛，权用于末；以此见天之显经隐权，前德而后刑也。""刑反德而顺于德，亦权之类也，虽曰权，皆在权成。"

② 比如孔子说"政者正也"；"君子之德风，小人之德草"（《论语·颜渊》）；《大学》中说"上老老而民兴孝"，"尧舜率天下以仁而民从之"；孟子讲"一正君而国定矣"（《离娄上》）。

子为先；若重自然，则以男女为先。①即使"三纲"以君臣为先，也并没有放弃另外两种做法。

## 4. "三纲"与《春秋》之关系

宋儒真德秀《大学衍义》卷六谓：

> 三纲之名……非汉儒之言，古之遗言也。

与现代学者以"三纲"为汉儒造作、与孔孟荀无关不同的是，汉以后历代儒家均不这样认为；相反，他们多认为孔子作《春秋》，正是为了确立"三纲"。我们也都知道，汉代首提"三纲"的董仲舒学宗公羊，董仲舒一生是以传《春秋》为务。难道他们都错了，只是近代以来才发现了如此千古大谜？过去两千多年来的儒家学者们都是胡说？如果"三纲"不是孔孟思想，为何后世儒家皆以为孔子作《春秋》，宗旨之一即是倡"三纲"？孔子倡明的《春秋》大义，与"三纲"原来真的不是一回事吗？

下面是一组古人看"三纲"与《春秋》关系的资料：

- [晋]杜元凯《春秋序》云："发传之体有三，而为例之情有五。……推此五体，以寻经传，触类而长之，附于二百四十二年行事，王道之正，人伦之纪备矣。"
- [唐]陆淳《春秋集解纂例》卷一载赵氏匡云："问者曰：然则《春秋》救世之宗旨安在？答曰：在尊王室、正陵僭、举三纲、提五常、彰善瘅恶、不失纤芥，如斯而已。"（"赵氏损益义第五"）

---

① 《礼记·丧服小记》及《礼记·大传》以"亲亲，尊尊，长长，男女有别"为序，称其为"人道之大者"，或"不可得与民变革者也"。清人毛奇龄曾总结曰：

> 盖古经极重名实，犹是君臣、父子诸伦，而名实不苟。偶有称举，必各为区目。如《管子》称"六亲"，是父母、兄弟、妻子。卫石碏称"六顺"，是君义、臣行、父慈、子孝、兄爱、弟敬。《王制》称"七教"，是父子、兄弟、夫妇、君臣、长幼、朋友、宾客。《礼运》称"十义"，是父慈、子孝、兄良、弟弟、夫义、妇听、长惠、幼顺、君仁、臣忠。齐晏婴称"十礼"，是君令、臣恭、父慈、子孝、兄爱、弟敬、夫和、妻柔、姑义、妇听。《祭统》称"十伦"，是君臣、父子、贵贱、亲疏、爵赏、夫妇、政事、长幼、上下。《白虎通》称"三纲六纪"，是君臣、父子、夫妇、兄弟、诸父、族人、诸舅、师长、朋友。虽朝三暮四，总此物数，而"十伦"非"十义"，"五道"非"五常"。（毛奇龄：《四书剩言补》卷二）

- [宋]胡安国《胡氏春秋传》卷五"桓公中"注云："三纲军政之本，圣人寓军政于《春秋》而书法若此。"

- [宋]王晳《春秋皇纲论》卷一"尊王上"有云："圣人以王道衰微，赏罚无纪，贤能不用，罪恶不诛，故采旧史之文，裁以为经，岂有他哉？笃于三纲五常，明于义理之尽而已尔。"

- [宋]朱熹《朱子语类》卷一百四"朱子一·自论为学功夫"论读《春秋》，曰："得三纲五常不至废坠，足矣。"

- [宋]孙觉《孙氏春秋经解》"自序"："天下之乱不止，至于臣弑其君，子弑其父，而天子不加诛，方伯不致讨，三纲五常扫地俱尽。孔子于是因鲁之史，以载天子之事，二帝三王之法于是乎在。"

- [宋]叶梦得《春秋考》卷一"统论"："春秋之时三纲亡，五常绝。"

- [明]王阳明论孔子《春秋》说："改元年者……端本澄源，三纲五常之始也。"（《王文成公全书》卷二十六"续编·五经臆说十三条"）

以上总论，以下具论：

- [宋]胡安国《胡氏春秋传》卷一"隐公上"云："春秋首绌隐公，以明大法，父子君臣之伦正矣"；又谓平王晚年"乃以天王之尊下赗诸侯之妾，于是三纲沦，九法斁"；卷二十三襄公三十年"冬十月蔡景公"条下曰："今世子弑君，三纲沦绝，禽兽逼人。"

- 胡安国《胡氏春秋传》卷二十七"定公五年"云："意如何以书卒？见定公不讨逐君之贼，以为大夫全始终之礼也。定虽受国于季氏，苟有叔孙婼之见，不赏私劳，致辟意如，以明君臣之义，则三纲可

---

① 《礼记·丧服小记》及《礼记·大传》以"亲亲，尊尊，长长，男女有别"为序，称其为"人道之大者"，或"不可得与民变革者也"。清人毛奇龄曾总结曰：

盖古经极重名实，犹是君臣、父子诸伦，而名实不苟。偶有称举，必各为区目。如《管子》称"六亲"，是父母、兄弟、妻子。卫石碏称"六顺"，是君义、臣行、父慈、子孝、兄爱、弟敬。《王制》称"七教"，是父子、兄弟、夫妇、君臣、长幼、朋友、宾客。《礼运》称"十义"，是父慈、子孝、兄良、弟弟、夫义、妇听、长惠、幼顺、君仁、臣忠。齐晏婴称"十礼"，是君令、臣恭、父慈、子孝、兄爱、弟敬、夫和、妻柔、姑义、妇听。《祭统》称"十伦"，是君臣、父子、贵贱、亲疏、爵赏、夫妇、政事、长幼、上下。《白虎通》称"三纲六纪"，是君臣、父子、夫妇、兄弟、诸父、族人、诸舅、师长、朋友。虽朝三暮四，总此物数，而"十伦"非"十义"，"五道"非"五常"。（毛奇龄：《四书賸言补》卷二）

正，公室强矣。今苟于利而忘其雠，三纲灭，公室益侵，陪臣执命，宜矣！故意如书卒。"

■ [宋]刘敞《刘氏春秋意林》卷上："王使荣叔归含且赗，不知者乃以谓天子赗人之妾，小过耳，而讥之深；求车杀母弟，大恶也，而讥之略。是不及知春秋正人伦之意也。君臣也，父子也，夫妇也，治之三纲也，道莫先焉。桓以臣杀君而王命之，成风以妾僭嫡而王成之，于三纲废矣，是去人之所以为人也，王之无天不亦明乎？"

■ [宋]王应麟《困学纪闻》卷六"春秋"条："仲子之赗，宰书其名；成风之赗，王不书天；正三纲也。"方按："正三纲"即正名分，为人臣子不得僭越，而无体统。

## 5. "三纲"源于孔子救世之法

为什么古人普遍认为"三纲"来源于孔子，特别是《春秋》大义？我想有一个重要的出发点上的分歧，即古人多认为"三纲"是为了天下长治久安的秩序需要而设，而不认为是为了维护专制统治需要（事实上儒家根本没有维护专制统治的传统）。人们一般认为，《春秋》是孔子针对乱世开出的药方，与"三纲"所追求的秩序理想完全一致。所以，虽然"三纲"术语直到西汉才为人使用，但是它所代表的思想是从孔子开始提倡的。

孔子曰："天下有道，则礼乐征伐自天子出；天下无道，则礼乐征伐自诸侯出。自诸侯出，盖十世希不失矣；自大夫出，五世希不失矣；陪臣执国命，三世希不失矣。天下有道，则政不在大夫。天下有道，则庶人不议。"（《论语·季氏》）

孔子谓季氏："八佾舞于庭，是可忍也，孰不可忍也？"（《论语·八佾》）

三家者以《雍》彻。子曰："'相维辟公，天子穆穆'，奚取于三家之堂？"（《论语·八佾》）

有理由说，这正是"君为臣纲"思想的另一种表达，这种思想在孔子的

《春秋》中得到了充分的体现。朱熹曾这样概括孔子《春秋》大义:

> 《春秋》之旨,其可见者:诛乱臣,讨贼子,内中国,外夷狄,贵王贱伯而已。(《朱子语类·春秋》)

《春秋》之"微言大义"后人已多有总结,如"尊王"、"大一统"、"正名分"等。①至于孔子作《春秋》的主要目的,古人总结得更加清楚。那就是:春秋时代长期动乱不安的主要原因是诸侯、士大夫们不顾大局、野心膨胀,争相以一己私欲凌驾于国家和社会利益之上;类似的蔑视权威、擅权作福、我行我素、罔顾他人的现象在家庭中同样存在;这些现象的共同后果就是,社会秩序彻底崩溃,人心大乱,人欲横流,世风败坏,道德沦丧:

> 世衰道微,邪说暴行有作;臣弒其君者有之,子弒其父者有之。孔子惧,作春秋...孔子成《春秋》而乱臣贼子惧矣。(《孟子·滕文公下》)
>
> 上大夫壶遂曰:"昔孔子何为而作《春秋》哉?"太史公曰:"余闻董生曰:'周道衰废,孔子为鲁司寇,诸侯害之,大夫壅之。孔子知言之不用,道之不行也,是非二百四十二年之中,以为天下仪表,贬天子,退诸侯,讨大夫,以达王事而已矣。子曰:'我欲载之空言,不如见之于行事之深切著明也。'"(《史记·太史公自序》)

由此,孔子作《春秋》是对时代社会问题的一种诊断:臣子们为君父一时之错而发动政变,因朝政一时之坏而擅威作福,此种不顾大局、不念苍生的行为,势必导致天下大乱,生灵涂炭;因此,身为臣子,不能以小我凌驾大我、因私愤罔顾大局、为个人伤及群体。这才是《春秋》尊王、忠君思想的实质,也是"三纲"思想的实质,其道理即使在今天也同样适用。也正因此,《春秋》代表了孔子对天下安宁大法的根本认识:

---

① 参蒋伯潜:《十三经概论》,上海:上海古籍出版社,1983年,第447~460页。

夫《春秋》，上明三王之道，下辨人事之纪，别嫌疑，明是非，定犹疑，善善恶恶，贤贤贱不肖，存亡国，继绝世，补敝起废，王道之大者也。（《史记·太史公自序》）

《春秋》论十二世之事，人道浃而王道备，法布二百四十二年之中。（《春秋繁露·玉杯》）

《春秋》正王道，明大法也。（周敦颐《周子通书》）

孔子的《春秋》思想，对于我们理解中华民族在汉代以后的数千年历史上，再也没有出现过类似于春秋战国那样长达五百年的分裂和动乱有极大的帮助。汉代以来，中国历史上最长的一个分裂时期就是魏晋南北朝，它有两个特殊的背景：一是北方少数民族的入侵，二是名教的衰退。和西方历史发展中出现过的"分而不合"相比较，中国古代历史走的是一条"分久必合"的道路。对于中国人来说，"分而不合"意味着战乱，意味着社会秩序的丧失，意味着人民生活在水深火热之中。这无疑有助于我们理解为什么孔子提倡从大局出发、小我服从大我的精神，并成为后世"三纲"思想的渊源。

## 6. 先秦儒家"三纲"思想举证

早在一百年前，陈独秀批评"三纲"和礼教的时候，即曾指出"三纲"来源于先秦，而非汉儒，尽管他是从"三纲"代表绝对服从和绝对等级划分的立场立论的。他引用了先秦儒家经籍中诸如"挞之流血，起敬起孝"（《礼记·内则》）；"妇人者，伏于人者也"；"夫不在，敛枕箧簟席，襡器而藏之"（《礼记·内则》）等语来说明"三纲"非宋人发明；又引《礼记》中大量有关尊卑、贵贱、等级的语句来说明"三纲"是原始儒家本有的思想。[1]

李锦全先生曾专门撰文反驳刘明武"三纲"不出于先秦儒家、为汉儒搞

---

[1] 陈独秀：《宪法与孔教》（1916年11月1日，原载《新青年》第二卷第三号），见《陈独秀著作选编》（第一卷），第250～251页。陈氏云："三纲五常之名词，虽不见于经，而其学说之实质，非起自两汉、唐、宋以后，则不可争之事实也。""愚以为三纲说不徒非宋儒所伪造，且应为孔教之根本教义。何以言之？儒教之精华曰礼。……尊卑贵贱之所由分，即三纲之说之所由起。""此尊卑贵贱之阶级制度，乃宗法社会封建时代所同然，正不必为儒家之罪，更不必讳为原始孔教之所无。"同上书，第250、251页。

出来的这一观点；他同时还反驳了"三纲"由董仲舒首创之说。其文的精彩之处，在于举出了大量在孔孟著作中早就存在的臣子妇顺从的言论。此外，李锦全认为"君为臣纲"本义是指在上位者以身作则，但他也提到了春秋时代王纲失坠的问题（是"君为臣纲"的历史背景），因此孔子天下有道无道之说，实与君为臣纲有关。①

还有学者指出，孔子主张的"君君臣臣父父子子"思想，孔、孟、荀的忠孝、名分、等级等思想，皆是"三纲"思想的明证。②又有学者提出，"三纲"观念见于《仪礼·丧服》之中，这位作者"不同意'三纲'观念始于《韩非子》的观念，而认为《仪礼·丧服》中关于君臣、父子、夫妻之间不对等

---

① 原文云：

"天下有道，则礼乐征伐自天子出，天下无道，则礼乐征伐自诸侯出。""天下有道，则政不在大夫，天下有道，则庶人不议。"（《论语·季氏》）……这虽没有明言，不是蕴含有"君为臣纲"的意思吗？

孔子说："父在，观其志；父没，观其行，三年无改于父之道，可谓孝矣。"（《论语·学而》）还有曾子听孔子说过："孟庄子之孝也，其他可能也，其不改父之臣与父之政，是难能也。"（《论语·子张》）孔子这两段话，都认为孝顺的儿子，无论在父亲生前和死后，都不能违背其教导和行事，这就是贯彻"父为子纲"的精神。

孟子称赞舜为大孝，说"不得乎亲，不可以为人；不顺乎亲，不可以为子。舜尽事亲之道而瞽瞍底豫，瞽瞍底豫而天下化；瞽瞍底豫而天下之为父子者定，此之谓大孝。"（《离娄上》）如众所周知，瞽瞍并非"慈父"，他几次想把舜害死，而舜却竭尽心力来侍奉使父亲高兴。孟子认为这是为天下人树立"孝"的榜样，而天下父子之间应有的关系也就确定了。试问这是相互负责的对等关系吗？孟子还说："不顺乎亲，不可以为子"，这是要儿子单方面的顺从，和汉人说的"父为子纲"有多大区别呢？

《礼记》……中有不少谈到"孝"的地方，虽有说到"父慈，子孝"，但更多的是要求单方面"大孝尊亲"。如引曾子曰："孝子之养老也，乐其心不违其志"，"是故父母之所爱亦爱之，父母之所敬亦敬之"。（《礼记·内则》）"孝子不服暗，不登危，惧辱亲也。父母存，不许友以死，不有私财。""夫为人子者，出必告，反必面，所游必有常，所习必有业。""见父之执，不谓之进不敢进，不谓之退不敢退，不问，不敢对，此孝子之行也"。（《礼记·曲礼上》）像这样的父子关系，能说"父为子纲"精神，在儒家典籍中没有依据吗？

孟子说到当时"女子之嫁也，母命之，往送之门，戒之曰：'往之女（汝）家，必敬必戒，无违夫子！'以顺为正者，妾妇之道也。"（《滕文公下》）

还有荀子在回答"请问为人妻？曰：夫有礼则亲从听侍，夫无礼则恐惧而自竦也。"（《君道》）这是说在丈夫有礼待人时，做妻子的要柔顺服从地奉他；当他不高兴表现出无礼时，妻子也要作出惶恐而恭敬的态度，这完全是夫主妻从的形象写照，也是体现出"夫为妻纲"的精神。见李锦全：《"三纲"与孔孟之道无关吗？——兼论"三纲"如何定位及产生的社会根源》，《学术研究》2003年第10期，第5～12页。

② 陈谷嘉：《孔子与封建"三纲五常"道德规范体系——兼论孔子在中国思想史的地位与影响》，《湖南大学社会科学学报》1992年第6卷第2期，第30～34、37页；沈荣森：《先秦儒家忠君思想浅探——兼论"三纲"之源》，《孔子研究》1990年第1期，第33～38页。

的服制规定，实际上已蕴含了萌芽状态的'三纲'观念"。①

下面我们再录部分来自先秦儒家论君臣、父子、夫妇关系的话，内容与后人常从《春秋繁露·顺命》及《白虎通义·妇人无爵》中引用来证明君为臣纲、父为子纲、夫为妻纲的观点相似：

第一类：君臣

- 孔子曰："天下有道，则礼乐征伐自天子出；天下无道，则礼乐征伐自诸侯出。自诸侯出，盖十世希不失矣；自大夫出，五世希不失矣；陪臣执国命，三世希不失矣。天下有道，则政不在大夫。天下有道，则庶人不议。"（《论语·季氏》）

- 孔子谓季氏："八佾舞于庭，是可忍也，孰不可忍也？"（《论语·八佾》）

- 三家者以《雍》彻。子曰："'相维辟公，天子穆穆'，奚取于三家之堂？"（《论语·八佾》）

- 子云："天无二日，土无二王，家无二主，尊无二上，示民有君臣之别也。"（《礼记·坊记》）

- 以礼待君，忠顺而不懈。（《荀子·君道》）

- 君者，国之隆也；父者，家之隆也。隆一而治，二而乱。（《荀子·致士》）

- 上无君师，下无父子，夫是之谓至乱。君臣、父子、兄弟、夫妇，始则终，终则始，与天地同理，与万世同久，夫是之谓大本。（《荀子·王制》）

- 无君以制臣，无上以制下，天下害生纵欲。（《荀子·富国》）

第二类：父子

- 子曰："事父母几谏。见志不从，又敬不违，劳而不怨。"（《论语·里仁》）

- 子曰："父母在，不远游，游必有方。"（《论语·里仁》）

- 不得乎亲，不可以为人；不顺乎亲，不可以为子。舜尽事亲之道而瞽

---

① 丁鼎：《〈仪礼·丧服〉所蕴含的"三纲"、"五伦"观念》，《管子学刊》2002 年第 3 期，第 75～78 页。

瞍底豫,瞽瞍底豫而天下化;瞽瞍底豫而天下之为父子者定,此之谓大孝。(《孟子·离娄上》)

■ 父母怒、不说,而挞之流血,不敢疾怨,起敬起孝。(《礼记·内则》)

第三类：夫妇

■ 妇人有三从之义,无专用之道。故未嫁从父,既嫁从夫,夫死从子。……夫者,妻之天也。……妇人不能贰尊也。(《仪礼·丧服传》)

■ 壹与之齐,终身不改,故夫死不嫁。(《礼记·郊特牲》)

■ 女子之嫁也,母命之,往送之门,戒之曰:"往之女家,必敬必戒,无违夫子!"以顺为正者,妾妇之道也。(《孟子·滕文公下》)

■ 请问为人妻?曰:夫有礼则柔从听侍,夫无礼则恐惧而自竦也。(《荀子·君道》)

通过上述引文可以发现,仅凭董仲舒及《白虎通义》中几条主张服从的话,就断言他们主张绝对尊卑或等级关系;那么我们岂不是可以因为上面的话,得出先秦儒家孔、孟、荀等人也主张绝对服从吗?

## 7. 先秦儒家反对绝对服从

所以我认为,要正确认识"三纲",必须破除一个误区,即认为:服从于君、父、夫,就会反对谏诤和独立思考。服从与谏诤,这两者不但不矛盾,且相辅相成。如果权威代表大局,服从于权威有时就是必要的,有利于更好地维护全体利益;但如果不问是非地服从权威,就是愚忠,也会对全体利益不利。所以无论是古代还是今天,都同时需要服从和谏诤。也正因为如此,无论在先秦还是后世,儒家都同时主张服从和谏诤。所以,我们有理由说,"三纲"所代表的服从和谏诤精神,与先秦儒家传统完全一致;就其思想性质来说,与法家没有什么关系。

下面,我们先简单引述一下孔、孟、荀主张谏诤的思想,以与汉以后儒家提倡"三纲"的儒家对比。首先,孔、孟共同认为臣对君谏争是其义不容辞的使命:

季子然问:"仲由、冉求可谓大臣与?"子曰:"吾以子为异之问,曾由与求之问。所谓大臣者：以道事君，不可则止。今由与求也，可谓具臣矣。"曰："然则从之者与？"子曰："弑父与君，亦不从也。"(《论语·先进》)

孟子曰："长君之恶，其罪小。逢君之恶，其罪大。今之大夫，皆逢君之恶，故曰：今之大夫，今之诸侯之罪人也。"(《孟子·告子下》)

事亲有隐而无犯，事君有犯而无隐，事师无隐无犯。(《礼记·檀弓上》)

其次，《孝经·谏争章》强调了臣子对于君父不可以不争：

曾子曰："敢问子从父之令，可谓孝乎？"

子曰："是何言与？是何言与？昔者天子有争臣七人，虽无道，不失其天下。诸侯有争臣五人，虽无道，不失其国。大夫有争臣三人，虽无道，不失其家。士有争友，则身不离于令名。父有争子，则身不陷于不义。故当不义，则子不可以不争于父，臣不可以不争于君。故当不义则争之，从父之令，又焉得为孝乎？"

再次，荀子倡导"从道不从君，从义不从父"，并专门讨论了在什么情况下臣子对君父"不可从"：

从命而利君谓之顺，从命而不利君谓之谄，逆命而利君谓之忠，逆命而不利君谓之篡。…君有过谋过事，将危国家殒社稷之具也，大臣父子兄弟…有能比知同力，率群臣百吏而相与强君挢君，虽不安不能不听，遂以解国之大患，除国之大害，成于尊君安国，谓之辅。有能抗君之命，窃君之重，反君之事，以安国之危，除君之辱，功伐足以成国之大利，谓之拂。故谏争辅拂之人，社稷之臣也，国君之宝也，明君之所尊厚也。(《荀子·臣道》)

从道不从君，从义不从父，人之大行也。…孝子所以不从命有三：从命则亲危，不从命则亲安，孝子不从命乃衷；从命则亲辱，不从命则亲荣，孝子不从命乃义；从命则禽兽，不从命则修饰，孝子不从命乃敬。

故可以从而不从，是不子也；未可以从而从，是不衷也。明于从不从之
义，而能致恭敬、忠信、端悫以慎行之，则可谓大孝矣。《传》曰："从
道不从君，从义不从父。"此之谓也。(《荀子·子道》)

荀子云："从道不从君，从义不从父，人之大行也。"入则孝，出则
弟，人之小行也。盖事有不中于道，理有不合于义者，则虽君父有命，
有不必从，惟道义所在耳。([宋]孙觉《春秋经解》卷三)

《孟子》上的一段对白也把孟子心目中君臣关系的理想模式表述得一清
二楚，即为臣者，有时可推翻君位，有时当离之而去：

齐宣王问卿。

孟子曰："王何卿之问也？"

王曰："卿不同乎？"

曰："不同。有贵戚之卿，有异姓之卿。"

王曰："请问贵戚之卿。"

曰："君有大过则谏，反覆之而不听，则易位。"

王勃然变乎色。

曰："王勿异也。王问臣，臣不敢不以正对。"

王色定，然后问异姓之卿。曰："君有过则谏，反覆之而不听，则去。"

(《孟子·万章下》)

我们不要忘记，这些主张谏诤的议论，在中国历史上是历代后世儒家共
同信奉并实践的格言。我们不能说，后世儒家违背了这一传统。正因如此，
他们提倡的"三纲"，从含义上应该和这些圣贤的教导不矛盾。所以下面我
们看看后世主张三纲的儒家是如何论述的。

## 8. 汉儒同样反对绝对服从

下面我们试图通过对倡导"三纲"最力的汉儒如董仲舒、《白虎通》、班
固、刘向、马融等人的研究说明（董仲舒见下章），汉儒在主张谏诤、反对

绝对服从方面，和孔、孟、荀等先秦儒家完全一样，甚至有过之而无不及。如果"三纲"是为适应"汉承秦制"的需要，这是无论如何都解释不通的。

《白虎通义》

《白虎通》卷五有"谏争"篇，大力倡导谏争，不得从则去之，与孟子、荀子所论合。其中多引《诗经》、《易经》、《论语》、《孝经》、《公羊传》、《礼记》、《大戴礼记》等之语，这与"'三纲'思想取自法家，与先秦儒家思想无关"的观点很不一致。下面略述其中五方面，《白虎通义》卷五"谏诤"条内容共八章，其中有些条（如妻谏夫）前已引，此处从略。

首先，臣下谏诤有制可循：

> 臣所以有谏君之义何？尽忠纳诚也。《论语》曰："爱之能勿劳乎？忠焉能勿诲乎？"《孝经》曰："天子有诤臣七人，虽无道不失其天下；诸侯有诤臣五人，虽无道貌岸不失其国；大夫有诤臣三人，虽无道不失其家；士有诤友，则身不离于令名；父有诤子，则身不陷于不义。"天子置左辅、右弼、前疑、后承，以顺。左辅主修政，刺不法。右弼主纠，纠周言失倾。前疑主纠度定德经。后承主匡正常，考变失，四弼兴道，率主行仁。夫阳变于七，以三成，故建三公，序四诤，列七人。虽无道不失天下，杖群贤也。

其次，谏而不听，不能恋栈：

> 诸侯之臣诤不从得去何？以屈尊申卑，孤恶君也。去曰："某质性玩钝，言愚不任用，请退避贤。"如是君待之以礼，臣待放；如不以礼，遂去。必三谏者何？以为得君臣之义。必待放于郊者，忠厚之至也。冀君觉悟能用之。所以必三年者，古者臣下有大丧，君三年不呼其门，所以复君恩。今已所言，不合于礼义，君欲罪之可得也。《援神契》曰："三谏，待放复三年，尽惓惓也。"所以言放者，臣为君讳，若言有罪放之也。所谏事已行者，遂去不留。凡待放者，冀君用其言耳。事已行，灾咎将至，无为留之。《易》曰："介如石，不终日，贞吉。"《论语》曰：

"三日不朝，孔子行。"臣待放于郊，君不绝其禄者，示不合耳。以其禄参分之二与之，一留与其妻长子，使得祭其宗庙。赐之环则反，赐之玦则去，明君子重耻也。《王度记》曰："反之以玦。其待放者，亦与之物，明有分土与分民也。"《诗》曰："逝将去女，适彼乐土。"或曰：天子之臣，不得言放。天子以天下为家也。亲属谏不得放者，骨肉无相去离之义也。《春秋传》曰："司马子反曰：'君请处乎此，臣请归。'子反者，楚公子也。时不得放。"

其三，谏的目的在于格正：

子谏父，父不从，不得去者，父子一体而分，无相离去之法。犹火去木而灭也。《论语》："事父母几谏。"下言"又敬不违"。臣之谏君何法？法金正木也。子之谏父，法火以揉木也。臣谏君以义，故折正之也。子谏父以恩，故但揉之也，木无毁伤也。待放去，取法于水火，无金则相离也。

其四，谏诤艺术觉人为上：

谏者何？谏者，间也，更也。是非相间，革更其行也。人怀五常，故知谏有五。其一曰讽谏，二曰顺谏，三曰规谏，四曰指谏，五曰陷谏。讽谏者，智也。知祸患之萌，深睹其事，未彰而讽告焉。此智之性也。顺谏者，仁也。出词逊顺，不逆君心。此仁之性也。规谏者，礼也。视君颜色不悦，且却，悦则复前，以礼进退。此礼之性也。指谏者，信也。指者，质也。质相其事而谏。此信之性也。陷谏者，义也。恻隐发于中，直言国之害，励志忘生，为君不避丧身。此义之性也。孔子曰："谏有五，吾从讽谏也。"事君进思尽忠，退思补过，去而不讪，谏而不露。故《曲礼》曰："为人臣，不显谏。"纤微未见于外，如《诗》所刺也。若过恶已着，民蒙毒螫，天见灾变，事白异露，作诗以刺之，幸其觉悟也。

其五，史官、宰夫都有谏责：

> 明王所以立谏诤者，皆为重民而求己失也。《礼·保傅》曰："于是立进善之旌，县诽谤之木，建招谏之鼓。"王法立史记事者，以为臣下之仪样，人之所取法则也。动则当应礼，是以必有记过之史，彻膳之宰。《礼·玉藻》曰："动则左史书之，言则右史书之。"《礼·保傅》曰："王失度，则史书之，工诵之，三公进读之，宰夫彻其膳。是以天子不得为非。故史之义不书过则死，宰不彻膳亦死。所以谓之史何？明王者使为之也。谓之宰何？宰，制也。使制法度也。宰所以彻膳何？阴阳不调，五谷不熟，故王者为不尽味而食之。《礼》曰："一谷不升，不备鹑鷃。二谷不升，不备凫雁。三谷不升，不备雉兔。四谷不升，不备囿兽。五谷不升，不备三牲。"人臣之义，当掩恶扬美，所以记君过何？各有所缘也。掩恶者，谓广德宣礼之臣。

另外，《白虎通·五行》中还有类似的、倡谏诤的话：

> 臣谏君何法？法金正木也。子谏父何法？法火揉直木也。臣谏君不从则去，何法？法水润下达于土也。

### 班固

班固在《汉书》中描写了西汉谏君之模范：贾谊，董仲舒，司马迁，刘向，司马相如，杨雄，汲黯……对他们多所赞美；而对于佞臣公孙弘之流，多所批评。此可见班固思想特点，亦可见汉代非如后人想象的那样，需要为强化大一统的中央集权而提倡"三纲"、歪曲孔子。

特别是大将军霍光，他曾在汉昭帝死后，拥立昌邑王为帝，后又因其淫乱无度，不顾太后反对，以武力废除昌邑王，另择汉武帝曾孙、时在民间的病已为帝，是为汉宣帝。像这样以武废君之人，班固却将他比作周公，给予了极高的赞美，说霍光"匡国家，安社稷，拥昭立宣，虽周公、阿衡，何以加此！"（《汉书》卷六十八"霍光传"）。别忘了，班固可是《白虎通义》一书的撰者啊!

刘向

刘向《说苑》有"臣术篇"、"正谏篇",其旨与荀、孟合。其卷一"君道篇"云:

> 夫天之生人也,盖非以为君也;天之立君也,盖非以为位也。夫为人君行其私欲而不顾其人,是不承天意忘其位之所以宜事也,如此者,《春秋》不予能君而夷狄之。

其卷一"君道篇"认为如君无道,纵使弑君,亦不为过:

> 齐人弑其君,鲁襄公援戈而起曰:"孰臣而敢杀其君乎?"师惧曰:"夫齐君治之不能,任之不肖,纵一人之欲以虐万夫之性,非所以立君也。其身死自取之也;今君不爱万夫之命而伤一人之死,奚其过也。其臣已无道矣,其君亦不足惜也。"

其卷二"臣术篇"云:

> 国家昏乱,所为不谏,然而敢犯主之颜面,言主之过失,不辞其诛,身死国安,不悔所行,如此者直臣也……
>
> 君有过不谏诤,将危国殒社稷也,有能尽言于君,用则留之,不用则去之,谓之谏;用则可生,不用则死,谓之诤;有能比和同力,率群下相与强矫君,君虽不安,不能不听,遂解国之大患,除国之大害,成于尊君安国谓之辅;有能亢君之命,反君之事,窃君之重以安国之危,除主之辱攻伐足以成国之大利,谓之弼。故谏诤辅弼之人,社稷之臣也,明君之所尊礼,而闇君以为己贼。[1]

---

[1] 此段引自《荀子·臣道》,而文字略异。

马融

马融据说是最早使用"三纲五常"术语之东汉学者，然其《忠经》"忠
谏章"认为，忠臣事君"莫先于谏"，"违而不谏，则非忠臣"；抗义而死，"以
成君休"：

> 忠臣之事君也，莫先于谏。下能言之，上能听之，则王道光矣。谏
> 于未形者，上也；谏于已彰者，次也；谏于既行者，下也。违而不谏者，
> 则非忠臣。夫谏，始于顺辞，中于抗义，终于死节，以成君休，以宁社
> 稷。《书》云：木从绳则正，后从谏则圣。

## 9. 后世儒家也反对绝对服从

批评"三纲"是愚忠一个最大的矛盾，就是无法处理历代儒家一方面主
张君为臣纲或"三纲"，另一方面又主张谏争、抗君。这本来不是个问题，因
为"三纲"本来就不是指"绝对服从"，或"单方面的绝对义务"，而是指一
种从大局出发、小我服从大我的精神。

下面略举几例来说明，不仅汉儒在主张谏诤方面与先秦儒家无异，汉以
后儒家学者也与先秦儒家无异。这既说明汉以后儒家与先秦儒家在"五伦"
问题上并无断裂，也说明以秦汉以后集权专制体制的需要来解释"三纲"产
生的背景有问题。

王通

隋人王通倡"三纲"，其《中说》卷一谓王统家《六经》毕备，朝服祭
器不假。曰：'三纲五常，自可出也'"。卷二谓其论诗"上明三纲，下达五
常"；卷三谓婚嫁六礼为"三纲之首，不可废"。然而，与此同时，他亦主张
大臣可废昏君、举明君。《中说》卷三（"事君篇"）载：

> 房玄龄曰："书云霍光废帝举帝，何谓也？"
> 子曰："何必霍光？古之大臣，废昏举明，所以康天下也。"

### 方孝孺

方孝孺以耿直著称，以宁死不向权势低头而著名。然而他同样坚守"三纲"，他说："为礼之政，而使民自揖让拜跪献酬之微，各极其敬，以至于五伦叙，而三纲立。"（方孝孺《逊志斋集》卷二"深虑论五"）

### 薛瑄

明初大儒薛瑄称"三纲五常之理，万古犹一日。"（《读书录》卷三）。但是其一生为人为官极为耿介，因王振召为大理寺正卿，拒不登门拜谢，且曰："拜爵公朝，谢恩私室，某所不能为也。"王振权倾一时，百官见之皆跪，惟先生长揖不拜。"一日召对便殿，上衣冠未肃，先生凝立不入，上知之，即改衣冠。"（《明儒学案》卷七"河东学案一"）。《明史》卷二百八十二记其"出督贵州军饷，事竣，即乞休"。"景泰二年，推南京大理寺卿。富豪杀人，狱久不决，瑄执置之法。召改北寺，苏州大饥，贫民掠富豪粟，火其居，蹈海避罪。王文以阁臣出视，坐以叛当死者二百余人，瑄力辨其诬。文恚曰：'此老倔强犹昔。'然卒得减死。屡疏告老，不许。英宗复辟，拜礼部右侍郎兼翰林院学士，入阁预机务。王文、于谦下狱，下群臣议，石亨等将置之极刑。瑄力言于帝，后二日文、谦死，获减一等。帝数见瑄，所陈皆关君德事。已，见石亨、曹吉祥乱政，疏乞骸骨。"像这样为官清廉、耿直无私、对天子敢极谏、对权贵不阿谀之人，如何能"绝对服从"？

### 黄宗羲

黄宗羲是今天学者们共奉的反对专制、倾向民主的大学者，然今据《景印文渊阁四库全书电子版》[①]，查其所编《明文海》中"纲纪"一词出现44次，"纲常"出现61次，"三纲"出现17次，"忠"字出现1458次；所编《明儒学案》中"三纲"出现2次（另一次讲《大学》三纲不算），"纲纪"2次，"纲常"14次，"忠"334次（有些地方系人名谥号类）；

又：《明夷待访录》"置相"篇亦论等级的合理性，曰："孟子曰：'天子一位，公一位，侯一位，伯一位，子男同一位，凡五等。君一位，卿一位，大夫一位，上士一位，中士一位，下士一位，凡六等。'盖自外而言之，天

---

① 据清华大学图书馆提供，为迪志文化出版有限公司、书同文电脑技术开发有限公司制作，上海人民出版社／迪志文化出版有限公司1999出版发行。

子之去公，犹公、侯、伯、子、男之递相去；自内而言之，君之去卿，犹卿、大夫、士之递相去。非独至于天子遂截然无等级也。"

此外，还有明代诤臣海瑞，死后被谥忠介。可见在古人眼里，一个人耿直、谏诤，才能为忠臣，古人没有把忠臣理解为绝对的等级划分或绝对服从。我们为何把古人想得那么愚蠢？

综上所述，我认为"三纲"本是自孔子以来儒家政治传统之一。汉代以来，董仲舒、《白虎通义》等所做的工作是将先秦儒家所已述及的"五伦"中三种典型的人际关系（上下、父子、夫妇）进一步提炼，用阴阳思想来总结。如果他们借用了黄老家或阴阳家的理论，也是为了更好地达到这一目的而已，不能因此将其整个"三纲"学说看成是取自黄老或法家。由于"三纲"在整个儒家传统中并不代表一种盲目服从的精神，即使它确实是被汉代大一统的政治现实催化产生，也不能说它是为了服务于专制统治的需要的。

# 第三章　董仲舒主张绝对服从吗①

现代中国学人在批评传统特别是儒家传统的弊端时，常常拿董仲舒开刀。这个一生为人"廉直"，不谀豪强、不阿富贵，多次被人陷害、差点送掉性命、平生并不得志的书生，恐怕做梦也不会想到死后竟获得了那么大的名声，乃至成为中国几千年专制、集权思想的罪魁祸首。

例如，冯友兰早在20世纪30年代就说："董仲舒有三纲五纪之说……于是臣、子、妻成为君、父、夫之附属品。"②在建国后出版的《中国哲学史新编》（第三册）中，冯先生说："董仲舒的阴阳学说的政治目的，在于论证封建的等级制度和社会规范的合理性，为封建的君权、父权和夫权制造根据。"③

侯外庐（等）认为，在董仲舒的体系中，"'三纲五常'的伦理"和"专制主义的阴法阳儒的政治"一样，都"获得了神学的根据"，"使神权、皇权和父权三者的关系成为封建主义的合理的天然配合"。"董仲舒更以'屈民而伸君'为根据，使社会的阶级秩序绝对化，使社会等级制度宗教化，以隐蔽阶级的对立。"④

任继愈（等）说，董仲舒"论证'君权'的神圣和至高无上。君权之所以不可违抗，由于它体现了上帝的意志"。"他把宗教哲学和他的政治思想结

---

① 本章引《春秋繁露》只注篇名，所引《贤良对策》见于《汉书·董仲舒传》，不再另注。
② 冯友兰：《中国哲学史》（全二册），北京：中华书局，1961年，第521~522页。
③ 冯友兰：《中国哲学史新编》（三、四）（冯友兰文集第八卷），长春：长春出版社，2008年，第44页。
④ 侯外庐等：《中国思想史》（第二卷，两汉思想），北京：人民出版社，1957年，2004年重印，第110页。

合起来，强调统治者的绝对权威。""董仲舒认为，封建统治秩序是绝对永恒不可变易的，帝王是天的代理人，有着神圣不可侵犯的权威。""董仲舒提出的哲学体系，是为了巩固、加强汉王朝中央集权封建专制主义的统治的。"①

韦政通认为，董仲舒"以人随君、以君随天"，"屈民而伸君、屈君而伸天"（《春秋繁露·玉杯》）的思想，"毫无疑问""是为了迎合专制帝王，而造出来的新说，与春秋的大义无关"。他认为董仲舒的天人关系论，包含着"把专制政治作合理化解释"，"把君权推到无以复加的地步"，尽管他也试图为之"建立一种制衡的力量"。②

李泽厚指出：董氏所谓"阳尊阴卑"的理论，"目的都在从理论上确证当时专制君主的绝对权威和君臣父子的严格的统治秩序"③；《春秋繁露》的尊民只能说明它从"表面上接近原始儒学"，"但实质并不相同；因为它们是建立在尊君为绝对权威实际是接受法家思想的基础上的"。董生的真实思想，则是主张"君是民的绝对统治者"④。

刘泽华等认为，"维护君权至上是董仲舒的基本政治主张之一。……为了给君权提供合理根据，董仲舒提出了'君权天予说'"。董仲舒阐发《韩非子·忠孝》中已提出的有关思想，使"三纲""成为一种普遍的政治意识"。⑤他虽然试图约束君权，但也是"在不损害君主绝对权威的前提下"，从维护"统治阶级整体利益"出发的。他的理论是为等级制服务的，"等级制是君主政治赖以生存的保障，董仲舒则为强化等级制度提供了更为精巧的理论"⑥，这就是他的阴阳分合论。

总之，学者们多以为，董仲舒的天人感应理论及阴阳五行说是从神学的立场为君权、父权和夫权立论，由此确立一绝对尊卑的等级制度，为汉代大

---

① 任继愈主编：《中国哲学史》（二），北京：人民出版社，2010年第2版，第110、74、74、90、90页。
② 韦政通：《中国思想史·上》，第324～326页。
③ 李泽厚：《中国古代思想史论》，第149～150页。
④ 李泽厚：《中国古代思想史论》，第151页。
⑤ 刘泽华、葛荃：《中国古代政治思想史》（修订本），第245页。
⑥ 刘泽华、葛荃：《中国古代政治思想史》（修订本），第214、245、214、215页。

一统的中央集权的专制统治服务。①鉴于董仲舒是"三纲"说法的主要发明者，以及他的思想在整个儒家"三纲"传统的崇高地位，本章打算专门研究一下董仲舒，以澄清历史的误会。

## 1. 董仲舒一生思想之主旨

《汉书·董仲舒传》云：

> 仲舒为人廉直。……凡相两国，辄事骄主，正身以率下，数上疏谏争，教令国中，所居而治。

董仲舒一生学术的主旨究竟是什么？下面我们来看刘师培和徐复观两位大学者对董仲舒的评价。刘师培先生早在 1904 年就指出，董氏思想精神实质在于限制君权，他说，"《繁露》的大旨，不外限制君权"，而其限制的方法包括"以天统君"，"引用贤才"，"敷陈灾异"等。②萧公权在《中国政治思想史》中对刘师培的这一观点作了进一步论证，他说：

> 秦汉先后以武力取天下，就一方面观之，似政权转移由于人力，而

---

① 1982 年出版的、全国八所师范院校合编的高校历史教科书《简明中国古代史》中说："董仲舒将孔孟的君、臣、子的宗法等级观念发展为'三纲'、'五常'的封建教条。……在他看来，君、父、夫有绝对的统治权力，臣、子、妻只能绝对服从。这就是当时封建等级的理论依据。"（东北师大、华东师大等八所师范大学或师范学院历史系合编，福州：福建人民出版社，1982 年，第 106 页）相比之下，2002 年出版、封面注明"普通高校'九五'国家级重点教材"的《中国古代史》一书中的说法或许更有代表性：

　　董仲舒发挥《春秋公羊传》关于封建大一统的主张，提出"春秋大一统者，天地之常经，古今之通谊（义）也"。他的所谓大一统，就是压抑诸侯，加强专制主义中央集权。他摭取阴阳五行学说，提出君权神授的理论，建议用儒家的纲常名教来维护封建统治。他也吸取了法家尊君抑臣的思想，主张用刑法加强统治。董仲舒的新儒学适应了加强专制主义中央集权的需要，成为此后中国在 2000 年间统治人民的正统思想。儒学独尊对于学术文化的发展非常不利，但在当时却有利于专制制度的加强和国家的统一。（赵毅、赵轶峰主编：《中国古代史》，北京：高等教育出版社，2002 年，第 282 页）

　　通过这些教科书，可以理解多年来绝大多数中国青年学子对于董仲舒的否定看法是如何被塑造出来的。

② 刘师培：《西汉大儒董仲舒先生学术》，《刘申叔遗书补遗》，扬州：广陵书社，2008 年，第 413～416 页。

君主本身足以独制天下之命。董子天命之说，殆意在攻破此倾向于绝对专制之思想。①

徐复观先生对董仲舒一生学术思想的宗旨作了深刻而系统的梳理。他认为，要准确理解董仲舒一生的学术思想，就必须弄清西汉初期儒家与法家及作为其思想来源的黄老之学的对立和斗争这一重要的历史背景，特别是汉代自立国以来直到汉武帝走的还是"暴秦的老路"。所以，董氏所做的主要工作，包括他主张"任德不任刑"，以及爱民、纳谏、尊贤、兴学、育才等等倡议，都是围绕着如下目的而来，即——

把汉家所继承的秦代的政治方向，彻底扭转过来。以儒家仁爱的观念，代替法家残暴的观念；以儒家的教化观念，代替法家的刑罚观念。总结地说一句，即是要以人性的政治，代替中国古代的极权的、法西斯的政治。董生的"天人三策"，正是政治上的人性的呼唤。②

使人民不仅是在刑罚之下成为统治者的被动的工具，而是在教化观念之下都成为人格的存在，使每一个人能为其自己而完成其人格，把上下窥伺的威压与诈骗的社会，变成为人性交流的礼乐社会、人文社会。③

他进一步认为：

董氏的工作，正是"把人当人"的人性政治，对"把人不当人"的反人性的极权政治的决斗。④

要从法家政治所造成的"非人的社会生活"解放出来，使大家过着"人的社会生活"，这是董生的崇高任务。⑤

---

① 萧公权：《中国政治思想史》，台北：联经出版公司，2004年，第318页。
② 徐复观：《儒家对中国历史命运挣扎之一例——西汉政治与董仲舒》(1956年)，原载《民主评论》六卷二十至二十二期，见徐复观：《中国思想史论集》，上海：上海书店出版社，2004年，第280页。
③ 徐复观：《儒家对中国历史命运挣扎之一例》，《中国思想史论集》，第282页。
④ 徐复观：《儒家对中国历史命运挣扎之一例》，《中国思想史论集》，第253页。
⑤ 徐复观：《儒家对中国历史命运挣扎之一例》，《中国思想史论集》，第280页。

按照徐复观先生的观点，我可以这样说，董生思想的主旨在于以王道代替霸道，以道统凌驾政统；因为虽然徐未用王道／霸道、道统／政统等术语，但是他曾这样来总结董生政治思想的历史效果——

> 所以，在中国历史中，除了现实政治之外，还敞开了一条人人可以自己做主的自立生存之路。在最近的五十年以前，中国每一个人的真实价值，并不是由皇帝所决定，而是由圣人所决定，连皇帝自己的本身也是如此。因此……虽然有时政脉断绝于上，而教脉依然延续于下，我国民族不至随朝代的变更、夷狄的侵占而同归于尽，其关键全在于此。[①]

他还指出，"三纲"一词虽见于董氏书，但是从其"父不父则子不子，君不君则臣不臣"（《玉杯》）之言，可知其"谨守伦理之对等主义"。[②]

下面这件事或许有助于你认识董仲舒。《汉书》卷七十五载：鲁人眭弘（字孟）从嬴公受《春秋》，以明经为议郎。孝昭元凤三年，泰山莱芜山南有大石自立；上林苑中大柳树枯卧地，亦自立生。弘推《春秋》意，以为"石柳皆阴类，下民之象"，且泰山为"王者易姓告代之处"，即说曰：

> 先师董仲舒有言，虽有继体守文之君，不害圣人之受命。汉家尧后，有传国之运。汉帝宜谁差天下，求索贤人，禅以帝位，而退自封百里，如殷、周二王后，以承顺天命。

孟使友人内官长赐上此书，时昭帝年幼，霍光秉政，甚恶之。廷尉"奏赐、孟妄设妖言惑众，大逆不道，皆伏诛"。后五年，孝宣帝兴于民间，"征孟子为郎"。眭弘为董仲舒后学弟子，并以董氏之言奏请汉帝禅位，这大概不能用主张"绝对服从"来解释吧！

人们常以董仲舒主张"罢黜百家、独尊儒术"，从此禁锢中国思想两千多年为据，批评董氏思想以维护专制集权为特征，为害于中国大矣。对此，

---

① 徐复观：《儒家对中国历史命运挣扎之一例》，《中国思想史论集》，第285页。
② 徐复观：《儒家对中国历史命运挣扎之一例》，《中国思想史论集》，第291页。

已有学者指出将"罢黜百家、独尊儒术"归咎于董仲舒之不合史实。例如，蒋伯潜先生指出，汉武帝诚欲以儒学统一、钳制思想，但从董仲舒的角度出发，所谓"抑黜百家"不过是"各家争门户主奴之常谈"，与汉武帝思想动机迥然不同。所谓"皆绝其道，勿使并进"，"言绝其与儒术并进于朝廷之路，并非绝灭诸子之道"。这与道家批评儒家"圣人不死，大盗不止"之言，墨家言"儒之道足以丧天下"之语颇为类似。且"仲舒对策后并未大用，终其身不过为江都相、胶西相而已"。更重要的是，"武帝并未因仲舒之策而下诏罢黜百家"；"他只是在积极方面尊崇儒术，并没有在消极方面而实行罢黜百家，也不至使流行民间的诸子之学完全衰歇"。因此，将汉代以来诸子之学没有兴起归咎于董仲舒或汉武帝，都有问题。事实上，在汉武之前，诸子之学已然衰落；汉武之后，诸子之学亦在没有罢黜的情况下自己衰落了，其原因亦当他求。①

另外，戴君仁（1901~1978）"汉武帝抑黜百家非发自董仲舒考"详细考论董仲舒三次对策的时间，以及汉武帝初年的新旧势力之争，认为"不但推明孔氏，抑黜百家不是发自董仲舒，即立学之官，州郡举茂材孝廉，发自仲舒，也都有问题"。又说："大约董仲舒对策，为儒生所共悉，身后名气又大，东汉儒都遂把一切崇儒尊孔的美事，都归功于他。"②

本章无暇讨论董仲舒生平，但主张只有从整体上审视董仲舒一生学术的全貌，才能准确地理解其所谓"三纲"。也许读者你不同意刘师培、徐复观等人的观点。下面我们从若干方面来论述董仲舒。

## 2．董氏天命观的实质

许多学者认为，董仲舒阴阳五行思想和天命观，是从神学的角度把君主的权威神圣化、绝对化。然而，只要我们稍微认真地阅读一下《春秋繁露》及《贤良对策》即可发现错了。事实很清楚，董的真正目的是要以"天"（包

---

① 蒋伯潜、蒋祖怡：《诸子与理学》，北京：九州出版社，2011年，第207~208页。
② 原载戴君仁，《梅园论学集》（台北：戴静山先生遗著编辑委员会，1980年），转引自张素卿，《叙事与解释——〈左传〉经解研究》，台北：书林出版公司，1998年，第3页。

括天道、天意）来限制君权。

也有学者认为，董仲舒以"天"来限制君权，是因为他在"君为臣纲"学说中，已经把君权抬高到"绝对权威"的地步。据此来看，董子天命说是因为怕君权被抬得太高、为了平衡"君为臣纲"而发明。①这一观点把董仲舒"屈民伸君"与"屈君伸天"对立起来，认为它们分别代表法家和儒家，其问题前已指出。

这里要强调，董氏从未借天来神化君权，也未把君权绝对化；他的整个政治思想、特别是其天命观根本目的即在于发明道统以驾于政统，从此君道的话语权不掌握在国君手中，而掌握在大臣或任何有正义感的人心中；人臣谏君或抗君，并非自己谏君或抗君，而是代表天意谏君抗君；这是多么神圣的事情，国君岂能违抗！

正如萧公权先生所指出的，董子天命之说通过确立"天命无常，唯德是处"来为君道立论；"夫君位由天予夺，有德可行征诛，则人主虽尊，不能自恣。为国之本元者，既为天之臣子，其权力犹有所制也。"②

徐复观指出，董仲舒虽然表面上借用了阴阳家的理论，但对之进行了重要改造，即把"阴阳家五德运会的、盲目演进的自然历史观"，转变成主要靠人事来决定政治，从而"从阴阳家的手中，把政治问题还原到儒家人文精神之上。③他认为董仲舒"由阴阳五行之说得出天不变，道亦不变"，实际上是"把人类行为的准则，向客观的普遍妥当性这一方面推进了一大步"。④这就是说，董子的"天命说"绝不是神秘主义，而是为了重建政道，即政权的合法性基础。

下面我们具体分析董仲舒的天命观。

---

① 刘泽华等认为，"维护君权至上是董仲舒的基本政治主张之一"，"可是，君主个人权力过于强大，也会走向反面……这是有违于统治阶级整体利益的。鉴于此，董仲舒试图利用天的权威给君主以一定的约束"。李存山观点类似。参刘泽华、葛荃：《中国古代政治思想史》（修订本），第214～215页；李存山：《对"三纲"之本义的辨析与评价——与方朝晖教授商榷》，《天津社会科学》2012年第1期，第30～31页

② 萧公权：《中国政治思想史》，第318页。

③ 徐复观：《儒家对中国历史命运挣扎之一例》，《中国思想史论集》，第274页。

④ 徐复观：《儒家对中国历史命运挣扎之一例》，《中国思想史论集》，第275页。

（1）以天正君

康有为称董仲舒"以天统君"，"所称皆天，亦统于天"[1]。

董氏认为，王者受命于天（《顺命》），故"其法取象于天"（《天地之行》），"上奉天施而下正人，然后可以为王"（《竹林》）。取象于天，亦即"以天之端，正王之政；以王之政，正诸侯之即位；以诸侯之即位，正竟内之治；五者俱正，而化大行"（《二端》，《玉英》同）。因此，"王正"，则天下归于正；"王不正"，则天下归于邪："元者，始也，言本正也。……王正，则元气和顺，风雨时，景星见，黄龙下；王不正，则上变天，贼气并见。"（《王道》）

董氏强调，天下为天下人公共之产业，绝非一人一姓之私物。故天子只是替天行事，代天管理而已。"今父有以重予子，子不敢擅予他人，人心皆然；则王者亦天之子也，天以天下予尧舜，尧舜受命于天而王天下，犹子安敢擅以所重受于天者予他人也。天有不以予尧舜渐夺之，故明为子道，则尧舜之不私传天下而擅移位也，无所疑也。"（《尧舜不擅移汤武不专杀》）

然而有些君王不明此理，违天之道、逆天之命，这样的人也会受到天伐、天夺。"王者，天之所予也；其所伐，皆天之所夺也。"（《尧舜不擅移汤武不专杀》）

（2）以灾异正君

刘师培指出，《繁露》一书自"奉本篇"而下，篇篇都是言阴阳五行的。他说，灾异本是欺世诬民的学问，但西汉时人人都信灾异，董仲舒所以用灾异来警戒国君不失为有效策略之一。"灾异一宗事，可以儆戒人君，教做人君的人，晓得自己作了恶，上天就要降灾，自然就不敢得罪百姓了。所以专制时代，引陈灾异，也是限制君权的一端。这真是以（天）（元）统君的确证了。"他并说西汉时，刘向、匡衡等也处处说灾异，与董子是一样的，"这是限制君权的第二法"[2]。徐复观进一步认为，当时没有法律或其他制度手段限制国君，灾异是最好的办法了。[3]

灾异可以说是天施行惩罚最重要的手段之一，天子当从中获得警诫。

---

① 康有为：《春秋董氏学》，楼宇烈整理，北京：中华书局，1990 年，第 174 页。
② 刘师培：《西汉大儒董仲舒先生学术》，《刘申叔遗书补遗》，第 413～416 页。
③ 徐复观：《儒家对中国历史命运挣扎之一例》，《中国思想史论集》，第 277～278 页。

"灾者，天之谴也；异者，天之威也；谴之而不知，乃畏之以威。诗云：'畏天之威'，殆此谓也。"（《必仁且智》）为什么对灾异要保持高度警惕呢？因为"凡灾异之本，尽生于国家之失。国家之失乃始萌芽，而天出灾害以谴告之；谴告之而不知变，乃见怪异以惊骇之；惊骇之尚不知畏恐，其殃咎乃至。"（《必仁且智》）

因此，《春秋》所书灾异现象，包括日蚀、地震、灾害之类，莫不是提醒人们天之谴告。"故书日蚀，星陨，有蜮，山崩，地震，夏大雨水，冬大雨雹，陨霜不杀草，自正月不雨，至于秋七月，有鹳鹆来巢，春秋异之，以此见悖乱之征。……春秋举之以为一端者，亦欲其省天谴而畏天威。"（《二端》）"有星孛于东方，于大辰，入北斗，常星不见，地震，梁山沙鹿崩，宋、卫、陈、郑灾，王公大夫篡弑者，春秋皆书以为大异。"（《奉本》）

身为人君者，对于天之谴告，务必深刻自省，切实改正，而不能埋怨或厌恶。"灾异以见天意，天意有欲也、有不欲也，所欲、所不欲者，人内以自省，宜有惩于心，外以观其事，宜有验于国。故见天意者之于灾异也，畏之而不恶也，以为天欲振吾过，救吾失，故以此报我也。"（《必仁且智》）楚庄王就是最好的例子。"楚庄王以天不见灾，地不见孽，则祷之于山川曰：'天其将亡予邪！不说吾过，极吾罪也。'以此观之，天灾之应过而至也，异之显明可畏也。"（《必仁且智》）"是故天之所加，虽为灾害，犹承而大之，其钦无穷，震夷伯之庙是也。天无错舛之灾，地有震动之异……春秋者不敢阙，谨之也。"（《奉本》）

## 3．正君是董氏思想核心

### （1）以德正君

徐复观指出，"董生最大的目的是要在政治上以儒家的'德'的观念，代替法家的'刑'的观念"，而"任德不任刑"的思想内含之一，"是统治者首先应当从权力中纯化自己，使自己成为有德之人"。[3]

---

① 刘师培：《西汉大儒董仲舒先生学术》，第413—416页。
② 徐复观：《儒家对中国历史命运挣扎之一例》，第277—278页。
③ 徐复观：《儒家对中国历史命运挣扎之一例》，《中国思想史论集》，第287、281页。

首先，董氏认为，国君是否有德，是决定他能否附其民、配天地，即能否成为一名合格君王的必要条件。所谓"天子"、"皇帝"之类的称号，本来就是反映国君的德性而起的。"德侔天地者，皇天右而子之，号称天子。"（《顺命》）又曰："德侔天地者称皇帝。"（《三代改制质文》）"至德以受命，豪英高明之人辐辏归之。"（《观德》）因此，他主张："为人君者，固守其德，以附其民。"（《保位权》）

其次，身为天子或国君，最应当学习的莫过于天德。"天地者，万物之本，先祖之所出也。广大无极，其德昭明。……君臣、父子、夫妇之道取之此。"（《观德》）

其三，如果身为天子或国君，而不学天德、不能附民，则《春秋》会削其名号，夺其爵位。"故其德足以安乐民者，天予之；其恶足以贼民者，天夺之。"（《尧舜不擅移汤武不专杀》）"其无德于天地之间者，州、国、人、民，甚者不得系国邑。……无名姓号氏于天地之间，至贱乎贱者也。"（《顺命》）

其四，《春秋繁露》一书列举了大量国君失德而受贬、有德而得褒的例子。例如郑襄公伐丧、叛盟，无信无义，故"生不得称子"、"死不得书葬"（《竹林》）；楚灵讨陈蔡之贼、齐桓问涛涂之罪、阖庐正楚蔡之难，皆有功于天下，然所为出于私心，"其身不正"，故"春秋弗予"；潞子婴儿虽亡国之君，然而"春秋予之有义，其身正也"。（《仁义法》）

最后，董氏认为，春秋原心而定罪，孔子实以心志作为对国君道德品质的重要要求。"孔子立新王之道，明其贵志以反和，见其好诚以灭伪。"（《玉杯》）"礼之所重者，在其志。志敬而节具，则君子予之知礼；志和而音雅，则君子予之知乐；志哀而居约，则君子予之知丧。"（《玉杯》）

（2）以民正君

首先，董氏强调，人民不是为统治者而存在；相反，是统治者为人民而存在。"天之生民，非为王也，而天立王以为民也。"（《尧舜不擅移汤武不专杀》）所以，如果国君不爱民，只有死路一条："不爱民之渐乃至于死亡。"（《俞序》）

其次，董氏从"王"的含义上阐述了以民为本的思想，认为所谓王，即是能够让人民趋之若鹜、归之如海的人。"王者，民之所往；君者，不失其群者也；故能使万民往之，而得天下之群者，无敌于天下。"（《灭国上》）

其三，爱民之君，将使人民尊德乐道，安居乐业："民家给人足，无怨望忿怒之患、强弱之难，无谗贼妒疾之人，民修德而美好，被发衔哺而游"，由于人民"不慕富贵，耻恶不犯，父不哭子，兄不哭弟"，天下生灵皆受其化，"毒虫不螫，猛兽不搏，抵虫不触"。(《王道》)

其四，爱民之君，将获天地福报，万物同兴，风调雨顺："天为之下甘露，朱草生，醴泉出，风雨时，嘉禾兴，凤凰麒麟游于郊"；爱民之君，将使人民归朴，四海归朝，天下大和："囹圄空虚，画衣裳而民不犯，四夷传译而朝，民情至朴而不文。"(《王道》)

最后，爱民的方法包括严于律己，"不敢有君民之心"；"什一而税"，不敢有剥削之情；"不夺民时，使民不过岁三日"；移风易俗，教之以忠爱敬老；以身作则，"亲亲而尊尊"；这正是"五帝三王治天下"之道也。(《王道》)

**(3) 以古正君**

这表现在董氏强调史事之作用。因为古代表的是过去和历史，其中有许多教训可资借鉴；"古之人有言曰：不知来，视诸往"(《精华》)。

其次，孔子作春秋，即是以史为鉴。《楚庄王》称："春秋之道，奉天而法古。"《精华》云："春秋之为学也，道往而明来者也。"《贤良对策》曰："春秋之中，视前世已行之事，以观天人相与之际，甚可畏也。"

其三，他多次称述古代帝王，道其可学之行。《三代改制质文》云"古之王者受命而王，改制称号正月"；《郊语》称"古之圣王，文章之最重者也"；《郊祭》曰"古之畏敬天而重天郊如此甚也"。

此外，董氏称述古代帝王之处还包括如："古者修教训之官"(《贤良对策》)，"古者不盟"(《王道》)，"古者人君立于阴"(《王道》)，"古者天子衣文"(《度制》)，"古者上卿下卿上士下士"(《爵国》)，"古者岁四祭"(《四祭》)，"古者天子之礼，莫重于郊"(《郊事对》)，等等。

最后，他多次提到要以秦为至痛的历史教训。"至周之末世，大为亡道，以失天下。秦继其后，独不能改，又益甚之。"秦的历史教训之一是"师申商之法，行韩非之说"(《贤良对策》)。

**(4) 以六艺正君**

仲舒曰："君子知在位者之不能以恶服人也，是故简六艺以赡养之。"

（《玉杯》）这种思想的实质在于，道统高于政统。这为此后千百年儒家自认以帝王师自居，以及批评时政得失、勇于抗谏提供了理论基础。

（5）以名号正君

以名号正君即是正名。《深察名号》辨析了"君"字的名号含义，以此告诫国君行为的准则："君者，元也；君者，原也；君者，权也；君者，温也；君者，群也。"他认为，"君"之名决定了其言行为万事之本、万行之原。故人君当经行权，以举措得宜；道平德温，以安民合群。

相反，"君意不比于元，则动而失本"；"不效于原，则自委舍"；"用权于变，则失中适之宜"；"道不平、德不温，则众不亲安"；"离散不群，则不全于君"。（《深察名号》）

在其他地方，他还对"皇帝"、"王"、"天子"等名号的字面含义进行了剖析，说明身居此位的人需要具备什么样的德性或品质（参《三代改制质文》、《王道通三》、《顺命》等篇）。

## 4．以臣正君：任贤

《中庸》提出"尊贤则不惑"、"敬大臣则不眩"，孟子倡导"尊贤使能，俊杰在位"（《孟子·公孙丑上》），可以说尊贤使能是儒家极力倡导的治国思想之一，它体现了儒家寄希望于以臣、特别是以贤能正君的基本精神。董仲舒完全继承了这一精神，反复强调天下兴亡依赖于贤能（而武帝亦诏告州郡举孝廉，求贤良方正、极言极谏之士，武帝可没有诏求"绝对服从"之士呀！）。可以说，董氏之书，于以臣正君强调尤多，故此别出一节凸显之。

首先，董氏从理论高度论证了任贤使能的必要性，这主要体现在如下几方面：

（1）圣人没有三头六臂，治天下须靠众贤之力。"天道积聚众精以为光，圣人积聚众善以为功。"（《考功名》）"圣人积众贤以自强。"（《立元神》）"天道务盛其精，圣人务众其贤；盛其精而壹其阳，众其贤而同其心。"（《立元神》）"贤积于其主，则上下相制使。"（《通国身》）

（2）圣人之所以为圣，非由于一己之德，而基于众人之贤；非由于一人之善，而基于众人之善。"圣人所以强者，非一贤之德也。"（《立元神》）"日月之明，非一精之光也；圣人致太平，非一善之功也。"（《考功名》）故贤之于君，如精之如人；精盛则人壮，贤多则君强；"治身者以积精为宝，治国者以积贤为道"（《通国身》）。

（3）贤之于君，犹如股肱，相辅而相成，相得而益彰。他以人心比人君，以四肢耳目比人臣："君臣之礼，若心之与体……心所以全者，体之力也；君所以安者，臣之功也。"（《天地之行》）"君明，臣蒙其功，若心之神，体得以全；臣贤，君蒙其恩，若形体之静，而心得以安"；"臣不忠而君灭亡，若形体妄动，而心为之丧。"（《天地之行》）故"欲为尊者，在于任贤；欲为神者，在于同心"。（《立元神》）

其次，董氏从天命观角度论证任贤的必要性。他说人君任贤使能，乃法天之四德：仁、明、神、刚。"为人君者，其法取象于天。故贵爵而臣国，所以为仁也；……任贤使能，观听四方，所以为明也；量能授官，贤愚有差，所以相承也；引贤自近，以备股肱，所以为刚也。"（《天地之行》）

其三，他总结了任贤使能的积极功用，认为任贤对于国君地位、百姓安宁、天下治乱及青史留名等均有着无可置疑的重要意义。"所任贤，谓之主尊国安。"（《精华》）"能致贤，则德泽洽而国太平。"（《通国身》）"遍得天下之贤人，则三王之盛易为，而尧舜之名可及也。"（《贤良对策》）鲁僖公重用季子，身安国定二十年。"观乎齐桓、晋文、宋襄、楚庄，知任贤奉上之功。观乎鲁隐、祭仲、叔武、孔父、荀息、仇牧、吴季子、公子目夷，知忠臣之效。"（《王道》）尧、舜等历史上的圣王就是任贤使能的最好典范。"尧舜受命……诛逐乱臣，务求贤圣，是以得舜、禹、稷、咎、皋繇，众圣辅德，贤能佐职，教化大行，天下和洽，万民皆安。"（《贤良对策》）

其四，他总结了不任贤使能的后果或下场，小则主卑国危，大则国亡身死。"所任非其人，谓之主卑国危。万世必然，无所疑也。其在《易》曰：鼎折足，覆公𫗧。非鼎折足者，任非其人也。覆公𫗧者，国家倾也。"（《精华》）在这方面，有不少反面的例子。"秦穆侮蹇叔而大败，郑文轻众而丧师。"（《竹林》）《灭国上》举例说，晋之赵盾与吴之伍子胥皆罕见贤臣，其国君或欲杀之，或欲去之，结果晋灵丧命，夫差亡国。此外还有如"楚王髡托其国于子玉得臣，而天下畏之；虞公托其国于宫之奇，晋献患之；及髡杀得臣，天下

轻之；虞公不用宫之奇，晋献亡之；存亡之端，不可不知也"。(《灭国上》)

其五，鉴于上述，他向国君提出要求："治国者，务尽卑谦以致贤。"(《通国身》)"是以建治之术，贵得贤而同心。"(《立元神》)如何致贤？"臣愿陛下兴太学，置明师，以养天下之士，数考问以尽其材，则英俊宜可得矣。今之郡守、县令，民之师帅，所使承流而宣化也；故师帅不贤，则主德不宣，恩泽不流。""毋以日月为功，实试贤能为上，量材而授官，录德而定位，则廉耻殊路，贤不肖异处矣！"(《贤良对策》)

最后，他还考察了五种不同类型的重臣及其含义，五臣即司农、司马、司营、司徒、司寇。"司农尚仁，进经术之士，道之以帝王之路，将顺其美，匡救其恶。""司马尚智，进贤圣之士……至忠厚仁，辅翼其君。""司营尚信……称述往古，以厉主意。明见成败，微谏纳善，防灭其恶。"(《五行相生》)

## 5．讥君刺君比比皆是

董仲舒一生留下最重要的一部学术著作《春秋繁露》主要就是解《春秋》的。鉴于《春秋》本来就是一部批评现实的政治著作，所以董氏自然也会认识到并以讥刺、批评现实特别是当权者为最重要的任务或神圣的使命。如果董的"三纲"思想真的像后人理解的那样，只是强调君尊臣卑、绝对等级、单向服从，他又如何进入称得上汉初最杰出的公羊家？试看董生自己是怎么说的：

> 《春秋》刺上之过，而矜下之苦；小恶在外弗举，在我书而诽之。(《仁义法》)

> 孔子明得失，差贵贱，反王道之本，讥天王以致太平。刺恶讥微，不遗小大，善无细而不举，恶无细而不去，进善诛恶，绝诸本而已矣。(《王道》)

> 别嫌疑之行，以明正世之义；采摭托意，以缫失礼……赏善诛恶，而王泽洽。(《盟会要》)

> 于所见微其辞，于所闻痛其祸，于传闻杀其恩，与情俱也。(《楚庄王》)

司马迁在《史记·太史公自序》中称：

> 余闻之董生曰："……孔子知言之不用，道之不行也，是非二百四十二年之中，以为天下仪表。贬天子，退诸侯，讨大夫，以达王事而已矣。"

这是司马迁自述其受之于董仲舒的话，可见董氏作为《春秋》学者充分认识到，只有通过对天子、诸侯及一切当政者的品评特别是批评，才能真正阐明王道。如果董仲舒把"三纲"特别是"君为臣纲"理解为只是绝对服从权威或"尽单方面的绝对的义务"，他就完全违背了孔子作《春秋》的根本精神。事实上，董仲舒在阐明孔子思想时，正是时时处处着力贯彻《春秋》讥评当权者的精神：

> "天王使宰喧来归惠公仲子之赗"，刺不及事也；"天王伐郑"，讥亲也；"会王世子"，讥微也；"祭公来逆王后"，讥失礼也。刺"家父求车"，"武氏毛伯求赙金"，"王人救卫"，"王师败于贸戎"。（《王道》）
>
> "作南门"，"刻桷丹楹"，"作雉门及两观"，"筑三台"，"新延厩"，讥骄溢不恤下也。（《王道》）

细读可知，《春秋繁露》全书贯穿的主题都是讥君、谏君、评君、纠君、正君，这类言辞俯拾皆是，不胜枚举。例如：

- 讥以丧取（《玉杯》"文公"）；
- 讥伐同姓（《楚庄王》"晋伐鲜虞"）；
- 讥伐丧（《竹林》）；
- 讥伐亲（《王道》"天王伐郑"）；
- 讥天王微（《王道》"会王世子"）；
- 讥骄满（《竹林》齐顷公以不慎取祸）；
- 讥失礼（《王道》"祭公来逆王后"）；
- 讥好利（《玉英》隐公观鱼、天王求赙求金）；

- 讥违制 (《爵国》"作三军");
- 讥得位不以正 (《玉英》"非其位而即之");
- 讥擅权 (不与诸侯专讨、专封、专地、专杀、致天子，见《楚庄王》《王道》等);
- 讥好战 (《竹林》);
- 讥不听谏 (《王道》);
- 讥不爱民 (《竹林》);
- 讥骄不恤下 (《王道》);
- 刺政在大夫 (《竹林》"溴梁之盟，信在大夫"；《王道》"大夫盟于澶渊");
- 刺不及事 (《王道》);
- 刺天王不绝细恶 (《王道》)。

此外，书中论春秋讥君之言尤多见于《灭国》一篇。

## 6. 为君者当敬慎自律

董氏曰："道千乘之国，敬而慎之。"(《竹林》)他以鲁桓公与齐桓公对比，谓齐桓罪重而知惧，故能霸，曰："凡人有忧而不知忧者，凶。"(《玉英》)董氏诫为君者何其深也？

首先，"君人者，国之元。发言动作，万物之枢机。枢机之发，荣辱之端也。失之豪厘，驷不及追。故为人君者，谨本详始，敬小慎微，志如死灰……"(《立元神》)

其次，"人主之好恶喜怒，乃天之暖清寒暑也，不可不审其处而出也"(《随本消息》)。分析天下大事，主要分析霸道，指出："所行从不足恃，所事者不可不慎。"(《王道通三》)

其三，国君最宜谨慎对待的就是天灾。《二端》谓：春秋举灾异以为一端者，"亦欲其省天谴而畏天威，内动于心志，外见于事情，修身审己，明善心以反道者也，岂非贵微重始、慎终推效者哉"！

其四，即位是关系国本之大事，尤宜慎重待之，切不可贪婪。"非其位而即之，虽受之先君，春秋危之，宋缪公是也；非其位，不受之先君，而自即之，春秋危之，吴王僚是也；虽然，苟能行善得众，春秋弗危，卫侯晋以立书葬是也；俱不宜立，而宋缪受之先君而危，卫宣弗受先君而不危。"(《玉

英》)

此外，历史上许多国君因骄惹祸、因慎得福，足以证明敬慎之道。《竹林》细剖齐顷公前骄惹祸，后谨获福，深戒"福之本生于忧，而祸起于喜"；又以虫牢之盟与郑伯为例，深戒国君"知其为得失之大也，故敬而慎之"。《灭国上》、《灭国下》评诸侯身死或国灭之原因不外有三：一是失民心，二是不群（外交），三是不重贤。具体讨论了卫侯朔、虞公、晋灵公、楚灵王、楚王虔、曹伯、鲁隐公、鲁庄公、齐桓公等君；谭、戴、邓、谷、成、曹、卫、邢等国。《王道》历举郑庄、齐桓、晋文、宋襄、楚庄、鲁隐、祭仲、叔武、孔父、荀息、仇牧、吴季子、公子目夷、楚公子比、潞子、鲁昭、宋伯姬、吴王夫差、虞公、晋献、楚昭、陈佗、宋闵、晋厉、楚灵、鲁庄、卫侯朔、凡伯、郤缺、公子翚论存亡之道，对于无道之君尤多批评，并称：

> 故明王视于冥冥，听于无声，天覆地载，天下万国莫敢不悉靖其职；受命者不示臣下以知之至也。故道同则不能相先，情同则不能相使，此其教也。由此观之，未有去人君之权，能制其势者也；未有贵贱无差，能全其位者也。故君子慎之。

## 7. 为君者须恪守君道

《天地之行》云：

> 为人君者，其法取象于天。故贵爵而臣国，所以为仁也；深居隐处，不见其体，所以为神也；任贤使能，观听四方，所以为明也；量能授官，贤愚有差，所以相承也；引贤自近，以备股肱，所以为刚也；考实事功，次序殿最，所以成世也；有功者进，无功者退，所以赏罚也。是故执天之道为万物主，君执其常为一国主。

这是《春秋繁露》论述君道比较典型的一次，认为人君治国之道"取象于天"，具体提到了"贵爵臣国"、"深居隐处"、"任贤使能"、"量能授官"、考功赏罚等要素。该书其他地方从不同角度论述君道还有很多。或谓董氏主张臣对君要"绝对服从"，然《春秋繁露》通书反复叮咛、告诫为君之道，分明是讲给当时及后世之君听的。难道董氏不知道自己是臣，竟以劝谏国君为务？下辑董氏论君道若干：

- 敬天。"为人主也，道莫明省身之天，如天出之也。使其出也，答天之出四时，而必忠其受也。则尧舜之治无以加，是可生可杀而不可使为乱。"（《为人者天》）"人主近天之所近，远天之所远，大天之所大，小天之所小。"（《阳尊阴卑》）

- 法阴阳。为人主法天之行，为人臣法地之道（《离合根》）。"人臣居阳而为阴，人君居阴而为阳，阴道尚形而露情，阳道无端而贵神。"（《立元神》）

- 崇三本，即贯通天、地、人。"明主贤君必于其信，是故肃慎三本"（《立元神》，分别指郊祀祖祢、劝耕农桑和教化礼乐）；"古之造文者，三画而连其中，谓之王；三画者，天、地与人也……而参通之，非王者庸能当是？"（《王道通三》）

- 爱民。"天之生民，非为王也，而天立王以为民也"（《尧舜不擅移汤武不专杀》）；"不爱民之渐乃至于死亡"（《俞序》）。"王者，民之所往；君者，不失其群者也。"（《灭国上》）（参前"以民正君"）正心。"为人君者，正心以正朝廷，正朝廷以正百官，正百官以正万民，正万民以正四方。四方正，远近莫敢不壹于正。"（《贤良对策》）

- 任贤。"夫欲为尊者，在于任贤。……贤者备股肱，则君尊严而国安。"（《立元神》）"天道积聚众精以为光，圣人积聚众善以为功。"（《考功名》）"遍得天下之贤人，则三王之盛易为，而尧舜之名可及也。"（《贤良对策》）（参前"以臣正君"）

- 听谏。《王道》举曹伯不听曹羁而死，吴王不听子胥而灭，秦穆不听蹇叔而败，虞公不听宫之奇而亡，说明"尚有正谏而不用，卒皆取亡"。

- 贵神（君人南面的神秘之术）。"为人君者，其要贵神。""神者……言其所以进止不可得而见也"，"其所以号令不可得而闻也"；"不见不闻，是谓冥昏，能冥则明，能昏则彰，能冥能昏，是谓神。"（《立元神》）"故为人主者……内深藏，所以为神。"（《离合根》）

■ 无为。"故为人主者，以无为为道，以不私为宝。立无为之位，而乘备具之官。足不自动，而相者导进。口不自言，而摈者赞辞。心不自虑，而群臣效当。故莫见其为之而功成矣。"（《离合根》）"为人君者居无为之位，行不言之教。"（《保位权》）

■ 得众。"苟能行善得众，春秋弗危，卫侯晋以立书葬是也；俱不宜立，而宋缪受之先君而危，卫宣弗受先君而不危，以此见得众心之为大安也。"（《玉英》）

■ 五常。以仁爱民，以义正己（《仁义法》）；既仁且智，德加万民（《必仁且智》）；辨义利以化民（《身之养重于义》）；"仁人者正其道不谋其利，修其理不急其功"，仁圣之君"贵信而贱诈"（《对胶西王越大夫不得为仁》）。奉天以崇礼（《奉本》）；"伐丧无义，叛盟无信"（《竹林》）；《王道通三》谓仁自天，行仁以奉天。

■ 改制。"今所谓新王必改制者，非改其道，非变其理，受命于天，易姓更王，非继前王而王也，若一因前制，修故业，而无有所改，是与继前王而王者无以别。"（《楚庄王》）"王者必改正朔，易服色，制礼乐，一统于天下。"（《三代改制质文》）

■ 考绩。以爵禄尊卑劝民（《考功名》）；"圣人之治国也，因天地之性情，孔窍之所利，以立尊卑之制，以等贵贱之差"；"故设赏以劝之"，"设罚以畏之"，"既有所劝，又有所畏，然后可得而制"。（《保位权》）

■ 任德。《阳尊阴卑》称"天数右阳而不右阴，务德而不务刑；刑之不可任以成世也，犹阴之不可任以成岁也；为政而任刑，谓之逆天，非王道也"。

■ 正名。"治天下之端，在审辨大；辨大之端，在深察名号。""是非之正，取之逆顺；逆顺之正，取之名号；名号之正，取之天地；天地为名号之大义也。"（《深察名号》）

■ 教化。"夫万民之从利也，如水之走下，不以教化堤防之，不能止也。古之王者明于此，故南面而治天下，莫不以教化为大务。立太

学以教于国，设庠序以化于邑，渐民以仁，摩民以谊，节民以礼，故其刑罚甚轻而禁不犯者，教化行而习俗美也。"（《贤良对策》）

- 正身。"我不自正，虽能正人，弗予为义。"（《仁义法》）"君之所好，民必从之。"（《为人者天》）"为礼不敬则伤行，而民弗尊；居上不宽则伤厚，而民弗亲；弗亲则弗信，弗尊则弗敬；二端之政诡于上而僻行之，则诽于下。"（《仁义法》）"人主立于生杀之位，与天共持变化之势，物莫不应天化。""人主以好恶喜怒变习俗。"（《王道通三》）

## 8．有专权犯上，而董氏予之

董氏一再强调春秋有常、有变，有经、有权，有经礼、有变礼，乃至有诡辞。所谓"春秋无达辞"（《精华》），"春秋无通辞，从变而移"（《竹林》）；"权虽反经……尚归之以奉钜经"（《玉英》）。由此可知，今人读董氏书，泥于字面意思，而不味其深心；陷于一句文义，而昧于其精神。可不哀哉！

例如，本来春秋大义之一是"诸侯不得专地，不得专封"（《王道》），但对于桓公、晋文这样做却予肯定，因其为天下除患。"桓公救中国，攘夷狄，卒服楚，至为王者事；晋文再致天子，皆止不诛；善其牧诸侯，奉献天子，而服周室，春秋予之为伯，诛意不诛辞之谓也。"（《王道》）又云："桓公存邢、卫、杞，不见春秋，内心予之行，法绝而不予，止乱之道也，非诸侯所当为也。"（《王道》）

董氏认为：春秋之法，大夫有可专之事，则自专之。当专而不专，为不义，春秋贬之。"有危而不专救，谓之不忠；无危而擅生事，是卑君也。"（《精华》）"出境有可以安社稷、利国家者，则专之可也"，这是针对救危除患而言的；又曰"大夫以君命出，进退在大夫也"，这是针对将帅用兵的（《精华》）。例如，公子结媵陈人之归，顺道与齐侯、宋公盟，虽擅为，然能解国之患，春秋是之。公子遂受命使京师，擅赴于晋，春秋非之。这与所谓"绝对服从"，已大相出入矣！

襄公十六年三月，"公会晋侯、宋公、卫侯、郑伯、曹伯、莒子、邾娄子、薛伯、杞伯、小邾娄子于溴梁；戊寅，大夫盟。"这是《春秋》经文。分明诸侯都在，却由大夫相盟，岂不越权犯上？《公羊传》解此事，认为此记为了"遍刺天下之大夫"。然而董仲舒却认为这是在赞美列国大夫,虽"平在大夫,亦夺君尊","而春秋大之"(《竹林》)。这表明了董仲舒的立场,后文虽未解释,但可猜想他的真实原因:天下无道,诸侯无为,大夫起而为之,遂成安天下之功,岂不可嘉?

董氏从不主张机械地、无原则地尊君,有冒死救君而遭董氏贬低者。《竹林》讥齐逢丑父杀身而存其君,认为他"措其君于人所甚贱","春秋以为不知权而简之"。主张他当正告己君,"是无耻也而复重罪",与其生以辱,不如死以荣。丑父虽存君,然"欺而不中权,忠而不中义"。

董氏总结道:"春秋之道,固有常有变。变用于变,常用于常,各止其科,非相妨也。"(《竹林》)

### 9.有擅废君命,而董氏大之

宣公十五年,楚庄王亲率大兵围宋。宋人弹尽粮绝,庄王让子反使于宋,劝其早降。司马子反见华元,问其军情。华元为宋执政,告诉他宋人"易子而食,析骸而炊",并谓"知子反为君子,故告实情"。子反深受触动,告诉华元:"吾军亦剩七日之粮,七日不胜必归。"遂反,告庄王。庄王怒,欲攻宋。子反以自逃相要,庄王只得罢兵。董仲舒叙述此事,说"司马子反为其君使,废君命,与敌情,从其所请,与宋平",然而"春秋大之"。(《竹林》)像这样通敌卖国、擅废君命、罪不容诛的行为,春秋何以大之?

董仲舒指出,原因在于司马子反的行为合乎仁道:"为其有惨怛之恩,不忍饿一国之民,使之相食。……故大之也。"(《竹林》)他说,子反见宋人易子相食,触目惊心,心有不忍,故有违礼之举,这岂不合乎人之常情吗?再者,礼当合于仁、文而成,"今使人相食,大失其仁,安著其礼"?复次,"君子之道贵乎让"。子反"见人相食,惊人相炊,救之忘其让",岂不可贵?(《竹林》)

郑祭仲驱逐国君,乃大逆不道行为;鲁隐公代桓而立,为违礼犯规之事;然其本心为了存国,故皆许之。"鲁隐之代桓立,祭仲之出忽立突……此皆执权存国,行正世之义,守惓惓之心,春秋嘉气义焉,故皆见之,复正之谓也。"(《王道》)

其他为臣不臣而得董氏肯定者还有不少："胁严社而不为不敬灵,出天王而不为不尊上,辞父命而不为不承亲,绝母之属而不为不孝慈,义矣夫!"(《精华》)据苏舆注:"胁严社"指庄二十五年大水以鼓攻之,"出天王"指僖二十四年天王出居于郑,"辞父命"指哀三年以王父命辞父命,即卫辄辞世子蒯聩入,"绝母"指庄元年夫人逊于齐。

董氏还认为,有时因母恩废君命,亦无不可(《白孔六帖》)。[①]这也证明那种认为汉儒把君权提高到绝对的地位,成为凌驾于父子、夫妇及六纪之首的绝对要求,并非事实。

## 10. 有弑君废昏,而董氏许之

"君贱则臣叛。"(《保位权》)"父不父则子不子,君不君则臣不臣。"(《玉杯》)"君命顺,则民有顺命;君命逆,则民有逆命。"(《为人者天》)董氏对于自败之君,多有所批评(参《王道》、《贤良对策》),认为在位者不能以恶服人(《玉杯》)。《尧舜不擅移汤武不专杀》从理论高度论述了无道之君可伐、可夺,充分证明董仲舒丝毫没有将君臣关系理解为绝对服从关系。董氏书中有大量抨击无道昏君,不懂爱民而亡之例,包括桀、纣及秦君。

董氏认为,历史上被弑之君,有些合乎正道,无可指责。例如,"卫人杀州吁,齐人杀无知,明君臣之义,守国之正也"(《王道》)。因此,不可一律指责。《精华》篇讲春秋听狱"本其事而原其志",同为弑君,里克杀奚齐与公子商人弑君舍,对待不同;"俱欺三军,或死或不死;俱弑君,或诛或不诛"。

有些无道之君被杀,实因其草菅人命,作恶多端。《俞序》多述国亡身死之君,多咎由自取。"不爱民之渐,乃至于死亡,故言楚灵王、晋厉公生弑于位,不仁之所致也";"或奢侈使人愤怨,或暴虐贼害人,终皆祸及身。故子池言鲁庄筑台,丹楹刻桷者,皆不得以寿终"。"其为切而至于杀君亡国,奔走不得保其社稷,其所以然,是皆不明于道,不览于春秋也。"《王道》篇数晋灵公、晋厉公、宋闵公、楚灵王等被臣下所弑乃由自取。晋灵公戏虐手

---

① 转引自苏舆:《春秋繁露义证》,钟哲点校,北京:中华书局,1992年,第94页。

下，谋诛大臣，为赵氏所杀；晋厉公妒大夫，无贵贱，被大夫万所杀；楚灵王灭陈蔡，杀大臣，疲民行暴，父子相杀，国为人所取。

天子的神圣职责是替天行道，故当其无道而所受人讨伐，岂不合情合理？《尧舜不擅移汤武不专杀》极论昏庸无道之君，令不行而禁不止，不能服民，其被夺合乎天意，其被杀岂能称弑？其意与孟子同："王者，天之所予也，其所伐，皆天之所夺也。……故夏无道而殷伐之，殷无道而周伐之，周无道而秦伐之，秦无道而汉伐之。有道伐无道，此天理也，所从来久矣。……君也者，掌令者也，令行而禁止也。今桀纣令天下而不行，禁天下而不止，安在其能臣天下也！果不能臣天下，何谓汤武弑？"

《顺命》称无道之君被弑，无道之父被杀，可视为天罚。"孔子曰：'畏天命，畏大人，畏圣人之言。'……以此见其可畏，专诛绝者，其唯天乎！臣杀君，子杀父，三十有余，诸其贱者则损。以此观之，可畏者，其唯天命、大人乎！亡国五十有余，皆不事畏者也。""鲁宣违圣人之言，变古易常，而灾立至。圣人之言可不慎？此三畏者，异指而同致，故圣人同之，俱言其可畏也。"

# 第四章  程朱理学与"三纲"

　　不少学者将"三纲"归咎于汉儒可能出于这样一种动机，这样一来似乎儒家可以撇清后世"礼教"的种种问题，然而其实是撇不清的。原因是：这不仅涉及对董仲舒等汉儒的评价，当然也涉及对汉以来二千余年整个儒家传统的评价问题，其中尤其是对宋明儒的评价问题，须知宋明儒也是赞成"三纲"的；甚至很多人认为宋明理学家在把"三纲"极端化上，是有甚于汉儒的。在"三纲"问题上，汉宋似无分别，汉以后二千多年儒家几无分别。若是只肯定先秦，而否定汉代二千多年来儒家在"三纲"问题上的共同态度，也就必然要否认后世两千多年的儒家政治和社会思想。秦汉以后两千多年儒家政治传统都错了？都在主张绝对服从？若如此，那就真要说汉以后儒家思想的主流是坏的，即有所谓礼教杀人、吃人。真是这样的吗？儒家政治思想只在先秦是好的？

　　如果说董仲舒是宋以前最杰出的大儒，朱熹可算宋以来最杰出的大儒。有趣的是，这两位孔子以后中国二千多年历史上影响最大的儒学宗师，一生都是"三纲"思想的热情倡导者、坚决捍卫者和忠实执行者。有人甚至认为，"程朱理学"特别是其"三纲"思想，造成了吃人的封建礼教，为害大矣。[①]例如，张岱年说：

　　　　程、朱理学的有害作用是加强了封建礼教，勒紧了君权、父权、夫

---

① 根据陈独秀先生的说法，此一观点在20世纪初即有不少人主张，其中倡之最有条理者，"莫如顾实君"。参陈独秀：《宪法与孔教》，《陈独秀著作选编》（第一卷），第250页（并注《民彝》杂志第二号"社会教育及共和国之孔教论"一文）。

权的封建绳索，铸造了束缚人民思想的精神枷锁。吃人的礼教就是在程、朱学派的影响下形成的。①

先秦儒家并无绝对君权的观念。鼓吹绝对君权的乃是法家。到宋、元、明、清时代，中央集权的君主专制逐渐强化，君权变成绝对的。②

先秦儒家所谓忠孝并没有绝对君权绝对父权的意义。随着中央集权专制主义的逐渐加强，君权父权也就加强起来。到了宋明时代，达到了顶峰。至于强调夫权，也是宋代以来的事。③

有的学者认为，从董仲舒到程朱理学，“三纲”思想经历了一个不断强化的过程。④

宋代理学家的“三纲”精神究竟是如何表现的呢？本部分试图说明，宋代理学家是中国历史上最富革新精神的群体之一，而他们同时又基本上都坚定不移地信仰“三纲”，这一事实本身恰好说明：把“三纲”理解成所谓的“绝对等级”、“尽单方向的义务”或“绝对服从”之类是完全错误的。下面的讨论中，我们将以朱熹为主要代表（他倡导“三纲”的言论最多），旁及同时代其他人物。

## 1．宋代士大夫的政治主体意识

首先让我们来讨论宋代政治文化的氛围。余英时《朱熹的历史世界》第三章“同治天下——政治主体意识的显现”论宋代“国君与士大夫同治天下”思想为当时天子与士大夫们的共识，极为重要，因为它充分说明宋代理学家绝无将“三纲”理解为“绝对服从”的意识。原因非常简单，他们有强烈的主体意识！士大夫是政治世界的主体，而不是国君的臣民这么简单的事

① 张岱年：《论宋明理学的基本性质》（原载《哲学研究》1981 年第 10 期），《张岱年文集》（第五卷），北京：清华大学出版社，1994 年，第 282 页。
② 张岱年：《中国伦理思想的基本倾向》（原载《社会科学战线》1989 年第 1 期），《张岱年文集》（第六卷），北京：清华大学出版社，1995 年，第 60 页。
③ 张岱年：《中国伦理思想发展规律的初步研究》（1957 年），《张岱年文集》（第四卷），北京：清华大学出版社，1992 年，第 510 页。
④ 王德有、陈战国主编：《中国文化百科》，第 117 页。

实。余英时说：

> 宋代的"士"以政治、社会的主体自居，因而显现出高度的责任意识。①
>
> 士大夫与皇帝同治天下是宋代政治文化中一大特色。②
>
> 无论从客观功能或主观抱负看，宋代都可以说是士阶层最为发舒的时代。③
>
> 王安石"以道进退"，而司马光也"义不可起"。他们都以"天下为己任"，皇帝如果不能接受他们的原则，与之共"治天下"，他们是绝不肯为做官之故而召之即来的。宋代士大夫的风格便是在这种原则性的政争中逐渐培养起来的。士大夫持"道"或"义"为出处的最高原则而能形成一种风尚，这也是宋代特有的政治现象。④

方按：余说极有意思。我读《晦庵先生朱文公文集》卷二十四至二十九，见其与尚书、侍郎、丞相等之间的通信往来，多以辞官为内容，另一个内容就是寄望于当政官员格君心之非。余又说：

> 神宗时代的政治文化在南宋的延续是显而易见的。就正面而言，南宋士大夫……对于士为政治主体的原则也持之极坚。熙宁初王安石"以道进退"的风格便已广为人知。所以在神宗没有接受他的"新法"建议之前，他是绝不肯就相位的。同样的，神宗问程颢："朕召司马光，卿度光来否？"后者答道："陛下能用其言，光必来；不能用其言，光必不来。"（邵伯温《邵氏见闻录》卷一一）这正是因为他们两人都把自己看作是政治主体；他们只能本着所持的原则和皇帝"共治天下"，却不能为了爵禄之故，召之即来，有如仆从一样。这一主体意识在南宋理学

---

① 余英时：《朱熹的历史世界：宋代士大夫政治文化的研究》，北京：生活·读书·新知三联书店，2004年，第220页。
② 余英时：《朱熹的历史世界》，第222页。
③ 余英时：《朱熹的历史世界》，第224页。
④ 余英时：《朱熹的历史世界》，第225页。

家间获得了更深一层的发挥。《朱子文集》书信类中特标出"出处"之目，即其明证。如果把朱熹、张栻、吕祖谦三人往返信札中关于"出处"的讨论合起来看，问题便更清楚了。……打破"士贱君肆"的成局自始至终是宋代儒家的一个最重要的奋斗目标。从现代的观点说，士的主体意识的觉醒是通贯宋代政治文化三大阶段的一条主要线索。①

统计数据说明宋代择官完全摆脱了以门第为准，尤其是若干数据颇有说服力。宋代进士人数每年大约 200 人，而唐代每年大约只有 20~30 名。宋代 976~1019 年共 44 年，进士 9323 人；1020~1057 年共 37 年，进士 8509 人。唐代 290 年进士总共只有 6442 人。②由于唐代进士人数少，不足需要，所以多数官员非由进士出身，而由门第，且寒族进士与贵族进士角色在唐代亦不同。余氏认为，宋代科举制度的变化，是导致士大夫"以天下为己任"和强烈的政治主体意识的主要原因。其所引下列材料，颇能说明宋代士大夫的主体意识（重新核对过）：

- 材料1：文彦博与神宗论"为与士大夫治天下，非与百姓治天下也"。
  （李焘《续资治通鉴长编》卷二百二十一"神宗"[熙宁四年三月戊子条]）
- 材料2：程颐解《尧典》"克明俊德"云："帝王之道也，以择任贤俊为本，得人而后与之同治天下。"（《河南程氏经说》卷二）
- 材料3：王安石"以道进退"。叶梦得《石林燕语》卷七载神宗初即位与韩持国维等语，欲让韩氏召王安石来，曰："卿可先作书与安石，道朕此意，行即召矣。"维曰："若是，则安石必不来。"上问何故，曰："安石平日每欲以道进退，若陛下始欲用之，而先使人以私书道意，安肯遽就？"
- 材料4：王安石论与天子"迭为宾主"：《临川文集卷八十二·虔州学记》："若夫道隆而德骏者……虽天子北面而问焉，而与之迭为宾主。"
- 材料5：陆佃论君相相知。其《陶山集卷十一·神宗皇帝实叙论》云：

---

① 余英时：《朱熹的历史世界》，"自序二"。
② 余英时：《朱熹的历史世界》，第212、218页。

> "安石性刚，论事上前，有所争辩时，辞色皆厉。上辄改容，为之欣纳。盖自三代而后，君相相知，义兼师友，言听计从，了无形迹，未有若兹之盛也。"

■ 材料6：司马光"义不可起"。邵伯温《闻见录》卷十一载：帝谓监察御史里行程颢曰："朕召司马光，卿度光来否？"颢对曰："陛下能用其言，光必来；不能用其言，光必不来。"公果辞召命。"特公以新法不罢，义不可起。"此何等气节！

■ 材料7：宋太宗在淳化三年（992）三月论科举取士，便说道："天下至广，藉群材共治之。"（《续资治通鉴长编》卷三三），即位初又曾说："朕欲博求俊彦于科场中……止得一二，亦可为致治之具矣。"（《宋史》卷一五五"选举一"）

■ 材料8：神宗尝问明道云："王安石是圣人否？"明道曰："'公孙硕肤，赤舃几几'，圣人气象如此。王安石一身尚不能治，何圣人为！"（《朱子语类》卷第一百三十"本朝四 自熙宁至靖康用人"）

## 2．程颐论君臣之道

本章接下来重点研究朱熹。在此之前，我想先介绍一下小程子对于君臣关系，及士大夫出处进退的论述，这对于理解朱熹在同样问题上的看法当有帮助。

首先，程颐指出人君所处之位，决定了其极易骄横放肆，飞扬跋扈，肆无忌惮。有鉴于此，对于人君身上的缺点要特别警惕，"此自古同患，治乱所系也"。他说"人主居崇高之位，持威福之柄，百官畏惧，莫敢仰视。万方承奉，所欲随得"，因此"中常之君，无不骄肆"，"苟非知道畏义，所养如此，其惑可知"。（《河南程氏文集》卷第六"伊川先生文二·论经筵席第三札子"）

其次，鉴于上述原因，程颐认为，宰相和经筵为保证天下治乱的两大关键。他在元祐元年（1086）"论经筵"第三札子"贴黄二"中云："臣以为，天下重任，惟宰相与经筵：天下治乱系宰相，君德成就责经筵。"（《河南程氏文集》卷第六"伊川先生文二"）宰相以权位限君，经筵以六艺正君。

其三，为了避免人君肆虐无度，做臣子的一定要有自己的原则，绝不能任其妄为，尤不能轻易迁就、屈己顺从。他对为臣之道论述极为明确。《近思录》卷七"出处进退辞受之义"记载小程子论士大夫如何看待出处多条，其根本精神在于主张"士之处高位，则有拯而无随"。

程颐强调：为士者当"自高尚其事"，不可在权力面前弯腰低头，不能因时运不济放弃操守，不得为事于王侯背叛道义。他还主张，君臣之际，合必以正，是为了给日后有所作为留下余地；如果出于权宜之计附会、迎合君主，最终还是会不欢而散。"不正而合，未有久而不离者也。合以正道，自无终睽违之理。"（《近思录》卷七"出处进退辞受之义"）总之，"进退合道"，是士当有之志：

> 蛊之上九曰："不事王侯，高尚其事。"《象》曰："不事王侯，志可则也。"传曰：士之自高尚，亦非一道。有怀抱道德，不偶于时，而高洁自守者。有知止足之道，退而自保者。有量能度分，安于不求知者。有清介自守，不屑天下之事，独洁其身者。所处虽有得失小大之殊，皆自高尚其事者也。《象》所谓"志可则者"，进退合道者也。（《近思录》卷七）

最后，为了保证君臣之合以正，贤者必须自守而不能自求于君，否则纵被录用，也无所作为。他说："贤者在下，岂可自进以求于君？苟自求之，必无能信用之理。古人之所以必待人君致敬尽礼而后往者，非欲自为尊大。盖其尊德乐道之心不如是，不足与有为也。"（《近思录》卷七）

### 3．朱熹论君臣相与

程颐对于君臣相处之道的有关论述，被朱熹所继承并发挥。朱熹的观点大体如下：首先，为臣者不能"从君之欲"，而是"必行己之志"；其次，君有过不能谏，即是"长君之恶"；过未萌而导之，为"逢君之恶"；其三，"君臣义合，不合则去"，"决无苟且之理"。不合而去，犹有望于将来；不合而不去，则自绝于将来矣；其四，"不合则去"只是原则，必要时大臣也可废昏举明，纵然是异姓之卿（如霍光）。

下面辑录其相关言论若干：

■ 《论语集注》"先进第十一""所谓大臣者，以道事君，不可则止"下注云："以道事君者，不从君之欲"，"不可则止者，必行己之志。"

■ 《孟子集注》"告子章句下""长君之恶、逢君之恶"条下注云："君有过不能谏，又顺之者，长君之恶也。""君之过未萌，而先意导之者，逢君之恶也。"

■ 《孟子集注》"万章章句下""君有过则谏"条下注云："君臣义合，不合则去。此章言大臣之义，亲疏不同，守经行权，各有其分。贵戚之卿，小过非不谏也，但必大过而不听，乃可易位。异姓之卿，大过非不谏也，虽小过而不听，已可去矣。然三仁贵戚，不能行之于纣；而霍光异姓，乃能行之于昌邑。此又委任权力之不同，不可以执一论也。"

■ 《文集》卷二十五在随后"与陈丞相书"中，力申为相者，若不能行其志，则当退，决无苟且之理："愿相公益勉，不幸而不得其言，则不可暂而立其位也。……盖不合而去，则虽吾道不得施于时，而犹在是，异时犹可以有为也；不合而苟焉以就之，则吾道不惟不得行于今，而亦无可望于后矣。"

■ 《文集》卷二十五"答郑自明书"论其出处云："熹之出处，不足为时重轻。诸公或听其辞，固幸；不尔，则受命而复请祠；又不得，则当申审奏事，以卜可否；又不得，则引疾丐闲。此于进退，固自以为有余裕者。"

## 4．朱熹论格君心

朱熹在其一系列私人书信中，明确强调了"格君之非"的极端重要性。他曾在给同时代皇帝近臣权贵如赵尚书、陈侍郎、陈丞相等的书信中提醒对方以"格君非"为务；又曾建议陈丞相，为行己之志，在国君面前要不惜"以身之去就争之"；他在给韩尚书、陈公的信中，称自己因不能行志，"自甘退藏"二十余年；他在给宰相的书中，猛烈抨击朝政，对朝廷大表不满；等等。以下摘自朱子《文集》：

- 卷二十九"与赵尚书书"谓："尚书诚以天下之事为己任，则当自格君心之非。"

- 卷二十四"与陈侍郎书"中有："熹所以于前日之书不暇及他，而深以夫格君心之非者有望于明公"；又云："君心不正则是三说者又岂有可破之理哉……求所以破其说者，则又不在乎他，特在乎格君心之非而已。"（"三说"谓议和之三说）

- 卷二十四"贺陈丞相书"称颂明公"所论执皆系安危，至其甚者，辄以身之去就争之"，"陈公其必以是要说上前，而决辞受之几矣"。

- 卷二十五"答韩尚书书"云："自知绝不能与时俯仰，以就功名，以故二十年来自甘退藏，以求己志。所愿欲者，不过修身守道，以终余年。"

- 卷二十五"答陈丞相书"欲陈相远佞亲贤，格君之非："伏惟高明深念此意，……庶几异时复起，有以格君定国，铲弊锄奸。"

- 卷二十五"与陈公别纸"中云："格君心以救一时之祸，此岂细事而可不责之于吾身，积之于平日而苟焉，以一朝之智力图之哉？"

- 卷二十六"上宰相书"，力陈时事得失，言辞之剀切，态度之坚决，溢于言表。一开头就力辩当今国事宜急而不宜缓，"窃观今日之势，可谓当急而不可缓者矣。然今日之政则反是，愚不知其何以然也"！"窃惟朝廷今日之政，无大无小，一归弛缓"，云云。

## 5．朱熹抨击独裁

朱熹对国君的行事方式提出明确要求。他指出只有天下归顺，方能称为天子；若已众叛亲离，岂能再作国君？为免众叛亲离、成为独夫民贼，国君决策或任人不能独断独行、擅废擅立；必须谋之大臣，参之给舍，务必让臣下极意尽言，使公议大白天下：

- 《孟子集注·梁惠王章句下》"残贼之人谓之一夫"条下注称："一夫，言众叛亲离，不复以为君也。"后又注："盖四海归之，谓之天子；天下叛之，则为独夫。"

- 《文集》卷十四"经筵留身面陈四事札子"中，强调国君制命，不可独断独行,"必谋之大臣,参之给舍,使之熟议,以求公议之所在"。这样做的意义不仅可使臣下"得以极意尽言",而且"人主亦不致独任其责",因而符合"古今之常理"。他当面批评皇帝即位不及半月,即擅自更换宰相、台谏,此种行为"实出于陛下之独断","非为治之体"。

## 6.朱熹冒死谏诤

朱熹不但在理论上对君臣之道有上述观点,也在自己的生命历程中亲身实践了其观点。一生不阿权贵,不顺天子;抗言直谏,宁死不屈;几次罢逐,其志弥坚。足见其为臣决非"绝对服从"之流也!下面我们分别从谏诤、为官及辞官这三方面来看朱熹的政治实践。

首先,我们来看朱熹如何谏君。从孝宗即位时三十三岁初上书,至宁宗即位年(1194年)闰十月甲子上《祧庙议》,朱熹一生所上奏、札甚多,每每痛陈时弊,直指君心,其言辞之激、针砭之厉,可谓千古一绝。大体来说,他的奏疏以正心术、立纲纪、批佞臣、责近嬖、倡谏诤、赈灾荒、恤民生、纠时弊等为主:

- 高宗绍兴三十二年(1162年,33岁)六月,上封事批评孝宗学文学老庄,用狼奸之臣。"陛下毓德之初,亲御简策,不过讽诵文辞,吟咏情性。比年以来,欲求大道之要,又颇留意于老子、释氏之书。……夫帝王之学,必先格物致知,以极夫事物之变,使义理所存,纤悉毕照,则自然意诚心正,而可以应天下之务。"批和议,曰"愿畴咨大臣,总揽群策,鉴失之之由,求应之之术"。批朝臣,曰"欲斯民之得其所,本原之地亦在朝廷而已。陛下以为今日之监司,奸赃狼藉、肆虐以病民者谁?则非宰执、台谏之亲旧宾客乎"。①

- 孝宗隆兴元年(1163年),复召对,批皇上不学无术,壅塞谏诤,宠爱佞幸,未正朝堂。"陛下……未尝随事以观理,故天下之理多所未察;未尝即事以应事,故天下之事多所未明。是以举措之间动涉疑

---

① 王懋竑:《朱熹年谱》,何忠礼点校,北京:中华书局,1998年,第20、21页。
② 王懋竑:《朱熹年谱》,第22、23页。

贰，听纳之际未免蔽欺。平治之效所以未著，由不讲乎大学之道，而溺心于浅近虚无之过。"又言："今日谏诤之途尚壅，佞幸之势方张，爵赏易致而威罚不行，民力已殚而国用未节。则德业未可谓修，朝廷未可谓正，纪纲未可谓立，凡古先圣王所以强本折冲，威制夷狄之道，皆未可谓备。"②

■ 孝宗淳熙七年（1180年），应诏上封事，直指人君心术未正，致使小人得志而奸臣当道，纲纪未立而邪气盛行，祸在旦夕却浑然不知。孝宗读之大怒，熹以疾请祠。其中云："恤民之本在人君正心术以立纪纲。……盖天下之纪纲不能以自立，必人主之心术公平正大，无偏党反侧之私，然后有所系而立。……今宰相、台省、师傅、宾友、谏诤之臣，皆失其职，而陛下所与亲密谋议，不过一二近习之臣。……上以蛊惑陛下之心志……下则招集天下士大夫之嗜利无耻者……交通货赂，所盗者皆陛下之财；命卿置将，所窃者皆陛下之柄。……民又安得而恤？财又安得而理？军政何自而修？土宇何自而复？宗庙之仇又何时而可雪耶？"且曰："莫大之祸，必至之忧，近在朝夕，而陛下独未之知。"①

■ 孝宗淳熙八年（1181年，52岁），朱熹奏事延和殿，"极陈灾异之由与夫修德任人之说"，其中言：

陛下临御二十年间，水旱盗贼，略无宁岁，意者德之崇未至于天与？业之广未至及于地与？政之大者有未举，而小者无所系与？刑期之远者或不当，而近者或幸免与？君子有未用，而小人有未去与？大臣失其职，而贱者窃其柄与？直谅之言罕闻，而谄谀者众与？君子有未用，德义之风未著，而污贱者骋与？货赂或上流，而恩泽不下究与？责人或已详，而反躬有未至与？……陛下既未能循天理、公圣心，以正朝廷之大体，则固已失其本矣。②

---

① 王懋竑：《朱熹年谱》，第107～108、536页（参《宋史·朱熹传》）。
② 王懋竑：《朱熹年谱》，第122页。

复言近习用事，"使陛下之德业日隳，纲纪日坏，邪佞充塞"云云，一共上了七封奏札。

- 淳熙九年（1182 年），上"修德以弭天变状"，谓："为今之计，独有断自圣心，沛然发号，责求躬言，然后君臣相戒，痛自省改。"复上时宰相书云："朝廷爱民之心，不如惜费之甚，是以不肯为极力救民之事。明公忧国之念，不如爱身之切，是以但务为阿谀顺旨之计。"并警告"民心一失，则不可复收"。①

- 淳熙十五年（1188 年），周必大为相，趣先生入奏。六月，朱熹奏事延和殿，当面质疑皇上时政要害多条，皇上一一回应，朱熹坚持己见，毫不退缩。②共上奏札五，首言近年刑狱失当，狱官不称。次言制钱之病，科罚之弊。其末言：

  陛下即位二十七年，因循荏苒，无尺寸之效可以仰酬圣志，无乃燕闲蠖濩之中，虚明应物之地，天理有所未纯，人欲有所未尽，是以为善不能充其量，除恶不能去其根。愿陛下自今以往，一念之顷必谨而察之，无一毫之私欲得以介乎其间。③

- 同年十一月一日，朱熹再上封事。在这封一万多字的长篇奏章中④，他以当日天下比作身患重病之人，谓其自内至外，自四肢至于毛发，无处不病。他从辅翼太子、选任大臣、振举纲维、变化风俗、爱养民力、修明军政六个方面对时政进行了激烈的批评，其中尤其强调"君心正"是这一切急务之根本，"凡此六事，皆不可缓，而其本在于陛下之一心。一心正则六事无不正"。"天下之事，千变万化"，"而无一不本于人主之心"，"故人主之心正，则天下之事无一不出于正；人主之心不正，则天下之事无一得由于正"。人主心正，其功效自然

---

① 王懋竑：《朱熹年谱》，第 132～133 页。
② 王懋竑：《朱熹年谱》，第 165～166 页。
③ 《宋史·朱熹传》，转引自王懋竑《朱熹年谱》第 539 页。
④ 王懋竑：《朱熹年谱》，第 169～194 页。

验之于家人、左右、朝廷及天下。他甚至这样启发皇上说："陛下试以是而思之：'吾之所以精一克复而持守其心者，果尝有如此之功乎？所以修身齐家而正其左右者，果尝有如此之效乎？'"

■ 由此出发，他对于当日皇上从内心起念到饮食起居，从视听言动至朝堂体制，一一提出了明确细致的规范和要求：

是以古先圣王兢兢业业，持守此心，虽在纷华波动之中，幽独得肆之地，而所以精之一之，克之复之，如对神明，如临渊谷，未尝敢有须臾之怠，然犹恐其隐微之间，或有差失而不自知也。是以建师保之官，以自开明；列谏诤之职，以自规正。而凡其饮食、酒浆、衣服、次舍、器用、财贿，与夫宦官、宫妾之政，无一不领于冢宰之官，使其左右前后，一动一静，无不制以有司之法，而无纤芥之隙，瞬息之顷得以隐其毫发之私。①

■ 在这次上奏中，他还对当日皇上言行失当之处，进行了一针见血、毫不隐讳的批评，称"陛下之所以修之家者，恐其未有以及古之圣王也"；"陛下所以正其左右，未能及古之圣王又明矣"；"陛下上为皇天之所子……乃不能充其大，而自为割裂以狭小之，使天下万事之弊，莫不由此而出，是岂不可惜也哉"！"臣窃寒心，不知陛下何以善其后也？""臣尝窃怪陛下所以调护东宫者，何其疏略之甚哉？"只因"陛下之心……以一念之间未能去其私邪之蔽，是以朝廷之上，忠邪杂进，刑赏不分，士夫之间，志趣卑污，廉耻废坏，顾犹以为事理之当然，而不思有以振厉矫革之也"；"无怪乎陛下常不得天下之贤材而属任之"。又问："陛下视此纲纪为如何？可不反求诸身，而亟有以振肃之耶？""陛下视此风俗为如何，可不反求诸身，而亟有以变革之耶？"

■ 在同一封奏文中，对于时臣的抨击尤其猛烈："陛下之庭，侍从之列，方有造为飞语以中害善良，唱为横议以胁持上下，其巧谋阴计，

---

① 王懋竑：《朱熹年谱》，第173页。

又有甚于前日之不思而妄发者";奸佞之人"逞邪媚、作淫巧","而公卿大臣拱手熟视,无一言以救其失";"陛下所用之宰相,不能择中外大吏,而惟徇私情之厚薄;所有之台谏,不能公行纠劾,而惟快己意之爱憎"。"陛下之所得以为将帅者,皆庸夫走卒,固不知兵谋师律之为何而事,而惟克剥之是先,交结之是图矣。陛下不知其然,而犹望其修明军政,激劝士卒,以强国势,岂不误哉!""陛下尊居宸极,威福自己,亦何赖于此辈而乃与之共天下之政,以自蔽其聪明,自坏其纲纪,而使天下受其弊哉?"

■ 宁宗即位(1194年),除朱熹焕章阁待制、侍讲。十月辛卯,朱熹入对,直言皇上即位已三月,"祸乱之本,又已伏于冥冥之中,特待时而发耳。臣虽至愚,亦知窃为陛下忧之"。他诚陛下自处时"诚能动心忍性、深自抑损",于事务"积其诚意"、"痛自克责",同时希望"陛下凝神克默,深监古先,日与大臣讲求政理"。又与皇上论读书穷理之重要,并诫其"居敬持志","严恭寅畏,常存此心,使其终日俨然,不为物欲之所侵乱","伏惟圣明,深赐省览"。①

■ 同月庚戌,在面奏中称"臣之所言,其最大者,则劝陛下凡百自奉,深务抑损",即饮食、起居、仆御等日常生活方面,"未可遽然全享万乘之尊"。又指陛下即位以来频繁更换宰相、台谏,"非为治之体",致使"中外传闻,无不疑惑";建议皇上为过宫之事"下诏自责,减省舆卫";又谓"臣愿陛下深察愚言,而反之于心";云云。②

■ 其后他日,又在札子中曰:"愿陛下日用之间,语默动静,必求放心以为之本,而于玩经观史、亲近儒学,已用力处益用力焉。"针对都城出现灾异,上札曰:"伏愿陛下……克己自新,早夜思省,举心动念、出言行事之际,常若皇天上帝临之在上,宗社神灵宗之在旁,懔懔然不敢复使一毫私意萌于其间。"③

① 王懋竑:《朱熹年谱》,第233~235页。
② 王懋竑:《朱熹年谱》,第241~245页。
③ 王懋竑:《朱熹年谱》,第246~247页。

## 7. 朱熹强君挢君

朱熹曾在致周丞相（必大）的信中，劝诫他切勿为固位而阿谀奉承，因媚嫉而植党营私；希望他"以天下之重自任"，"无一不出于正"（《文集》卷二七"与周丞相札子"）。又在《与周丞相书》中诫其"凡事不欲大公至正之道显然行之，而每区区委曲于私恩小惠之际"；提醒他如想事事讨好、人人取媚，必"无以慰天下之公论"（《文集》卷二八）。通观朱熹的一生，可以说正是这么做的。他为官刚正不阿，不惧豪强；他不植党羽，不谀权贵；他怒斥奸佞，义责近嬖；他要挟天子，强君挢君；可谓"以道事君"之典范矣。[①]下录其为官事迹若干以见之：

■ 义劾贪官：朱熹于淳熙八年（1181年，52岁）八月提举浙东常平茶盐公事，赈灾济民，他发现多处官员贪贿，不顾饥民死活，遂多次上奏弹劾不力官员。[②]

　　——淳熙八年十二月，奏劾贾祐之不抄札饥民；

　　——淳熙九年春正月，奏劾密克勤偷盗官米；

　　——同月，奏劾上户朱熙绩不伏赈粜；

　　——同月，奏劾衢州守李峄；

　　——同月，奏劾张大声、孙孜检放不实；

　　——七月，申知江山县王执中不职；

　　——同月，奏劾知宁海县王辟纲不职；

　　——同月，奏劾前知台州唐仲友不法。

■ 要挟皇上：淳熙八年（1181年）三月，朱熹知南康军任满，除提举江南西路常平茶盐公事，奏本四事，其中之一是"请照赏格补授诸出粟人，使民间早得为善之利"。秋七月，以修举荒政之功，除直秘阁。"先生以前所劝出粟人未推赏，辞。九月，告下，复辞。不允，又辞。""凡三辞，皆以前所奏纳粟人未推赏，难以先被恩命。"八月，"改除提举两浙浙东路常平茶盐公事""时浙东荐饥……先生以上轸

---

① 门人黄榦所撰《朱先生行状》称："先生平居惓惓，无一念不在于国。闻时政之阙失，则戚然有不豫之色。语及国势之未振，则感慨以至泣下。"王懋竑：《朱熹年谱》，第516页。

② 王懋竑：《朱熹年谱》，第121～135页。

宸虑,遂拜命不敢辞。即日单车就道,复以南康纳粟人未推赏,辞职名,仍乞奏事。十月,堂帖报南康纳粟赏行,遂受职名。"①

■ 得罪权贵:淳熙九年(1182年,53岁),朱熹因宰相王淮荐举提举浙东,赴任后发现王淮姻家唐仲友贪虐成性,众怒纷然,他义无反顾地上章弹劾仲友。王淮藏匿奏章,朱熹愈挫愈勇,先后六奏,终致仲友被迫解职。为了报复朱熹,王淮擢用郑丙、陈贾之流,诋程学、批道学,谓"近日缙绅有所谓'道学'者,大率假名以济伪,愿考察其人,摈弃勿用,盖指熹也"。②朱熹深明原因,请求落职奉祠,从此主管台州崇道观,连奉云台、鸿庆之祠达五年之久,直到淳熙十四年,因杨公万里之荐、除提点江西刑狱为止。

■ 以道事君:淳熙十五年(1188年,59岁)六月,周必大相,遂入奏。此前朱熹已因浙东救荒有功而受皇上赏识,除江南西路提点刑狱公事。此次皇上召见,另有要职安排。"是行也,有要之于路,以'正心诚意'为上所厌闻,戒以勿言者。先生曰:'吾生平所事,只有此四字,岂可回互而欺吾君乎?'"③

■ 冲撞天子④:1194年,宋宁宗即位后以朱熹为焕章阁待制兼侍讲。从此,在为皇帝主讲经筵期间,朱熹多次就朝廷政治得失上奏,他毫不隐讳、屡上直言,他不惧权臣、一针见血,他义薄云天、不留情面,终于把皇上惹怒,罢其职务,逐其行止。至此,朱熹在朝时间不过四十日(据《年谱》当自八月癸巳至闰十月戊寅止)。现录其中若干细节如下:

——八月,赴行在途中,门人刘黻问先生打算如何待君,朱熹答曰"今日之事,非大更改",不足以服人心;天子必须卧薪尝胆,"不敢以天子之位为乐";

——九月,奏乞带元官职奏事,为日后奏议国事铺垫;

——冬十月辛卯,奏事行宫便殿,谓陛下即位三月以来,多有不

---

① 王懋纮:《朱熹年谱》,第117、118、121~122页。
② 《宋史·朱熹传》,引自王懋纮:《朱熹年谱》,第538页,细节参同书第136~142页。
③ 王懋纮:《朱熹年谱》,第167页。
④ 王懋纮:《朱熹年谱》,第229~250页。

当，群臣百姓疑惑丛生；建议陛下"动心忍性，深自抑损"，饮食起居，勿过往昔；希望皇上读书穷理，屏除物欲；云云。共上五札；

——丁酉，上《孝宗山陵议状》，批评台史"罔上误国"；

——辛丑，奏乞侍讲不以寒暑单双日及假故，逐日早晚进行；

——奏乞令后省看详封事；

——奏乞讨论嫡孙承重之服；

——奏乞罢却百官于瑞庆圣节前一日诣行宫便殿称贺；

——庚戌，讲筵留身，面奏四事：一反对为起居修葺旧东宫；二建议为定省下诏自责；三要求振肃纲纪，慎用贤臣；四主张另择殡宫，安置寿皇；

——闰十月戊午朔之次日，编次讲章以进，勉励皇上求放心，语默动静皆小心，和颜悦色询大臣；

——庚申，上《论灾异札子》。因都城内现异象，建议皇上以殷中宗、高宗为法，"克己自新，早夜思省"，"举心动念、出言行事"皆不可有一毫马虎；

——甲子，上《祧庙议》。皇上要朱熹"于榻前撰数语，俟径批出施行"，朱熹认为内批不妥，乞降札令臣僚集议。此事可能是他得罪皇上的关键；

——丙子，晚讲留身，要求皇上施行前奏四事。既退，皇上即降御批，免除朱熹侍讲之职。

## 8．朱熹不合则辞

朱熹坚主"君臣以义合、不合则退"，他自己一生为官生动地反映了这一点。《宋元学案·晦翁学案》谓："先生登第五十年，仕于外者，仅历同安簿、知南康军、提举浙东常平茶盐、知漳州、潭州，凡五任九考。"[①]门人黄榦所撰《朱先生行状》对朱熹一生为官之大节这样描述道：

---

① 黄宗羲原著，全祖望补修：《宋元学案》（第二册），北京：中华书局，1986年版，第1503页。

谨难进之礼，则一官之拜，必抗章而力辞；厉易退之节，则一语不合，必奉身而亟去。其事君也，不贬道以求售；其爱民也，不徇俗以苟安。①

吾按之：朱熹之辞官，非为辞官也，欲得君行道也。而乃未能如愿，则如黄榦所云："道之难行也如此。"下面辑录朱熹一生因政见不合、己愿不伸等原因而辞官之事若干，以见其所主"三纲"，断非"绝对服从"之义：②

- 宋高宗绍兴二十九年（1159年，30岁）秋八月，召赴行在，以疾辞；

- 宋孝宗隆兴元年（1163年，34岁）春三月，复召，辞；

- 乾道元年（1165年），促就职。既至，以时相方主和议，不合，请祠以归；

- 乾道五年（1169年）前后三促就职，"会魏掞之以论曾觌去国，遂力辞。先生尝两进绝和议、抑佞幸之戒，言既不行，虽擢用狎至，不敢就"；

- 乾道六年（1170年）冬十二月，召赴行在，以丧制未终辞；

- 乾道七年（1171年）冬十二月，免丧复召，以禄不及养辞；

- 乾道九年（1173年，44岁）春三月，省札复趣行，复辞，并请祠；

- 同年五月，有旨特改左宣教郎，主管台州崇道观，再辞；

- 淳熙元年（1174年，45岁）春二月，复辞。三月，有旨不许辞免，复辞；

- 淳熙三年（1176年）夏六月，除秘书郎，辞，不允。秋八月，复辞，并请祠；

① 黄榦：《朝奉大夫文华阁待制赠宝谟阁直学士通议大夫谥文朱先生行状》，见王懋竑：《朱熹年谱》，第516页。
② 王懋竑：《朱熹年谱》，页码如下：17（绍兴）、22（隆兴）、26（乾道元年）、28～29（乾道五年）、48（乾道六年）、50（乾道七年）、59（乾道九年）、60（乾道九年）、61（淳熙元年）、73（淳熙三年）、87～88（淳熙五年）、88～94（淳熙六年）、94～95（淳熙六年）、98（淳熙六年）、98～108（淳熙七年）、118（淳熙八年）、129～142（淳熙九年）、164（淳熙十四年）、165～195（淳熙十五年）、197～200（淳熙十六年）、209（绍熙元年）、215～216（绍熙二年）、222～223（绍熙三年）、234（绍熙四年）、226～252（绍熙五年）、252～254（庆元元年）。

- 淳熙五年（1178年）秋八月，差知南康军，辞。冬十月，有旨不许辞免。复辞，请祠。十二月，省札趣之任；

- 淳熙六年（1179年）春正月，复请祠。二月，复请祠。五月，请祠，不报；六月，请祠，不报；

- 同年秋七月，申省自劾。时台谏谓用札奏事非制，而先生用之，"遂申乞罢黜"；

- 同年冬十月，以救旱不当故，申省自劾。十二月，又以未蒙处分，复申省自劾；

- 淳熙七年（1180年）春正月，请祠，不报。三月，请祠，不允。夏四月，请祠，不报；

- 淳熙八年（1181年）秋七月，除直祕阁，三辞，皆因纳粟人未推赏；

- 淳熙九年（1182年，53岁）二月，回绍兴，乞赐镌削官职。八月，留台州，乞赐罢黜；

- 同年八月，除直徽猷阁，再辞；

- 同年八月，改除江南西路提点刑狱公事，接替唐仲友，辞。九月十二日，去任归；

- 同年九月，诏与江东梁总两易其任，辞。诏免回避，辞；

- 同年冬十一月，始受职名，仍辞新任，并请祠；

- 淳熙十四年（1187年，58岁）秋七月，除江南西路提点刑狱公事，待次，辞，不允；

- 淳熙十五年（1188年）春正月，有旨趣奏事之任，复以疾辞，不允。三月十八日，启行，在道再辞，并请祠；

- 同年六月癸酉，除兵部郎官，以足疾在告，请祠。乙亥，诏依旧职名江西提刑。在道辞免新任，有趣旨之任。秋七月，复以足疾辞，并请祠。磨勘转朝奉郎，除直宝文阁，主管西京嵩山崇福宫。八月，辞转官，辞职名，皆不允；

- 同年九月，复召，辞；

- 同年冬十月，趣入对；十一月，复辞，遂上封事；

- 同年十一月，除主管西太乙宫兼崇政殿说书，辞；

- 淳熙十六年（1189年，六十岁）春正月，除秘阁修撰，依旧主管西京嵩山崇福宫，辞职名。夏四月，复辞职名；

- 同年秋八月，除江南东路转运副使，辞；

- 冬十月，诏免回避，疾速之任，复辞；

- 冬十一月，改知漳州，再辞，不允；

- 宋光宗绍熙元年（1190年，61岁）冬十月，以地震及足疾，不能赴赐宴自劾，并请祠，不允；

- 绍熙二年（1191年）三月，复除秘阁修撰，主管南京鸿庆宫。夏四月，去郡，辞职名。秋七月，复辞职名，不允；

- 同年九月，除荆湖南路转运副使，辞，不允。冬十二月，复辞，以经界不行自劾；

- 绍熙三年（1192年）春二月，有旨趣之任，复辞，并请补祠秩，许之；

- 同年冬十二月，除知静江府、广南西路经略安抚使，辞；

- 绍熙四年（1193年）春正月，有旨趣之任，复辞；

- 同年冬十二月，除知潭州、荆湖南路安抚使，辞；

- 绍熙五年（1194年）春正月，复辞。二月，有旨趣之任；

- 同年六月，申乞放归田里；

- 同年七月，宁宗即位，召赴行在奏事，辞；

- 同年八月，赴行在。除焕章阁待制并侍讲，再辞，不允；

- 同年冬十月辛卯，奏事行宫便殿，面辞待制、侍讲，不允；

- 壬辰，申省辞待制职名，乞改作说书差遣；

- 辛丑，差兼实录院同修撰，再辞，不允；

- 同年闰十月丙子，免侍讲职。戊寅，申省乞放谢辞，遂行；

- 壬午，除宝文阁待制，与州郡差遣，辞。寻除知江陵府、荆湖北路安抚使，辞，并乞追还待制职名；

- 十二月，诏依旧焕章阁待制，提举南京鸿庆宫，辞；

- 宋宁宗庆元元年（1195年，66岁）春三月，复辞职名；

- 同年夏五月，复辞职名，并乞致仕；

■ 同年冬十一月，复辞职名。

## 9．小结：道尊于势

余英时认为，朱熹及与其相关的一大批理学家，包括二程、陆象山等人思想的精神实质之一在于主张"道"尊于"势"。

他认为，朱熹别具匠心地重新塑造了"道体"、"道统"和"道学"这三个术语，特别是有意识地区分了道统和道学这二者。所谓道统，在朱的心目中是与治联系在一起的，即在三代之时圣人德位合一的历史条件下所呈现出来的样子，道与势不分；而道学则不然。道学是三代之后，圣人德位不一，势尊于道的历史条件下，孔子不得已而阐发道体和道统的学问。所以道学是三代以后的事。这样一来就出现了三代以后道与势的分离。提出这一理念的现实意义是重大的，因为它代表理学家们驯化权力的伟大努力，即要实现"道"尊于"势"。余云：

朱熹之所以全力构建一个"内圣外王"的上古三代之"统"，正是为后世儒家（包括他自己）批判君权提供精神的凭借。[①]

象山亦云：

古者势与道合，后世势与道离。（《象山集·象山语录卷二》）

学者们常引程朱理学家"天下无不是底父母"之言来批评"三纲"。例如，张岱年先生提到：

到宋代，罗从彦提出"天下无不是之父母"，朱门弟子陈埴又进而提出"天下无不是之君"，于是君臣关系成为绝对服从的关系了。[②]

陈瓘此说，不但肯定天下无不是底父母，也承认天下无不是底君

① 余英时：《朱熹的历史世界》，第23页。
② 张岱年：《超越传统理解传统》（1989年），《张岱年文集》（第六卷），第483～484页。

了。"天下无不是底父母",就是说,父母对子女,无论怎样都是对的,子女对父母只有绝对服从。陈瓘认为,臣对于君,子对于父,不应"见其有不是处",即应该绝对服从君父的意旨。①

张先生对罗从彦、陈瓘之说的解读,我认为是错误的。张先生认为他们主张"子女对父母只有绝对服从","臣对于君,子对于父""应绝对服从君父的意旨"。如果全面检索程朱理学家的思想,即可发现这绝不是他们的本义。他们只是在强调一种做人的美德,用今天的话说,就是自我牺牲的精神。王夫之虽批评"天下无不是底父母",但还是承认"延平此语全从天性之爱发出"(《读四书大全说》卷九"离娄下篇之四")。它指的是,做臣子的人,出于爱心,多替君父着想,而不是怪罪于他们。这是出于拳拳爱心,发乎至诚;也正因有此至诚,他们又都同时主张"格君心之非"及谏争。只有从这个角度来理解,才能将这些话与程朱学者同时主张谏争这两个看似相反的事实统一起来。但是如果用张的话来理解的话,就无法统一了。朱熹对这个问题也有专门讨论:

> 韩退之云:"臣罪当诛兮,天王圣明",此语何故程子道是好?文王岂不知纣之无道,却如此说?是非欺诳众人,直是有说,须是有转语方说得文王心出。看来臣子无说君父不是底道理,此便见得是君臣之义处。庄子云:"天下之大戒二:命也,义也。子之于父,无适而非命也;臣之于君,无适而非义也;无所逃于天地之间。"旧尝题?一文字,曾引此语,以为庄子此说,乃杨氏无君之说。似它这意思,便是没奈何了。方恁地有义,却不知此是自然有底道理。又曰:臣之视君如寇雠,孟子说得来怪差,却是那时说得;如云三月无君则吊等语,似是逐旋去寻个君,与今世不同。而今却是只有进退,无有去之之理,只得退去。又有一种退不得底人,如贵戚之卿是也。贾生吊屈原文云:"历九州而相其君兮,何必怀此都也。"又为怀王傅,王坠马死,谊自伤傅王无状,悲

---

① 张岱年:《中国伦理思想研究》(1989 年),《张岱年文集》(第六卷),第 608~609 页。

泣而死，张文潜有诗讥之。当时谊何不去？直是去不得。看得谊当初年少，也只是胡说。(《朱子语类》卷十三"学七力行")

仔细玩味这一大段话，朱熹说，程子已经指出，文王何尝不知道纣的不是，但之所以仍然说"天王圣明"，这是君臣相处之义。又引庄子云"子之于父，臣之于君，无适而非义"，这讲的完全是尊重君、父的身份。如果朱熹认为这话是指君父绝对无错、只有服从，为何紧接着他又肯定孟子"臣视君如寇雠"，以及强调"不合则去"？所以我们今天理解古人，绝不能断章取义。更重要的是，不能因为我们先入为主的偏见作祟，预设了君是恶的（代表君主制嘛），所以只要一听古人说"忠君"，就认为他们愚昧。

# 第五章　古人评价"三纲"

如果"三纲"真的如今人所说，是那么违反人性的腐朽糟粕，为何汉代以来历代儒家，从董仲舒到刘向、班固，从马融到朱熹，从真德秀到张之洞、陈寅恪，从今文经学家到古文经学家，从汉学家到宋学家，皆信之不疑、辩之不绝？难道过去两千多年的儒家学者们都错了？都认识不到"三纲"思想是僵化的、违反人性的教条？或许有另外一种可能，即错的是今人，古人并没有把它们理解成教条，只有今人才这么理解。

再问：那些主张"三纲"的后儒，都是把"三纲"理解成等级尊卑绝对化、服从绝对化的吗？他们在理论上可曾这样主张过？在行动中可曾这样做过？别的不说，朱子就不是这样认为的，也不是这样做的。看看《朱子小学》，他教育人们从小开始谏父母。在汉代以后的历代朝廷中，恐怕主张并维护"三纲"是主流吧？请问那些忠臣义士们，有几个把"三纲"理解为"绝对服从"了？还是恰好相反，能抗言直谏甚至死谏？所以我说，把"三纲"理解成绝对等级、绝对服从，都是我们现代人睁眼说瞎话，只要稍微研究一下历史上发生过的那些事情，断不至于说出这种荒唐话来。谬误重复过一千遍之后也就成了真理，"三纲"就是这样的命运。如果说那些不研究国学或中国历史的人说这样的话还可以理解，研究国学或中国历史的人也说这样的话，就不可理解了。

下引历代学者评价"三纲"资料若干，分为四类：

## 1．"三纲"出乎天道

古人认为，"三纲"出于天命、合乎天意、见于天道，故有"可求于天"、

"得于中极"、"参于天地"、"根于天命"等一系列说法。兹录主要观点若干：

- [汉]董仲舒《春秋繁露·基义》云："王道之三纲，可求之于天。"
- [汉]扬雄《太玄经》卷五云："三纲得于中极，天永厥福。"
- [宋]真德秀《西山先生真文忠公文集》卷第四"召除礼侍上殿奏札一"称"三纲三常"为"扶持宇宙之栋干"。
- [元]吴澄后学韩阳亦谓："吾儒之道"，即"三纲五常之道"，"在天地间，一日不可无者"。（《吴文正集·原序》）
- [明]曹端认为"三纲五常"即是道，他说："道一也，语上则极乎高明，语下则涉乎形器，语大则至于无外，语小则入于无内，而其大要则曰中，而大目则曰三纲、五常焉。得之，则参于天地，并于鬼神，是两间之至尊者也。"（《通书述解》卷之下"师友上"）
- [明]薛瑄《读书录》卷六称"天地间至大者莫过于三纲五常之道"，"三纲五常之道根于天命"。

## 2．"三纲"合于天理

古人以为，"三纲"天经地义地合理，故称其为"天下定理"、"自然之理"、"宇宙之理"，等等。

- [宋]明道云："父子君臣，天下之定理，无所逃于天地之间。"（朱熹、吕祖谦编《近思录》卷二"为学"，又见《二程遗书》卷五）
- [宋]姚勉《雪坡集》卷九："三纲五常，非圣人强立之，皆顺天下自然之理也。"
- [宋]朱熹《文集》卷七十"读大纪"："宇宙之间一理而已，天得之而为天，地得之而为地。而凡生于天地之间者，又各得之以为性。其张之为三纲，其纪之为五常。盖皆此理之流行，无所适而不在。"
- [明]方孝孺《逊志斋集》卷六"斥妄"篇谓："穷天下之理而见之于躬行，尽乎三纲六纪而达之于天道，尧舜禹汤周公孔子之所传，人之为人，不过学此而已。"
- [明]薛瑄《读书录》卷六称："三纲五常之道……循之则为顺天理而治，悖之则为逆天理而乱。自尧舜三代历唐汉以至宋，上下数千年，盖可考其迹而验其实也。"

- [明]曹端认为"三纲五常"即是理,他说:"宇宙之间,一理而已,天得之而为天,地得之而为地,人物得之而为人物,鬼神得之而为鬼神。吾圣人之道,则合高厚而为一,通幽明而无间。语其目之大者,则曰三纲、五常。"(《通书述解》卷之下"陋")

## 3．"三纲"万世不灭

正因为"三纲"源自天命、合乎天理,故在天地间永恒不灭、万古如斯,在人世间千载不绝、万世常行:

- [汉]扬雄《太玄经》卷五云:"三纲之永,其道长也。"
- 《朱子语类》卷二十四《论语六·子张问十世可知章》:"三纲五常亘古亘今不可易","纲常千万年磨灭不得"。
- [宋]陈傅良《止斋集》卷二十八"经筵孟子讲义"云:"以三纲五常不可一日殄灭故也。三纲五常不明而殄灭,则天地不位,万物不育矣。自古及今,天地无不位之理,万物无不育之理,则三纲五常无绝灭之理。三纲五常无绝灭之理,则孔子之道无不足尊信之理。"
- [明]薛瑄《读书录》卷三谓:"三纲五常之理,万古犹一日。"卷六称:"三纲五常之道……历万世如一日。"

## 4．"三纲"治国之本

"三纲"为国家之根本,治平之要道;帝王学之,圣贤用之。兹录"三纲"与治道关系观点若干:

- [宋]刘敞《刘氏春秋意林》卷上:"君臣也,父子也,夫妇也,治之三纲也,道莫先焉。"
- [宋]程颢:"唐有天下,虽号治平,然亦非尽善之道。三纲不正,无君臣父子夫妇。其原始于太宗也。"(《近思录》卷八"治体")[1]
- [宋]朱熹《文集》卷二十三"乞放归田里状":"天下国家之所以长久安宁,唯赖朝廷三纲五常之教,有以建立修明于上,然后守藩述

---

① "非尽善之道",或作"有夷狄之风"。

职之臣，有以禀承宣布于下。所以内外相维，小大顺序，虽有强猾奸宄之人，无所逞其志而为乱。"

■ 《朱子语类》卷二十四《论语六·子张问十世可知章》："此一章'因'字最重。所谓损益者，亦是要扶持个三纲五常而已，如秦之继周，虽损益有所不当，然三纲五常终变不得。"

■ 《朱子语类》卷五十一《孟子一·问汤放桀章》问孟子言贼仁，曰："贼仁便是将三纲五常、天叙之典、天秩之理一齐坏了。"

■ [宋]真德秀《西山先生真文忠公文集》卷第四"召除礼侍上殿奏札一"云："国与天地，必有与立焉，三纲五常是也。""国而无此，则中夏而裔夷矣。"

■ 真德秀《大学衍义》卷六"格物致知之要一·天理人伦之正"谓："盖天下之事众矣，圣人所以治之者，厥有要焉。惟先正其本而已。本者何？人伦是也。故三纲正，则六纪正；六纪正，则万事皆正。犹举网者提其纲纪，而众目毕张也。若纲纪不正，虽事事而理之，犹整乱丝，其能治乎？……繇古洎今，未有三纲正于上，而天下不安者；亦未有三纲紊于上，而天下不危者。善计天下者，亦察乎此而已矣。"

■ 《元史》卷一百四十六耶律楚材谓帝曰："三纲五常，圣人之名教，有国家者莫不由之，如天之有日月也。岂得缘一夫之失，使万世常行之道，独见废于我朝乎！"

■ [明]薛瑄《读书录》卷六称"帝王之为治，圣贤之为学"，皆不外乎学"三纲五常"之道。

## 5. "三纲"秩序之源

"三纲"为秩序之源头、安宁之柱石，为礼乐之本、人道之基，故古人常以"大本"、"大法"形容之，这与孔子作《春秋》本意完全一致。兹录历代名儒论"三纲"为秩序之源观点若干：

■ [汉]班固《汉书·礼乐志》："夫立君臣、等上下，使纲纪有序，六亲和睦，此非天之所为，人之所设也。"

- [东晋]干宝《易·序卦注》对于其中有关君臣父子夫妇关系学说做了进一步的解释："此详言人道三纲六纪有自来也。人有男女阴阳之性，则自然有夫妇配合之道；有夫妇配合之道，则自然有刚柔尊卑之义；阴阳化生、血体相传，则自然有父子之亲；以父立君、以子资臣，则必有君臣之位；有君臣之位，故有上下之序；有上下之序，则必礼以定其体，义以制其宜。"（引自[唐]李鼎祚《周易集解·序卦第十一》注）

- [宋]胡宏《知言》卷五："天下之道有三：大本也，大几也，大法也。……治之大本，一心也；大几，万变也；大法，三纲也。"

- [宋]周敦颐："古者圣王制礼法，修教化，三纲正，九畴叙，百姓大和，万物咸若。"（《周子通书》"乐上第十七"）

- 朱熹《文集》卷八十二"书伊川先生帖后"："夫三纲五常，大伦大法。"

- [明]薛瑄《读书录》卷四有"三纲五常，礼乐之本"。

又有以"三纲五常"为"人文"，与"天文"相对。兹录相关观点两条：

- [宋]文天祥解《易·贲·象》云："天之文为二曜……人之文为三纲五常。"（《文山集》卷十五"熙明殿进讲敬天图周易贲卦"）

- [明]薛瑄《读书录》卷六谓："凡有条理明白者，皆谓之文，非特语言词章之谓也。如天高地下，其分截然而不易，山峙川流，其理秩然而不紊，此天地之文也。日月星辰之照耀，太虚云物之斑布，草木之花叶纹缕，鸟兽之羽毛彩色，金玉珠玑之精粹，此又万物之文也。以至三纲五常之道，古今昭然而不昧，三千三百之礼，小大粲然而有章，此又人伦日用之文也。"

## 6. "三纲"人伦之基

古人又常以"人伦之正"形容"三纲"，认为"三纲"代表了人与人关系的正常模式和规范要求，故生于斯、长于斯，不可须臾离之；立于礼，成于乐，不可片刻无之。兹录"三纲"与人伦观点若干：

- 《后汉书》卷八十三"逸民列传"载名士逢萌，通《春秋》，王莽杀其子宇，"萌谓友人曰：'三纲绝矣！不去，祸将及人。'即解冠挂东都城门，归，将家属浮海，客于辽东"。

- 朱熹《文集》卷十三"垂拱奏札二"朱熹上宋孝宗书曰："仁莫大于父子，义莫大于君臣，是谓三纲之要，五常之本，人伦天理之至，无所逃于天地之间。"①

- 朱熹《文集》卷四十三"答李伯谏"云："须有父子、有君臣，三纲五常阙一不可。"

- 朱熹《文集》卷八十二"书伊川先生帖后"："夫三纲五常，大伦大法。"

- [宋]真德秀《西山先生真文忠公文集》卷四"召除礼侍上殿奏札一"（乙酉六月十二日）："君臣之纲正于上，而天下皆知有敬；父子之纲正于上，而天下皆知有亲；夫妇之纲正于上，而天下皆知有别。三者正，而昆弟、朋友之伦亦莫不正。"

- 真德秀《大学衍义》卷六"格物致知之要一·天理人伦之正"谓："即三纲而言之，君为臣纲，君正则臣亦正矣；父为子纲，父正则子亦正矣；夫为妻纲，夫正则妻亦正矣。故为人君者，必正身以统其臣；为人父者，必正身以律其子；为人夫者，必正身以率其妻。如此则三纲正矣。"方按：此段极论"纲"为"以身作则"之义。

- 真德秀《西山读书记》卷二十三"诗要指"云："三纲既正，则人伦厚，教化美而风俗移矣。"

- 真德秀又主"五常"不出"三纲"之外。《西山先生真文忠公文集》卷第四"召除礼侍上殿奏札一"云："所谓五常者，亦岂出乎三纲之外哉？父子之恩即所谓仁，君臣之敬即所谓义，夫妇之别即所谓礼，智者知此而已，信者守此而已。未有三纲正而五常或亏，亦未有三纲废而五常独存者。"

---

① 源自《庄子·人间世》："仲尼曰：天下有大戒二：其一命也，其一义也。子之爱亲，命也，不可解于心；臣之事君，义也，无适而非君也，无所逃于天地之间，是之谓大戒。是以夫事其亲者不择地而安之，孝之至也，夫事其君者，不择事而安之，忠之盛也，自事其心者，哀乐不易施乎前，知其不可奈何而安之若命，德之至也。"

- [明]薛瑄《读书录》卷四谓"三纲五常"为"万事之原";卷六称"三纲五常之道,日用而不可须臾舍,犹布帛、菽粟不可一日而无也。舍此他求,则非所以为道矣"。

## 7．"三纲"维系人心

古人认为,"三纲"为人心之所系,众志之所归;"三纲"不立,则人心大乱,众志不安。兹录相关说法若干:

- [宋]李侗《延平答问》(朱子编):"今日三纲不振,义利不分。缘三纲不振,故人心邪辟不堪用,是致上下之气间隔,而中国之道衰。"
- 朱熹《文集》卷二十四"与陈侍郎书":"夫君臣之义、父子之恩,天理民彝之大,有国有家者所以维系民心、纪纲政事,本根之要也。"
- 《文集》卷七十五"戊午谠议序":"夫惟三纲不立,是以众志无所统系,而上之人亦无所凭藉以为安。"
- [明]薛瑄《读书录》卷六称 "三纲五常之道""具于人心"。

## 8．"三纲"基于人性

古人以尽己、尽心为忠。所谓"忠"非指忠于某人,是忠于自己做人的良知和道义。正因为如此,古人认为"三纲"顺乎人性,体现人之所以为人。兹录古人论"三纲"基于人性观点若干:

- 《白虎通》卷八"三纲六纪"条:"人皆怀五常之性,有亲爱之心,是以纲纪为化。"
- [汉]马融《忠经》"尽忠章"曰:"君子尽忠,则尽其心;小人尽忠,则尽其力。"
- [宋]胡宏《五峰集》卷二"上光尧皇帝书"云:"三纲,人之本性。"
- [宋]程颢《河南程氏遗书》卷十一云:"尽己之谓忠,以实之谓信;发己自尽为忠,循物无违谓信;表里之义也。"卷二十四伊川云:"尽己为忠,尽物为信。极言之,则尽己者,尽己之性也;尽物者,尽物之性也。"
- 朱熹《朱子语类》卷六"性理三"云:"忠、孚、信,一心之谓诚,尽己之谓忠,存于中之谓孚,见于事之谓信。"卷六十四"中庸三(第二十二章)":"尽己之性,如在君臣则义,在父子则亲,在兄弟则爱之类,己无一之不尽。"

■ [宋]刘敞《刘氏春秋意林》卷上"三纲废矣,是去人之所以为人也。"

■ 真德秀《西山先生真文忠公文集》卷第四"召除礼侍上殿奏札一"云论"三纲五常"之重要,谓:"人而无此,则冠裳而禽犊矣。"

■ [元]欧阳玄《忠史序》亦云:"忠也者,尽己之名也。"([元]苏天爵编:《国朝文类》卷第三十六)

# 第六章 如何评价"三纲"

本章认为，现代人对"三纲"的误解，在很大程度上来源于他们对民主的肤浅认识，而后者又是深受文化进化论影响而形成。今天，民主的"天然合理性"，据说已经深入到每一个中国人的骨髓中。然而，这种深入到中国人骨髓中的民主观念真的没有问题吗？下面我们打算从民主观念入手，振叶以寻根，探讨"三纲"被误解的思想根源。

## 1．我们对民主误解有多深

现代中国人只要一提到民主，第一反应就是人民当家作主，更进一步还会认为它意味着人民主权，所以当然是好东西。在今天中国人的生活里，"民主"一词已经几乎完全变成了一个价值判断，尊重他人意见也成了"民主作风"。按照这种理解，民主可以说是天经地义的合理。谁要是反对民主，简直就不可理喻。一个多世纪以来，中国人围绕民主的一系列争论，特别是有关儒学与民主关系的争论，以及如何在中国建设民主的讨论，几乎都建立在这种思想前提之上。

然而上述这种对民主的理解有很大的片面性，包含严重误区，因为它把民主等同于民主所认同的价值，严重忽略了民主的价值维度与其制度维度之间的冲突和张力。我们知道，和人类历史上任何制度一样，民主既有价值维度，也有制度维度，制度和价值这两个维度对民主来说都是必不可少的。那么，民主究竟主要是一种制度，还是一种价值？诚然，民主的价值维度是对民主的规范认识，代表民主的精神追求；没有价值维度，民主就相当于没有灵魂的躯壳。但是，毕竟制度才是民主的真正落实，才代表民主的实体；因此民主的实体是制度而非价值；如果民主有某种价值，也是通过其制度来实现的。我们在理解民主时虽不能脱离价值维度，但只有从制度的角度看民主，才会面对民主在实践中的真实面貌。

必须指出，民主的制度维度与它的价值维度之间的张力是十分明显的。即使在今日西方发达国家，人们也每天都在怀疑民主的制度远远没有实现民主的价值。比如在美国这个被认为最成熟的民主国家，总统大选的投票率曾长期徘徊在50%以下，这如何能反映所谓的人民主权？另一个重要事实是，二战以来那么多实行民主的国家，特别是许多非西方民族，为他们的民主实践付出了惨重的代价，有的导致了国家分裂、民族解体、极权专制、军人执政等，其原因恰在于只看到了民主的价值维度，从而把民主理想化，忽视了民主实践中的难度和问题。因此，将民主归结为它所代表的价值，忽略它的制度，在理论上是片面的，在实践中也是危险的。事实上，这样做是建立在忽略民主的制度维度与价值维度之间的张力这一前提下的。

一般来说，在尚未实现民主的国家，人们更倾向于从价值的维度来理解民主；而在已经实现民主的国家，人们更倾向于从制度的维度来理解民主。原因非常简单，没有实现，心向往之，把它当作一种理想，所以从价值维度来理解民主；已经实现，天天面对它，恨铁不成钢，自然认为民主就是一套操作程序。现代中国人把民主理解为就是人民当家作主，或人民主权，有其特定的社会历史原因，其中原因之一恰在于对它太不了解，所以对它寄予了太多的期待和幻想。和西方不一样，中国历史上从未出现过类似古希腊或近代早期市民社会中的民主实践。设想一下：假若中国今天实现了我们预想中的民主，我们是会倾向于把它当作一种价值，还是当作一种制度呢？我想一定会更多地把民主当作一种制度，即一套现实操作机制。

当我们说民主主要是一种制度时，民主就成了一个中性词，无所谓好与坏。不仅如此，诸如人民主权之类民主的核心价值，则由于在现实中表现得差强人意，反而可能让人怀疑。这并不是否认民主的价值功能，而是提醒我们注意，从不同的角度看民主，所看到的是很不一样的。对于站在价值维度看民主的人来说，民主在实践中出现的问题可能是民主的理念（价值）没有得到良好执行的结果，所以他们有理由继续坚持站在价值维度看民主。但是，由于民主的制度维度与价值维度之间永远存在着张力，如果民主的制度长期不能实现民主的价值，人们对民主的本质也会改变看法，甚至走向反面；因为毕竟民主所代表的制度是有一系列公认的特征和客观的标准的，而民主的价值何时、怎样才能实现，则没有公认的标准；所以从价值维度转向制度维度看民主，也代表对民主本质的理解发生了转变。

## 2．民主的本质是什么

如果真的把民主的本质归结为它所认同的价值，那么可以说，中国人自古就已经在追求民主，甚至在很大程度上实现了民主。比如说，"人民主权"（popular sovereignty）的观念在儒家经典中随处可见，什么"天听民听、天视民视"，"天下为公"、"民惟邦本"，"闻诛一夫"，"水能载舟、亦能覆舟"之类，但是人们却倾向于认为这些只是民本思想，而非民主思想。因为这些思想停留在道德价值层面，而不能落实为一套客观的制度（这也是新儒家学者徐复观等人的观点，牟宗三更称我国自古有治道的民主而无政道的民主；梁启超所谓我国 of the people, for the people 学说详，而 by the people 学说无，亦是此义①）。可见当人们批评儒家没有民主思想时，所注重的是民主的制度维度，反对只从价值维度看民主。然而吊诡的是，当他们倡导民主、或强调民主是普世价值时，却几乎只从价值维度看民主，简直就是在用民主的价值维度来代表民主本身了，完全忽略了制度维度的重要性，仿佛民主的制度与价值二者之间没有张力似的！

很多中国人都认为，民主的本质正在于某种价值，如人民主权之类。可是，如果将人民主权等当作民主的本质（或核心精神），我们就必须承认中国古代的君主制度在很多时候也是一种民主制度，因为它非常地强调人民主权（如前所述），至少贞观大唐就可以看作一个民主国家。没有人认为贞观大唐等是人民享有实际政治权力（即主权）的国家，但这只是因为他们把人民主权限定为投票、普选等形式上了。其实人民行使主权可以采取直接的方

① 徐复观：《学术与政治之间》（新版），台北：台湾学生书局，1985年，第55～58页，牟宗三：《历史哲学》（增订八版），台北：台湾学生书局，第186～187页，梁启超，《先秦政治思想史》，见《饮冰室合集第9册·饮冰室专集之五十》，北京：中华书局，1989年，第4页。

式，也可以采取间接的方式。上述古代君主国家只是人民行使主权的间接方式而已。人民推翻暴政当然是实际行使了主权，但在人民起义之前，统治者承认人民有权这样做，并以此为基础来指导现实政治、防患于未然，怎能说不是人民主权得到了贯彻呢？然而，说贞观大唐是民主国家，这是与我们的民主常识完全违背的。人们振振有词地说，大唐王朝并未实际赋予人民任何政治权力，所以不是民主国家。但是，这样说不是已经偏离价值维度，而从制度维度衡量民主了吗？如果将民主的本质归结为某种价值，那么甚至可以说，民主不一定非要建立在民主制度之上，任何制度（包括君主制）只要有利于实现民主的价值都是民主的。因为制度只是实现价值的工具，为什么要把工具看得那么重要呢？可是这么一来，中国古代多数思想家就可以摇身一变，成为民主人士了，因为他们多半都主张人民主权。但是有谁会接受这一观点呢？

有人也许可以这样来修改民主的定义，即主张：民主的价值（如人民主权）代表民主的本质或根本精神，但是这种价值是通过具体的制度体现的，即民主必须从制度上保证人民切实享有政治权力。但是，这一辩护也可能遭到这样的质疑：即在绝大多数现代民主国家，包括据说是最典型最成功的民主国家（如美国），人民也普遍认为自己没有切实享有政治权力，包括参与政治事务甚至决定国家官员的任命，难道我们会因此说它们不是民主国家？这是因为，以拥有投票权等作为衡量人民是否具有参与政治事务的权力，本身就值得怀疑。在现实政治中，所谓的投票权只是一种形式，在可供选择的政党非常有限、且各大政党均已被利益集团或山头主义所操纵的情况下，绝大多数人民实际上已经被政党所绑架，他们往往会发自内心地怀疑自己的政治权力。另一方面，如果说民主的价值必须体现为某种制度，即所谓“从制度上保证人民切实享有政治权力”，那么由于人民参政总是不得不诉诸代表制或代议制这种形式，中国古代的辟举、科举等选官制度也可算是一种代表制或代议制，这难道说明采纳辟举、科举的古代君主制也是一种民主制度？事实上，中国古代的官僚制度以选贤举能为特征，而所谓贤能至少在理论上指“民之俊秀特出者”，难道他们不能代表人民？难道古人没有把选贤举能制度化？

只要我们把人民主权一类价值当作民主的本质,即使引入了制度因素作为民主的必要成分,也会面临这样的两难:有些国家实现了民主制度,但不能真正体现民主的价值,我们却把它称为民主国家甚至典型的民主国家;有些国家没有实现民主制度,但较好地体现了民主的本质或价值(我指人民主权),我们却不把它称为民主国家。前者可以美国为例,后者可以贞观大唐为例。这难道不是自相矛盾吗?当然这里还涉及民主的制度为什么必须包括一人一票、公开普选?如果一种制度(如科举制)能体现人民主权等民主价值,为什么不能称为民主制度?另外一些相关的问题是:如果民主的制度不能实现民主的价值,为什么还要称它为民主制度?在衡量是否民主时,究竟是制度重要,还是价值重要?这些是我们在定义民主时不得不面对的。除非我们对民主的制度维度与价值维度之间的矛盾视而不见,才会把民主理解为就是人民当家做主,就是人民主权。

说到民主的价值维度,前面我们忽略了自由、平等等通常公认的现代民主价值。这主要是因为人们一般不把它们当作民主的本质或核心价值,而是当成民主的文化价值基础。不过,即使如此,它们与民主制度之间同样存在很大的张力。这个问题,这里不多谈。下面我们就来看看西方人是怎样界定民主的。

据亨廷顿(Samuel P.Huntington)在《第三波:世界范围内的民主浪潮》一书介绍,西方人对民主的定义经过了从价值维度向从制度维度转变的重要过程。过去人们常常习惯于从规范性的价值立场把民主和"人民主权"(popular sovereignty)联系在一起,甚至主张民主建立在"自由、平等、博爱"等一系列崇高的价值之上。然而,20世纪70年代以来,理论家们普遍倾向于从经验描述的角度来定义民主,把一套可以客观衡量的操作程序作为民主的本质要素,这个程序指通过"公开、自由、公正的选举"来产生领导人;尽管按照该程序所选出来的政府不一定有效率,甚至腐败、短视、不负责任、被利益集团操控、不关心公共利益等。[①]为什么人们放弃过去那种理想化的、从价值角度对民主的定义,转向主张客观中立地、以程序为标准来

---

① Samuel P. Huntington, *The Third Wave: Democratization in the Late Twentieth Century*, Norman and London: University of Oklahoma Press,1991, pp. 5¡«13.

定义民主呢？我认为其中有两个重要原因，一是长期持续的西方民主实践，打掉了过去笼罩在民主头上的美丽光环，使人们开始从更加现实的角度来理解什么是民主；二是人们从理论上认识到，民主并不像过去人们所理解的那样，有什么抽象、先验的形而上学基础，它主要是一种制度形式，为它赋予某种永恒绝对的本质是站不住脚的。正像历史上的其他许多制度，如封建制度、君主制度、郡县制度等不可能有什么先验的形而上学基础或绝对本质一样，民主制度也是如此。

综上所述，我认为，民主本质上只是一套制度，一定时代、一定环境下的人们，可能赋予这套制度某种价值，在一定的历史时期这套制度确实比其他制度更进步，但不能说人民当家作主、人民主权等一类价值与民主制度之间就有内在的必然联系。鉴于人民当家作主或人民主权，是包括儒家在内的许多古今政治人物和学者所共同追求的，或者说是人类自古迄今所一直追求的崇高价值和伟大政治理想（当然也是我所信仰和追求的），恐怕不能说它们就是民主特有的价值。既然如此，我们把民主理解为就是人民当家作主、或人民主权，难道没有问题吗？

### 3．重新定位儒学与民主

走出从价值维度看民主的思维定式，我们就有很多新的发现。

首先，许多人之所以视民主为"天经地义"，原因正在于他们已经在潜意识里把民主等同于它的价值维度了（即所谓人民主权之类）；他们坚定地捍卫民主，也正因为他们完全从价值的维度来理解民主的本质。民主固然有价值维度，然而，殊不知价值维度与制度维度之间的张力才决定民主在一个国家、一个民族能否实现、效果如何。现代以来在中国倡导民主的人，很少有人认真地考察过在中国文化中实现民主之难，原因恰在于他们把民主当作了一种纯粹的价值理想来追求；可是如果他们关注的重心是民主的实体，即作为制度的民主，就不敢对民主实施过程中可能出现的现实问题掉以轻心，从而对民主的态度也会发生转变，至少不会在任何情况下都毫不犹豫地倡导它。

其次，从制度维度看民主，就会发现民主制度就像历史上曾经出现过的君主制度、封建制度、郡县制度等等一样，是依赖于时代、依赖于特定的社会现实条件而存在的，因而绝不是什么普世价值。如果它有价值，也是相对于特定的时代和社会文化条件而言的，绝不是可以脱离社会现实条件而普遍有效的。具体来说，现代民主制度是在血缘纽带冲破、公共领域形成、市民社会诞生的历史条件下形成的。从现代西方社会看，导致民主的因素还包括基督教、特别是个人主义传统等。我曾打过这样的比喻，就如同一个人的皮肤需要严重依赖于人的生理机能一样，民主制度及其运行好坏也严重依赖于一个民族的文化心理基础；脱离民族文化土壤单纯地追求某种制度，把它理想化，是一种制度的乌托邦，终究要受到现实的惩罚。

其三，如果一个人真心信仰"民主的价值"（实际上是人类普世价值），比如人民主权、自由、平等等，不一定就要赞同实行民主的制度（亨廷顿意义上的）。假如现在有两种情况要你选择：一是实现民主的制度，但不能实现民主的价值目标（人民主权等）；二是不实行民主的制度，但能较好地实现民主的价值目标，你会选择哪一个呢？既然我们赞同民主向来都是出于民主的价值目标，为什么我们不选择后者呢？须知，非民主的制度不一定就是专制制度，也不一定就是世袭的君主制度，比如科举制度就是一种非民主的选官制度，除此之外还可能有其他类型的非民主制度。

其四，是否可以说，从长远眼光或总体上看，民主制度比其他所有制度更有利于实现人民主权、自由和平等呢？一些民主人士声称，他们之所以追求民主，并不是不知道它的问题（即所谓张力），但是他们相信民主制度是所有制度中最不坏的一个，也最有利于实现上述价值。然而，既然我们承认民主制度的有效运行是需要一系列现实条件的，也就不能简单地、一概而论地说民主制度比其他制度更有利于实现民主的价值了；不排除在某些历史时代条件下，非民主的制度更有利于人民的主权、自由和平等，而民主的制度反而不利于人民的主权、自由和平等。这样的例子随处可见，不胜枚举。

在上述观察基础上，我们可以对儒学与民主的关系作一新的思考：

（1）人类历史上所有重大的、影响深远的政治制度，均不是思想家大脑里人为构想出来的，而是特定历史条件下的产物，包括封建制度、君主制度、郡县制度和民主制度等，莫不如此。指责儒家没有发明民主，正是误以为民主制度是一种哲学的产物，应当由进步思想家发明出来；只有当人们只从一套抽象的价值论来理解民主的根源时，才会指责儒家没有发明民主。

（2）正像历史上没有人为孔子未提倡郡县制、科举制而感叹一样，我们也不需要为儒家未提倡民主而感慨。我们都知道，人们一般认为郡县制比封建制更重要，但孔子生前从未倡导过郡县制。事实上孔子那个时代郡县制没有实行的基础，所以他脑子里也压根不会有那样的观念。同样的道理，在中国古代社会民主制更加没有实行的基础，要求孔子具有民主思想，和要求孔子具有郡县思想相比，甚至更加不合理，因为当时的现实离郡县制显然比民主制近得多。

（3）正如儒家在历史上就不担负开出某种制度的使命，根本没有必要像牟宗三等人那样挖空心思地在儒学中重建或加入民主的元素。相反，如果搞一个把儒学与民主结合起来的本体论或形上学体系（如牟宗三），等于是为民主找一个先验的绝对基础，这本身就是忽视民主制度与民主价值之间的张力，把民主等同于民主的价值。

（4）儒学与民主制度的关系，与它和其他中国历史上的重要制度的关系一样，都体现了它与人类政治制度的惯常关系。即儒学不是一些重要的政治制度的设计者或创造者，而主要提出政治和社会建设的精神和最高原则，从而对现实的社会政治制度加以完善和改造。比如说儒家未发明君主制、封建制、郡县制，但对它们提出了改造和完善的方案，使其消极因素受到抑制。同样的道理，儒学也不承担开出民主制度的任务，而是要研究它能如何完善和改造民主制度。

## 4．民主—专制二分式思维

一个幽灵徘徊在思想的天空，我给它取个名字，称之为民主-专制二分式思维。

所谓民主-专制二分式思维方式，指认为历史上一切政治制度，都可以用民主与否来衡量。它要么是民主的，要么是专制的。民主等同于进步，专制等同于落后。结果，中国历史上几千年来的政治制度都被看成专制和黑暗，凡是维护过这种制度的人或思想，一概被称为落后、愚昧或反动；凡是批判过这种制度的人或思想，一概被称为进步、先进或开明。凡是进步的人必定会对君主制度持批判态度。然而，这种历史观真的是正确的吗？

首先，必须认识到，专制作为一个贬义词，代表一种价值判断，并不和任何一种具体的制度形态相对应；但是民主不同，民主并不仅仅追求某些价值，更有与之对应的制度实体，而且是一种特定类型的制度，体现在确立领导人／官员的一整套操作程序上。如果我们从制度的层面看民主，则可发现，民主的制度实体是中性的，无所谓好坏，也不一定能实现民主的价值，因此它与专制并不必然是对立的。正因为专制与民主，一个无制度实体，一个有制度实体；一个是价值判断词，另一个不是，所以民主与专制构不成对立的两极；正因为专制和民主构不成对立的两极，所以一个人反对民主，不等于他主张专制。很多人一听说某人反对民主，立即认为此人主张专制，正是没有认识到这一点所致。

其次，我们发现，在人类数千年历史上，那些与中国古代社会生产力水平大致相当、且同样以血缘关系为主要纽带的民族或国家，几乎无一例外地实行君主制，其主要特征包括王位要通过世袭而传递，权力不通过投票而产生。无论是古代的埃及、印度、巴比伦的王朝，还是欧洲的中世纪，历史上的沙俄，以及中亚曾经有过的大大小小的古代国家等，都曾如此。事实证明，在当时条件下，君主制是促进社会进步、民族团结和生产发展的唯一有效制度。在中国历史上，特别是春秋时期，曾经出现过数十次弑君现象，但是每次弑君之后，仍然不得不寻找一位与公室有关的人来当国君，而从未有任何人主张通过民主选举来确立国君。如果真的通过民主选举的方式来确立国君更有利，人们不会想不到，否则只能认为我们的祖先是傻子了。孔子没有主张通过投票来选拔鲁国国君，与宋明理学家没有倡议全民大选确立天子，大概不是由于他们的思想反动、保守，而是因为君主制是在当时条件下最好的选择。

此外，民主政治只不过是特定社会历史条件下的特定制度安排，而不是可以超越具体的历史文化处境普遍有效的政治制度。我认为，民主赖以产生的条件至少有三个：一是家族血缘纽带的解体，二是市民社会的形成，三是公共领域的兴起。此外，现代民主政治的有效运作还受到了个人主义、政教分离等基督教传统的积极影响。从黑格尔、托克维尔（Charles Alexis de Tocqueville）、柏克（Edmund Burke）到巴林顿·摩尔（Barrington Moore）、罗伯特·达尔（Robert A. Dahl）和科恩（Carl Cohen）等，无不深刻地认识到民主制度有效运作的一系列社会文化前提，包括个人主义、教育水平、心理状况、多元主义、市场经济、国家大小，等等。在不具备实行民主条件的情况下，强行进行民主试验，后果是非常可怕的。亨廷顿在《第三波：二十世纪后期的民主化》(Huntington, *The Third Wave: Democratization in the Late Twentieth Century*) 一书中分析了19世纪后半叶以来世界范围内几次大的民主化浪潮，其中许多国家特别是那些没有基督教传统的非西方国家在民主化不久即出现了倒退，很多国家出现了军事政变，有的国家一年之中政权更迭达六次之多。现代国家尚且如此，何况古代中国？没有经历过民主制的人容易把它想象成灵丹妙药，认为民主就是人人当家做主，就是实现人的尊严和权利，就是限制权力、消除腐败……经历过的人特别是对它的缺陷感同身受的人，则会在厌烦它的同时认识到它不过就是现代国家的一种制度安排，和历史上的君主制一样有许多根深蒂固的内在问题，只因为在今天争议最少才无可奈何地接受了它。从某种意义上讲，现代公民社会实现民主制的合理性与古代宗法血缘条件下实行君主制的合理性大致相当。如果我们把它理想化、神圣化，给它罩上许多美丽的光环，等于是人为制造一个海市蜃楼欺骗自己，最终可以说是自己忽悠了自己。

事实上，二战以来实现民主化的国家和地区，从东亚到南亚，从亚洲到拉丁美洲，迄今为止真正成功的还为数甚少。个人主义文化把个人自由放在首位，崇尚竞争和超越，所以更加适合于民主和党争。而集体主义和关系本位的文化，把人际和谐放在首位，人与人相互竞争和超越可能带来的不是社会进步和发展，而是无止境的内耗，从族群的仇恨到国家的分裂。二战以来东亚地区民主化的实践充分证明，东亚本土传统中的帮派主义、小团体主义、地方主义等势力可能导致民主严重变质，走向事与愿违。如果把民主政治比作一张皮的话，那么一个民族的社会文化土壤以及与之相应的生产力－生产关系结构、经济发展水平、社会整合方式等等则好比是这张皮赖以生长的肌体。脱离后者，空谈一个抽象的民主理念，是极端错误的。

　　有人也许会说，在古代建立民主制度困难并不等于就不应该实践它。这一观点仍然假定了"民主是一切条件下最理想的政治制度和普世价值"这一前提。然而，按照这个逻辑，中国古代思想家就应该把不断冲破宗法血缘纽带当作其重要使命。可是血缘纽带的冲破，本来不是思想家带来的，而主要是商品经济的兴起导致的。难道血缘纽带在农业经济条件下应该被冲破？难道古代儒家应当预见到商品经济兴起、工业革命到来及市民社会诞生？况且，即使冲破了血缘纽带，建立了市民社会，也不等于可以建立民主制度。前面说过，民主需要一定的社会文化基础。这可不是一件轻而易举的事情，改造一种文化有时需要漫长的时间，甚至上千年。这就是为什么人类历史上主要的政治制度，多半都是在现实的经济社会土壤中自发形成的，而很少是思想家发明的产物。无论是君主制还是民主制，最初都不是思想家的发明。

　　越来越多的学者认识到，即使在现当代社会条件下，自由民主制也不是普遍有效的。狄百瑞、安乐哲、郝大维等人认识到自由民主制建立在西方个人主义传统之个人权利观之上，带来了无数纷争和腐败，主张以儒家社群主义观念改造之；①也有不少学者批评了自由民主制一些自身无法克服的内在问题，主张用儒家式的精英政治（贤能政治，meritocracy）在一定程度上代替之。②我也认为以党争和大众政治为特色的民主政治，并不符合以集体主义、关系本位为特点的中国文化，儒家式的贤能政治仍将是未来中国政治文化的核心或基石。

　　总之，我们一定要抛弃"要么民主、要么专制"这样一种二分式思维，认识到人类政治制度的多样性。除了民主制度之外，还可能有许多其他类型的政治制度，每种制度都有各自的优点与缺点，关键要看它在当时社会条件下是不是可行。柏拉图《理想国》中举出了五种典型的政体，即贵族政体、

---

① Wm. Theodore de Bary, *Asian Values and Human Rights: A Confucian Communitarian Perspective*, Cambridge, Mass: Harvard University Press, 1998; David Hall & Roger T. Ames, *The Democracy of the Dead: Dewey, Confucius and the Hope for Democracy in China*, Chicago and Lasalle, Illinois: Open Court, 1999.

② Daniel A. Bell, *Beyond Liberal Democray: Political Thinking for East Asian Context*, Princeton, N. J.: Princeton University Press, 2006; Jesoph Chan, "Democray and meritocracy: toward a Confucian perspective," *Journal of Chinese Philosophy*, vol.34, no.2 (Jun., 2007), pp. 195~216; 白彤东：《旧邦新命：古今中西参照下的古典儒家政治哲学》，北京：北京大学出版社，2009 年。

荣誉政体、寡头政体、民主政体和僭主政体，在对这些政体各自的好坏优劣进行详尽分析之后，得出最好的政体仍然是贵族政体的结论来。柏拉图《理想国》中的政治理想多被后世认为是乌托邦，尽管如此，柏拉图对民主政体的批判却并非没有道理。将民主制等同于进步，其他一切政治制度皆等同于专制和落后，乃是脱离具体的社会历史背景，从若干抽象的哲学原理或价值理念来理解政治制度的错误思维。

## 5．我们对忠君误解有多深

如果我们承认君主制是古代社会条件下唯一合理的政治安排，那么"尊王"就可能有利于国家统一和民族团结，因为"王"是当时国家整体利益的最高代表；而"忠君"，则有可能为苍生谋福祉、为社稷谋太平，因为国君作为最高权威在当时是促进经济、社会发展的主要原动力。在这种情况下，"三纲"特别是"君为臣纲"，则可能意味着从大局出发、从国家民族利益出发，意味着受人之托、忠人之事，意味着忠于自己的良知和做人的道义。故程子曰："尽己之谓忠。"（《河南程氏遗书》卷十一）中国数千年来的历史一直贯穿着"分"与"合"的对立与冲突，其中"分"的倾向来自于诸侯兴起、地方主义、帮派斗争等，"分"的结果往往是长达数十年甚至数百年的战争和生灵涂炭。而"合"之所以会成为人心所向，因为只有这样才能让人民休养生息，让经济稳步发展，让社会和谐进步。"分久必合、合久必分"反映的是中国文化的习性，我们不能因为欧洲历史上"分而不合"导致了现代性，而盲目地批评"合"。不同民族的文化习性和社会历史环境不同，不可能走同样的发展道路。今天我们珍惜国家安宁、可以集中全力发展经济，所以也能理解"孔子成《春秋》而乱臣贼子惧"（《孟子·滕文公》）这句话的时代意义。孔子不是因为思想保守才发出了"八佾舞于庭"（《论语·八佾》）的感叹，而是痛恨一些人狼子野心导致了地方割据和诸侯兴起，结果是无止境的战争和混乱，真正受害的是百姓。

长期以来，在一种错误历史观的支配下，一些人理解不到，儒家"尊王"、"忠君"及"三纲"思想的精神实质，从来都不是让人们无条件地服从君权，或无止境地强化王室权威，而是敏感于地方势力的膨胀，以及诸侯兴起、地方分权破坏天下安宁之血的教训。其中最典型的莫过于春秋战国和魏晋南北朝时期。正因如此，千百年来，多少忠臣义士，他们的忠君与他们爱民及为天下根本利益着想紧密联系在一起。电视连续剧《贞观长歌》中那些为大唐江山舍生忘死的英雄们，虽然忠君，人们却感到他们浩气如虹，为他们义薄云天的精神深深感动。为什么？因为他们不是为一己之私而战斗，而是为国家的统一和民族的团结赴汤蹈火；他们对天子无限的"忠"，是与他们对于大唐江山和天下苍生无限的爱融为一体的。因为在当时条件下，天子权威是保障天下安宁、国家统一以及民族团结的唯一选择；如果推倒这个权威，种族仇恨和战争就会永远继续下去，把千千万万人再次推入火坑。另一方面，古人对君主、天子或上级的"感恩"，体现的往往是他们作为一个个有血有肉的生命的灵性，其中包含着他们对自己生命尊严的认知和对灵魂不朽的追求。这种精神，是千百年来中华民族得以战胜无数敌人，克服无数困难，不断地凝聚到一起，一代代长存下去的重要动力；这种精神，曾让多少血性男儿为民族、为国家、为天下利益鞠躬尽瘁、死而后已，是中华民族的脊梁，岂能等同于愚忠？读一读《出师表》就能很好地理解这种精神。遗憾的是，一个多世纪以来，对西方价值观的崇拜导致许多人忘记了这些几千年来推动中华民族自强不息的精神传统，不知道这种精神传统即使在今天仍然是我们不断前进的重要动力，许多人却把它们说成封建糟粕。说说"君要臣死，臣不得不死"吧！今天的法官有时昧着良心草菅人命，但我们不会因此否认"法官要你亡，你不得不亡"的合理性；同样的道理，古人讲"君要臣死，臣不得不死"，也不是为了要人们盲目服从，而是因为他们在无数次血的教训中认识到：如果国家的最高权威可以随意毁坏，天下的安宁就得不到保障。

让我们看看儒家忠君的典范。诸葛亮对刘备之忠，大概没有人会怀疑。"出师未捷身先死，长使英雄泪满襟。"（杜甫《蜀相》）为什么千百年来无数英才之士称颂这么一位忠君的典范呢？为什么诸葛亮死后，蜀国老百姓自发地在田间地头祭祀他，而没有埋怨他未推翻君主制、实现民主制？有人认为明代方孝孺死于愚忠，殊不知他不是因为建文帝一个人，而是为了捍卫王朝政权的合法性基础——王位继承制，这是天下长治久安、让千百万人免除内乱之祸的根本保证，就像今天的宪法一样神圣。有人说燕王朱棣（永乐皇帝）

是个有为之君，但如果一个人自认为有能力就可以通过军事政变夺取政权，天下将会在瞬间涌现出无数个自认为最有能力、最有资格当皇帝的军人。同样的道理，岳飞服从王命、班师回朝，也是出于对王权的尊重。因为，如果军队高级将领有异议就可以不服从，整个军队岂不成了一盘散沙？类似的例子在中国近代革命史上不知出现过多少次。毛泽东、彭德怀等人在第五次"反围剿"中忍气吞声，服从上级错误决定而未反抗到底，体现了从大局出发的革命家气概；为什么同样忍气吞声、服从上级错误决定而未反抗到底的岳飞就是愚忠，就是死于封建思想毒害？既然我们承认在当时条件下，君主制是保障天下安宁、促进生产发展和维护人民利益的唯一有效的政治制度，那么维护这一制度的权威，坚决反对通过军事政变或非法手段推翻它，本身就是在捍卫全天下人的根本利益，而不能说是愚忠。如果按照我们现代人的观念，一个古代大臣只有主张推翻君主制，提倡全民投票选拔国君，才能称为进步人士；由于诸葛亮、魏征、方孝孺等人都是君主制坚定不移的拥护者或捍卫者，并用实际行动让君主制发挥了更大作用，是否都成了反面人物、应该批判呢？他们不应该那么做吗？他们应当主张全民投票或民主选举吗？

诚然，君主制有许多不合理之处，"三纲"也为一些国君滥杀无辜提供了方便，造成了某些人的特权。但是衡量一个政治制度合理与否的标准并不仅仅看它有多大缺陷，而是看它的负面作用与正面作用相比哪个大，以及这个制度是否适合于当时生产力水平和生产关系状态，是否在当时历史条件下还有更合理的选择。换言之，君主制既有积极意义，也有消极意义。儒家之捍卫君权，本来就不是盲目地捍卫，而是就君权对社会安定、国家统一、民族团结和民生发展等的积极意义这个层面来捍卫的。儒家充分认识到君主制的根本问题来源于"家天下"，他们向往三代以前的"公天下"。但是他们知道在现实生活中"公天下"没有可操作性，所以在接受"家天下"是唯一有效的政治制度的同时，提出"君道"、"臣道"，尽最大努力来克服其局限性。《春秋公羊传》上说"立嫡以长不以贤，立子以贵不以长"，试图把"家天下"纳入规范的轨道，不是由于不知道嫡长可能不贤，而是迫于政治斗争的残酷性，迫于无奈这样做。

我完全同意中国古代文化中有许多不合理的成分，特别是中国人几千年来根深蒂固的人际矛盾和斗争现象；我坚决反对有些人把国学研究引向民粹主义方向，不适当地夸大传统文化的所谓优越性。但是，对传统文化的批判不能在一些错误思想偏见的支配下进行，认识不到儒家"尊王"、"忠君"和"三纲"思想的合理性。

## 6. 进化论是如何误导我们的

阻挠现代中国人正确认识自己历史传统的一个重要根源是文化进化论。按照文化进化论的历史观，人类历史呈一单线的进化趋势，朝着越来越文明、进步的方向前进。据此，凡是历史上维护君主制的思想皆是落后、保守的，凡是批判这一制度的行为皆是进步、先进的，因为君主制是落后的、与现代民主方向相背的政治制度。由于儒家的"三纲"思想维护了君权，所以是落后的、保守的，代表了儒家思想中的最大糟粕。然而，如果我们真正从历史的角度看问题，容易发现这一思维方式极其荒唐、错误。我们既然承认在中国古代社会条件下，并不存在建立一个民主国家的可能性，君主制不仅是那个时代或那样社会条件下全世界通用的模式，而且更重要的是，它代表了那个时代维护社会秩序、确保社会安宁、促进生产力发展和人民生活水平提高最有效的制度保障，那么"尊王"和"三纲"的合理性和现实意义就昭然若揭。

设想一下：一千年乃至一万年之后，人类政治制度想必已与今天有了天翻地覆的变化。那时人用那时的标准来衡量我们今天的政治制度，一定认为今天的政治制度是落后的、与历史进步方向不一致的。但是，这是不是意味着今天的人们，凡是维护现实政治制度的人都是落后、保守的？如果我们承认我们今天所实行的政治制度有其现实合理性，就不得不承认，今天用生命来捍卫自己国家的政治制度的人是值得尊敬的，因为他们捍卫了国家的安宁、社会的秩序和人民的利益。这个道理，当然也同样适用于古代。古人维护王权，主张尊王，正是出于对他们那个时代国家稳定、社会秩序和人民利益的关怀，凭什么说他们的思想就是落后、保守甚至反动的？既然不能以一千年或一万年后那个更好的政治制度模式（谁也不知道它是什么样的）来评判今人的政治立场，同样也不能以今日政治制度的模式来评判孔、孟、董、朱等人的政治立场。

在文化进化论观念的影响下，人们形成了民主—专制二分式的思维。他们对于"三纲"的批判，正是在这一观念下进行的。比如他们认为，儒家政治学说从未提倡过民主，他们曾经支持过的君主制是集权、专制的象征。这一思维方式今天必须彻底清算了，因为它的历史后果就是导致一个多世纪以来，中国人从抽象的价值原理出发来理解民主，严重忽视了民主有效运行的社会文化及现实条件。尽管包括中国在内的许多国家均已为民主实践付出了惨重的代价，包括军阀混战、国家分裂、外族入侵等在内，却并没有敲醒一些人的民主梦。正因为长期并未实际生活在民主体制下，人们容易把自由民主制（liberal democracy）想象得无比美好，天真地巴望着"民主"这个神奇的药方来拯救他们，而对民主在实践中可能遇到的问题缺乏清醒认识。

诚然，民主制度有独特的价值，包括人民主权、平等、自由等等，但若脱离具体的历史处境来评判一种政治制度就不恰当。如果在古代条件下推行民主制，可能后果更糟。即使在今天也不能不顾国情地推行民主。君主制确有许多弊端，但这不等于在古时可以废除。批评者对君主专制深恶痛绝，却认识不到君主制在古代社会条件下存在的历史必然性和相对合理性；结果他们对君主制只能停留于道义谴责上，不能理性地探讨为何民主制度在中国古代社会并不可行，对民主赖以有效运作的社会文化条件想象得太简单。

民主－专制二分式思维从要么民主、要么专制的两极对立思维定式出发，必然得出一切非民主制度皆为专制、君主制即专制制度的结论，但这一判断是不符合史实的。古代中国固然并不是什么民主自由国家，但也并不完全排斥民主、自由和人权。中国自古有反专制的强大传统，黄宗羲、梁启超等人曾被狄百瑞作为儒家宪政主义典型[1]。这间接证明了提倡"三纲"的儒家，尽管维护君主制，但绝不可能支持专制。因此一方面，中国社会几千年来主要不是靠自由、人权、民主等价值观而前进的；另一方面，古代中国人多数时间内也并不是生活在专制之中，毫无自由可言（看看唐诗宋词就可明白，有过"文革"记忆的中国人不会不理解，如果古时没有自由，就不会有

---

[1] Wm. Theodorede Bary,*The Liberal Tradition in China*, Hong Kong: The Chinese University Press & New York: Columbia University Press, 1983.

那么辉煌的文化艺术成就)。

民主—专制二分式思维预设了民主为超越历史时空、超越现实国情的价值标准,导致脱离具体的社会文化处境来评判一切政治制度,用现代人的价值标准来衡量和要求古人,这对历史是极不负责任的。有些学者正是从这种思维定式出发,把古代宗法社会定性为压制个性自由、摧残人格尊严的等级森严社会,把儒学当成维护专制的工具,于是乎中国三千多年的历史成了漆黑一团,宛如阴暗的地狱!这合乎事实吗?古时天空与今天一样地蔚蓝,现在的北京不如古代蓝,古代阳光与今天一样地明媚;古人与今人一样有天高地阔的梦想,有浩气如虹的长歌;古时与今天一样,有血性男儿为正义事业前赴后继、舍生忘死,为千千万万人的利益鞠躬尽瘁、死而后已。他们并不像我们想象的那样,一直生活在黑暗无比的专制高压之下,发着痛苦的呻吟;或长期被专制帝王所愚弄,不知道追求自己的性灵自由和精神不朽。一百多年来,对中国古代历史的过度消极评价和严重薄古倾向,是早已被西方人自己唾弃的社会进化论忽悠的产物,是被一些脱离历史文化背景的抽象概念误导的结果。它的最大悲剧,就是使我们无法感知与自己祖先精神血脉上的相通处,忘记了我们这个多灾多难的民族数千年来赖以立身的根本,更不知古人的精神世界一点不比我们愚昧落后。

## 7. 民主实践离不开"三纲"

20世纪以来,中国知识分子所最常犯的错误之一,就是一面大谈民主,另一面又不认真研究在中国文化中实现民主之难。我曾在有关地方论述:[①]中国文化的习性决定了,中国社会最有效的整合方式是以伦理为本位、以贤能为主导和"礼大于法",这与西方以个人为本位、以制度为主导、法治至上的社会整合方式形成鲜明对比。所谓中国文化的习性,我指关系本位和团体主义(collectivism,又译集体主义);"关系"是以"人情"和"面子"为整合机制的。借用李泽厚的术语,可称文化习性为一个民族经历数千年甚至更漫长岁月的积淀而形成的"文化心理结构";孙隆基将这个结构比作"坚

---

① 拙著:《文明的毁灭与新生:儒学与中国现代性研究》,北京:中国人民大学出版社,2011年版,"前言",第68~102页。

固的河床"①，不会因为制度和器物的变迁而轻易变动。下面我们来探讨一下这种文化心理对民主实践影响之大。

首先，团体主义与帮派主义、山头主义、裙带关系、地方主义等相连。在中国人的社会里，一切形式的党争，无论是古代朝廷里的党争，还是现代意义上的党争，都能造成严重恶果。当党争公开化、白热化后，大众被牢牢捆绑在若干大的利益集团上，为所在集团的利益而不是社会的正义而斗争；人与人的仇恨日益加深，军阀割据、诸侯称霸乃至国家分裂等均可能由此而起。我提到的"大众政治"，正是指建立在这种团体主义基础上的群众运动，近年来在中国台湾、泰国、菲律宾、韩国都能看到。由于绝大多数中国人不是在彼岸，而是在此岸人际关系世界中安身，族群撕裂将导致耗费极为庞大的社会资源，严重拖累甚至拖垮整个社会的发展。《尚书》中提出"君子无党，王道荡荡"，不是没有原因的。

有人可能说，现代民主竞选与古代党争不同，效果是正面的。这是对中国文化的逻辑不了解所致，历史将一次又一次无情地教训我们：中国文化适合走"礼让"而不是"斗争"之路（熊十力先生已认识到这一点②）。《左传》襄公十三年记载晋国举行盛大阅兵，重定三军将帅，最有资格当中军将的范宣子主动让贤，传中赞曰："范宣子让，其下皆让……晋国以平，数世赖之。"这里，《左传》将"让"与"争"相对，认为晋国数世之治源于公卿百官"不争"。权位竞争的不断升温可彻底撕裂中国人的人情世界，导致无止境的恶性循环，这是以党争为特色的民主政治难以适应中国文化的原因之一。

其次，关系本位导致社会风气成为中国文化中最强大的力量，比任何制度作用都大。在这种情况下，上行下效，"君子之德风，小人之德草"；而一种行为一旦成为风气，就可能撕破任何制度的罗网。民主政治之所以不如预期有效，还因为它易让巧言令色大行其道，严重败坏整个社会的风气，导致

---

① 孙隆基：《中国文化的深层结构》，"新千年版序"，桂林：广西师范大学出版社，2004 年。
② 熊十力《原儒》以公羊三世说、《礼运》大同说等为据，谓孔子"独持天下为公之大道，荡平阶级实行民主以臻天下一家、中国一人之盛"。斗争是"据乱世"之事，到"升平世"则崇礼让，贱横行，而"太平之世，天下一家，人间已无斗争"。故"三世之说，明示革命成功与社会发展，实由斗争而归和同"。参熊十力：《原儒》，第 101～136 页，上海：上海书店出版社，2009 年。

人心狡诈，社会根基被摧残。千百年来，儒家之所以一直倡导"立人极"，因为在关系本位的社会中，人与人的相互模仿、相互攀比、相比影响主宰了绝大多数人的生活方式。古代儒家强调"以人治人"（《中庸》）而不是"以法治人"，主张"正人心而后正天下"（陈亮语），秘密也在于此。

应该认识到，现代西方民主实践的一个重要基础是与基督教有深刻联系的个人主义传统，个人主义与民主的必然联系在西方人看来是不言而喻的，亨廷顿则分析了基督教对民主的积极作用①。尽管个人主义文化中也有党争，也有集团对立，但比起团体主义和关系本位的文化来说，影响小得多。另外，并非所有的文化都要走个人主义道路。文化人类学家证明了人类文化模式的多样性和不可比性。关系本位和团体主义固然有自身的问题，但也有个人主义不可替代的优点，最近二十多年的文化心理学研究证明了这一点。

现在，我们再来看看"三纲"精神对于今天实现民主的积极意义。古代儒家从"三纲"精神出发，通过谏诤来制约君主制，才发挥了消解君主专制的积极功能；而在今天，从大局出发、从民族大义出发、从做人的良知和道义出发的"三纲"精神，无疑可引导人们自觉走出无止境的纷争。这是因为，在民主竞选过程中，各党派之间的竞争极易发展成不顾大局的恶性斗争，导致无止境的政党恶斗甚至整个社会的分裂。这正是今天世界许多实现民主制度的国家或地区已经出现并引起当地人无比忧心的事实。这也是我主张儒家不应当无条件拥抱民主的原因之一。因此，儒家的"三纲"与现代民主政治建设并不一定是水火不相容的关系；恰恰相反，就其指一种从大局出发、小我服从大我的精神而言，二者正好可以相辅相成。

在中国近代史上，不乏这样的例子：某位领导发现上级组织的某个重要决策错了，虽经多次建言，丝毫不起作用。在这种情况下，他并没有违反组织规定、我行我素，或将个人意志凌驾于组织之上、自行其是，而是忍辱负重，坚定地贯彻和执行了上级的决定。这样的行为被我们称为从大局出发，舍小我、成大我。这就已经是"三纲"精神了。同样的例子也适用于其他国家。不妨再设想：美国国务卿受总统之命来华谈判，如果他（她）的个人意见与美国总统相左，他（她）是否可以违背总统命令和既定国策，擅自改变

---

① Samuel P.Huntington, *The Third Wave*, pp.72～85.

做法，自行其是？显然，他（她）至少在理论上应当遵守美国总统或最高当局经过集体讨论确定下来的国策行事，即使个人有不同意见，可以在政策制定过程中提出建议，但无权在政策确定后擅自违背。

2008 年美国大选中，民主党候选人奥巴马在击败了党内候选人希拉里后，又主动邀请后者为自己的国务卿，并在大选结束后主动与共和党候选人和解。而受邀方都慷慨地接受了奥巴马的请求，这是顾大局精神的生动体现。而在台湾等其他一些实现民主的地区，人们也一再呼吁，如果政治竞选变成了政党恶斗，民主选举很可能导致"全民皆输"。试问：竞选中落败的一方，凭什么要接受胜利者的大度，与之握手言欢？难道不正是"三纲"精神的现代翻版么？

如果民主代表一种程序、一套制度机制，而"三纲"代表的是"从大局出发，小我服从大我"的精神，那么为什么不可以说"三纲"同样是现代社会所需要的，是民主制度也不可或缺的？诚然，"三纲"在古代对应的制度已经消亡，但是它的精神（或者说它所代表的做人原则）如果如我所述，为什么不能说在现代民主制度下仍然适用？也许你会说，我把"三纲"思想的具体内涵以及它所适应的具体历史条件都抽象掉了，究竟"三纲"有没有超越君主制等历史条件的抽象内涵，相信本书关于董仲舒、朱熹的研究已提供答案。

或云："民主制之所以不同于君主制的，就在于它不仅有'下级服从上级'或'个人服从组织'，而且有'少数服从多数'、'多数亦须尊重少数'等原则。在'三纲'中，有'少数服从多数'、'多数亦须尊重少数'原则吗？"[①]关于这一点，我想显然忽略了一个重要事实，那就是历代儒家之所以主张谏诤，都是从苍生而不是君主个人利益出发的。像"天之生民，非为王也，而天立王以为民也。故其德足以安乐民者，天予之；其恶足以贼民者，天夺之"（《春秋繁露·尧舜不擅移汤武不专杀》）这样的话，难道不足以证明董仲舒也有"少数服从多数"的原则吗？正如我们已经说明的，董仲舒及其他倡"三纲"的儒家在尊重民意方面，丝毫不比一些现代民主学者逊色。

---

① 李存山：《对"三纲"之本义的辨析与评价》，载《天津社会科学》2012 年第 1 期，第 28 页。

## 8. 当代中国文化的深刻危机

最近一百多年的中国历史，是屈辱、痛苦的历史，也是民族文化之根被遗忘的历史；是向另一个强大的新型文明学习并确实学到了不少好处的历史，也是一个充满了误解和误区的历史。这是一个对外来优秀文化盲目崇拜以至于失去了自我的历史，一个对自己民族的伟大传统缺乏应有记忆的历史。诚然，西方文化有自身的优越性，但是我们时常在很多不该学习、无法学习或不值得学习的领域盲目追随，甘心被人忽悠；而有些值得我们学习的西方文化优秀传统，我们又不能从它们赖以发生的完整处境充分理解，而是一味以救中国为宗旨、从极端功利的角度来曲解。这种邯郸学步式的学习西方，已让我们付出了沉重代价。

一百多年来，我们忘记了什么才是真正推动中华民族不断前进的精神动力，什么是使这个民族在苦难中一次又一次站起来的真正力量，什么是使中华民族经过无数次被侵略、占领、瓜分、蹂躏却存活至今的内在秘密。此外，我们也越来越不清楚三千年来无数中华儿女抛头颅、洒热血的精神支柱是什么？为何我们再也感受不到古人身上的体温？为什么我们不再有古人那样壁立千仞的人格和坚如磐石的信念？至于那些曾令我们无限神往的价值观，什么民主啊、自由啊、人权啊、法治啊，可能并不是如一些中国人想象的那么美好，更不是什么"救中国"的灵丹妙药。然而一百多年的血雨腥风，并不能真正改变中华民族的本性，中国人终究还是要做中国人。而那个我们曾千方百计想归附的"世界公民"却可能只是个假象，依旧是西方文化的产物。

今天中国文化的最大危机就是失去了方向。

如果问什么是中国人最重要的精神品质？你也许举出自强不息、忍辱负重、勤劳朴实、将心比心、善良厚道、老实本分等，但绝不可能举出追求自由、平等和人权这些以自我为中心、以个人利益膨胀为特点、很少反求诸己的价值。仁、义、忠、信可以成为推动中国社会进步和发展的核心价值，但是民主、自由、人权则不能，原因在于它们可能导致人与人关系的平衡被打破，导致无止境的纷争、仇恨甚至杀戮。比如，今天我们崇拜的英雄人物，无论是古代还是近代的，包括孙中山、鲁迅在内，都是为他人、为民族而献身的人，而不是什么自由主义者。相反，在西方文化中，真正的英雄往往是那些将个人自由看得比生命还高贵的人。这种差异就是文化习性决定的，同时也说明了个人自由在不同文化中的功能并不一致，也不必强求一致。

多年来，我们已经习惯于把"三纲"解释为"愚忠"。于是也无法理解同样拥护"三纲"的宋明理学家们，为何又主张"尽己之谓忠"（程颢语）。"三纲"现代以来被作为儒家思想"最大糟粕"而遭到广泛批评的现象背后，我们所看到的是中国文化价值的空前沦丧，即中国人日益沉浸于对民主、人权、自由等西方价值观的崇拜中，而不知为何数千年来真正推动中华民族前进的价值是什么；更不知一旦这些价值沦丧了，中国文化也就失去了动力源泉。顾炎武曾指出，中国文化在魏晋时期堕入了禽兽的地步《日知录》卷十三"正始"条）。据此，也可以说今日中国文化也同样堕入了禽兽地步而不自知。因为，顾炎武所谓的禽兽地步，实指中国人不知何为忠信、何为仁义，因而人也不成其为人，变成了禽兽。

毫无疑问，今日中华文明的重建，包含着对自由、民主、法治及人权的追求。但是，若是把它们理解为促进中国文化进步的最高价值，中国人将自食恶果。请问三千年来无数中华儿女抛头颅、洒热血的精神动力是什么？难道是追求民主、自由和人权吗？显然不是！从中国文化的习性出发，就可以理解追求个人自由、人权和民主等难以成为中华民族精神的象征。原因在于后者可能导致人与人关系的平衡被打破。当面子被撕破，当人情不复存在，中国人之间是不可能再相互妥协的，这时紧接着发生的将是无止境的纷争、仇恨甚至杀戮。其中的逻辑十分简单，那就是我们无法逾越中国文化的习性。唯其如此，需要研究和认清我们在多大程度上受制于它。当然，这并不是说中国文化就不需要民主、自由、人权和法治，而是说它们在推动中国社会发展过程中居于相对次要的位置。

我相信，未来中国社会进步的必由之路是以王道代替霸道，其核心内容之一是行业的自治与理性化；从社会整合上说，未来中国社会的整合之道仍将是伦理本位的、治人而不是治法的、贤能主导而不是制度主导的；中华文明的核心价值仍将是仁、义、礼、智、信、忠、孝等，但它将不是一个缺乏自由、民主、法治和人权的社会，也不会反对后者。

## 9. 结语：醒醒吧，国人！

1918年农历十月初七，清末名儒梁漱溟之父梁济（字巨川）自杀，自杀前留下万字《敬告世人书》，书中痛陈今日国人为西洋新说所惑，失去了国性；称自己虽为殉清，实为殉纲常名教而死。书中云：

> 吾国数千年，先圣之诗礼纲常，吾家先祖先父先母之遗传与教训，幼年所闻，以对于世道有责任为主义。此主义深印于吾脑中，即以此主义本位，故不容不殉。
>
> 今人为新说所震，丧失自己权威。自光、宣之末，新说谓敬君恋主为奴性，一般吃俸禄者靡然从之，忘其自己生平主义。苟平心以思，人各有尊信持循之说。……以忠孝节义范束全国之人心，一切法度纪纲经数千年圣哲所创垂，岂竟毫无可贵，何必先自轻贱，一闻新说，遂将数十年所尊信持循者弃绝，不值一顾？[①]

梁济死后，即使是陈独秀这样批判"三纲"不遗余力的学者，亦对之恭敬三分。而其遗书，则反映了当时名儒对纲纪礼教毁于一旦的深刻担忧，以及对于西洋人权自由之说的深深疑惑。

无独有偶，若干年后，一代宗师王国维先生亦于1927年农历五月初三日投湖自尽。陈寅恪认为，他表面殉清，实为殉"三纲六纪"（与梁一样）。其挽词序云：

> 近数十年来，自道光之季，迄乎今日……纲纪之说，无所凭依，不待外来学说之抨击，而已消沉沦丧于不知不觉之间；虽有人焉，强聒而力持，亦终归于不可疗救之局。盖今日之赤县神州值数千年未有之巨劫奇变，劫尽变穷，则此文化精神所凝聚之人，安得不与之共命而同尽，此观堂先生所以不得不死，遂为天下后世所极哀而深惜者也。[②]

---

[①] 梁济：《梁巨川遗书》，黄曙辉编校，上海：华东师范大学出版社，2008年，第51、55页，标点有改动。

[②] 陈寅恪：《王观堂先生挽词并序》，《陈寅恪诗集》，第11页。

梁、陈二人之言，与张之洞《劝学篇》中有关议论如出一辙，张云：

> "三纲"为中国神圣相传之至教，礼政之原本，人禽之大防。（《劝学篇·序》）

> "君为臣纲，父为子纲，夫为妻纲"……五伦之要，百行之源，相传数千年，更无异义。圣人所以为圣人，中国所以为中国，实在于此。……近日微闻海滨洋界，有公然创废三纲之议者，其意欲举世放恣黩乱而后快，怵心骇耳，无过于斯。中无此政，西无此教，所谓非驴非马，吾恐地球万国将众恶而共弃之也。（《劝学篇·明纲第三》）

时隔近百年，今天又有几人理解了张之洞、梁济、陈寅恪之言？

有人认为，汉儒与时俱进，立"三纲"之说以实现儒家学说与秦汉制度的整合，"三纲"学说的合理性也体现于此。这一对"三纲"合理性的认识，停留于"秦制"上。也就是说，认为"三纲"与专制、极权密不可分。然而，如果按照这种理解，就无论如何也无法理解梁济、王国维之死，难道他们会愚蠢到为"绝对等级"、"绝对服从"、"绝对尊卑"、"尽单方面的绝对的义务"而死吗？如果按照我的理解，"三纲"是指从大局出发的精神，就可以代表中国文化的精神。如此一来，则梁济、王国维之殉"三纲六纪"，也就可以理解了。

让我们重新回到"三纲"的本义上来，建立起对中国文化基本价值的正确认知，找回中华民族今后的正确方向。我认为今日中国知识分子的神圣使命是重铸中国文化的价值，重新理解中华文明的基本理念；要在新的时代条件下说明那些真正能推动中华民族不断进步的精神价值，这个文明在核心价值、制度模式、社会整合等方面的特征，它与其他伟大文明特别是西方文明之间的异同；要说明中国人在新世纪里如何建设一个真正伟大、进步、引领世界潮流的文明，一个充满无穷魅力的文明。这样做不是为了复古，不是出自民族主义，更不是人为地追求和西方相区别。

# 附录 "三纲" 之辩

时　间：2012 年 11 月 15 日
地　点：清华园
主持人：干春松
辩论者：方朝晖　李存山
组织者：梁　枢

**干春松**：你们俩打仗，非得让我来观战（笑声）。这就使得我不得不花了几
　　　　个晚上的时间，把你们的文章给看了一遍。

……

**李存山**：其实也不是从方朝晖的那篇文章开始的，比那要早。去年在北大开
　　　　会，讨论儒家与人权的问题，就发生了争论。方朝晖和郭沂都是支
　　　　持"三纲"的，我们在去吃饭的路上边说边聊，我就说"你们是属
　　　　于'三纲派'，我是属于'解构三纲派'，以后我们可以辩论"。后
　　　　来才看到了方朝晖的文章。

**干春松**：是，有一个重新来梳理"三纲五伦"的过程。其实他俩写的文章，
　　　　都引了贺麟这篇《五伦观念的新检讨》，

**李存山**：对，我和方朝晖的文章，都引了贺麟先生的文章。其实我对贺先生
　　　　的文章也有不同看法。我记得台湾的韦政通先生曾经说过，贺先生
　　　　对于"五伦"观念的新检讨，是对"三纲"的一个很同情的理解。
　　　　我对于贺先生的文章是有不同观点的，其实我也是借方朝晖那篇文
　　　　章，提出了我对贺先生文章的不同看法。

**干春松**："三纲"问题的确是儒家价值之关键点。也是自近代以来对儒家批

评的焦点。但是，贺麟先生很早就开始进行辩护性的解读，近年来这样的声音越来越多。最近，李存山和方朝晖之间关于"三纲"的讨论，将这个问题的许多交集点提出来了，有助于我们深化对这个问题的认识。对此，我想先提出两个问题。一是方朝晖是出于一个什么样的考虑，重新将这个问题提出来？从朝晖的文章来看，其立论是特别系统的，并且加入了在现代中国的大背景下，怎么重新理解传统的文化习性的问题。第二，你来提这个问题的时候，你提出了什么核心观点来支持你认为大家对"三纲"的观点要重新被认识，而不能是这样那样的。而你这些思考，李老师显然是不同意的，那李老师又是以什么样的角度不同意的？

**梁　枢**：不行？我再追加个问题，从主持人的话里加。这历史背景的梳理，就由主持人说挺好，给读者一个交代。从谭嗣同就开始，在谭嗣同之前，整个封建社会，是不可能对它说不的。五四时期，有没有人说？

**干春松**：有啊，就大约延续谭嗣同一贯的批判。

**梁　枢**：谭嗣同是不是（批判"三纲"）第一人？

**干春松**：明确地激进地提出来的，应该是没有问题。

**方朝晖**：我在文章里提到过黄宗羲和王夫之。

**干春松**：但他们都不算严格意义上的。王夫之等人不是要反对纲常，谭嗣同是完全反对纲常的。到了五四时期，像吴虞等人，都是延着这个路子。

**李存山**：谭嗣同不仅对"三纲"，对"五伦"也有议论，他认为"五伦"里面，只有朋友一伦是讲平等的。

**干春松**：余英时曾经对此有一个回溯，他把谭嗣同当成是一个比较系统的批评的人物，另外有一两个叫骂的，那不算。到后来贺麟先生的文章算是一个比较系统的辩护。景海峰的文章有一篇长的，好像是发在《哲学动态》上。例外，对于"三纲"重要性的问题，陈（寅恪）先生那句话反复被人引，就是"三纲六纪"那句话（"吾中国文化之定义，具于《白虎通》'三纲六纪'之说"）。接下来李老师是比较全面的站在反方的，反而站在正方的人越来越多。

　　这一轮李老师和方朝晖的论争，是比较全面系统的。以前唐文明、梁涛等人也有些文章，但是没有人和他们争论，所讨论的问题也还多集中在"五伦"。

**梁　枢**：干兄，如果像您所说，这中间就有几十年的空白。

**方朝晖**：我的文章里都罗列了，这几十年基本上都是反对"三纲"的。

**梁　枢**：您给我们念一念。

**方朝晖**：我文章里有。

**梁　枢**：能给我们吗？

**方朝晖**：能给。

**梁　枢**：那我们就省事了，把这个搁背景里面。这几十年都是批判态度的，那有辩解的声音没有？

**方朝晖**：最近几十年我看不是很多，像景海峰有一篇比较长的文章，那是辩护，但辩护得不是很清楚，没有明确地亮出自己的观点。

**干春松**：那篇文章主要还是辩护"五伦"的。很多人都说"五伦"可以。

**梁　枢**：牟钟鉴就是这个观点，"'五伦'一个不能丢，'三纲'一个不能留"。

**干春松**：对于"五伦"的辩护，（由于比较多）我们没有做更多的寻找。但对于"三纲"的辩护，方兄可以说是比较猛烈的一个。

**梁·枢**：（笑声）几十年出了这么一个。

**李存山**：可以这么说。因为他比较激进。这里面有一个背景，也就是中国文化所"因"（一贯继承）的，即中国文化的核心到底是什么。我有一篇文章叫《反思儒家文化的"常道"》，其中提到从东汉末年的马融开始，都把所"因"者解释为"三纲五常"，一直到戊戌变法才有变化。康有为把他对公羊学的理解融入他的《论语注》里，他把"因"和"损益"解释成"三世"进化论了，包括他所理解的从君主制到君主立宪，再到民主共和。在戊戌变法失败后，和康梁唱反调的就是张之洞，他在《劝学篇·明纲》里就非常强调"三纲"，认为"圣人之所以为圣人，中国之所以为中国"就在于有"三纲"。因为在张之洞那个时期，他需要反驳康梁，所以讲得比较细致。到了辛亥革命之后，讲的就比较少了。后来康有为的思想也有变化，他讲共和政体不符合中国国情，也比较强调 "三纲" 等等。五四之后，主流就变成批判 "三纲" 了。后来才有陈寅恪的提法。

梁　枢：您的意思就是说，如果 "三纲" 和封建政治制度绑在一块的话，的确没啥可说的，因为历史本身把它给否定了。陈寅恪是从文化角度来理解，要理解中国文化，离不开这个。但在那些人听来也比较刺耳，也有给 "三纲" 辩护的意味。所以有些人也是不爱听。这 "水" 和 "孩子" 绑在一块。

李存山：如果把 "三纲" 当成所 "因" 即不变的东西，按照陈寅恪的说法，这就是中国文化的核心了。

梁　枢：那又是一个肯定。

李存山：我的观点是，汉儒提出 "三纲" 属于 "损益"，是一个 "变" 而不是 "常"。所以我反思儒家文化的 "常道"，认为真正的 "常道" 是秦以前和秦以后一直在讲的那些东西，如崇尚道德、以人为本、仁爱精神、忠恕之道、和谐社会等等。我认为，"三纲" 是到汉儒才提出来的，所以它不是 "常道"，而是一种 "损益"。

方朝晖：我说一下我的基本思路。其实我对 "三纲" 问题的思考，源于我对中国文化基本价值的反思。这些年我们许多人一直在讨论中国文化的基本价值或者核心价值是什么。在考虑这个问题的时候，我突然意识到，当初梁漱溟的父亲梁济，在临死之前写了个万言书，里面就明确讲到自己是为了殉 "三纲五常" 而死的。我当时就在想，如果 "三纲" 就是像我们所说的 "绝对服从" 和 "绝对等级尊卑"，如果是这么一个东西的话，为什么几千年来，一直到近代还有张之洞、梁济以及陈寅恪这样的大学者，仍主张这就是中国文化的精神？甚至要为 "无条件地服从" 这么一个完全没有人性的东西而去殉死？这不免有些荒唐。而且，过去几千年来中华民族的核心价值，一定有它的道理。如果我们把过去说成漆黑一团的话，那几千年来中国文化的主流，特别秦汉以来，都是漆黑一团？这涉及一个整体性的评价问题。

而且我们可以看到一个简单的事实，即汉代以后，几乎所有的儒家学者，从董仲舒以来，到朱熹，包括明代理学家，人人都坚守"三纲五常"，都觉得"三纲五常"无比重要。我在这里面也搜罗了历史上那些赞赏和肯定"三纲"无比重要的几十个人的论述，要真正搜罗的话，可以有几百个，当然我没有搜罗那么多。这些人都对"三纲"五体投地地赞赏和肯定。如果"三纲"真是如我们想象的主张无条件服从和绝对等级关系，他们都认识不到这个问题？要把全天下捆绑在这样一个完全没有人性的东西之上？这是怎么说都说不过去的。

我自己的两个动因呢，一是对董仲舒的理解。李老师也提到，一般认为，他是首先明确论证和使用"三纲"这个词的一个学者。但是我们把《春秋繁露》拿来看看，整本书从头到尾看一遍，了解他政治思想的全貌，可以看到他没有丝毫主张要大臣对国君、妻对夫、子对父要绝对地服从，他根本没有这种思想。他整个书里弥漫着的根本思想，就是强调道统高于政统，用常道来限制国君，使之恐惧、害怕。刘师培早在1904年就说过，《春秋繁露》的整个核心就是为了限制君权。董仲舒的思想是从"春秋学"而来的，他学的是公羊学。关于春秋学的基本精神，司马迁在《太史公自序》里已经明确交代了，就是要拨乱反正。我花了比较大的篇幅把董仲舒的观点从头到尾比较系统地梳理了一遍，认为"正君"是董氏的思想核心，包括"以天正君""以灾异正君""以德正君""以民正君""以古正君""以六艺正君""以名号正君""以臣正君"等等。在董的书里讥君、刺君比比皆是，他讲为君者当敬慎自律、当恪守君道；还有臣不听君命，而董氏大之；无道君被杀，而董氏予之。董仲舒虽然主张尊君，但尊君也是有条件的。真正把董仲舒看完，可以发现他不是我们一般所想的那个董仲舒，当然李老师所讲的"君尊臣卑""阳尊阴卑"等等，确实是一个方面，这些我们可以讨论。

还有《白虎通》这本书，可以说是以官方的形式正式确认"三纲"的统治地位的这么一本书。如果我们把《白虎通》这本书看完的话，我们也可以发现，里面也没有丝毫说臣需要对君绝对服从的，这一点我在文章里引了很多证据，就不多说了。那个时代的许多其他学者，包括刘向、班固、马融等等，他们的东西我们现在还可以看到，都比较强调"谏君"，包括以死抗争。

另外一个引发我的思想动因是程朱理学。过去长期占统治地位的观点之一是认为，程朱理学把"三纲五常"发挥到登峰造极的地步，极力强化君权、父权、夫权的至上性和绝对性，是罪魁祸首之一。甚至有些学者提出，在中国历史上，真正把"三纲五常"贯彻下去的，是程朱理学家，不是董仲舒。陈独秀当年就曾在《新青年》上提到过这种观点，现在也有人持这种观点。二程这些人真的是主张大臣要对国君无条件服从吗？如果我们真的认为程朱理学是罪魁祸首的话，为什么不能把程朱理学家的书拿来仔细看看，把他们的生平仔细研究一下，是不是像我们所讲的那样，主张无条件服从？把二程和朱熹的书拿来一看，即可以得出相反的结论，正如我在文章里提的一样，二程和朱熹可以说是极力强调格君心之非的；国君不接受他们的要求，他们就不接受国君的任命。我在文章里提到，朱熹有多少次拒绝天子对他的任命，而且他在当上侍讲之后，是如何"谏君"和"抗君"的。余英时强调，宋代是中国古代士大夫最强调自己的主体性的一个时代，没有哪个时代比宋代士大夫更强调自己的主体性，他引用了司马光、王安石、二程等一大批人的材料，我在文章里也引用了一些相同的材料。我想如果"三纲"真如我们想象的那样是一种压抑个性、泯灭人性的东西的话，在过去两千多年的漫长岁月里，中国历史上那么多精英，怎么他们就认识不到这个问题，而主张把天下捆绑在这样一种没有人性的逻辑之上？

还有一个问题是，《春秋》和"三纲"之间的关系。因为包括贺麟先生也明确提到，"三纲"本来是法家的思想，在秦汉之后之所以受到重视，是大一统的现实导致的。这种观点非常有影响，接受这种观点的人也很多。但是我发现，中国历史上坚持"三纲"的人，多认为"三纲"思想是符合孔子《春秋经》的。那么多历史上研究春秋学的学者都坚持孔子的精神就可以用"三纲五常"来概括。为什么我们几千年以后发现这些人都错了，这究竟是什么原因？是不是他们就没有认识到秦汉以后社会现实的变化？我自己感觉，这涉及对春秋学的基本评价的问题。我以为春秋学讲的，就是一个大一统的问题。春秋时候，礼崩乐坏，天下无道，诸侯僭乱。按照蒋伯潜先生的概括，春秋大义有三方面：一是大一统；二叫正名分；三叫尊王。从社会现实角度看，孔子那个时代更需要讲"三纲"。因为天下大乱，诸侯混战，生灵涂炭，那时候国家统一的强烈需要，会比秦汉更强烈些，这也恰恰是中国历史上的春秋学家们一再强调《春秋》的基本精神在于"三纲五常"的基本原因。我以为"三纲"思想并非像人们想象的那样来源于法家、或来源于秦汉大一统的现实这么简单。这是我的一个基本判断。

有了这么一个判断，就可以看我们对"君为臣纲、夫为妻纲、父为子纲"怎么去解读的问题了。我认为"三纲"既有它的普遍性，也有它的特殊性。它的特殊性在于在中国古代君主制和一夫多妻制的客观现实下提出来，确实能够达到维护君权、父权、夫权的客观效果。这是它的特殊时代性所致。但是，它的普遍性在于，这个"纲"的含义，并不包含无条件地服从和绝对的等级关系，它所代表的是一种服从大局的精神。

我对于"三纲"的思考，还来源于对西方民主、自由、人权思想的反思。我认为民主、自由、人权之所以不能成为中国文化的核心价值，而"三纲五常"之所以可以，跟中国文化的习性有关。在中国文化的价值里，要把个人的自由、权利绝对化和神圣化，成为一个民族文化的核心价值，不符合中国文化的内在要求。它对中国文化中个人安全感的建立、人格的健康成长以及社会秩序的重建，并不是真正有效。而"三纲五常"，就它所具有的普遍意义而言，作为一种从大局出发的精神，无论是对个体人格的独立，还是社会秩序的重建，都有积极作用。即便是在今天而言，也是有价值的。这涉及"三纲"是否可以剥离出它那个特定的时代，具有普遍性。

下面我解释一下为什么我把"三纲"的精神理解为"从大局出发"？宋明理学家一再强调，"尽己之谓忠"，即按照自己的良心去做事才是忠。《白虎通》上也这么讲，"人皆有五常之心，是以纲纪为化"。在他们心目中，五常合乎人的自然本性，是让我们成为一个健康的人、一个健全的生命的价值。五常好比个人内心深处的东西；当内心深处的东西走向外部世界的时候，演变成客观的规范，就是所谓"三纲"。所以在古代思想家看来，"三纲"和"五常"是完全一致的，不可以分开。易言之，"三纲"是以五常为基础的。真德秀等人就这么论证过。为什么古人认为按照"三纲五常"做事，才能成圣成贤？因为它们使我们成为人格健全的人。为什么"三纲"能使我们人格健全？因为他们把"三纲"理解为"从大局出发"这么一种忍让精神。我今天听你的话，不是因为你这个人，而是因为你这个位置对于天下安宁具有举足轻重的意义。所以陈寅恪也罢，贺麟也罢，都强调"三纲"不是对于某人的尊崇，而是对于此人所在之"位"的尊崇；而这个"位"，在现实条件下，是社会秩序的象征；如果"位"可以随便推翻的话，这个社会就没有秩序可言了。所以陈寅恪和贺麟先生的论述是非常"到位"的。后来我也看到有人发表文章为陈寅恪这个观点辩护，角度与我类似。

**李存山：**我想方朝晖之所以写这篇文章，并不是认为"三纲"真的有多么重要。他的出发点是，如果"三纲"是个黑暗的东西，那么中国文化是否还有它的意义呢？现在之所以要重新评价"三纲"，是要说明中国文化是好的，是有价值的。我想这是方朝晖之所以重评"三纲"的主要出发点。

我与他的分歧在于，我肯定中国文化有它的价值，但也有它的历史局限，我们现在指出它的历史局限，并不影响说它也有好的东西。如果我们继续提倡在历史上那些有局限性的东西，就会陷入与现代社会相矛盾的境地。五四时期的陈独秀等人之所以那么激烈地批孔，就是因为他们认为纲常和儒家是不可以分开的，讲儒家就一定得讲纲常，讲纲常就一定得讲君臣，讲君臣就一定要复辟，所以他们认为儒家与复辟有不可解的因缘，要反对复辟就一定要批判儒家。这就激起了对于儒家文化有现代价值的全面否定。

我个人认为，从政治层面来说，儒家当然是肯定君主制的，"祖述尧舜，宪章文武"，一直到秦以后的儒家，都是肯定君臣关系的。孔子说"君使臣以礼，臣事君以忠"，他是主张"大一统"的，讲"天下有道，礼乐征伐自天子出；天下无道，礼乐征伐自诸侯出"。对于君臣关系，那时候礼崩乐坏，孔子更强调的是尊天子而贬诸侯。儒家是追求大一统的，但当时并没有一个现成的大一统在那里摆着，所以儒家追求大一统也是与时俱进。到了战国时期，孟子对于天子与诸侯关系的理解已经和孔子不一样了，所以宋代的李觏就曾批评孟子，说在孟子的书中没有一句讲"周天子"怎么样。因为当时周王室已经衰微至极，很快就要灭亡了。孟子的设想是，诸侯发以仁心，施以仁政，就可以像周文王"三分天下有其二"那样，重新统一天下。《社会科学评论》上发表过李珺平的一篇文章，说孟子的"民为贵"思想也是尊天子而贬诸侯。其实，孟子已经不像孔子那样尊天子而贬诸侯了，李珺平根本不了解孟子时期的背景已经和孔子大不同了，所以在孟子的书里绝对看不出有尊天子贬诸侯的话，他主张出一个新的像文王、武王那样的诸侯，重新统一天下。孟子的思想和他之前的儒家思想也有所不同，这就关系到《郭店简》里的《唐虞之道》，我认为这一篇作于战国中前期，是在孟子之前的儒家文献。在《唐虞之道》中，儒家主张"禅而不传"，认为"不禅而能化天下"自古所没有，也就是主张只能禅让，不能传子，这是孔孟之间的儒家思想。但是到了孟子就变了，因为当时燕国发生"让国"事件，引起大乱，孟子面对这个现实，就改为禅让与传子两可了。

在法家思想的主导下，秦始皇靠暴力统一天下，"海内为郡县，法令由一统"，"周之废兴，与汉殊异"，"汉承秦制，改立郡县，主有专已之威，臣无百年之柄"，从秦以前的封建制到秦以后的郡县制，这个变化被史学家称为"秦汉间天地一大变局"。封建制实际上是地方分权,而到了郡县制,就把权力都集中到中央。谭嗣同说:"二千年之政,秦政也。"因为"汉承秦制",所以秦以后的政治制度也都是郡县制。在这种君主集权的制度下,儒家文化要实现与政治制度的整合,就不能再像孟子那样讲"唯大人为能格君心之非",像荀子那样讲"从道不从君",或像孔子那样讲"以道事君,不可则止","无欺也,而犯之"。如果在汉朝时,董仲舒这些人明着对汉武帝这样讲,儒家就实现不了和当时制度的整合。干春松刚才讲到"屈民而伸君","屈君而伸天"。这确实是董仲舒的重要思想,被说成是"《春秋》之大义"。在"屈君而伸天"的思想中,仍体现了儒家以民为本的思想,但是你查一查先秦儒家的孔、孟、荀,他们哪一个提出过"屈民而伸君"?我认为,这个"屈民而伸君"就是汉儒为了适应秦汉间的"天地一大变局",为了实现和当时制度的整合,而"三纲"就正体现了"屈民而伸君"。当然,如果只是讲"屈民而伸君",那就成为法家了,所以汉儒还要讲以民为本,还需要用"屈君而伸天"来约束君权。

如果说秦以后历史上的儒家都是肯定"三纲"的,我觉得并不奇怪。因为他们都是处在君主集权的制度下,你否定了"三纲"也就是否定了这个制度。儒家为了论证这个制度的合理性,就要保持"三纲"的合理性,他们不仅认为"三纲"出自孔孟,而且认为"三纲"出自天道,即所谓"王道之于三纲,可求于天"。因为"三纲"出自天道,所以它是"世世相因"不可变革的。历史上的儒家都肯定"三纲"的重要性,这是不言而喻的。

这里面就要看你是不是承认从春秋战国到秦汉以后的制度有一个变化,在这个变化之中,秦以后的儒家和先秦儒家是不是有所不同。郭店楚简里面有《鲁穆公问子思》,子思说"恒称其君之恶者为忠臣"。据《孔丛子》,当时的子思"有傲世主之心",曾子问他,以前孔子见了诸侯,不失人臣之礼,为什么到你就这么"傲"呢?子思说,时移世异,现在是"得士则昌,失士则亡"的时候,我在这时候为什么不自高自贵而"傲"呢?郭店楚简里说,"恒称其君之恶者为忠臣"，这就体现了子思的"傲"。"忠臣"的"忠"，在秦之前和秦之后是不一样的。当然你说"尽己之谓忠"，这是一样的，但这是讲"己欲立而立人，己欲达而达人"的"忠"，是属于人己关系方面的，它和君臣关系方面所讲的"忠"有所不同。在先秦儒家的思想里，"忠"不仅限于臣对君要忠，而且讲君主对于臣民要忠，《左传》里就说君主要"忠于民而信于神"。郭店楚简里讲的"忠信"，实际上也主要是针对君主讲的，《缁衣》篇说的"忠敬"，也是说君主对待大臣要忠敬。但是到了秦以后，只能说臣对君要忠，而不能说君对臣或民要忠。所以汉儒就把"忠敬"分开解释，说大臣对君要忠，君对大臣要敬。《中庸》里面有"忠信重禄，所以劝士也"，汉儒也把"忠信"和"重禄"分开，说是对有忠信的士要重其禄。所以，汉儒和先秦儒家在君臣关系方面是有些变化的。

刚才你（方朝晖）说儒家肯定"三纲"可以找出上百位，我可以说，两千年来，从汉代一直到戊戌变法之前，儒家都是肯定"三纲"的，并且都认为从孔子孟子就讲"三纲"，如果他们说和孔孟不一样，"三纲"是新立的，那就没有合理性了。他们认为"三纲"出于天道，"所因者，三纲五常也"。这在历史上，确实是一直这么认为的。何晏的《论语集解》在解释"殷因于夏礼，周因于殷礼"时引了马融的话，以后到皇侃、邢昺和朱熹等等，哪一个不是按照马融的话来讲呢？不要说上百个，以前注释《论语》全都一致是这么说的。

可是为什么到了康有为的《论语注》就发生变化了呢？康有为认为，这段话是讲"三世"进化，这是因为需要有政治体制的变革了，也就是要从君主制转变为君主立宪，乃至民主共和。那么我们现在为了肯定和维护中国文化的价值，是按照以前历史上一直讲的那样，说"三纲"是"圣人之所以为圣人，中国之所以为中国"之所在，还是把中国文化的发展看成一个有"因"有"损益"，即有"常"有"变"的过程。张岱年先生认为"文化的实相"是有整有分、有常有变、有同有异的，其中一个很重要的关系就是变和常，张先生的一篇重要文章就叫《论道德之变与常》。我个人认为，"三纲" 是一个变，而不是常。"三纲" 之说不是出自先秦儒家，而是汉儒为了适应秦汉制度而做的损益。我们把 "三纲" 当成是变，不当成常，不影响我们肯定儒家文化里面有优秀的传统。牟钟鉴先生说 "三纲不能留，五常不能丢"，我是同意这种观点的。

**方朝晖**：我再回应一下。我想把我内心深处的主观动机，再表达得更清楚一点。

首先是 "三纲" 作为中国文化核心价值的认识。我也非常赞同有常有变，只是我觉得 "三纲" 依然属于常的部分，不属于变的部分。为什么这么讲呢？我认为中国文化的习性并未改变。我的一个基本判断是，我们近代一百多年来，被西方自由、民主、人权的观念打乱了阵脚。其实我们中国人几千年来在社会自我整合机制上，一直诉诸这样的价值观，即提倡在相互尊重、相互友爱的关系中生存，一切以和谐、理想的关系建构为中心，这是我们中国文化基本的要求；人权、自由的概念非常好，但一旦成为核心价值，就可能把个人自身的权益和自由绝对化，而不会把人与人、人与物的关系当成一个很重要的东西来对待。所以，人权和自由对中国文化来说是需要的，但不应成为中国文化的核心价值。而 "三纲五常" 的意义在于，它是从人与人的良好关系建构出发，这和西方的自由、人权等价值是一样有普世意义的。但是就文化的核心价值而言，它更适合中国文化。这是因为它在中国社会建构方面，它能够发挥的作用更有效，会更大。这是我们要肯定 "三纲" 的一个原因。

其次，对于 "三纲" 的本意是什么，李老师和我有基本的分歧。李老师还是觉得 "三纲" 的意思是绝对的等级、服从与被服从的关系，我的意思呢，是指董仲舒和《白虎通》在使用 "三纲" 的时候，并没有赋予 "三纲" 这样一种含义。当时讲的 "三纲"，确实有 "君尊臣卑""阳尊阴卑""屈民伸君""屈君伸天" 等表达，但是这些表达的含义，并不是像我们今天理解的那样，指绝对的服从或者等级关系。现在我们大家经常引用孔、孟、荀 "以道事君，不可则止"

"闻诛一夫纣矣，未闻弑君者也""从道不从君"之类的话，认为那时候他们主张君臣关系应该是双向对待、互惠互利的。其实在《春秋繁露》和《白虎通》中，也可以找到大量类似的表述。"春秋刺上之过，而矜下之苦；小恶在外弗举，在我书而诽之"；"孔子明得失，差贵贱，反王道之本，讥天王以致太平，刺恶讥微，不遗小大"，这些都是董仲舒在《春秋繁露》中的思想，表达了他对春秋思想的理解。董仲舒在阐发《春秋》的时候，实际上阐发的是他自己。所以如果说在孔子时代可以讥讽君王，在他那个时代就不可以，我想这不符合董仲舒的实际。对于国君该怎么做，董仲舒有一些基本的规定，他说有一些国君被杀了，因为无道，像这样的事是不能被称为"弑"的。他在《尧舜不擅移，汤武不专杀》里就这样讲。他又讲到"父不父则子不子，君不君则臣不臣"，"君命顺，则民有顺命；君命逆，则民有逆命"，"在位者不能以恶服人"，等等。郑国大臣祭仲把郑昭公给赶跑，另立郑厉公，董仲舒认为其做法是可以嘉许的，因为是为了保国。如果要把君臣关系理解为绝对服从的话，像祭仲这样把国君赶跑，换一个国君，董仲舒怎么能肯定呢。董仲舒还明确说过："胁严社而不为不敬灵，出天王而不为不尊上，辞父之命而不为不承亲，绝母之属而不为不孝慈，义矣夫！"

我说这些的意思，是指近百年来，人们之所以认为董仲舒和《白虎通》里的"三纲"是绝对的服从和等级关系，是因为他们先入为主地这么认为，然后去找证据，比如"屈民伸君""阳尊阴卑"之类，然后断章取义地把这些话当成理解他们"三纲"思想的准绳，而不是把董仲舒和《白虎通》当成整体来看待。董仲舒讲"屈民伸君"，就是"君为臣纲"的意思，这并没有包含大臣要天然地服从国君的意思，而只是从大局出发的精神。我想类似的现象在我们生活中也是经常发生的，有时候我们不接受单位领导的看法，我们觉得领导的看法是错误的，但是出于一种从大局出发的精神，或者出于组织性、纪律性的考虑，我们还是尊重他的决定，并且在现实中落实它。所以我的意思，就是我们对董仲舒和《白虎通》的解释，是否还有余地，即我们一百多年来的解释，是否本身就有问题。

反过来讲，在先秦的时候，孔、孟、荀那里，我们也可以找到一些主张无条件服从的话，比如孟子就说过，"以顺为正者，妾妇之道也"，是不是孟子也主张妾妇要对丈夫绝对服从呢？

**李存山**：那当然！

**方朝晖**：李老师，等我讲完了，你再反驳我。《礼仪·丧服》里就有"妇人有三从之义，无专用之道。故未嫁从父，既嫁从夫，夫死从子"；《礼记·内则》有"父母怒不悦，而挞之流血，不敢疾怨，起敬起孝"。这是否也在讲无条件服从呢？又比如荀子讲"无君以制臣，无上以制下，天下害生纵欲"；"上无君师，下无父子，夫是之谓至乱，君臣、父子、兄弟、夫妇，始则终，终则始，与天地同理，与万世同久，夫是之谓大本"；"夫有礼，则柔从听待；夫无礼，则恐惧而自竦也。"像这样一些说法，如果只抓片言只语，也可以看作孔、孟、荀支持无条件服从的证据，但正是因为我们对他的思想有完整的把握，所以不那么去理解他们。但是我们对于董仲舒和《白虎通》，却断章取义，不做完整的把握，对他们来说也不太公平。

**李存山**：我想，我和方朝晖的分歧，就在于你是强调"整"的，你对中国文化是这么理解，如果说"三纲"不好，那不就是把中国文化都给否定了吗？几千年来的文化不就都黑暗了吗？另外，对董仲舒的思想怎么看，你也要强调把整个书读下来，他总的宗旨是什么。我对董仲舒的评价也很高，我认为董仲舒是孔子和朱熹之间的一个大儒，他在中国文化史上占有重要的地位。所以，我在整体上也是很肯定董仲舒的。但是你只用整体的观点来评价董仲舒，对"三纲"也要从整体上加以肯定。而我是既讲"整"也讲"分"，既讲"常"也讲"变"。我认为董仲舒的思想中有儒家的"常道"，他把先秦儒家的一些好的传统也继承了。从秦到汉，一个很重要的变化就是从秦的"任刑罚"转变为"任德而不任刑"，这是汉儒相"因"继承了先秦儒家的思想，以"行仁义"改变了秦用法家学说治国的思路。所以，从先秦儒家到汉儒也是"变中有常"。

我反对把"三纲"当成儒家文化的"常道",但我认为儒家文化中也有恒常而不变的传统,如崇尚道德、以民为本、仁爱精神、忠恕之道、和谐社会等等。这些是从"祖述尧舜,宪章文武",到孔孟,到董仲舒,一直到宋明,儒家所一贯坚持的。如果董仲舒不讲以民为本,不讲"天之立王,以为民也",那么董仲舒就不是儒家了。我们之所以肯定董仲舒、《白虎通》等是儒家,就是因为他们继承了儒家思想中好的传统。

我从来不否认董仲舒等是大儒,但是在"秦汉间天地一大变局"的情况下,汉儒与先秦儒家是否有所不同呢?在处理君臣关系的问题上,他们和先秦儒家是不一样的。我认为你在他们的思想中找了很多好的东西,这一点儿也不奇怪,因为他们本身是儒家,继承了仁爱精神、以民为本、和谐社会等等。董仲舒讲"仁之法在爱人","义之法在正我","王者爱及四夷","德莫大于和","天地之道,虽有不和者,必归之于和"等等,这些都是继承了先秦儒家的优秀传统。但问题是,他什么时候说过"唯大人为能格君心之非","从道不从君"……

**方朝晖**:这样的说法在董仲舒里可以找到的。

**李存山**:如果可以,那你就找吧。

**方朝晖**:我刚才已经提到了。

**干春松**:这样,我稍微总结一下你们俩讨论的问题。第一个核心问题是如何理解中国文化的精神,李老师概括的就是常与变的问题。我们理解"三纲",是把它当成一个制度呢,还是把它理解成制度背后构成的那种精神。

**李存山**:对不起,我要插一句,刚才方朝晖提到"以顺为正者,妾妇之道也",我认为是这样的,有人评价过。孟子说的意思是,你不能用妾妇对待丈夫的"顺"来对待君主。臣对君主是要进行批评的,所以不能"以顺为正"。而妾妇对于丈夫是要讲"顺"的,男尊女卑,我们从《仪礼》里面可以找很多材料说明这个问题。这在历史上都免不了,包括古希腊、罗马文化也是男尊女卑。孟子肯定了妾妇对于丈夫应

该 "顺"，但是臣对君就不能以顺为正道。而 "三纲" 实际上是把妻妾要顺夫，变成了一个普遍的原则，臣对君也要顺。这就是韩非所说的："臣事君，子事父，妻事夫，三者顺则天下治，三者逆则天下乱。此天下之常道也，明王贤臣而弗易也，则人主虽不肖，臣不敢侵也。"

**方朝晖**：孟子说，"孔子成《春秋》而乱臣贼子惧"，当时天下 "臣弑其君者有之，子弑其父者有之"，所以孟子对于 "乱臣贼子" 是有强烈的批判的。

**李存山**：那是当然。儒家如果不反对乱臣贼子的话，随便就可以造反，那就不是儒家了。

**方朝晖**：孟子讲孔子作《春秋》，是因为乱臣贼子，这一点和董仲舒是有相同之处的。

**李存山**：我认为肯定君主制，先秦儒家和汉代儒家都是一贯的。但是同为肯定君主制，这其间还是有差别的。封建制是君主制，郡县制也是君主制，春秋战国时期和秦汉时期的君臣关系，还是很不一样的。

**干春松**：我们回到儒家的精神，儒家的精神是 "三纲" 还是您（李存山）刚才归纳的那些，这里面有一个方法的问题。我个人理解，虽然宋明之后许多人包括张之洞把它理解成一个道的东西，但还是和 "仁义" 等不一样。我想这是你们俩之间的一个差异。

**李存山**：我觉得，应讲清楚君臣关系到底是什么意义上的绝对服从。

**方朝晖**：我简单回应一下。我讨论 "三纲"，没有提高到如何重新评价中国传统文化这么高的高度，只是涉及中国文化的核心价值问题。我替 "三纲" 说话，是就事论事，我并没担心过有人因为 "三纲" 而把整个中国传统文化说成一团漆黑。但我认为，我们到现在还没有解开为什么过去两千多年来，那么多人都主张 "三纲" 是中国文化的核心价值，其内在秘密到底是什么？

**李存山**：我认为……

**方朝晖**：你认为是制度造成的，秦汉以后嘛。我的文章里提到了，要是从社会环境来讲，春秋战国就更需要这样一种东西。因为当时社会乱，权威丧失。所以用制度变化来解释，我个人认为不是最有力的。我个人认为根本的原因在于中国文化是以人际关系为本位的文化，是一个需要在和谐的关系中才能寻找到个人自身安全感的文化。所以这个文化中，把个人自由和权利的绝对化不利于中国文化的自我整合和秩序重建的。我是从这个角度来讲的。

第二个问题，我为什么认为"三纲"的精神是从大局出发，即小我服从大我？当然，古人不可能有这样的词汇。但比如董仲舒赞赏有的大臣在某种情况下牺牲或委屈自己，是为了"爱民"，为了"保国"，或"出于义"。他只会用这样的表述。这种表达是什么意思呢？就是荀子所说的"从道不从君，从义不从父"。后来宋明理学家如朱熹等人认为"尽己之谓忠"。所谓"出于义"，或"尽己"，都是在讲小我服从大我，即从大局出发。所谓小我服从大我，就是指尊其"位"而不是尊其"人"。

还有一点，我把"三纲"理解为"小我服从大我"，还因为只有这样才能把董仲舒的思想逻辑贯通起来。董仲舒也说过，有些大臣把国君杀了，因为出于爱民，故值得肯定。但他明明又说"屈民伸君"，这两者之间不是互相矛盾吗？我们总要把他的思想前后协调起来。试问他既然认为有时可以弑君、逐君，为什么有时又要尊君和从君呢？我想只能理解为从大局出发、小我服从大我。这小我和大我呢，大我不是指国君这个人，而是指天下的安宁、生民的利益。

**李存山**：如果君为臣纲，那么君就能代表整体的利益？

**方朝晖**：要看具体情况。假如我是国君，我现在讲的一句话，可能不代表全体的利益，因为我可能有私心、贪心。但是如果你因为不同意我的看法，就把我给杀了或换了，就可能导致天下大乱，人人争当君王。从你不能随便杀我这一点看，我的位置是代表大局的。

作为大臣而言，你不同意我的观点，并不意味着你就是正确的。因为可能你所掌握的信息和我掌握的信息不一样，所以你不能随意废立国君。孔子之所以反对诸侯僭乱，就是因为根据自己喜好随意废立国君，或阳奉阴违，导致天下大乱。

但是，有些人，虽然可能不同意国君，但是在实践中还是执行了国君的命令，他们这么做，不是因为觉得国君是对的，也不是他们对国君有感情或者忠心，而是因为知道国君这个"位"本身，背后所代表的是一整套程序，这套程序是天下安宁的保障。

就像我们对现在某个领导人不赞同，但是不等于我们就要在实践中违背他。我们在实践中违心地做了些自己不愿意的事情，是一种从大局出发的考虑。我认为这才是君为臣纲的本义。

我并不认为在位的国君在任何情况下都能代表大局或整体利益。我并非这个意思。

李存山：你是把"三纲"啊，和儒家的以民为本……

方朝晖：这两者是不矛盾的。

李存山：你认为君为臣纲是服从大局，而我认为儒家有一个绝对的服从，就是要绝对服从于民意。"民之所欲，天必从之"，天行民意，这在儒家是最高的。中国文化的"天"，没有自己独立的意志，而是以人民的意志为意志。所以我对蒋庆讲的什么"天道院"、"庶民院"不以为然，他是把天道和民意给分开了，而儒家讲的天与民是统一的。如果说君为臣纲就是服从大局，那么是否就是服从于天道和民意？

方朝晖：对的。

李存山：那为什么董仲舒还要说一个"屈民而伸君"？这里面的曲折就在于，汉代儒家为了和当时的制度相整合，他们需要做一些妥协或调整。如果不作调整，就和当时的制度整合不了。孟子主张的统一路线，是要用"以德服人"来统一天下，得民心者得天下。这个路线后来没有走通。谁走通了？其实是法家，通过商鞅变法，富国强兵，改立郡县，"以法为教，以吏为师"，认为"臣事君，子事父，妻事夫，三者顺则天下治，三者逆则天下乱"。儒家要把自己融入这个由法家建立的制度，就要作一些妥协或调整。我认为这恰恰是和你不同的，你认为"三纲"和以民为本之间是整体的合理的，而我认为这之间是有矛盾的。

方朝晖：你认为董仲舒自己是有矛盾的？

李存山：是的。因为做了些妥协，做了些调整，所以在"以民为本"和"屈民而伸君"之间，董仲舒是有矛盾的。既然是"天之立王，以为民也"，为什么还要讲"屈民而伸君"呢？既然是要正君心，为什么不明着对君主说"唯大人为能格君心之非"，为什么还要立一个"元"，讲阴阳灾异或谴告，用这一套来找一个说话的理由？董仲舒因言灾异，差一点儿被汉武帝杀头，后来"不敢复言灾异"，这起码是受到当时制度的限制了。

这是我们的一个分歧所在。我认为历史上的儒家，始终受到了制度上的限制。你（方朝晖）说二程和朱熹都是肯定"三纲"的，当然他们还把"三纲"说成是天理。但是二程也说了，秦以后都是靠权力来"把揽天下"，所以君主都不愿意回到秦以前去。等到程颐被贬，宋哲宗不让他当老师了，贬他作别的官，程颐就连续上辞呈，为的是体现"以道事君，不可则止"。在那个体制下，是否能"止"也要听君主的。孔子说"以道事君，不可则止"，"止"就是隐退，对于无道的君主，不可能直接去推翻他。孟子也是这样，对于贵戚之卿来说，在多次劝谏君主而不听之后，对君主可以"易位"，因为贵戚之卿是本姓的；而对于异姓的大臣而言，反复谏之而不听，就只能辞官隐退。这些都是受到当时制度的限制。二程和朱熹虽然肯定"三纲"，但在他们眼中，对于尧舜禅让、三代之王，和秦以后的君主集权，还是有区别的。

我在我的文章里就曾特别强调，宋代士人的政治文化受到了当时制度的限制。余英时在《朱熹的历史世界》中引了一段朱熹和他弟子的问答，朱熹"多有不可为之叹"，弟子问：以前听您说"天下无不可为之事，兵随将转，将逐符行"，现在为什么又说"不可为"呢？朱熹说，可惜"这符不在自家手里"。余英时用这段话来说明，宋代的士大夫虽然具有与君主"共治天下"的政治主体意识，他们要重建社会秩序，但是他们既然选择了"得君行道"，受到这个格局的限制，他们的失败就是必然的。

**方朝晖**：我插入一句，刚才说到朱熹和二程是赞成"三纲五常"的，您认为他们"以道事君，不可则止"，他们的实际行为和他们的理论是矛盾的，他们是人格分裂？

**李存山**：这不是人格分裂，这是一种与制度的整合，受到了君主权力的制约。既然说"三纲"，他们对"三纲"也有不同的理解，所以他们还要"格君心之非"。

**方朝晖**：他们心目中的"三纲"如果是绝对服从的话，那么小程就不能那么做了，因为这样做的话是和心中的主张是完全对立的。

**李存山**：如果是绝对服从于君主的话，那就不是儒家了。儒家一定要讲"以道事君，不可则止"。

**方朝晖**：您的意思是"三纲"思想，是儒家中非儒家的成分，是吧？

**李存山**：对，这里有非儒家的因素。

**方朝晖**：那就应该把"三纲"从儒家里拿出来。

**李存山**：我认为它是一种"变"，是儒家为了适应秦汉制度而与时俱进的一种"变"。这"三纲"的源头出自哪儿？出自战国时期的黄老道家！就是以阳尊阴卑来比附君臣、父子、夫妇，出自黄老帛书或《黄帝四经》。你查一查先秦的文献，哪一家说了君臣、父子、夫妇是阳尊阴卑的关系？"主阳臣阴"，"男阳女阴"，"父阳子阴"，"贵阳贱阴"，先秦儒家没有这么讲过。为什么到汉代这么讲？我认为这里有法家的因素，就是韩非说的"三者顺则天下治，三者逆则天下乱"。如果说臣对君要绝对服从，那恰恰是法家说对了。韩非子之所以否定尧舜禅让、汤武征伐，就是说臣事君应该是绝对的。尧老了把天下禅让给舜，舜就成为君，尧就成了臣，这样君臣关系就"逆"了，所以韩非是否定尧舜禅让的。汤、武本来是桀、纣的臣，他们怎么能起来征伐桀、纣呢？在法家看来这也是"逆"了。

儒家思想到了明清之际也有一些重要的变化。如黄宗羲说"天下为主，君为客"，但是秦以后却反过来变成了"天下为客，君为主"。他主张用提高宰相的权力来节制君权，又要把学校变成兼议政的机关，使"治天下之具皆出于学校"，使君主"不敢自为非是"，这就不是"君为臣纲"了。

我认为，君为臣纲和以民为本，这两者在汉以后虽然是矛盾的，但是儒家文化和秦汉制度相整合，也是与时俱进，适应了当时社会发展的需求。可是随着时代的发展，这种整合也应该要变。君为臣纲不是儒家的常道，以民为本才是儒家一贯坚持的。我主张从民本走向民主，这里面涉及对君主制和民主制怎么评价的问题。

我认为，中国两千多年的历史已经证明了君主制有它不能克服的弊病，虽然历朝历代的兴亡周期有短有长，儒家文化可以延长一个朝代的兴亡周期，但一个王朝终究要走向腐败、灭亡。在改朝换代时，社会要遭受极大的苦难。东汉末年的仲长统就说，在一个新的王朝建立之后，继位的皇帝一个比一个更差，最终是政权的更迭，"土崩瓦解，一朝而去"。由周到秦、由秦到汉，在汉代又有王莽之乱和东汉末年的"名都空而不居，百里绝而无民"，这种治乱循环、存亡迭代给社会造成的苦难一次比一次更残酷。仲长统不知道用什么样的政治体制来"救此之道"，到了明清之际的黄宗羲就想到要以权力来制约权力。

我曾经和刘泽华一派的学者就所谓"民本的极限"进行辩论，他们认为"民本的极限"只能是肯定君主制，黄宗羲的思想没有向近代民主发展的可能性。我认为，黄宗羲和以前的儒家不一样，他已经看到了秦以后"为天下之大害者，君而已矣"。他设想以权力来制约权力，这已经是从民本走向民主的开端。我认为近代以来，中国的政治文化从民本走向民主，这符合中国文化发展的逻辑。因此，中国文化和西方文化一接触，马上就对西方的议会制给予肯定，从魏源时代开始就肯定了西方的parliament。在戊戌变法时期就提出了要学习西方的"育才于学校，论政于议院"。中国的近代文化为什么如此鲜明地肯定"民主与科学"？这是因为中国文化自身发展的逻辑已经走到了这一步，这就是要从君主制走向民主制。

如何看待自由、民主、人权，这也是我们之间的一个分歧。民主，我认为主要是一种政治体制。儒家的以民为本，所谓"天之生民，非为君也；天之立君，以为民也"，是把人民作为国家、社会的价值主体，但不是权力主体。君主制和以人民为价值主体是有矛盾的，这个矛盾就体现在皇宫里的一副对联当中："惟以一人治天下，岂将天下奉一人。""惟以一人治天下"是君主制，"岂将天下奉一人"是以民为本。从儒家的政治理念上说，君主是应该"为民"的，但在实际的政治运作中，反演成"天下为客，君为主"，"为天下之大害者，君而已矣"。中国近代以来，从民本走向民主，就是从肯定人民的价值主体地位，肯定社会的整体利益出发，以民权或民主的政治体制来取代君主制。

西方的自由、民主、人权是否有一定的局限？我认为有一定的局限，但是其中也包含了人类文化的普遍价值。在西方的具体政治运作中，民主会有一些局限，会受到西方文化特殊性的影响，如比较强调个人主义等等。严复曾说，西方文化是"以自由为体，以民主为用"。我的主张是，"以民本和自由为体，以民主为用"。自由更加强调了个人的自由，而民本更加强调了社会的整体利益，中国的民主制度应该把个人的自由与社会的整体利益协调起来。

如果说"三纲"是儒家文化的基本价值，那么你绕不过去政治体制这一关。因为君为臣纲，毕竟要讲君臣关系；讲君臣关系，当然就是君主制。在君为臣纲的制度下，这"符"在皇帝的手里，乃至朱熹等大儒"多有不可为之叹"。我写过一篇文章，叫《程朱的"格君心之非"思想》。程朱在哲学上讲"天者，理也"，他们是不怎么讲阴阳灾异的，可是他们见了皇帝，或给皇帝"上封事"，一方面要让皇帝"正心诚意"，另一方面也要借阴阳灾异来批评君主。传统儒家对待皇帝主要是两种方式，一是正心诚意，二是阴阳灾异，历史证明这两者并不能有效地节制君权。所以我想应该有个变化，这个变化就是从民本走向民主。

张岱年先生说，文化有五个要素，即正德、利用、厚生，再加上致知和立制。中国传统文化主要是强调了"三事"即正德、利用、厚生，近代以来又加进了致知方面的科学和立制方面的民主。我是主张中国文化从"三事"之说到正德、利用、厚生、民主与科学的五要素。这五个要素应该成为中国现代文化的核心价值。我们不能肯定了正德、利用、厚生，就说民主与科学是西方的，把民主与科学引进之后，中国就不习惯。如果这样看的话，中国文化永远无法走向世界。所以我很不赞成蒋庆他们说的，把"内圣开出新外王"，即开出民主与科学，说成是"变相西化"。如果把"三纲"等等都说成是好的，把民主与科学说成是西方的，中国所不习惯的，我认为这对于真正的儒家文化的传承和弘扬实际上有害无益，恰恰会引起许多人的反感。

**方朝晖：**您看外来文化用一种比较积极、欣赏的态度，我非常佩服。您刚才讲的，涉及"三纲"和民主之间的关系的问题，以及是否能走向民主，古代的儒家学者由于君臣关系的制度限制做出君为臣纲的妥协等观点。我谈谈我的理解。

我如果要给"三纲"翻案，无意于用"三纲"代替民主。因为这两者严格说来不是一个对称的关系。一个是伦理规范，一个是政治制度。那"三纲"所代表的伦理规范，和民主所代表的制度架构有没有矛盾？我认为"三纲五常"是未来中国实行民主政治的必要条件之一。一个重要原因就是，21世纪以来中国人对民主制度乌托邦化的想象。这种乌托邦化的想象认为，以权力制约权力可以有效地防止国君滥权违法。但实际上，数十年来在一些东欧、亚洲和非洲国家，由于民主竞选、党派斗争，带动了全民的对立和斗争，到后来变成天下大乱。用台湾人的话讲，叫族群撕裂。这撕裂的意思是指，在民主选举当中，每个政党绑架了一批选民。选举当中失败的一批人，宁死也不肯服气，即使自己失败了，也要和当选的一派人进行无休止的较量和斗争。整个社会就永无宁日，这种不合理的行为却是合法化的。我曾经提到，美国每次在大选之后，落败的候选人，会第一时间致电给获胜的总统候选人，向他表示祝贺。这种行为本身是有政治意义的，这表明他以后会安抚他的追随者，不要捣乱，要配合。即使我不喜欢的候选人当总统了，我们作为百姓，还得听他的。这就是一种"三纲"的精神。恰恰是在一些东亚国家，做不到这一点。民主选举之后导致内乱、内讧和长时间的内耗。原因就是没有从大局出发的精神。

在西方，如果哪个党派没有大局精神，还可以通过法律来控制，因为有比较健全的法治。而在东方社会，法治本来就不太健全，真正起作用的是一种社会风气和主流价值。所以，在东方，"三纲"的精神对于民主更加重要。从这个角度讲，"三纲"和民主不是矛盾和对立的关系。我们今天即使为"三纲"平了反，也不意味着就反民主。这是我的第一个思考。

第二个思考就是"三纲"的存在有时代特殊性，也有历史普遍性。这涉及对中国历史文化怎么评价的问题。刚才李老师说到，如果我们把"三纲"说坏了的话，中国历史是不是就漆黑一团。我不这么认为。"三纲"中属于时代特殊性的东西，比如它曾经维护君主、家长和夫权的权威，这在今天已经过时；但其中也有历史普遍性的东西，那就是它维护这些权威，并不是为了那个人，而是为了大局。这种精神有历史普遍性，今天仍然需要。

我们今天在批评"三纲"的时候，有一种错误，不自觉地要受到文化进化论的影响。即站在现代人的观念看问题，说君权、父权、夫权是不平等、不合理的，而"三纲"思想客观上维护了这么一套制度，所以是落后的，是糟粕。这是我们很多人五四以来批评"三纲"、否定"三纲"非常重要的思想根源。但是以这种文化进化论的思想来评价"三纲"，是极端错误的，严格来说是反历史的。因为在当时特定的生产力、生产关系条件下，君主制及宗法制有存在的合理性，或者说在当时的时代下是符合社会发展需要的。

**李存山**：我们不能否定进化论。以前都是君主制，可是为什么后来就由君主制转变为民主共和制了呢？

**方朝晖**：我们用进化论的眼光来评价当时社会制度的存在，认为古代的制度在当时就不合理，仿佛在古代中国可以实行民主制似的。拿西方的民主制度来说吧，现代民主是以商业革命、资产阶级革命、工业革命、城市社会兴起等等为前提发生的。第一个前提是改变了过去以血缘关系为纽带整合社会，第二个前提是市民社会的兴起，出现了个人本位的社会现实，所以产生了一系列的新的价值观念。其中还有基督教根深蒂固的影响。这些背景在古代中国不具备，所以不能要求古人去追求民主政体。我的意思是历史的进化是客观存在的，但是不能以今天的状态来要求古人。

李存山：我们现在的分歧，不是评价"三纲"在古代是否有价值，我是肯定它在古代有价值的。我们现在的分歧是，社会进步或进化了，"三纲"是否还符合现代的价值？我是以进化论来否定"三纲"到现在还有价值。你说我用进化论来考察"三纲"，我说没错啊。

方朝晖：以进化论来考察"三纲"，要看什么角度。我们很多现代人批评"三纲"，是因为他们认为，"三纲"维护了一种落后的体制。

李存山：如果现在再讲"三纲"，就是要维护一个过时的政治体制。

方朝晖：那不一定！"三纲"本身也有一个常与变的问题。所谓的普遍性和特殊性，它的特殊性已经变了，但是它的普遍性还没有灭。这普遍性就是从大局出发的精神。这种精神在今天照样有用处的，在讲民主的今天也是有意义的。我不是以"三纲"来否定进化论，而是认为现代人以进化论的眼光看问题，所以才认定"三纲"是指无条件服从或绝对尊卑，这恐怕是不合理的。

李存山：五四时期的主流，包括陈独秀和胡适他们，用进化论的观点，肯定了孔子在历史上的价值，但否定了儒家文化在现代仍有价值。五四新文化运动的缺陷是只讲"变"，不讲"常"，他们在批判儒家文化的纲常伦理已不符合现代价值时，把儒家文化中也有应该继承的"常道"给否定了。

　　"三纲"和民主到底是什么关系？我认为"三纲"里面首先是君为臣纲，这不可避免地包含着政治制度的问题。而你认为它是一个价值，和民主没有矛盾。我却认为"三纲"里面包含了对君主集权制的肯定，它是和民主制有矛盾的。

你把"三纲"解释成服从大局,我认为任何一种政治体制,只要是比较理性的,都要讲个人服从大局。民主制要讲,中国儒家更要讲,以民为本就是要服从大局。这在任何合理的体制下,一个理性的学者,都会这样主张。

我们不同的是,这个大局,由谁来说了算。如果说君代表的那个"位"是大局,那么国君就可以说"我代表了大局","朕即国家",你对我就得绝对服从。问题是,他是否能代表大局?个人服从大局,这是绝对的,但是这个大局由谁来定,这在君主制下和在民主制下是不一样的。君为臣纲,就是说君是大局,这里面有很大的局限。儒家讲君为臣纲,你说这只是"伦理规范",可是任何君臣秩序不可能没有政治体制的问题。在君主制下,君虽然代表了一个"位",但是任何君主都是一个个体,他让你服从君位,你能不服从吗?所以儒家在君主制下所能做到的也只能是"以道事君,不可则止",而不可能通过一个合理的程序来使君主"易位"。在中国历史上,虽然宫廷里会发生君主"易位"的情况,但每一次"易位"都是一个很大的政治危机。这和民主制下正常的选举权、监督权、罢免权不可同日而语。

我和你的分歧在于,你认为"三纲"和民主不矛盾,它是一个价值,而我认为以民为本是儒家的价值,人民是国家社会的价值主体,而讲"君为臣纲"就一定和政治体制联系在一起,它和民主制是冲突的。所以张之洞说:"知君为臣纲,则民权之说不可行也。"难道他说错了吗?讲君为臣纲,就一定是君主制下的君臣秩序,它和民权之说或民主制度是相矛盾的。

你现在把君为臣纲解释成个人服从大局,你的愿望是好的,但是和事实不符合。历史上你看看,儒家在说君为臣纲的时候,哪一个说这就是个人服从大局,这就是服从民意。民意是怎么样,一定要通过"正心诚意",通过"民之所欲,天必从之"来体现。"君为臣纲"远不足以表达儒家的以大局为重,即以民为本的思想。

方朝晖:你认为君为臣纲的思想必然会牵扯到君主制?

**李存山**：那当然！

**方朝晖**：如果我支持"三纲"的话，就是支持君主制么？

**李存山**：对！君为臣纲，就是讲君权至上的政治体制，而民主制最根本的要义就是民权。如果你认为讲"君为臣纲"也可以讲"民权"，那你首先反对的就是张之洞所说"知君为臣纲，则民权之说不可行也"。

**方朝晖**：如果肯定"三纲"就必然要维护君主制的话，那么如何来理解支持"三纲"的梁济、陈寅恪、贺麟呢？难道他们也维护君主制吗？我确实认为古代的儒家是赞成君主制的，这没有问题。这并不等于"三纲"的精神是维护君主制。"三纲"的提出者看到了君主制在当时社会条件下的必然性，他们并不是想维护君主制，只是维护"位"、维护大局。尽管它客观上是起到了维护君主制的效果，但是君为臣纲作为一种精神而言，也可以维护我们现行的任何一个政治制度，即维护今天的大局。你可以不同意某个领导人或者官员，但是不等于你可通过暴力方式来推翻现政府。所以作为"三纲"背景的制度，与"三纲"的精神是两个问题。

**李存山**：其实民主制也不是主张暴力推翻政府。

**方朝晖**：民主制下，你不同意某人当总统，除了四年一次的投票之外，你也没有任何办法，甚至即使改投票了也不能解决问题。所以越来越多的人选择不投票。那些不投票、或反感现实政治的人们，也不主张要用不合法的方式推翻政府。

**梁　枢**：我们把话稍微换个问法。刚才提到了谭嗣同，也谈到了贺麟，他们都是把"三纲"等儒学这套东西，不仅看到它的思想世界，还看到支持这个思想世界的历史。这两者有关联性，也就是说，他批判儒家这套东西，还批判支持儒家的这套制度。这是连锅端的。我们也想想，在当时的历史世界里，"三纲"到底是什么样的历史存在。是你说的绝对服从的角度，还是张力结构，即里面包含着以民为本，即"三纲"本身也是对君的一种制约，君和臣之间不是单向的，而是存在一种制约。

　　实际情况是怎样的，从这个角度来考虑。如果实际情况是你说的那样，那儒家那套东西就是合理的，如果不是你说的，那就是一套理想型的东西，始终没有达到彼岸的。

不行我们换个角度来说。

**方朝晖**：从社会现实角度说吗？

**梁　枢**：从执行情况上看，是不是按照当初设计的。

**干春松**：这个问题，一开始我就这么跟方兄问的。为了回答这个问题，我还查了不少法律的条文。因为 "三纲"，董仲舒也好，《白虎通》也好，应该是经学的。

**梁　枢**：一种方案。

**干春松**：但是这种方案，在传统社会下，是落实到制度上的。就权利和义务要体现为一种关系，从汉代开始到唐代的《唐律》，里面提到了臣对君的谋反罪，有三种情况：臣有谋反的想法，臣有谋反的行为，臣有谋反的议论。这些都有罪。父为子纲也会这样，父亲和孩子的权利在不同的法律中是不一样的，也不是对等的关系。那夫为妻纲更是了，丈夫有休妻的权利，妻子没有这样的权利。

**梁　枢**：这是从法理上。

**干春松**：我还的确为了这个去查了条文。"三纲" 不能像方兄那样，变成那么一个从大局的问题。这是一个很大的语境的改变。我们说宪法，宪法要通过具体的法律体现出来，宪法和具体的法律就是体现为上下等级的关系。把 "三纲" 变为一个小我和大我，变为服从大局的问题，那就极大程度地改变了 "三纲" 在历史上存在的方式。

**梁　枢**：不是这么存在的。

**干春松**：当然不是这么存在的。

**方朝晖**　[注明：前面是方临时出去，没有回应，这里事后补充两句回应]：现实与理论当然有差距，观念与制度永远有距离、甚至有变异，这不奇怪。何况中国古代的法律有阳儒阴法、王霸杂用的情形，并不都能代表儒家的 "三纲" 精神。现实制度有时可以帮助我们理解，但毕竟我们讨论的是儒家的 "三纲" 学说，不是现实制度。干兄说我改变了 "三纲" 的历史存在方式，是否说过了，我只是在分析 "三纲"的合理成分和精神实质。

**梁　枢：**我再顺着你问，按照李先生的话，实际上就是儒家自己提出来的"三纲"，到最后自己是"三纲"的反对者。

**干春松：**这里面我要说怎么理解传统文化的问题。实际上李老师说的，"三纲"不是儒家提出来的，"三纲"是秦汉这个制度大变革的时候，儒家综合法家和黄老道学的思想后，形成的一套制度观念。这套制度观念不是本来有的，到了汉代为了结合新的制度，为了配合君权，形成这样一套秩序。这样的一套秩序创建以后，才会逐渐固定化。所以谭嗣同才会说，"两千年之政，秦政"，他是通过批秦政来批"三纲"这些反儒家的东西。

**梁　枢：**儒家和"三纲五常"的社会现实本身也是个张力结构。他一方面需要，也支持这个君主制，另一方面也批判里头脱离民本的倾向。

**李存山：**我认为"五四"最大的局限是只讲"变"，不讲"常"，包括在唯物史观引进来之后。像李大钊，他本来在文化上是主张中西结合的，但在接受唯物史观之后就只强调"变"了。到了30年代，张岱年先生根据唯物史观的辩证法，才提出了文化的"变"与"常"。

儒家在秦汉前后都是讲君臣的，这是因为没有找到一个更好的制度。在那个时代下，如果君臣关系不稳定，就会出现分裂和战乱。儒家强调"大一统"，是为了维护国家统一，政权稳定，社会稳定。汉代提出的"三纲"，适应了当时社会变化的现实，它还是有积极作用的。但是在君主制下，一个王朝迟早必然地要走向衰亡。比如内戚干政、宦官干政，这是君权的腐败难以克服的，导致的结果就是一次次的改朝换代。宋代的新儒家强调"三纲"，是针对五代时期的君臣关系不稳定。到了黄宗羲，他说秦以后"为天下之大害者，君而已矣"，这更主要是总结宋明灭亡的历史教训。教训是什么，即宋明两代的"伪学之禁，学校之毁"。宋代的元祐党案、庆元党禁，把理学打成了"伪学"。明代的东林党人和朝廷争是非，顾宪成说，要"公其是非于天下"。但是"是非"的决定权在皇帝手里，于是有东林党人的失败和东林等书院的禁毁。黄宗羲吸取这个教训，所以提出使学校成为教育兼议政的机关，要 "公其是非于学校"，即 "是非" 由学校来定，皇帝和宰相每个月到学校来听取批评，使 "皇帝不敢自为非是"。

我们说的那个 "大局"，其实就是个 "是非" 问题。儒家是以民为 "是"，以社会的整体利益为大局。可是这个大局通过什么样的体制确定下来，儒家并没有完全解决。通过天行民意等等，并没有使皇帝真正顾全大局。到了黄宗羲，才想到了要 "公其是非于学校"，我认为这里有议院的意思。

我们现在应该继承的是儒家的以民为本、以民为 "是"，把决定 "是非" 大局的政治体制从君主制转变为民主制。不能一讲民主制，连儒家的以民为本也否定掉。事实上，陈独秀在新文化运动早期也曾说过，"国家而非民主，则将与民为邦本之说，背道而驰"。可见，他所主张的民主，也是顺着而非逆着传统的民本思想讲的。

**李存山**：外戚和宦官干政就是君主制难以克服的弊病。每个新朝的皇帝上来之后，都要讲避免外戚和宦官干政，但是到后来总是避免不了。一直到晚清，还有西太后专政。按照儒家的政治理念来讲，这是不应该的，但这也不是儒家能控制得了的。

**方朝晖**：李老师讲到了，"三纲" 在中国历史上，包括魏晋南北朝，都发挥了许多重要的积极作用。当然它不是没有缺点，但是总体上还是有助于时代进步的。

从体制来讲，世界历史上的君主制，在各国的表现差别虽然非常之大，但也有共同之处。无论中国还是日本，无论是亚洲还是欧洲，都曾长期实行君主制。君主制有致命弱点，但它在世界历史上普遍发生，就有当时存在的必然性。这与我们对 "三纲" 的评价有关。古人讲 "尊王"、"忠君"，不是不知道 "君王" 可能无道，而是出于对于君主存在必然性的认识。站在今天的角度批评古代君主制没有解决 "符" 在谁手的问题，恐怕不太合适，因为这假定了在古代也可以行民主制。

我只是要说明，"三纲" 就其基本精神而言，是从大局出发；在君主制时代君主作为唯一合理的最高权威，没有更好的替代权威的情况下，就有了"君为臣纲"。从根本上讲，君为臣纲不是为了君王自身，而是为了天下；所以说，不是尊其人，而是尊其位；不是为维护个人，而是为了维护大局。所以就其精神而言，是可以脱离具体的政治体制而存在的。这种精神，同样有助于维护我们今天的各种制度。所以李老师与我的差别在于，你认为如果要维护"三纲"，就要维护君主制；由于君主制在今天已经不可能了，所以"三纲"也过时了。我的意思是，"三纲"的基本精神是从"五常"来的，所以即使制度变了，这个精神是不灭的。

李存山：在"夫为妻纲"的古代社会，如果妻子做了什么恶，那可以休妻，但是丈夫有恶，妻子不能休丈夫，要"以顺为正"。如果现在还讲夫为妻纲，那么谁有权提出离婚？

方朝晖：我说"三纲"在今天有现实意义，并不是要讲它对应的那套君主制、夫权制和家长制等制度，而是其背后的精神。

李存山：张之洞说，"知夫为妻纲，则男女平权之说不可行也"。现在你把夫为妻纲说成只是服从大局，那么夫和妻谁能代表大局？如果妻是大局的话，夫是否也应该服从妻？如果"男女平权"，那就不是"夫为妻纲"了。由谁代表大局，必然有制度的问题。在君主集权制下，如果真要从大局出发的话，董仲舒或程朱的思想更能代表大局，但君为臣纲，决定"是非"大局的那个"符"恰恰在君主手里。

方朝晖：这就涉及一个体制的问题，我认为是超出"三纲"之外的。

李存山：而我认为是在"三纲"之内的。

干春松：我补充一下，我做晚清一段。劳乃宣和沈家本有一个争论，制定新法律，沈家本说要定一条新法，劳乃宣说，你要这么改的话，我们制定的纲常就不要了。

我同意"三纲五常"里包含一些精神，现代社会也有。但我个人不会说支持李老师，但是还是要结合制度和社会形态来讨论。如果绝对脱离形态的话，在历史上，我可以找到许多例子来说明这个服从大局。为什么要找这么一个历史上纠结不清的东西来证明你的这个大局观呢？

我原本以为你是反对 "五四" 时候，把 "三纲五常" 和民主制完全对立起来的事情，这是 "五四" 的一个问题。但是你要完全抽象出来的话，的确有点非历史主义，有点脱离了 "三纲五常" 了。

同样是为 "三纲五常" 辩护，我们可以比较方朝晖的版本和贺麟的版本，我觉得还是需要再做一个反省。把 "三纲" 抽象成服从大局，我是置疑这样一种思路。

如果真是服从大局，为什么要从 "三纲" 里找？

**李存山**：对。

**梁　枢**：用两千年的历史培养了这么一种精神。

**方朝晖**：就其普遍性而言，"三纲" 确实包含了这么一种精神。只是就事论事，不是为了找大局而找。

**干春松**：李老师的观点我也总结一下，五四的那种一锅粥的态度是有问题的，所以抽象出来是必要的，但抽象成什么，要考虑。

**梁　枢**：问题在于所有对于 "三纲五常" 批判的资源，都是工业革命以后出现的思想资源。五四的时候，还只是说西方的好，传统的不好。现在是西方的出现了问题，所以大家回过头来，中国又崛起了。

　　　　这就像当年亚洲四小龙崛起之后，新儒教资本主义之类的就出现了。现在中国崛起了，"方朝晖之流" 的就出现了，说原来中国的东西是很有价值的。

**干春松**：西方的东西要考虑中国文化习性，要落到中国，这是对的。但是这习性是制度性的还是精神性的，就有了分歧。李老师认为 "三纲" 是制度性的，方兄认为是精神性的。

**李存山**：我认为五常是精神性的。"纲" 与 "常" 要分开，五四的问题就在于把它们都一锅端了。

**干春松**：难就难在你（方朝晖）认为 "三纲" 是精神性的。

**方朝晖**：我认为 "三纲" 有普遍性也有特殊性。

**梁　枢**：他强调的是，"五常" 和 "三纲" 是必然连在一起的。他（方朝晖）必定是很孤独的。

**李存山**：我对于这个问题是有情结的，在大学读黄宗羲书的时候……

**方朝晖**：我们先去吃饭，要不然定的桌位就没了。（完）

（本章发表于《光明日报》2013年2月25日国学版，发表时因篇幅限制从2.5万字删成9000字。此处用原文。）

# 下篇 中国文化中的秩序

## 提　要

　　本篇是对中国文化重建之路的探索。与前一部分不同,这部分比较多地从文化心理学的研究成果出发,说明中国文化的习性与中国文化中的秩序基础。作者以 Geert Hofstede, Harry C. Triandis, Richard Nisbett, Lucian W. Pye 等文化心理学家及政治学家的研究成果为据,分析说明中国文化的"关系本位"特征,以及由此决定的中国社会自我整合的内在逻辑,由此说明儒家所倡导的以"大一统"、人伦重建(核心价值重建)、任贤使能、移风易俗、礼大于法、行业自治、教育立国等为主要内容的"治道",是中国文化复兴的必由之路。其中第1章是从整体上说明该如何理解中国文化,第2章说明中国文化中的权威建立机制,第3章从文化习性说明中国政治的逻辑及其改革之道,第4章从《毛诗》风教看社会风气在中国社会治理中的特殊作用,第5章从礼法关系说明中西方制度的基础差异,以及礼治对于中国文明的特殊意义,第6章说明中国文化中秩序的基础是人伦关系,第7章全面总结中国文化中的治道。各章虽自成一体,但也从总体上相互响应,在理论上相互统一。

# 引言：中国文化中的秩序问题

如何理解中国文化，不仅涉及它过去的思想体系，还要看这些思想体系赖以产生的文化心理土壤，看这一文化中人们的心灵如何受制于数千年来一直深深支配着它的 "集体无意识"。只有搞清一个民族的集体无意识，才能搞清它今天问题的真正根源，从而走出今日彷徨四顾、无所适从的困境。第1章在总结最近数十年来西方文化学及文化心理学的基础上，开展对中国文化深层心理特征的研究，是后面各章研究中国社会整合规律的理论基础。具体来说，它从三方面总结中国文化的集体无意识（也是我对中国文化模式的理解）：即（1）关系本位、（2）团体主义和（3）此岸取向，认为这是我们今天研究中国文化的现实状况和未来走向的重要依据，是阐明中国未来的政治与社会道路的关键。本章最后指出亲情为中国文化之本，和道德及秩序重建的重要基础。

"权威"（authority），是一个社会中人与人相互整合最核心的纽带，也是一种文化中有效的政治制度赖以建立的基础。美国汉学权威白鲁恂（Lucian W. Pye）认为，中国文化中的权力／权威是父权型的（paternalistic），具有全能（omnipotent）、独一无二、人格表率、意识形态化等特点；由于人际关系盛行，公私对立成为中国文化中的永恒矛盾，由此导致中国政治一直强调中央集权、反对地方自主、压制文化多元、否定权力多中心等特点。易言之，中国文化中的权威／权力模式有一种根深蒂固的专制倾向，与现代化需要格格不入。

第2章从文化心理学的角度论证认为：白氏所谓中国文化的内在矛盾诚然存在，但他所谓 "中国文化有根深蒂固的专制倾向" 的论断并非事实，中国文化中并不缺乏尊重地方自治、支持文化多元、欣赏权力多中心的传统；其原因在于，为解决公私矛盾，中国人除了诉诸法家式的集权之外，还有发明了另一种途径，即儒家式的王道，其特点是在保障集权的前提下实现分权，即努力在"合"的基础上实现"分"，寓"分"于"合"。

历史早已证明：白氏所欣赏的分权模式在中国文化中只会导致诸侯混战、永无宁日，而古人也早已认识到法家式专制会导致官逼民反、社会窒息，所以儒家对这二者皆持严厉批评态度。第2章还对白鲁恂所总结的中国文化中的权威模式的其他特点如全能政治、意识形态化等进行了分析，最后总结认为：中国文化中之所以存在礼治、德治乃至人治（准确地说指治人）的强大传统，是因为它们符合中国文化的习性，它们不能用白鲁恂所禀持的西方模式来理解。

然而，我们也不能忽视，白氏确实准确地洞察到，"分"与"合"的矛盾是贯穿中国几千年政治史的主要矛盾之一。"分"指分权与自治，其极端形态是春秋战国时的分裂与混战；"合"指统一与集权，其极端代表是秦统一后的集权与专制。分合矛盾同样主导着现代中国政治史。如果说新中国前三十年以"合"为主要特征，改革开放以来则以"分"为主要特征。但是多年来，由于"分"的方法不当，不能从价值方向上正确引导社会，不能有意识地推进行业与社会自治等，今天以"分"为特征的中国改革正面临着失控的巨大危机。

中国过去几千年的历史表明，强有力的中央集权是一切改革的前提，但它也容易导致"一统就死，一放就乱"，因此需要推进行业与社会的自治。但如何保证"分"的改革不至于失控，达到以"分"促"合"，则是考验执政者的最大难题之一。儒家王道提出了解决分–合矛盾的一种理论方案。从儒家王道、特别是《春秋》"正始之道"看，当前中国改革的首要任务并非激进的政体改革，而是重建价值、重塑人心，引导行业与社会自治。因此第3章的结论是：中国改革的根本出路不是走极权专制之路，也不是走自由主义之路，而在于重建王道。

今天，很多西方学者都已认识到对非西方社会不能盲目套用西方社会理论的方法和概念工具，不少学者认为东亚现代性已经对西方社会理论及西方人的文明观构成重大挑战。然而，在中国，我们看到的却是另一种现象，社会科学研究只是一味追随和套用西方社会科学理论和方法。社会科学虽然早就被引进到中国，但是从来没有真正成为"中国的"社会科学。第4章提出这样的问题，一百多年来，中国人引进西方人文社会科学话语分析中国社会方面，一再发生错位和失误，这是否因为中国社会有自己独特的文化习性，及以此为基础的整合之道，因而不一定完全适用于西方社会科学的范式？也许，中国社会科学研究需要在西方社会科学理论之外，拥有一套"中国式"的理论预设或概念系统；这套中国式的概念系统的建立，需要通过分析中国文化的习性来发现。第4章从《毛诗序》出发分析儒家政治学说中的一个重要概念——"风"——背后所暗含的中国文化的习性问题，以此来说明中国文化习性与中国研究的范式之间的关系，尝试探索中国社会科学是否需要有一套自己的研究范式。

一个多世纪以来因为学习西方，中国人抛弃礼教、盲崇法治，一切诉诸于制度、政策和法律，一味寄望于竞争、利益和奖惩。结果，对于人的防范和不尊重，成为现实制度和管理模式的主要特征。这种治理思路无视中国人的心理需要和精神渴求，导致人心狡诈、风气败坏、道德沦丧。第5章从文化差异出发，解释为什么在中国文化中长期盛行"礼大于法"，儒家在制度建设方面倚重于"礼"而不是"法"的文化心理基础。这一切均与关系本位或关系主义的中国文化模式或心理结构有关。如果"法"代表一个社会的"硬制度"，具有强制性和不顾人情的特点；"礼"就代表一个社会的"软制度"，具有照顾人情和可随处境不断调整的特点。从中国文化的模式来看，"礼"这种顾及人情的软制度，比"法"更适合于中国国情，这才是儒家优胜于法家的根本原因。

第5章最后认为，必须从整体上重新思考中国文化中的制度建设问题。数十年来中国人以礼治作为制度建设的基础，其内在精神在于对人的信任和尊重；通过尊贤使能，敦风俗、明人伦，让人心得到温暖、让人性得以复兴，所以能建立行为的准则，塑造集体的风尚，铸就行业的传统。所以，礼是中国文化中衡量文明与野蛮、进步与落后的主要标准。没有礼，中国社会就会像一架没有灵魂的机器，失去生气与活力。必须彻底改变一种思路，即忽视人情和人心，完全靠法律和制度来治国；这是西方法治的影响，在中国往往流变成压抑人性、摧残活力的法家式管理。今天，必须重新认识礼作为中国社会制度之本的问题，唯此方能走上中华文明的康庄大道。

第6章试图说明，今日中国社会道德沦丧的真正根源是什么，儒家为我们提供了什么样的视角。我再次从文化心理差异出发，来说明在关系本位的中国文化中，人伦关系建设是社会秩序建设乃至中国文化复兴的基础。重建人伦关系有如下几个重要方面：（1）中国文化的核心价值是五常和忠孝，而非自由、平等、人权等西方价值观；（2）每个人"各遂其性"（即每个人的尊严和价值得以保障或实现）为中国文化的终极目的或最高理想；（3）社会教育重于学校教育，"风化"即社会风气改造是社会道德进步的必要条件；（4）道德教育必须走出国家主义和自由主义两个相反极端的误区，以人格的独立和健全为根本任务。

二十世纪以来中国人将精力大量用于政道（即政体）的探索上，而较少探讨中国文化中有效的治道。第7章在前述各章研究的基础上，对未来中国文化的方向和出路进行了全面总结。本章提出，从前人有关中国文化习性的研究成果出发，从①德性权威、②礼大于法、③风化效应、④义利之辨、⑤政教不分、⑥大一统等六个方面概括中国文化中的"治道"，主张这些都是由中国文化的习性所决定的、治理中国所应遵从的规律。循此，当下中国文化的根本出路可大体概括为七个方面：①道统、②核心价值、③社会风气、④任贤使能、⑤行业自治、⑥礼乐重建、⑦教育立国等。合而言之，儒家的王道政治理想今天可从这七方面来实现。

本部分由若干独立专题组成，每一章自成一体。

# 第一章 如何理解中国文化

"如何理解中国文化？"这个题目听起来似乎很大、很空，为此，我们不妨先从有关的文化理论出发。

## 1. 重新理解文化

"文化"一词的现代含义是人类学家爱德华·泰勒（Sir Edward Taylor，1832~1917）于1871年创立的，指一个社会知识、信仰、艺术、道德、法律、风俗乃至技能等等的复合体。①泰勒对于文化的定义虽然权威，却也引起人们的疑惑，一个如此之多成分混合出来的东西意义何在？正如格尔茨所说，这一定义"似乎是模糊之处大大多于它所昭示的东西"。②

另一个给人带来困惑的是"文化"一词的多义性。克罗伯、克鲁克洪一共搜罗到164种不同的"文化"定义，其中157种均发生于1920~1950年这30年间。③如果按照Philip D. Smith的说法，文化的诸多不同含义可归纳为三个方面：智识、精神和审美能力的进步；各种文艺活动及其产物，如电影、艺术、戏剧等；民族、群体或社会作为一个整体的生活、活动、信仰和习俗。④事实上，包括克罗伯等人在内的文化人类学家，多半从最后一方面

---

① [美] 爱德华·泰勒：《原始文化：神话、哲学、宗教、语言、艺术和习俗发展之研究》，连树声译，桂林：广西师范大学出版社，2005年，第1页。Kroeber & Kluckhohn, *Culture: A Critical Review of Concepts and Definitions*, Cambridge, Mass.: The Museum, 1952, pp. 9~11.

② [美] 克利福德·格尔茨：《文化的解释》，韩莉译，南京：译林出版社，1999年，第4页。

③ Kroeber & Kluckhohn, *Culture: A Critical Review of Concepts and Definitions*, p.150,ref.pp. 41~71.

④ [澳] 菲力普·史密斯：《文化理论的面貌》，林宗德译，韦伯文化国际出版有限公司，2004年，第1~2页。

来理解文化的。他们多倾向于把文化当作一群人（一个种族或民族）的生活方式。①

那么，该如何理解作为一种生活方式的"文化"呢？

文化人类学者克利福德·格尔茨（Clifford Geertz）认为："文化就是这样一些由人自己编织的意义之网。"②具体来说，文化可定义为在符号中展现、在历史中传承的意义模式，一种以符号方式表达、通过继承获得的概念系统，人们正是凭借它得以交流、延续和发展他们对于生活的知识和态度。③文化心理学的倡导者 Richard A. Shweder 也认为，文化是一个通过符号组织起来并代代相传的、共享的意义世界，因而是一个典型的"人为制造出来的"世界，作者把这个世界称为"意向性世界"（intentional worlds），意在强调人为因素的作用。在这个世界中，文化共同体内部历史地传承下来的世界观、价值观、信仰、观念等等"武断地"决定了一个世界的面貌，并导致不同的文化世界之间具有不可通约性。他以园中野草为例，"野草"之为野草，完全是定义出来的，其存在、被拔除、被欣赏等等也完全由此而定。④

在 Richard Shweder 看来，文化心理学主要研究文化因素是如何影响人的心理、思想、情感、价值的，该学科强调了人类存在方式的不确定性（在意义寻求方面），以及世界是人为建构出来的意向性概念（intentional conception of 'constituted' worlds）。前者认为人类存在高度地依赖于从社会文化环境中把握意义和资源的特点，后者强调主体与客体、实践者与实践、人与社会文化环境之间相互渗透进对方之中，无法将它们分开来独立对

⑤ 例如，林顿说，文化就是"任何社会的整体生活方式"（[美] 拉尔夫·林顿，《人格的文化背景：文化、社会与个体关系之研究》，于闽梅、陈学晶译，桂林：广西师范大学出版社，2007年，第20、28页）；克鲁克洪说，文化就是"某个人类群体的独特生活方式，他们整套的生存式样"（[美] 克莱德·克鲁克洪等：《文化与个人》，杭州：浙江人民出版社，1986年，第4页），赫斯科维茨说，"文化就是一群人的生活方式"（Melville J. Herskovits, *Man and His Works: The Science of Cultural Anthropology*, New York: Alfred A. Knopf, Inc., 1948, p.29）。

① [美] 克利福德·格尔茨：《文化的解释》，韩莉译，南京：译林出版社，1999年，第5页。
② [美] 克利福德·格尔茨：《文化的解释》，第109页。
③ Richard A. Shweder, "Cultural Psychology-What is it?," in: Stiger, James W. , Richard A. Shweder & Gilbert Herdt, eds.,*Cultural Psychology: Essays on Comparative Human Development*, Cambridge, New York,et al: Cambridge University Press, 1990, pp.1~2.

待。"文化心理学的基本观念是，没有一种社会文化环境或其属性可以独立于人从中把握意义与资源的方式而存在，与此同时，人也是通过从社会文化环境中把握、使用意义和资源的过程而转变其主观世界和精神生活。"①文化心理学与其他心理学部门的最大区别在于，它坚决反对人类一切文化中的心理现象都是某种全人类或人性普遍共通的规律或法则的产物的观念（特别是跨文化心理学、普通心理学等均无视文化的差别，将所有人类假设为遵照同样的心理规则）。

在《文化思维：文化心理学的征程》(*Thinking through Cultures: Expeditions in Cultural Psychology*，1991) 一书中，Richard Shweder 激烈地抨击了启蒙运动以来，西方人在一种进化论社会历史观的支配下，以巫术／科学、原始／现代、迷信／客观性等二元区分的眼光看待非西方社会的错误观念，这种观念可以在爱德华·泰勒和弗雷泽（Sir James Frazer）那里清楚地发现。②

他说，不同的种族有不同的世界观或价值观，比如很多种族相信祖先的灵魂可以进入一个人的身体里并对他发生毁坏；寡妇是不祥的象征，应加回避；邻居的嫉妒可能使你生病；灵魂可以轮回（转世）；世间一切都是报应，死亡也不例外；模仿经典启示（parody of scriptural revelation）是亵渎，应受惩罚；等等。这些世界观或价值观与我们的不同，它们是否合理呢？人们相信，如果他们的世界观／价值观合理的话，我们的自然就不合理，反之亦然。而人类学相对论者可能认为二者均合理，但这需要以我们理解他人的思维逻辑（make rational sense of their conceptions of things）为前提，否则究竟我们凭什么认为别的种族的世界观是合理的？

也许他人并不是真的与我们有什么本质不同，尽管双方世界观不同。当我们理解了他人的世界观时，我们会发现他们世界观的可行性；换言之，我们自己的世界观本来就不是固定的、不是只有一种可能性，因为它从一开始

---

① Richard A. Shweder, "Cultural Psychology-What is it?," *Cultural Psychology: Essays on Comparative Human Development*,p.2.

② Richard A. Shweder, *Thinking through Cultures:Expeditions in Cultural Psychology*, Cambridge, Mass. and London, England: Harvard University Press, 1991, pp.1~23.

在我们自身的文化中就并不统一，因人而异。从某种意义上讲，每个人都潜在地具有向一切方向发展的可能性（everyone gets everything）。因此我们感兴趣的是，在不同文化中，某种特定的世界观从隐到显的过程是如何形成的。以婴儿为例，虽然他并不认为婴儿的潜质在世界各地都是一样的，但是研究证明，婴儿具有一种高度复杂、发达、精致的识别声音的能力。对婴儿的语言能力研究证明，四个月大的新生儿就能辨别特定语言的声调。如果这一能力在两年时间里通过第二语言学习得以保存，就可以保持到成人阶段。但是这一能力在孩子临近一岁时就会消失，以后再激活它也比较难。例如，在日语中"ra"与"la"的发音差别一般的日本成年人难以辨别，需要花几年时间才能学会识别它们。如果上述对婴儿所作的研究可以推广的话，那么日本婴儿在四个月大的时候对于识别"ra"与"la"的发音差别应该没有困难。从语言学的角度来看，可以发现，有某种先于经验的知识，但是他们生长的环境使他们激活了其中一部分，而遗失了另外一部分。就好比说，一个婴儿刚来到人世时它的"键盘"上有很多个"键"，但是后来只有一部分键被使用，而另一些未被使用而被废弃，所以爱斯基摩人、巴林人、奥利亚人会与我们有所不同。

Shweder 进一步从"此在"（existence）与"纯存在"（pure being）的区别来批判西方几千年思想史，说明今日西方文化中心论形成之思想根源："此在"指各种不同的文化传统，世俗社会中多种多样的存在；"纯存在"指理想意义上的存在样式，作为一切知识追求的目标，柏拉图的"形式"（form）就是其典型，也可指现代科学或哲学家所追求的完全符合理想标准（如经得起一套严格科学手段检验的逻辑论证过程）的知识形式，从柏拉图到笛卡尔到现代结构主义，都在追求这种形式的"纯存在"。作者说，按照笛卡尔的"普遍怀疑"，一切感官的、主观的、具象的、暂时的、地方的或传统的事物，均被当成了偏见、教条或幻觉。

作者说，本来理性、客观性与传统之间并不一定是如此对立的。尼采说过：他只相信会跳舞的上帝。在印度，我们确实看到了神来到了人间，死活都要进入到武斗、膳食、浪漫故事、休假、舞蹈等之中。他对各地与基督教不同的自身信仰传统，特别是多神论信仰持辩护立场（他引用较多的是印度的民间宗教），认为各地不同的文化样式，即"此在"，才是"纯存在"赖以体现自身的方式，而不是什么与"纯存在"对立的东西。他主张，没有"此在"，就没有"纯存在"。这是从哲学本体论立场上对西方中心论的一种否定。

Shweder把浪漫主义当作反叛西方理性主义传统的极好例证。浪漫主义否定了"此在"是"纯存在"对立面的观点，并为"此在"与"纯存在"的关系提供了一种新的可能："此在"是意识、"纯存在"与物质世界的结合，是对自然、人与神三者界限的模糊。浪漫主义认识到，感官与逻辑并不能在"此在"与神之间架起一座桥梁。因为感官和逻辑的世界是无生气的、死的，把"超验存在"（transcendence）完全屏弃在外。浪漫主义通过浪漫的方式重新激活自然和感官经验世界，赋予后者以生气，让"超验存在"重新回到此世，无情地嘲弄了过去以"纯存在"征服"此在"的西方传统，后者一直主张表象服从实在，地上服从天上，世俗服从神圣，肉体服从心灵，外在服从内在，表层服从深层，常识服从逻辑，个案服从原则，模糊服从精确，直观服从反思，感觉服从计算，艺术服从现实，主观服从客观，具体服从普遍，特殊服从一般，部落服从国家，差别服从相似，内容服从形式，感觉服从理性，形象服从本质，观察服从深思，传统习惯服从个人自主，等等。浪漫主义否定了这种服从关系，把现实看成了艺术和发明的产物，把客观性看成是想象中的"范式"进入自然，把共同体和神圣统统看成是世俗知识和自由批评的前提，把具体、特殊的事物看成是"超验存在"的媒介，把感觉和感情看成一种理性的存在方式，爱是我们可以证实的本性的实现，语言特别是艺术语言是实在之神圣表达工具。批评者误解了浪漫主义：浪漫主义的目的是重估"此在"，但不损坏"纯存在"；拔高主观经验，但不否定实在；欣赏想象，但不贬低理性；尊重差别，但不低估人性。浪漫主义将超验实在与自然相结合，将"此在"与"纯存在"相连接——通过刻画神降临的英雄行为，通过充满了猜疑神面目的世俗世界，通过有意发挥想象的启示作用。浪漫主义把我们带向逻辑所到达不了的实在。①

Shweder还认为，人类学的意义在于让人们"吃惊地"认识到，人们并

① Richard A. Shweder, *Thinking through Cultures, pp.8~11.*

不是要在一元论的绝对主义与虚无主义之间二者择一,因为在二者之间可能还有很多路可走。人类学家发现的其他人的生活方式,就像精神分析学家和存在主义者Victor von Gebsattel所说的强迫症病人的世界一样,在那里"吃惊"是一种"基本存在经验",激起旁观者的好奇心。有的人(如Allan Bloom)批评文化人类学走向了相对主义、情感主义和价值虚无主义,指责它导致当代美国青年一代在道德上的堕落和浅薄。然而,文化相对主义的问题并不是如此严重,因为它告诉我们不同类型的生活世界不是大脑的主观构想,而是实实在在的。作者进一步描绘人类学家所发现的新世界,即让人吃惊或好奇的世界的特征,那就是我们体验到"此在"与"超验存在"之间的张力,我们不仅看到了对"超验存在"、"纯存在"的追求和冲动,而且体验到"此在摧毁形式的存在论恐怖"。另一方面,在这个我们自己的世界——也就是Gebsattel所说的强迫症病人所反感的世界里,人们如何被其自己的普遍怀疑、逻辑分析和否定"此在"等行为所折磨。他进一步以印度的殉夫行为为例来说明,另外一种世界、另外一种生活方式并不如我们所想象的那么不可理喻。[①]

## 2.发现亚洲"人"(一)

如果说Richard A. Shweder所提出的只是一般性的文化心理学理论,那么20世纪70、80年代以来,文化心理学在东亚文化研究方面取得的突出成就则有助于我具体理解什么是中国文化。

在1998年出版的、由Daniel T. Gilbert, Susan T. Fiske and Gardner Lindzey主编的权威的《社会心理学手册》中,[②]一批文化心理学者写道:过去40年或半个世纪以来,心理学界一直没有认识到人类心理多么深刻地受到了文化的影响,而当代的社会心理学把个人当作一个现存的、孤立的分析

---

① Riehard A. Shweder, *Thinking through Cultures*, p.11 hereafter."*此在摧毁形式的存在论恐怖*"(ontological terror of 'form-destroying' powers of existence):指"此在"粉碎了"纯存在",这是一种存在论意义上的"恐怖"事件,"形式"即柏拉图的"理念",也即"纯存在"。

② Alan Page Fiske, Shinobu Kitayama, Hazel Rose Markus & Richard E. Nisbett, "The Cultural Matrix of Social Psychology," in: Daniel T. Gilbert, Susan T. Fiske and Gardner Lindzey,eds., *The Handbook of Social Psychology*, fourth edition, volume I, Boston, Mass.,etc.: the McGraw~Hill Companies,Inc.,1954/1969/1985/1998, pp.915~981.

范畴，使社会学变成了完全是对"社会影响"的研究。心理学界的一种错误的观点，是把每个人的心灵比作一架同样的机器或计算机，唯一区别的只是它所加工的材料。殊不知，这种把心灵比作独立于加工过程之外的机器或计算机的做法是完全错误的。当今北美的心理学家们在研究中常常不自觉地假定了一些注重个体权利、独立、自决及自由的文化价值或行为，并无意识地把当代西方的社会形式或心理当作是整个人类的代表。①

作者说，欧美文化把人理解为一种连续、稳定、自主、边界确定、独立于处境的实体，这个实体拥有一系列内在的个人属性，包括爱好、动机、目标、态度、信念、能力、主观感受等等，并正是由这些属性支配、决定和影响着个人的外在行为。在这一基础上，每个人把自己想象成一个独特的自我（distinctive self）。具体表现为，在欧美文化中，父母从小就有意识地培养孩子们的自我意识。调查发现，有64%的美国母亲和只有8%的中国母亲注重培养孩子们的自我意识。美国中产阶级从婴儿起就让孩子与自己分开睡甚至分屋睡。在学校里，孩子们需要学会自己表达自己，自己描述自己，自己展示自己。甚至儿童的课程设置也是为了开发每个人的独特潜力，强化他们各自的"独特感"，所以已经"个人主义化"。美国孩子们养成了"对于一个'稳定不变的我'的欲望"，这个'我'是完整、稳定、不可分割和独立于周围环境的。例如，他们认为，一个人换了一种场合就隐瞒自己原来的观点，是"自我没有稳定性（consistency）"的表现，说明一个人没有勇气坚持自己的信念。②

在个人主义的文化中，孩子们从小学会在生活的各个方面养成自主（self-determination）的习惯。表现为被鼓励或要求在各种各样的选择中获得自我的认同感，包括对自己的食物、衣服、冰淇淋、洗澡时间、发型等等生活中所有方面的事情上自己进行选择和决定。孩子们被鼓励对自己的每一

---

① "...these people share a set of implicit and unexamined cultural values and practices that emphasize individual rights, independence, self-determination, and freedom; social psychologists ... sometimes tacitly assuming that the social forms and psyches of the modern West are representative of the human species. Fiske, et al., "The Cultural Matrix of Social Psychology," *The Handbook of Social Psychology*, p.919.

② Alan Page Fiske, et al., "The Cultural Matrix of Social Psychology," *The Handbook of Social Psychology*, pp.920～922.

件事情，哪怕是非常细小的事情，由本人亲自决定。"你是现在就睡呢，还是先洗个澡再睡？"一个独立而自主的自我就是这样形成的。美国社会生活的方方面面都是围绕着让人们按照自己的喜好进行自我选择而展开的，在超市里，在餐厅里，在所有的购物场所，人们被要求不断地进行自我选择，并由此展示、确认或表达他们的独特自我。"Help yourself"，美国人就是在这一过程中获得自我的独特感，和对自身命运的主宰意识。①

但是，在中国、日本、韩国及东南亚地区，人的概念颇不相同，认为"人"从根本上就是与其他人相联系的（方按：在中国古代，每一个人的生命都是前辈生命的一部分，所以有曾子临终时"启予手、启予足"之说；历代的国君也都把保存好家业或者说祖宗之业当作自己最神圣的责任），注重同情心、互助、依附、亲情、等级、忠诚、尊重、礼貌。因此，每个人都感到自己与他人处在"相互依赖"之中，社会关系、角色、规范、集体团结比个人的需要更受重视，对一个人的期望是他能够调节自己以满足他人的需要，为自己所在的组合、集体、机构或国家而工作。这种"相互依赖型的人"（the interdependent model of the person），以他人或群体为本位，倾向于认为那些我行我素、自我中心、刚愎自用的人幼稚和不成熟。②

在美国学校里，好学生的衡量标准是能干（good performance）、发挥自己独特的潜力；而在日本学校里，好学生的标准则对每个人而言完全一样：心地善良、有恒心、热情、帮助别人、非常刻苦、勇于自我批评等。西方文化要人们"认识自我"（know the self），而亚洲文化特别是佛教则要求人们忘我（ignoring and transcending oneself）。③

东亚社会里，母子亲密接触现象十分普遍，包括同浴、同睡；在其他类型的关系如上下级关系中也有类似现象。在欧美文化中，人们被鼓励大胆而自信地表达自己的观点；而在许多东亚社会，人们要学会"倾听"别人，解

---

① Alan Page Fiske, et al., "The Cultural Matrix of Social Psychology," *The Handbook of Social Psychology*, pp.920～922.

② Alan Page Fiske, et al., "The Cultural Matrix of Social Psychology," *The Handbook of Social Psychology*, pp.922～924.

③ Alan Page Fiske, et al., "The Cultural Matrix of Social Psychology," *The Handbook of Social Psychology*, pp.922～924.

释别人的意思，而不是表达自己。"多听少说"，甚至不说，在东亚社会中受到重视；人们被教育要学会适应社会、理解别人，以他人为导向。日本的母亲在孩子需要作决定时，往往不是问孩子自己的倾向是什么，而往往是代孩子们决定和办理。日本人或东亚人往往以情感的态度来看待事物，而不是以理智的、关心原因的方式来看待事物，这是一种移情（feeling and empathy）思维。例如，在一项实验中中国的大学生在"理解"一群鱼的感受方面比美国大学生多得多。在东亚社会，"道歉"，甚至是不问原因、不管自己是不是真错的"道歉"是十分重要的。这种谦虚的、自我批评的态度，有助于与他人交流和建立关系。"使人害臊"（shaming）是东亚社会中教育孩子时常用的手段。①

值得一提的是，以美国密西根大学心理学系的Richard Nisbett等人领导的比较研究发现：与西方相比，以中国、日本和韩国等为代表的东亚文化在思维方式上具有relational, contextual, interdependent（即关系性、处境性和相互依赖性）等特点，可以得到大量心理学实验的支持。Richard Nisbett在《思维地图》（*The Geography of Thought*，2003）中对东亚思维关注关系、处境和相互依赖的特点有集中讨论。下面是他做的两个试验，可以帮助我们理解东亚与西方思维方式的若干区别。

试验一：设计一种由八种色彩激活起来的水下动感场景，其中有一两条鱼体积最大、色彩最亮、运动也最快，另外还有其他一些运动速度相对慢一些的鱼、石头、泡沫，等等（见图）。该场景向被试验者先后放映2次，每次20秒。分别让一批日本京都大学与美国密西根大学被试验的学生来描述他们看到了什么？结果发现：对于体积最大、运作最快的"焦点"鱼，美国学生和日本学生提到的次数一样多，但是

① Alan Page Fiske, et al., "The Cultural Matrix of Social Psychology," *The Handbook of Social Psychology*, pp.922~924.

日本学生提到背景物如水、石头、泡沫、水下植物及其他动物的次数，比美国学生多60%。尽管美、日学生提到活动动物的次数一样多，但日本学生提到背景事物之间关系的次数是

背景1

背景2

美国学生的2倍。另外，日本学生开头一句话往往是"这是一个水池"，而美国学生开头一句话往往是"一条很大的鱼，可能是鲑鱼，正在向左方游去"。①

另一项实验是：让所有参加者看96种不同事物的照片，其中一半他们以往见过，一半未见过。然后，以两种方式重现这些东西，一种方式是让这些事物在与当初同样的环境中出现，另一种方式是在与当初不一样的环境中出现。（见图）结果发现：日本学生对于重现环境未变的对象的识别能力大于美国人，而对美国学生来说，环境的变化对其识别效果根本没有影响。这说明：东亚人所认识的对象与环境"紧密连在一起"。再将一批动物放在多种不同的背景下展示，测试美国学生与日本学生识别它们的准度和速度。结果再次发现日本学生比美国学生更多地受到背景的影响，当背景发生变化时，他们犯了比美国学生多得多的错误。②

## 3．发现亚洲"人"（二）

另一类有关亚洲人人格特征的文化心理学研究，是20世纪70年代末以来，由比利时学者Geert H. Hofstede等人挑起、美国学者Harry C. Triandis等一大批学者跟进的文化团体主义（collectivism）研究。

Geert Hofstede 视文化为人类集体具有的"心灵程序"（mental programming），从孩提时代起就在各民族得到培养和强化，长大后最清楚地表现在价值观上。③他提出文化的四个维度，其中重要一项就是个人主义／

---

① Richard E. Nisbett, *The Geography of Thought: How Asians and Westerners Think Differently … and Why*, New York: Free Press, 2003, , pp.89～90.

② RichardE. Nisbett, *The Geography of Thought*, pp.91～92.

团体主义维度。他最初根据一家美国跨国公司在全球 40 个国家的分公司进行了广泛的问卷调查，并设计了用于衡量个人主义程度的 14 个工作目标方面的指数，以此说明各国文化的个人主义／团体主义程度（个人主义程度高，即指团体主义程度低；反之亦然）。②

H. C. Triandis, M. H. Bond 等一批学者对于文化团体主义作了大量深入细致的研究，成果相当丰富，此处略加介绍。根据 Kwok Leung 的说法：

> 大体来说，个人主义指这样一种趋向，即一个人更关心自己的行为对于满足自身的需要、兴趣和目标的效果，与此相反团体主义则指这样一种趋向，即一个人更关心自己的行为对于其所在集体的效果，同时也更愿意牺牲个人利益以满足集体需要。在个人主义社会里，自己人（ingroup）与外人（outgroup）之间的区分相对不重要，自主、竞争、成就及自足更受人们重视。在团体主义社会中，人们对于自己集体的行为方式与对待别的集体明显有别，人与人关系和睦，集体内部的团结更受人们重视。③

C. H. Hui & H. C. Triandis 设计了 70 个不同的问题去问社会科学家们，比如"你的私人所有品，衣服／鱼竿／收音机／自行车等，是否有人代用或提出借用"？答案从"一直有人"到"从未有人"，由此得出团体主义者具有如下特征：④

①高度注重自己的行为对他人的意义；

②与他人共享物质或非物质资源；

---

① Geert H. Hofstede, *Culture's Consequences: International Differences in Work-related Values*, abridged edition, Newbury Park, London, New Delhi: Sage publications, 1980/1984, pp.11～12.

② Geert H. Hofstede, *Culture's Consequences*, pp.155～157.

③ Kwok Leung (Chinese University of Hong Kong), "Some determinants of reactions to procedural models for conflict resolution: across-national study," *Journal of Personality and Social Psychology*, vol.53, no.5(1987), p.899. 更详细的界定性描述参 Harry C. Triandis, Individualism and Collectivism, Bolder: Westview Press, 1995, 'preface'.

④ Harry C. Triandis, et al, "The measurement of the Etic aspects of individualism and collectivism across cultures," (totally 15 authors),*Austuralian Journal of Psychology*, vol. 38, no.3(1986), pp.257～267.

③注重集体内部的团结；

④受到害羞（shame）的控制；

⑤结果好坏均与人分享；

⑥自认自己是集体生活中的一分子。

H. C. Triandis 联合了来自 9 个国家的十余位心理学家，在一个共同模型之下对所在国家的团体主义／个人主义文化特征进行统计分析。[①]他们确立了 4 大类参数（factors）和 21 个不同的参数项（items），对每个参数项的回答分为 6 个档次（从极其同意到极不同意），对每个参数项的好坏及合适与否加以评估，只有一个参数有 9 国中的 8 个国家合适才会采用。每个参数的 6 个档次的问题，各找 100 位对象进行调查。见下表：

| 参数 1 | 自主（sefl-reliance）和追求享乐（hedonism） |
|---|---|
| 1 | 我对个人问题宁愿自己解决，而不是与朋友讨论； |
| 2 | 在我的生活中最重要的事情是自己快乐； |
| 3 | 一个人单干比在集体中工作干更好； |
| 4 | 在面对棘手的个人问题时，最好自己作出抉择而非听从他人建议； |
| 5 | 如果集体怠慢我，最好离开它去单干； |
| 参数 2 | 与所在集体保持距离（separation from ingroup） |
| 1 | 孩子获得了诺贝尔奖，父母无论如何不应该感到自豪； |
| 2 | 如果父亲由于对集体的服务或贡献，而受到政府官员的高度赞扬，子女们不应感到自豪； |
| 3 | 多数情况下，我对跟比自己能力低的人合作并不情愿，不如自己干； |
| 参数 3 | 家庭团结度（family integrity） |
| 1 | 人应当尽可能独立于他人生活； |
| 2 | 我认为在完成一项创造力时，能否比别人干得更好很重要； |
| 3 | 上了年纪的父母应当与子女们生活在一起。 |

---

① Harry C. Triandis, et al, "The measurement of the Etic aspects of individualism and collectivism across cultures," *Austuralian Journal of Psychology*, vol. 38, no.3(1986), pp.257~267.

| 参数 4 | 相互依赖及社会性（interdependence and sociability） |
|---|---|
| 1 | 如果亲戚跟我说他（她）遇到了经济困难，我会量力帮助他； |
| 2 | 我喜欢与我的好朋友住在近处； |
| 3 | 对一个人的判断（评价）应当从他自身的优点出发，而不是从其所在单位出发。 |

调查所得结果是，在家庭团结方面，哥斯达黎加、香港、印度和印尼得分最高，法国和荷兰得分最低；在相互信赖及社会性方面，哥斯达黎加、伊利诺斯得分最高，希腊和印尼得分最低；在与集体保持距离方面，伊利诺斯及法国人得分最高，香港与印度得分最低；在自主及追求享乐方面，智利得分最高，印尼得分最低。

需要特别指出，多数研究发现，文化团体主义的一个最突出特征是区分"自己人"（in-group，下面也译为"集体"、"所在集体"、"圈子"）和"外人"（out-group，也可译为"其他集体"、"圈子外"等），在对"自己人"和对"外人"方面表现出巨大差别，其中一个典型的例子是二战中日本人不把受侵略国人民当"人"看。[1]另外，有关研究还发现：文化团体主义对于争端宁愿采取中介介入、协商、妥协等方式来解决，而在个人主义文化中则不然。[2]在报酬分配上，文化团体主义对于同一集体成员会采取比文化个人主义更平均的方式分配。[3]还有研究指出，文化团体主义社会中威权主义较个人主义盛行，上下级之间等级关系更加明显，等等。[4]

当然，正如 Harry C. Triandis、Geert H. Hofstede 强调的那样，任何文

---

[1] Harry C. Triandis, et al, "Individualism and collectivism: cross-cultural perspectives on self~group relationship," *Journal of Personality and Social Psychology*, vol. 54, no.2 (Feb. 1988), pp.323~338.

[2] Kwok Leung, "Some determinants of reactions to procedural models for conflict resolution: across~national study," *Journal of Personality and Social Psychology*, vol.53, no.5(1987), pp. 898~908.

[3] Michael H. Bond, Kwok Leung & Kwok Choi Wan (Chinese University of Hong Kong), "How does cultural collectivism operate? The impact of task and maintenance contributions on reward distribution," *Journal of Cross~Cultural Psychology*, vol. 13, no. 2 (Jun. 1982), pp.186~190.

[4] Harry C. Triandis, et al, "Individualism and collectivism: cross-cultural perspectives on self-group relationship,"Journal of Personality and Social Psychology, vol. 54, no.2 (Feb. 1988), pp. 323~338 pp.323~338; Fritz Gaenslen, "culture and decision making in China, Japan, Russian, and the United States," *World Politics*, vol. xxxix, no.1 (Oct. 1986), pp.78~103.

化都同时存在文化团体主义和个人主义成分，只是程度不同而已。①Geert H．Hofstede 的量化分析得出，个人主义程度最高的国家有：美国、澳大利亚、英国，紧列其后的国家还有加拿大、荷兰、新西兰、意大利、比利时、丹麦、瑞典、法国、爱尔兰、挪威、德国等（皆是工业发达的欧美白人国家）；个人主义程度最低的国家或地区有委内瑞拉、哥伦比亚、巴基斯坦、台湾、泰国、新加坡、香港等。南美国家如智利、秘鲁、墨西哥、巴西、阿根廷也位于后面。②中国无疑属于文化团体主义程度较高的国家。③

　　下面我们介绍 Richard Nisbett 所做的几个试验：

　　实验一：让一些人来参与一个"不幸体验"试验。现在有一种苦味饮料，需要有一些人喝。受试验者需要通过抽签来决定谁来喝。分两种情况抽签：一种情况下，受试验者被告知，他需要单独抽签，共4次，每支签上有号码，4支上的号码总和决定他是否喝苦饮料。另一种情况下，受试验者被告知，他与另外4个人一组，每人抽一支签，由4个人签上的号码总和来决定他是否需要喝苦饮料。但受试验者不会见到同组的另外3个人。最后要每个受试验者说出，他是认为自己一个人单独抽签更幸运，还是4人一组共同抽签更幸运。日本受试验者认为4人一组抽签更幸运，而美国人则认为一个人单独抽签更幸运（但美国女性则与亚洲人相近）。事实上，没有任何证据证明，一个人抽签与4人共同抽签对结果有任何实际影响。④

　　实验二：2位社会心理学家问一批韩国人和美国人，在一堆图片对象中，

① Harry C. Triandis, *Individualism and Collectivism*, Boulder, Colorado: Westview Press, Inc., 1995, "preface".

② Daphna Oyserman, Heather M. Coon, and Markus Kemmelmeier("Rethinking individualism and collectivism: evaluation of theorectical assumptions and meta-analyses", *Philosophical Bulletin*, vol.128, no.1, 2002, pp.3~72)对过去 20 多年来以 G. H. Hofstede, Harry C. Triandis 等人为代表的一大批文化心理学家从团体主义/个人主义范式对一系列国家的研究的局限性进行了总结，主要是指出这一研究在前提预设上可能存在的问题，导致得出像美国这样典型的个人主义文化中，团体主义指数居然比日本、韩国等一些典型的团体主义文化还高或相差无几。Marilynn B. Brewer & Ya~Ru Chen(2007)发现，迄今为止对团体主义的许多研究其实主要不一定是在研究团体主义，至少不是研究者所设想意义上的团体主义，而是在研究一种人际关系。具体来说，团体主义者所关心的核心概念"集体"(in~group) 其实很少在研究中被关注，多数问卷调查的问题都集中在"人与人关系"上而不是"集体"上。作者将前人所作的研究进行了一个全面的统计和筛选，得到一共 408 个问卷问题 (items)。

③ Geert H. Hofstede, *Culture's Consequences*, pp.155~157.

④ Richard E. Nisbett, *The Geography of Thought*, p.99.

他们更喜欢哪一个，美国人选择最罕见的对象，韩国人选择了最常见的对象。让他们选择一个笔作为礼物，美国人选择了最不寻常的笔，东亚人选择了最流行的笔（the most common）。①这说明美国人更倾向于追求个人与众不同的独特性，而东亚人则更倾向于与他们一致，或相处和谐。

实验三：让不同年龄的日本人和美国人参与一项实验，从不到 2 岁到成年人，让他们看由特定材料构成的对象，例如看一个由软木塞构成的金字塔。然后，分别向他们出示两个盘子，其中一个盘中放着同样的软木塞，但所构成的金字塔形状不同；另一个盘子中是由另一种材料构成的同样形状的金字塔。要求被试验者回答其中哪一种代表你开头所看到的对象（文中称为 dax）？美国人倾向于选择形状相同的，日本人更喜欢选择材料相同的，从 2 岁大的儿童到成年人皆如此。这个测试主要说明，西方人和东方人看到的世界是如何不同：西方人看到的是独立的、有显著特征、不隶属于其他事物的客体，东方人看到的是连续的材料，是更加整体化的、处在与其他事物关系中的世界。②

实验四：让一批美国、中国及日本 7－9 岁的儿童参与一项试验，问他们："从 GREIT 这几个字母可以拼出什么字来？"孩子们被告知，他们可以按照特定的方式来做；他们还可以从几种已知的拼字法中选择一种来做；还有一些儿童被告知，他们的父母按某种方式来做。研究者要检验每个儿童采取的拼字方式及花费时间。美国小孩对于按照自己选择的方式做表现出最大的兴趣，而对按照妈妈的教导做表现出极低的兴趣，说明他们认为这样做自己的自主性受到伤害、个人兴趣得不到鼓励。相反，亚洲儿童对于听妈妈做表现出极大的兴趣。③

除此之外，Nisbett 还讲到这些故事。比如一位年轻的加拿大心理学家在日本生活了几年后，向北美大学申请职位。他的导师恐怖地发现，他的信开头竟然为自己"不配该职务"而道歉。他同时说，自己同行中一位非常杰出、职位甚佳的社会科学家，是一位深具加尔文廉直精神的苏格兰－美国长

---

① Richard E. Nisbett, *The Geography of Thought*, p.54.

② Richard E. Nisbett, *The Geography of Thought*, pp.81~82

③ Richard E. Nisbett, *The Geography of Thought*, pp.58~59.

老教会的坚定成员。他有一个也是社会科学家的儿子，1970年代职位稀缺时，此人不得不整日为找工作而辛苦奔波。他的父亲非常自豪地说，尽管他要帮助他儿子非常容易，但是从未介入去帮助他儿子。①

## 4．中国文化：关系本位

我们今天读儒家经典，很容易发现儒家学说注重"关系"、"处境"及"相互依赖"的特点。首先，在儒家思想史上，人伦关系是天下治乱之根本。孔子曾强调为政之先在于"正名"，尤其要确定君臣、父子关系（《论语·颜渊》《子路》）。《中庸》称："天下之达道五，所以行之者三，曰君臣也、父子也、夫妇也、昆弟也、朋友之交也。"孟子说，古代圣贤如尧舜之辈"察于人伦"（《孟子·离娄下》），其主要工作之一就是"教以人伦"，即"父子有亲，君臣有义，夫妇有别，长幼有序，朋友有信"（《孟子·滕文公上》）。因此，三代学校教育"皆所以明人伦也"，"人伦明于上，小民亲于下……是为王者师也"（《孟子·滕文公上》）。孟子和荀子都曾强调，圣人就是把人伦做到了极致（《孟子·离娄上》，《荀子·解蔽》）。荀子曾极论乡饮酒礼之中速宾、拜宾、揖、拜、献、酬、受、坐、祭、立饮等细节，以此说明"王道之易易"（《荀子·乐论》）。到汉代，从"五伦"发展到"三纲六纪"，其中"三纲"指君臣、父子、夫妇三种关系，"六纪"指诸父、兄弟、族人、诸舅、师长和朋友六种关系（《白虎通·三纲六纪》）。清人毛奇龄曾对此作过全面总结（毛奇龄《四书賸言补》卷二）。

其次，儒家的核心范畴如仁、义、礼、智、信、忠、孝等就是处理人伦关系的最高价值。"忠"、"孝"分别对应于君臣、父子关系。"仁"本来就是指人与人的关系（二人成仁）；《郭店简》仁字从身从心，是用心体会他人的意思，与"仁者爱人"（《论语·颜渊》）之意一致。"义"是指对待朋友、亲人及社会事物的态度，所以David R. Schiller主张不能将"义"译成righteousness，后者有基督教背景，暗含人与神的关系；他把译"义"为doing whatever (what will) (would) realize(s) (realizing) dynamic harmony within the given circumstances（在特定环境中做到合宜），显然是从"义者，宜也"

① Richard E. Nisbett, *The Geography of Thought*, pp.68, 70.

（《中庸》）而来，强调处境的重要性。①"礼"与"信"毫无疑问针对人际关系而言；"智"与"义"都体现了人在具体的处境中行为的能力。其中"智"按照 David Schiller 的观点，更接近于亚里士多德哲学中的 phronesis，该词在英文中常译为 practical wisdom，在中文中则常译作"实践的智慧"或"明智"。在亚里士多德哲学中，"知"（episteme）与"智"（phronesis）的区分得到了强调。"智"在亚里士多德哲学中包括随机应变的能力，因而意味着当事人对环境的洞察力。②

如果儒家对于人际关系之研究目的在于规范它，道家特别是老子对于人际关系之研究目的则在于逃脱它。通观《道德经》全书，可知其为深谙中国人情世故之大师。老子所教人者，实为滑头、犬儒哲学。不过我所谓"滑头、犬儒"，不是贬义，而是指在以人际关系为本位的社会中长久之道。老子所反复讲解的观点，即所谓以弱胜强、以柔胜刚、以静制动、无为而无不为。其根本目的还是在于"为"，而不是"无为"。为什么要以弱胜强、以柔胜刚、以静制动呢？老子善以水为喻，"水善利万物而不争"（《道德经》第8章），因为其善处于下，故能为百谷王。能下人，则不对任何人构成威胁；能下人，则能让所有人觉得放心；能下人，则能藏污纳垢、忍辱负重；能下人，则能满足所有人的自尊心，让人人开心。只有这样的人才不会被人所害。这经典地总结了中国社会中为人处世的精髓。"善利万物而不争"，只有不争才会无人能与之争，这当然不是绝对的。但是不争之人，才会让所有的人觉得可爱，没有人会在背后害他，最终所得比谁都多。故曰："自见者不明，自是者不彰，自伐者无功，自矜者不长。"（《道德经》第24章）"圣人自知不自见，自爱不自贵。"（《道德经》第72章）"圣人之道，为而不争。"（《道德经》第81章）《史

---

① 方朝晖：《浪上顿学者论儒家(5)(6)、《论语》，希腊哲学与现代文明— David R. Schiller》，《孔子2000》学术网站 http://www.Confucius2000.com,2004.5.8 及 2004.5.18~David R. Schiller, trans., *Confucius: Discussions/Conversations, or, The Analects (Lun~yu), Translation, Commentary, Interpretation*, Charlton, MA:Saga Virtual Publishers, 2011, for 'yi'（义）:pp.11, 196(vol.1),771(vol. 2~for 'zhi'（智）:pp. 453, 659 (vol.1), 776(vol.2).他把"智"翻译为 moral wisdom, (being) morally wise.

② 亚里士多德：《尼各马科伦理学》（修订本），1140a23~1142a30，苗力田译，北京，中国社会科学出版社，1999年，第126~132页；周辅成编：《西方伦理学名著选辑》（上卷），北京，商务印书馆，1964年，第314~319页。

记》中载老子见孔子，令其除骄气与辞色，因为他看破了中国文化中人常有的自负心理。所谓"挫其锐，解其分，和其光，同其尘"（《道德经》第56章），讲的正是做人不要有锋芒，不要太张扬；要学会与他人沆瀣一气，随波逐流，才能为人所容。

老子云："信言不美，美言不信。善者不辩，辩者不善。知者不博，博者不知。"（《道德经》第81章）做人要懂得他人的心理，越是信誓旦旦地表白自己，越是得不到他人信任；越是迫不及待地为己辩护，越是得不到他人的承认。一个人到了需要靠自己用言语表白、辩护、证明自己的时候，已经是山穷水尽、无路可走，自然也不会有效。在人与人的关系中，取得他人信任最聪明及最有效的办法，永远都不是自己公开地宣扬自己。"善行无辙迹，善言无瑕谪"（《道德经》第27章），"圣人处无为之事，行不言之教"（《道德经》第2章），讲的正是此种做人的道理。这是对中国社会人与人关系复杂性的深刻洞察。

老子一再强调"功遂身退"，这其实也是针对中国人人际心理的复杂而言。功遂而不退，易招人忌妒，怨谤亦多。《左传》襄公二十一年至二十三年栾氏之灭，以及后来范氏、中行氏之灭均与此有关。历代功成不退而遭杀身之祸者多有，韩信就是典型一例，大将军霍光也是一例。老子云："生而弗有，为而弗恃，功成而不居。"（《道德经》第2章）又说："生而不有，为而不恃，长而不宰，是谓玄德。"（《道德经》第51章）如果你因帮助了别人而标榜自己，反而成为他人心中的负担；如果你因做出了贡献而自以为是，反让人视你为眼中钉；如果你因取得了成就而自视甚高，反让人不敢重任你。通读《左传》可知数百年间，晋、鲁、宋、卫、郑、齐等国的政治完全是由一场接一场血腥的杀戮所组成，而其中多数杀戮都与人际矛盾有关。这些血淋淋的历史事实，是对老子做人哲学最好的证明。

《道德经》中很多地方讲治国之道，其要害在于不要"争"，这恰恰是从另一角度对中国文化关系本位的洞察。"不尚贤，使民不争；不贵难得之货，使民不为盗；不见可欲，使民心不乱。……为无为，则无不治。"（《道德经》第3章）为什么这样说呢？在关系本位的文化中，人们做事容易"对人不对事"，所以"争"会伤害感情，导致关系从此陷入僵局。老子讲"绝圣弃智"，

"绝巧弃利"，是要从根本上杜绝"争"。"五色令人目盲；五音令人耳聋；五味令人口爽，驰骋畋猎，令人心发狂；难得之货，令人行妨。"（《道德经》第12章）在政治文化中，争会消耗庞大的社会资本，导致治理困难，故争是最大的忌讳之一，"是以圣人为腹不为目，故去彼取此"（《道德经》第12章）。

"大道废，有仁义；智慧出，有大伪；六亲不和，有孝慈；国家昏乱，有忠臣。"（《道德经》第18章）此语道出儒家入世思想的根本症结。儒家固然是体大思精，为社会确立规范，为人间建立秩序。这一切，都出于"有为"。正是这个"有为"也成为一切问题的症结。你用道德来规范社会，他也可以打着道德的旗号来谋利；你可以用人间秩序来整合社会，坏人也建立秩序来破坏正义；你可以用信仰来整顿人心，他也可以假信仰来沽名钓誉。这就是庄子所谓"盗亦有道"。仁义可以被一些人别有用心地利用，人间多少丑恶是在仁义的旗帜下进行的！道德可以成为一些人杀人的武器！多少人因信仰而被他人玩弄于股掌之上！老子的治国思想正是看透了这一点：在一个人与人相互窥视的社会里，人心深不可测。要从根本上解决问题，那就是"无为"。无为就是取消这一切人为的说教，让大家回归清虚、本然、纯真的状态，人心回归于素朴，自然不会有那么奸巧，而政客的伎俩也一无所用。

张舜徽说老子所讲为"人君南面之术"，盖其要旨在于御人。[①]此一思路无疑在韩非子那里得到了继承。故韩出于老。老子更近于韩非子，而非庄子。如果说老子讲的是驾驭，庄子讲的则是解脱；老子是明察，庄子则是自由；老子是看破，庄子则是逍遥；老子是法术，庄子则是境界。庄子启示我们，如果儒家学说的关系本位特征是以人与人关系为本，道家学说的关系本位特征则表现为以人与自然关系为本。

然而，对于人与自然关系的重视，并不是只有庄子和道家一种方式，《周易》向我们呈现的则是另一种人与自然关系，可以说更好地体现了关系本位在中国文化中的形态。

首先，《周易》的基本原理，严格说来是从阴、阳二者之间的关系出发的。由阴、阳的相互关系，构成了八卦，进一步由八卦构成六十四卦。《周易》八卦及六十四卦的卦义甚至各爻的爻义均可从阴阳之间的关系得到基本

---

① 张舜徽：《周秦道论发微》，武汉：华中师范大学出版社，2005年，第83~85页。

理解。比如阳在上，阴在下；阳为主，阴为辅；阳主外，阴主内；等等。由阴阳之间的互动，演绎出了整个世界，人间事物的全部道理，无不包含在其中。

其次，以自然说明、指导人事是《周易》最重要的思想特点。这一点首先体现为八卦不仅代表了八种不同的自然事物，而且进一步上升到各种人事。所以这八种自然事物之间的关系是我们理解《周易》各卦的条件之一。乾、兑、离、震、巽、坎、坤、艮分别代表天、泽、火、雷、风、水、地、山，进一步又分别代表健、悦、丽、动、入、陷、顺、止等八种行为，再进一步还可分别代表男、少女、中女、长男、长女、中男、女、少男等。由八卦构成的六十四卦正是体现了由自然过渡到人事的过程："仰则观象于天，俯则观法于地，观鸟兽之文，与地之宜。近取诸身，远取诸物。于是始作八卦，以通神明之德，以类万物之情。"（《周易·系辞》）

其三，学习《周易》的过程实际上就是一个通过研习卦象来理解这些事物的过程，也就是一个深入玩味和理解当事人自身与一些事物之间相互关系的过程，即"观其象而玩其辞，观其变而玩其占"（《周易·系辞》）。按照《周易》，对这种关系体味得越深，一个人就越能取得成功，所谓"自天佑之，吉无不利"（《周易·大有》）。《礼记·经解》所谓"洁静精微，《易》教也"，讲的也是这个道理。在中国历史上，人们时常习惯于用《周易》某卦来比喻自身目前的处境，或所发生的事件。例如，黄宗羲用《周易》"明夷"来比喻自身当时的特殊处境。从卦象上看，该卦离下坤上。离代表明，坤为地，所以明夷的特点是"明入于地中"。这方面的例子不胜枚举。

必须强调指出，《周易》所讲的观察物象及其与人事相互关系的思维方式，与希腊哲学寻找普遍本质或普遍法则的思维方式（在现代自然科学中蔚为大观）是有本质不同的。有关学者称《周易》思维为"象思维"（又称"取象思维"），指出"这种思维方式是指在思维过程中离不开物象，以想象为媒介，直接比附推论出一个抽象事理的思维方法"。"其本质是一种比附推论的逻辑方法"，"与抽象思维、形象思维、顿悟思维有联系又有区别"。①所谓的"象思维"，是指在两个具体事物之间建立起某种对应关系，由前者说明后

---

① 于春海：《论取象思维方式—易学文化精神及其现代价值讨论之一》，《周易研究》2000 年第 4 期（总第 46 期），第 76 页。

者。比如"过河拆桥"，被用来说明恩将仇报；"白猫黑猫，抓到老鼠就是好猫"，被用来说明追求实效的政策路线。这种思维方式在《周易》中占主导地位。但是它与形式逻辑中的推理方式迥然不同，从"过河拆桥"不能合乎逻辑地推出"恩将仇报"来，从"白黑好猫"也推不出实用政策路线来，从"天尊地卑"推不出"男尊女卑"来，如此等等，数千年来中国人偏偏喜欢这种类型的推论。

在希腊哲学中，我们看到另一种类型的推理方式，即从大前提可以直接推出结论来，要求推理过程严密有效。这一推理方式背后的思维方式是：哲学所追求的知识是完全超出感性经验的，只有超出感性经验的范围，在纯粹观念的世界才可能建立严密有效的逻辑推论，并建立具有绝对必然性的知识。正因如此，康德在《纯粹理性批判》中一再强调先验逻辑之所以普遍有效，正在于它完全、绝对、没有一毫杂质地超出感性经验的范围，唯此才能形成绝对可靠的知识。同理，希腊哲学在思维方式上的主要特点是不断摆脱现实的感性经验世界，进入到一个纯粹思维的理性世界，它之所以强调推论过程的严密有效，也与此有关。固然，希腊哲学家也涉及到人与自然之间的关系问题，但它的旨归或导向却是不断超越感性世界，而不是为了回过头来处理与感性事物的关系，这一点柏拉图在《理想国》中作了最经典的阐述。这就是今日所谓"认知主义"（intellectualism）。如果用希腊哲学的标准来衡量，则可以说，中国思想家几千年来一直未能摆脱感性经验事物，上升到真正抽象的高度来思维，建立起完全脱离感性经验的绝对知识。也就是说，中国古代思想家从来都没有建立起真正的抽象思维。然而，今天我们也可以说，取象思维或"象思维"的旨归不在于建立脱离感性经验的绝对知识，这是由于中国人没有为知识而知识的嗜好。

上面我们讲《周易》所体现的东亚思维或中国思维时，主要讲了其中所包含的关系思维，其实我们从《周易》对阴阳及八卦之间相互关系的论述中也可以清楚地发现《周易》所谓的取象思维就是"相互依赖性"的关系。事实上，关系导向本身必然也会是处境化的，因为对我与事物关系的意识，必须以对处境的清醒意识为前提；同时，关系的另一含义就是我与处境、环境的关系。许烺光（F. L. K. Hsu）在其有名的《美国人与中国人》一书中就提出中国文化是处境中心的（situation-centred），美国文化是个人中心的（individual-centred）；前者以相互依赖（mutual dependence）为核心，后者以自立（self-reliance）为核心。[1]正是从这个角度出发，我们理解为什么会有 Nisbett 所谓"处境化思维"（contextual thinking）。另外一个重要事实是，人情和面子是中国人的关系概念中的两个核心要素。黄光国指出，中国人的权力关系是以"人情"和"面子"为内在机制的。[2]何友晖指出，中国人的关系具有"非自愿性"和"趋向永久性"等特点，包括"人在多种关系中"和"同一关系系统中的多人"两方面，常常受血缘、地缘、民族、工作等因素影响。[3]

我曾根据费孝通、梁漱溟、许烺光、何友晖、黄光国、滨口惠俊以及特别是 Richard Nisbett 等人的研究成果，将中国文化概括为"关系本位"模式的文化：

> 中国文化的模式，可以概括为人与人心理上、情感上以及价值观上相互模仿、相互攀比、相互依赖的思维方式和生活方式，以及在人与人、与环境的相互依赖关系中寻找自身的安全感。这种特征，我们称之为中国文化中的"关系本位"，也称为中国文化的习性或中国文化的深层心理结构。[4]

在今天的中国社会现实中，关系本位体现在人情往来中，也体现在柏杨所谓的"酱缸文化"中。如果说老子的无为主义是为了在现实中驾驭人际关系，庄子的自由主义则是为了从根本上摆脱人际关系；如果说法家的治人之

---

[1] Francis L. K. Hsu, *Americans and Chinese: Reflections on two Cultures and their People*, Garden City, New York: Doubleday Natural History Press, 1953/1970.

[2] Kwang-kuo Hwang, "Face and Favor: the Chinese Power Game," *TheAmerican Journal of Sociology*, vol. 92, no.4 (Jan. 1987), pp.944~974，或中文版，黄光国：《人情与面子：中国人的权力游戏》，载杨国枢主编：《中国人的心理》，南京：江苏教育出版社，2006年，页226~248（台湾原版1988年）。

[3] David Y. F. Ho, "Interpersonal relationships and relationship dominance: an analysis based on methodological relationalism," *Asian Journal of Social Psychology*, vol.1,no.1(Dec. 1998), pp. 1~16.

[4] 方朝晖：《文明的毁灭与新生》，第86页。

术是为了利用人际关系（演变成厚黑学），儒家的治人之道则是为了协和人际关系（为修齐治平）。今天，在社会心理学及心理学界，包括 Andrew Kipnis、黄美惠、杨国枢、杨中芳、翟学伟等人在内的大批学者均对中国人在现实生活中如何运用关系，包括拉关系、走后门等进行了专门的研究。[①]

关系本位直接导致人们区分"自己人"与"外人"。从文化心理学上讲，这成为中国文化的"团体主义"特征，即人们要将自己置身于一个较大的集体中来寻求安全感。这就涉及中国文化的另一特点，即团体主义。

## 5. 中国文化：团体主义

据说，柏森斯（Talcott Parsons）早在上世纪 60 年代就指出，"团体主义"是中国传统价值之基础。[②] Marilynn B. Brewer & Ya-Ru Chen（2007）对前人"团体主义"研究范式进行了全面的检讨，提出三种不同的文化范畴：个人主义、关系式团体主义（relational collectivism）与集团式团体主义（group collectivism）。[③]他们提出，人类生活中总是同时存在着这三个方面：个人、关系、群体（集体），并有三种不同类型的自我概念：独立的自我、关

---

① Andrew B. Kipnis, Producing Guanxi, Sentiment, Self and Subculture in a North China Village, Durham and London: Duke University Press, 1997; Yang, Mayfair Mei~hei, Gifts, Favors and Banquets: The Art of Social Relationships in China, Ithaca, N.Y. : Cornell University Press, 1994;翟学伟：《人情、面子与权力的再生产》，北京：北京大学出版社，2005 版；翟学伟：《中国人的关系原理—时空秩序、生活欲念及其演变》，北京：北京大学出版社，2011 年；翟学伟：《中国人的脸面观—形式主义的心理动因与社会表征》，北京：北京大学出版社，2011。港台（主要是台湾）有关中国人文化心理的研究参李亦园、杨国枢编：《中国人的性格：科际综合性的讨论》，台北：中央研究院民族学研究所专刊乙种第四号，1972 年；杨国枢主编：《中国人的心理》，南京：江苏教育出版社，2006 年（1988 年台湾桂冠图书公司原版）；杨中芳：《人际关系与人际情感的构念化》，载杨国枢主编：《人际关系与人际互动》（《本土心理学研究》第 12 辑），台湾大学心理学系编，台北：桂冠图书公司，2000 年，第 105~179 页。

② 据文崇一介绍，柏森斯早在 1966 年就在其著作中称"构成中国传统价值的基础是集团主义（collectivism)"(Talcott Parsons, Social System Toronto, Ontaria : Collier-Macmillan, 1966)。参文崇一：《从价值取向看中国国民性》，见李亦园、杨国枢编：《中国人的性格：科际综合性的讨论》，台北：中央研究院民族学研究所专刊乙种第四号，1972 年，第 53 页。

③ Marilynn B. Brewer & Ya-Ru Chen, "Where (who) are collectivism? toward conceptual clarification of individualism and collectivism,"Psychological Review, vol. 114, no. 1(2007), 133~151. Marilynn B. Brewer and Wendi Gardner 从"个人、关系、集体"三个方面来分析和总结人格的三种类型，对于人格的两个方面即关系性自我与集体性自我之区别作了相当透彻的分析。参Marilynn B. Brewer and Wendi Gardner , "Who is this 'we'? levels of collective identity and self~representations," Journal of Personality and Social Psychology, vol. 71, no.1(1996), pp. 83~91。

系化的自我和团体化的自我。作者在这一基础上提出了一种新的"团体主义"概念。他们指出，过去对个人主义／团体主义之研究，由于未能区分关系式团体主义与集团式团体主义，导致比较时的不对称现象，即对个人主义的衡量标准与对团体主义的衡量标准不一致，有些现象难以解释，通过重新划分可以解决。现根据作者原意作下表：

| 个人 | 关系 | 集体 |
| --- | --- | --- |
| 独立的自我 | 关系化的自我 | 集体化的自我 |
| 个人主义 | 关系式团体主义 | 集团式团体主义 |

　　据此，东亚社会中的"集体"概念与西方人的"集体"概念有不同。在东亚文化中"集体"可能建立在人际关系基础上，而在个人主义文化中也有团体主义，甚至有些团体主义的特征比东亚国家更强，但接近集团式的（费孝通所谓"团体格局"），因而不是以私人关系为基础构成的。根据作者的研究，可以得出中国文化应算作"关系式团体主义"。也可以说，中国文化中的团体主义乃是以关系本位为基础衍生出来的。

　　从价值观上看，文化团体主义导致人们在公开、正式场合下总是毫无疑问地强调集体主义，爱国主义和集体主义教育即是其例；父母总是教育子女凡事要多替别人着想，不能自私自利；所谓"厚德载物"，包容、体谅、奉献精神等等，皆是此类。但是另一方面，由于每一具体的个人都是丰富、生动的，如果一味按照集体的命令和要求行事，就可能压抑人性，伤害个性，阻碍创造力的发挥。事实上，强调集体利益和奉献至上的教育如果推行不当，就很容易导致伪善，走到适得其反的境地。[①]

　　关系式团体主义导致的一个严重后果就是帮派主义（英文中称factionalism，或 sectarianism）盛行。所谓"帮派"，就是人们基于需要、感情等因素结成小的利益共同体——in-groups。帮派主义是关系本位、或关系式团体主义给中国文化带来的"公""私"矛盾的一种表现形式，而地方

---

① 杨中芳系统评述过中国文化中的价值观特点。参杨中芳：《如何理解中国人：文化与个人论文集》，重庆：重庆大学出版社，2009年，页256～355。

主义则是帮派主义的另一种表现形式（或者说，"地方"是放大了的"帮派"）。"小团体"、"帮派"、"圈子"、"地方意识"等是由熟人、感情比较深的人构成的共同体，其成员相互比较了解、彼此比较信任，人们有意识地建立这样的团体，目的在于寻求相互庇护，满足心理安全需要。

团体主义面临的最大挑战来自于个人与集体的张力。在个人主义文化中，个人与所在集体的关系被转化为个人与抽象法则的关系。每个人都是完全平等和自由的，都被鼓励充分地表达自己，然后在这一基础上建立起大家共同接受、从而对所有人有共同约束力的普遍法则。由于普遍法则以群意为基础，个人不容易感到压抑。但问题往往出在，由于人与人的关系转化成了人与超人（法则）的关系，所以个人容易产生孤独感。

但是在团体主义文化中，个人与集体的张力永远都非常明显。首先，集体利益最容易被利用来进行个人的权力垄断，导致矛盾与冲突。因为在团体主义文化中，集体利益、共同福祉往往在意识形态上被作为高于个人利益的、无可置疑的目标，这不仅有可能导致对个人权利的严重忽略，也容易导致个人表达自己正当需要的诉求也受到压制。这种状况还会因为另外一种原因而被加剧，即团体主义文化出于整体安全感的追求，主流价值从来都不鼓励人们反抗，而把和谐放在第一。其次，在团体主义文化中，集体只是一抽象的、脱离实际的名义；个人与集体之间建立不起亲切的感情。集体虽然是他们在心理上需要的，但也极易成为个人"搭便车"的对象。在关系式团体主义文化中，人们只能对具体、生动的个人产生感情，建立效忠或爱护意识，但是这种私人感情以及建立在私人感情基础上的"小团体"和大集体的明显对立，使得它不会被鼓励。这两种情况结合在一起，就导致一方面是对集体利益的大肆强调，另一方面则是人人在打着自己的小算盘。于是整个集体有时实际上是一盘散沙，"各人自扫门前雪，休管他人瓦上霜"，这又反过来使统治者的专制和垄断更难被推翻。所以总体上来说团体主义文化中威权和等级统治明显高于个人主义文化。①

---

① Harry C. Triandis, "Individualism and collectivism: cross-cultural perspectives on self-group relationship,"*Journal of Personality and Social Psychology*, vol. 54, no.2(Feb. 1988), pp.323~338;Fritz Gaenslen, "culture and decision making in China, Japan, Russian, and the United States," *World Politics*, vol.xxxix, no.1(Oct. 1986), pp.78~103.

个人与集体之间张力的一个后果，就是集体有自我分裂的倾向。大集体中的小帮派、小利益集团很多，他们每天都在为自身在大集体中争取更多的利益而奋斗。这在古代被称为"党争"或"门户"，在现代则可体现为部门与公司的矛盾，也可以表现为部门与部门的矛盾，甚至可以表现为几个人形成的关系网操纵或左右全单位。当小帮派、小集团表现为地方主义时，就成了地方与中央的矛盾。这种矛盾的激化可导致诸侯割据和军阀混战，春秋战国就是典型一例。然而，正如我在其他地方指出的那样，中国文化之所以最终走上了"分久必合、合久必分"的道路，而不是如古希腊或西欧中世纪那样"分而不合"，原因则在于中国人需要在一个大的集体中找到安全感，越是强大、统一的整体，越是能使中国人找到心理上的依赖。就像我们在现实中发现，中国人就业时更乐于找一个庞大、稳定、可靠的企业工作，而西方人更乐于在一个规模小、流动大、束缚少且挑战性更强的企业工作。

在中国历史上，对于个人与集体关系的处理形成了三种有代表性的理论：法家、儒家和道家。法家的典型特点是视统治者的权威高于一切，任何时候都将整体利益放在首位，害怕、反对分权和放权，在现实中表现为支持集权、专制。道家，尤其是庄子的思想，则代表了另一个相反的典型，即主张彻底脱离现实的自由主义，但是这种自由主义却是以出世、避世为特点的。与法家相比，道家表达了团体主义文化中对于个人尊严的强烈呼声，所以在历史上也曾转变成以挞伐名教为旗帜的玄学。但是，道家最终摆脱不了出世的命运这一事实，也证明在一个典型团体主义的文化中，忽视整体利益、抛弃集体价值的思想在现实中终究是行不通的，无怪乎试图将自由主义转化成现实力量的魏晋玄学在中国历史上只闪耀了一时就销声匿迹，从此再也不能死灰复燃。

但是与法家、道家这两个极端相比，儒家则处于中间状态。一方面，儒家与法家一样强调集权，所以从孔子开始即特别提倡"尊王"、"忠君"，后来形成统治中国思想两千多年的三纲传统；另一方面，儒家也十分注重个人价值与尊严。从孔子的"为己之学"，到《中庸》的"成己"、"成人"，再到孟子从性善论高度肯定人性的价值与尊严，并被宋明理学发扬光大，后者特别强调道统驾于政统，可以发现中国历史上从来不缺乏对个人尊严的强大呼声。狄百瑞曾专门考察中国历史上的儒家如何在现实政治中为捍卫个人的价值与尊严而斗争。①那么儒家是如何实现中央集权与个人尊严这两者之间的结合的呢？这就是儒家王道思想的秘诀。其中要害在于，儒家主张辨别集体利益与统治利益，揭穿统治者假"集体利益"之名行"统治利益"之实，构成了中国历史上强大的民本主义思潮，又论证了集体利益与个人利益之间在根本上的一致性。因而，尊王、忠君从本质上也只是在有利于集体利益的情形下可行，而不是为了尊重君王个人。孟子的性善论说明，只有当个人尊严与价值得到充分保障，每个人的人格得以健康发展，整个社会的秩序才能得到真正的稳固。

文化团体主义导致东西方人心目中的英雄含义大不相同。中国文化中的英雄通常是非常庄严、神圣的人物形象，他们一般都是富有自我牺牲精神，为国家、民族或集体作出了巨大贡献的人，他们最难能可贵的品质就是在关键时刻能够不把个人利益放在首位。然而美国文化中的英雄，如果按照许烺光的理解，则好比是一些明星，显得好玩可爱，成功几乎是它的主要象征，因而远没有中国人的英雄那么神圣。事实上，对于拥有新教浓厚传统的美国文化来说，把任何一个成功的"人"当成神来崇拜是大逆不道的。所以许指出，美国人无法理解中国人为何那么公开（方按：甚至是肉麻地）表达对领袖的崇拜之情。对于美国人来说，英雄并不仅仅是自己崇拜的对象，也是自己暗暗追求的目标。美国人心目中的英雄带有时尚性、流行性。因此，每个时代有每个时代的英雄，而不是一味崇拜历史上的英雄。这体现了美国文化的个人中心。他又说，中国人的英雄崇拜体现了不同类型的人之间的相对关系，即下对上、普通人对重要人、施方与受方等之间的一种心理的和情感的联系。而美国人的英雄崇拜则体现了伟人与可能成为伟人的人、艺术家与可能成为艺术家的人、有魅力者与将来可能也有魅力的人之间的心理关系。人们从英雄形象中找寻的并不是英雄对于社会、公共福祉的贡献，而是自己的自我。②

---

① Wm. Theodorede Bary, *The Liberal Tradition in China*, Hong Kong: The Chinese University Press & New York: Columbia University Press, 1983。中译本参 [美] 狄百瑞：《中国的自由传统》，李弘祺译，香港：中文大学出版社，1983年。

② Francis L. K. Hsu, *Americans and Chinese: Reflections on two Cultures and their People*, Garden City, New York: Doubleday Natural History Press, 1953/1970, pp.155～175.

　　文化团体主义在现代中国的另一个显著表现就是民族主义。虽然民族主义只是一个现代术语，从西方传播过来，但在现代东亚各自成立了民族国家之后，它立即与其原有的文化团体主义相结合，而演变成了一种情绪化、非理性的民族主义。这种情绪可以因本国与别国的矛盾轻而易举地得到激化，像一把火一样把一国之民对另一国整体性的仇恨燃烧起来，一发而不可收拾。民族主义还表现为现代东亚国家在历史教育中普遍美化自身过去的"无比光荣、灿烂的历史"，把自己的祖先说得天花乱坠，试图树立起本民族不可战胜的神话。另一方面，在战争方面，又总是不断强调自己是如何受到别国欺负，强调自己如何遭别国侵略。与此同时，将自己侵略别人理解为理所应当，认为向别国道歉是非常没面子的事。据我所知，这种情况在中、日、韩、朝、越南等国共同存在。这不仅导致他们至今还很容易为60、70年前、甚至一百多年前的争端而耿耿于怀，更重要的是他们的国民从小在这种教育中长大，在情感中永远摆脱不了"自己民族饱受屈辱"的心理阴影，在国际交流和交往中显得不自信。

　　今天的民族主义还表现为，把现代化当成民族主义事业来追求，任何重要的科研成果在领导者看来，都首先不是它的学术意义本身，而是它对于为本国、本民族争光有多大意义；同时，社会的改造，特别是行业的自治受到了不应有的忽略，因为对于国家利益的重视自然导致容易忽略行业自身的利益。东亚国家甚至在教育中把本国历史上绝大多数成功的科学家、思想家都打扮成为国家、为民族而献身的英雄，以便让人们学习。少有人认识到，这样的教育会由于掩蔽了科学研究和学术探索在人性深处的基础，而掏空了科学和思想进步的真正动力。不仅如此，在学术界，也自发地形成了一种民族主义情怀主导下的研究，尤其在以传统文化为主的研究领域中，不少学者在内心深处自觉或不自觉地把论证"中国伟大"当成了主要关怀，并在对外交流中急于听到外国学者赞扬中国文化伟大。

　　我们也可以从文化团体主义角度来分析自由、民主思想在现代中国的命运。先看自由主义。首先，我们从魏晋玄学人物的悲剧结局得到的启发就是，虽然中国文化中一直有根深蒂固的自由主义／个人主义呼声，但是真正的、彻底的个人主义／自由主义从来都不能真正建立起来，也许自由主义／个人主义在中国文化中最好的出路就是走向道家式隐逸出世。林毓生的研究也许可以证明，以陈独秀、鲁迅、胡适等人为代表的现代中国的个人主义／自由主义都是为国为民的集体主义者。①而当代中国的自由主义／个人主义从骨子里也是如此，因为他们的主要兴趣在于反抗暴政，而不在于塑造个人自由。所以他们所追求的自由，有点类似于黑格尔在《精神现象学》中所说的"绝对自由"，还停留在否定性阶段，是一种自为的存在，而没有上升到自在自为的肯定性阶段。②

其次我们再来看民主运动。现代中国的民主主义者，其精神传统来自于儒家强大的民本主义思潮，但是当他们把民本主义转化为民主主义时，往往忽视了人民主权的现实运作如何避免受到中国文化中根深蒂固的帮派主义、地方主义的破坏。当现代民主主义者主张分权时，他们忘了这种分权运动在中国文化中极易和地方主义、帮派主义相结合，而成为国家分裂、社会混乱的根源。这个问题不解决，民主主义运动就可能成为乌托邦。而在西方，由于民主运动背后有相对成熟的个人主义／自由主义背景，所以更容易避免从主权自由转变成恐怖混乱。

## 6．中国文化：此岸取向

从文化心理学角度出发，中国文化的另一重要特征就是强烈的此岸取向。所谓此岸取向，英文中有时称为 this-worldly orientation。它是指一个文化不把死后世界当作自己的终极目标，或者说，它不是以死后世界为标准来指导或改造现世。文化的此岸／彼岸取向主要体现在对于死和死者的态度上。

在人类文明的长河中，很多文化都具有以"死"或"死后"为朝向或为标准的特征。例如，起源于印度的婆罗门教和佛教等宗教抹杀生与死的界限，常人活着与死后都在同样的"三界六道"中。这其实是一种典型的以死后为取向的宗教，因为如何摆脱死后进入轮回，成为每个人活着的首要课题；生命的无限和永不消亡，却给此生带来了巨大压力。又比如，基督教同

---

① ［美］林毓生：《中国意识的危机："五四"时期激烈的反传统主义》，穆善培译，贵阳：贵州人民出版社，1986年。
② ［德］黑格尔，《精神现象学》（上、下卷），贺麟、王玖兴译，北京：商务印书馆，1979年。

样是一种以死后世界为取向的精神传统。每个人的灵魂都是不死的，而我们现在生活于其中的世界是短暂的、虚幻的，就像光影一样缥缈；相比之下，只有死后的那个世界才是永恒和真实的。所以活着的主要目的就是为了死后——为了死后更好地"活着"；死亡虽不可怕，但死时得不到宽恕则非常可怕。事实上，基督教正是通过这种生死观强化了人们在此生此世的职责。此外，基督教关于每个个体的灵魂独立自存、相互平等、永恒不灭的观念，对于现代西方个人独立、平等、自由等价值观的形成起到了极为重要的作用。

然而，在中国文化中我们看到的是另一幅景象。总的来说，在中国历史传统中，并没有死后世界之完整清晰的理论学说；几千年来，中国人基本上不是按照死后世界的目标或观念来组织和安排此世的生活。

比如，中国最重要的本土传统之一——道家，严格说来就没有什么死后世界的明确观念；或者说，道家的死后世界还是这个世界，所以它希望通过"长生"把我们永留于这个世界。事实上，在道家学说中，整个世界是以"天地"为准的（与儒家同），并未超出基督教中的此世 (this-world)或印度宗教中的"三界"等的范围。道家的神仙所居住的地方，无论是八极之外的昆仑之巅，还是东海深处的蓬莱仙境，都未超出西方哲学中所讲的感性经验世界，因而仍旧属于此岸世界。因此，道家虽然常被我们说成是"出世的"，但若以其他宗教传统来衡量，则可以说是入世的，因为它并没有对此岸或此世持否定态度。这样一来，道家就不可能像佛教、基督教等那样以死后世界为取向，来塑造现世生活。但这并不等于说道家没有彼岸，而是认为彼岸即在此岸中。这个彼岸，需要人通过努力来达到，在超越小我、趋向自然的过程中"体验"到。道家将主要精神用于探讨如何改变看待这个世界的方式。在庄子等人看来，永恒、不朽不像在基督教或佛教等之中那样是现成的前提，而是每个生命应该追求的最高理想，这个理想只有在人与天地（或称自然）合一的境界中才能实现。

儒家对于死的态度既与印度宗教和基督教有别，也与道家截然不同。大体来说，儒家对于死后的存在及其世界"敬而远之"。孔子甚至在被逼问、不得不回答的情况下，也只用"未知生、焉知死"（《论语·先进》）这样的措辞敷衍了事。虽然儒家把祭祀鬼神看得非常重要，"国之大事，在祀与戎"（《左传·成公十三年》），其用意也只是用理性的方式改造古老的祭祀传统，以达到教化的目的。事实上，和一切其他宗教相比，儒家的最大特点在于，它心目中的天堂不在彼岸，不在死后，而是此生此世，包括对于个人来说是成圣成贤，对于国家来说是实现"王道"。儒家经典《大学》为一个人一生所罗列的修身八条目，包括从格物、致知、诚意、正心，到齐家、治国、平天下，都不仅是尘世的理想，而且决非为了死后的任何目标。这一点与道家其实是不谋而合的。

人们也可能说，在儒家典籍（及中国人）的生活中，鬼神的观念是非常发达的。但是，中国人的多神信仰是否意味着他们对于死后世界或人生彼岸的追求呢？回答显然是否定的，正是这一点不仅与犹太教－基督教－伊斯兰教传统迥异，也与婆罗门教－佛教－印度教不同。大抵来说，中国人心目中的"神"，不是人类生命的创造者，也不是为了拯救人类的目的而来，它们通常只是一些神秘、不可知的、令人畏惧的力量而已。在世俗生活中，任何具有不可思议力量的人或物，都有可能被当成神（例如"股神"）。所以中国人所信奉的山神、河伯、风伯、雨师、土地公，乃至于主宰日月星辰、生老病死的"神"，其实皆是我们这个世界的一部分，等待着人们的供养。它们不仅并非生活在世界之外，也不以把人引向彼岸——死后的世界——为目的。因为中国人的"神"跟人生活在同一个世界上，无论是九重之天，还是九泉地下，都还是这个世界（this world）的延伸，仍然属于此世。

如果从中国人的"鬼"观念看，就更容易理解中国人文化的此岸性。"鬼"这个词无论从什么意义上讲都是消极的，要竭力逃避。如果"鬼"代表一个人死后的样子的话，它在中国文化中恰恰是恐怖的象征。中国人有一种说法，鬼神乃是阴阳二气聚散形成的。《周易·系辞》称"精气为物，游魂为变，是故知鬼神之情状"，张载称鬼神为"二气之良能"。此外还有一种说法，死亡就是魂、魄离开人身所致（参《左传·昭公二十五年》），因此招魂成为一种据说极有意义的尊重死者的方式。由此看来，死亡是十分可怕的事。虽然中国人对于自己祖先的"鬼"（或"神"）大加崇拜，这在一定程度上也是出于恐惧、得罪不起、求得庇佑的心理。其实，无论他们多么祭拜祖先，对于自己死后是不是真的会变成鬼或者神，谁也不知道，更不敢确信。正因为不敢确信自己死后生命还会存在，所以任何一个珍爱生命的人，都害怕死亡到来。此外，中国人也并不认为"鬼"会生活在一个理想之所，恰恰相反，他们常常担心死后变成鬼的亲人缺衣少食、到处流浪，所以不断地向他们供奉。请问谁愿意把这样的鬼当作自己的追求目标呢？这与基督教认为人的灵魂永恒存在，无论是活着还是死去，都以摆脱肉身、让灵魂真正获得自由即进入天堂为最高追求，简直是完全相反。

那么，中国文化的此岸取向究竟从何而来呢？要从源头说，当然非常难。不过我发现，这种此岸取向在《周易》中得到了最典型的阐发，也许代表了后世各家宇宙观的共同模型，不仅儒、道两家共享，诸子百家皆共享。

具体来说，《周易》宇宙观的基本逻辑是以"天地"为范围，一切人类活动不出此范围；其次，以"天地"为最高准绳，天地关系当然体现了人间一切事物基本关系的出发点，人间一切事物均要以"天地之道"为指导原则。

> 天尊地卑，乾坤定矣。卑高以陈，贵贱位矣。动静有常，刚柔断矣。方以类聚，物以群分，吉凶生矣。在天成象，在地成形，变化见矣。是故刚柔相摩，八卦相荡。鼓之以雷霆，润之以风雨；日月运行，一寒一暑。乾道成男，坤道成女。乾知大始，坤作成物。乾以易知，坤以简能。
> (《周易·系辞》)

《周易》宇宙观的意义在于：人间世界一切行为的特点，不是要超出这个世界之外，而是以"天地"为对象，尽最大可能地理解"它"（天地）、接近它：

> 《易》与天地准，故能弥纶天地之道。仰以观于天文，俯以察于地理，是故知幽明之故；原始反终，故知死生之说；精气为物，游魂为变，是故知鬼神之情状。与天地相似，故不违；知周乎万物而道济天下，故不过；旁行而不流，乐天知命，故不忧；安土敦乎仁，故能爱。范围天地之化而不过，曲成万物而不遗，通乎昼夜之道而知，故神无方而《易》无体。(《周易·系辞》)

人们常把《周易》宇宙观与柏拉图等人为代表的西方哲学宇宙观相混淆，部分是由于metaphysics这个词被译成了"形而上学"（据说是严复借用《周易·系辞》"形而上者谓之道"译出）。我认为其间有一项差别值得关注：《周易·系辞》中所谓"形而上者"，其实并不是真的要超出此有形世界之外，只不过是指出如何把握此有形世界，以便更好地回到此岸世界；毕竟"道"也是此世界的一部分，在此世界中、不在此世界外。因此中国人的形上学或形而上学（两种译法共存，含义无别），本意并不是教人如何脱离此世界、超越此世界，而是教人更好地适应此世界、回到此世界。而柏拉图等人的metaphysics所代表的、"形而上"的思维方式则不然，理论上说，它对此有形之世界持否定态度，在有形世界与无形世界之间制造截然的分裂与对立，其所追求的恰恰是要脱离此有形世界，进入无形世界。柏拉图所谓的"洞穴比喻"，所谓"灵魂转向"，所谓"心灵上升"，指的都是从有形世界进入无形世界（《理想国》第七卷）。他之所以认为哲学高于诗歌、绘画、戏剧乃至几何，正因后者仍然没有完全摆脱感性经验（《理想国》第十卷）。这种倾向无疑与后来的基督教传统相吻合。亚里士多德的metaphysics早期以具体的个体事物为第一本体，应该说与此迥异。但是亚里士多德强调，哲学的真正动力来自纯粹的求知欲，这是一种纯粹的思想的自由，"并无任何实用的目的"（982b20–21）[①]。无实用关怀的纯粹思想自由，实际上也代表脱离此有形世界、进入另一无形世界的倾向，因为它并不追求如何更好地适应此有形世界、或回归此有形世界。亚里士多德晚期区分形式与质料，与柏拉图趋近，再次显示出超越此岸世界、趋向无形世界的倾向。这种倾向近代以来长期没有得到中国哲学工作者很好的理解，他们总是说"中国哲学重道德，西方哲学重知识"。这一说法已经暗含着这样的思路：西方人重知识，所以才有科学发达，仿佛重知识也是为了能解决实用的需要。

此岸取向对于中国文化的影响是极其深刻的。因为并不从彼岸或来世来寻找此生安身立命的基础，所以对此岸世界特别小心地经营；要从每一个日常生活细节中寻找做人的方法或技巧，导致把烹饪、喝茶、养花、书法、绘

---

① ［古希腊］亚里士多德：《形而上学》，吴寿彭译，北京：商务印书馆，1959年，第5页。

画、击剑、气功等一切活动都当成了养生和艺术，务欲从中找到无穷的快乐。如果来世的世界仍然是这个世界，我们的灵魂永远超不出"这个世界"，那么此生此世就不得不被当作人生最重要的工作对象，因为人的生命只有这一次。换言之，如果彼岸是真实可靠的，此岸世界就变得虚幻，于是超越或寻找最终离开这个世界才是正道。至于此岸世界是否和谐、稳定或太平，则不具有首要的意义，因为它注定了是要被否定、超越或取代的。这是西方metaphysics思维的特征，而绝不是《周易》宇宙观。我在有关地方已经论证过，将metaphycis翻译成"形而上学"所包含的误导性，此处不赘。①当然，在佛教中，中国人后来也发展出了一套彼岸世界的神话，但是其影响主要停留于民间；在精英或学者阶层，真正占主导地位的还是此岸性思维。即使在民间，那些彼岸世界的神话也多半以"劝善戒恶"为宗旨，并不是以进入另一个世界为每个人的最高人生追求。换言之，中国人的彼岸世界神话，是为了让人们在此岸活得更成功服务的。这与基督教不同，后者直接把此岸世界视为虚幻，把彼岸世界当作唯一真实，并以追求彼岸（天国）的生活为人生最高理想。

"此岸取向"自然会导致对处境的高度关怀，因为处境是此岸世界最重要的成分；此岸性也自然导致关系取向的思维方式，因为人与人的关系是此岸世界个人处境中最重要的成分。这些都与一个事实有关：此岸性意味着对这个我生于其中的世界的高度肯定，即我们只有一个世界，永远（包括死后）只有这一个世界。从这个角度讲，"内在超越"这个说法还是有一定的误导性。因为它可能让人们误以为要从一种与西方mataphysics或神学不同的途径，即内在的方式，来超越这个世界、超越此岸。而实际情况是，中国人的宇宙观或《周易》宇宙观的基本特点恰在于并不是要超出这个世界，而是永远限制于此世界之中。如何更好地贴近此岸、经营此岸才是它给每个人的人生提出的主要任务。

中国人的"重和"意识，其实与根深蒂固的关系思维、此岸思维有关，因为中国人的人生安全感来自于关系，即自身与外部世界的关系平衡，包括

① 方朝晖：《"中学"与"西学" ——重新解读现代中国学术史》，保定：河北大学出版社，2002年，第262~298页。

人与人、人与团体以及人与世界的关系。这种关系本位，加上高度的此岸取向，决定了中国人必然把此岸世界是否和谐看得异常重要。《周易·乾·彖》上说"保合大和"，与《中庸》"和者，天下之达道也"，"致中和，天地位焉，万物育焉"的思想，都体现了中国人创造一个全球和睦的大家庭的世界梦想。但是这种梦想对于以个人为本位的西方文化来说，则不一定有特殊意义，因为西方文化强烈的彼岸化倾向，使他们把否定、超越此岸世界当作重要目的。美籍华裔人类学家许烺光在《美国人与中国人》一书中曾对这种差异作了异常精辟的分析，此处不赘。①

## 7. 亲情为中国文化之本

从 Geert Hofstede "文化是集体的心灵程序"出发，研究一个民族的文化，就是要探索这个民族在多大程度受制于它的历史传统所遗留给它的"集体无意识"②。由此我们就可以分析这个民族今天的生活，包括它的价值、制度、生活等许多方面在多大程度上受到这些无意识的支配。文化心理学研究的意义在于，提醒我们认识一个民族在社会变迁、特别是社会整合中究竟遵循怎样的规律。其中包括：这个民族的文化在什么情况下容易自我瓦解或走向堕落，在什么情况下才能自我整合起来而不是一盘散沙；还有，这个民族过去几千年来所走过的道路，哪些是由其文化习性所决定的，哪些不是；这个民族在今天面临的主要问题究竟是什么，它与其过去所面临的主要问题有何相似之处；等等。

现在，我想重点说明，此岸取向、关系本位和团体主义导致中国人以家庭为人生的中心，由此特别重视亲情。原因如下：

（1）中国人的关系世界是"差序格局"（费孝通语）的，越是亲近的人交往越深，也越有感情，因此营造对亲人的感情被视为最有价值；

（2）中国人的关系世界是希望"抱团"的，他们随时希望建构出一个能给自己带来安全感的"小团体"来，而家庭无疑是建立此团体的最理想的和

---

① Francis L. K. Hsu, Americans and Chinese, pp.10, 278.

② 荣格所谓"集体无意识"是针对全人类而言，列维－斯特劳斯对这一问题的研究更接近本文。参 [法] 克洛德·列维－斯特劳斯：《结构人类学》(1～2)，张祖建译，北京：中国人民大学出版社，2006年。

首要的选择；

(3)中国人的此岸取向导致他们在此岸生活中探求精神的归宿和生命的不朽，子女是自己生命的延伸，所以是摆脱死亡恐惧的精神寄托。

中国文化的一大特点，即是让人们在对人、特别是对亲人的感情中认识人生、理解生命；儒家揭示了中国文化这样一种活的灵魂，即在无边的亲情世界中"成为人"。牟宗三先生在《历史哲学》一书中对此作了极为精彩的描述，他说：[1]

> 宗法的家庭族系，依着亲亲之杀，尊尊之等，实兼融情与理而为一，含着丰富无尽藏的情与理之发扬与容纳。……在此种情理合一的族系里，你可以尽量地尽情，你也可以尽量地尽理。而且无论你有多丰富的情，多深远的理，它都能容纳，绝不能使你有无隙处之感：它是无底的深渊，无边的天。五伦摄尽一切，一切摄于五伦。
>
> 无论为天子，为庶人，只要在任何一点上尽情尽理，敦品励行，你即可以无不具足，垂法后世，而人亦同样尊重你。
>
> 就在此"尽"字上，遂得延续民族，发扬文化，表现精神。你可以在此尽情尽理，尽才尽性；而且容纳任何人的尽，容许任何人尽量地尽。

梁漱溟先生也曾将中国人亲情关系的理想境界描述为：

> 要在有与我情亲如一体的人，形骸上日夕相依，神魂间尤相依以为安慰。一啼一笑，彼此相和答；一痛一痒，彼此相体念。—此即所谓"亲人"，人互喜以所亲者之喜，其喜弥扬；人互悲以所亲者之悲，悲而不伤。盖得心理共鸣，衷情发舒合于生命交融活泼之理。[2]

牟宗三和梁漱溟先生所描述的中国文化中的亲情，体现了中国文化人伦

---

[1] 牟宗三：《历史哲学》（增订八版），台湾学生书局，1984年，第74～75页。
[2] 梁漱溟：《中国文化要义》，见中国文化书院学术委员会编：《梁漱溟全集》（第三卷），济南：山东人民出版社，1990年，第87页。

世界的精彩和魅力。亲亲变成了现实，人心才有了依归；亲情得到了深化，人生才有了温暖。亲情是人间之爱的起点，亲亲是社会秩序的基础；故曰："人人亲其亲、长其长而天下平。"（《孟子·离娄上》）让人们舍亲而爱人，废私而爱公，就是在追逐无源之水、无本之木，就是在掏空社会道德的根基，堵塞社会秩序的源泉。

这里，我想通过祭祀这个特殊的角度来说明儒家如何处理中国文化中的亲情问题，特别是如何通过亲情来引导社会道德建设的方向。本来，一个此岸取向的文化，不应重视祭祀，因为它的全部目标均在此岸；但是我们看到，在中国文化中，恰好是高度此岸取向的特点，导致祭祀成为中国人进行心理安慰的最有效方式。这是因为，在没有灵魂不死强大传统的中国文化中，一个身边之人、特别是亲人的死去，最容易触动另一个人的心弦。死的遗憾永远无可挽回，死的损失永远无法弥补。对于中国人来说，天人永隔的伤痛最刻骨铭心。所以，祭祀成为人们满足心理缺憾、表达心中敬意的最有效方式之一，也导致了祭祀传统在中国从上古起就非常发达。下面我们看到，儒家正是通过对祭礼的改造，引导人们在祭祀中认识人生的责任，达到了成功改造人的效果。

首先，儒家强调，祭祀必须无限虔敬，因为这是对死者尊重最好的方式。"敬尽然后可以事神明，此祭之道也。"（《礼记·祭统》）如果一个人能以严肃、虔敬之心祭祀，就可以对人生多一分理解，对生命多一份珍惜。因为每一个死者的离去，对他来说是人生的谢幕，对我来说则是严重的警示。他的今天，将无可避免地成为我的明天，我们谁也无法阻挡自己死亡的那一天。由此，我们也对人生少了一份贪恋，因为我们在有生之年对于金钱、财富、名利的所有聚集，终究是生不带来、死不带走的。死，特别是亲人的死，让我们认识到命运的无常和可怕，体会到生命的脆弱与无奈。我们由此对人生不敢再掉以轻心，不敢再玩忽怠慢或挥霍浪费。

其次，儒家认为，祭祀就是正常引导自己的感情，塑造自己的人格。"严威俨恪，非所以事亲也，成人之道也。"（《礼记·祭义》）在祭祀中，通过回忆死者的音容笑貌，生者对死者的痛楚达到顶点（"思其居处，思其志意，思其所乐，思其所嗜"，《礼记·祭义》；"祭如在，祭神如神在"，《论语·八佾》）。在深深的遗憾和叹息中，人们不得不严肃面对死者的心愿；在痛苦的回忆和哭泣中，不得不认真调整人生的坐标。"亲丧，固所自尽也。"（《孟子·滕文公上》）。从此，我们对生命的含义有了新的理解：我们在死者的期待中站起，在先人的庇佑下前行。从此，我们的成功与失败、光荣与梦想，都和死去的人息息相连。我们在丧祭中走向成熟，逐渐变成为有责任感的、顶天立地的人。

其三，儒家认为，祭礼作为一种集体活动，可以达到有效塑造人伦关系和社会秩序的效果。孔子云："宗庙之礼，所以序昭穆也。"（《中庸》）祭祀不仅升华了人们与亲人之间的情感联结，也使人们对自己人生的下一步有了更明确的规划；今天我们对于死者的承诺，是要用自己的一生来兑现的；在这一过程中，我们体验到精神的升华，感受到生命的沉重；也正是在这一过程中，我们对于自己所处的位置、对于如何恪尽职守以及如何处理自己与他人的关系，都有了更清楚的认识。因此，祭祀不仅可以让我们认识人生的职责和使命，还起到了理顺人群关系、塑造社会秩序的作用。"夫祭有十伦焉；见事鬼神之道焉，见君臣之义焉，见父子之伦焉，见贵贱之等焉，见亲疏之杀焉，见爵赏之施焉，见夫妇之别焉，见政事之均焉，见长幼之序焉，见上下之际焉。"（《礼记·祭统》）孔子说，一个人懂得了禘尝之义，治国将易如反掌（《论语·八佾》）。

在一个并不是以死后世界为导向的文化中，祭祀恰恰是强化人生责任、确立人生信念、整顿社会秩序等为此世服务的最佳方式之一。因此，在此岸取向的中国文化中，对于死和死者的祭祀也是此岸取向的。儒家明确主张，把死者当作生者世界的一部分或延伸（"洋洋乎如在其上，如在其左右。"《中庸》），不将二者分开；对于死者的祭祀，其主要功能也在于更好地认识"生"。因此，在中国文化中，对于死者的祭祀，同样达到了改造生者、重塑此世的效果。但是显然，这种效果是通过与佛教、基督教完全不同的方式达到的。明白了这一点，我们就能理解，为什么在鬼神观念并不精致、死后世界并不清晰的中国文化中，儒家却异常地重视祭祀。

虽然祭祀在古代世界各地非常普遍，在包括古代印度、埃及等在内的许多王朝或国家里，都可以看到异常发达的祭祀传统，但它们在这些文化中的含义和功能却可能与其在中国文化中迥然不同。在这些国家中，祭祀往往是以彼岸为导向的，即为了配合这种文化对于死后世界的追求服务的。而在中国则不然，祭祀严格说来是为此岸服务的。而这一现象本身，与中国文化早就具有的此岸化倾向有关。

> 丧三年，常悲咽；
>
> 居处变，酒肉绝；
>
> 丧尽礼，祭尽诚；
>
> 事死者，如事生……

《弟子规》中的这些话，在我看来极好地展现了中国文化之活的精神——：中国人最真实的生命状态和精神面貌正是在亲情中得到了具体生动的体现，在祭祀中得到了淋漓尽致的发挥。在现代中国革命运动的浪潮中，人们曾把所有祭祀祖先的活动称为迷信，在人生观教育中不再以孝亲为本。今天，当我们强调文化自觉的时候，也许最值得思考的问题之一恰恰是，如何认识中国人情感世界、精神世界之最深刻的基础。曾子曰："慎终追远，民德归厚矣。"（《论语·学而》）今天我们重建社会道德，需要从最基础的工作做起；具体来说，就是要脱离霸道，转向王道，从最生动地展现中国人的精神面貌和真实人性的亲情入手，找到社会秩序重建的正途。

# 第二章 什么是中国文化中有效的权威

本章拟从文化背景出发探讨权力／权威概念在中国文化中的特殊含义。这一研究揭示，各国有效的政治制度，特别是其中可行的权力／权威模式不可能脱离其历史文化背景来理解；由此，分析中国文化中的有效权威，有助于认识中国社会政治制度建设的未来方向。

## 1．中国政治学

美国最权威的中国问题专家之一[①]白鲁恂(Lucian W. Pye, 1921～2008)在其《亚洲权力与政治：权威的文化维度》(1985)一书中这样分析中国政治文化：中国人从小在家庭教育中接受了"父亲"这样的权威，这位"父亲"独一无二，无所不能；独断专行，孤独无依；他是全家利益的最高代表，其"权威"是子女不能挑战或质疑的，质疑或挑战父权等于对家庭的背叛。这样的家庭教育，导致中国人长大后在政治和社会生活中仍然一直在寻找这样一位"父亲"——家长式权威（paternalistic authority）——来保护自己。因此中国式政治权威是"父权型的"（paternalistic）。[②]白鲁恂认为，在上述父权型权威观念形成后，中国文化中的权力／权威观就具有了如下一些独特的特征：

（1）**全能政治**。中国人心目中理想的政治权威就个人而言是无所不能的

---

① 参《纽约时报》2008 年 9 月 11 日的报道：Douglas Martin, "Lucian W. Pye, bold thinker on Asia, is dead at 86", *New York Times*, Sepetember 11, 2008。

② Lucian W. Pye, *Asian Power and Politics:the Cultural Dimensions of Authority*, with Mary W. Pye, Cambridge, Massachusetts and London, England: the Belknap Press of Harvard University Press,1985, pp. 186, 198～200。

(omnipotent)，就其所代表的力量而言，还必须以解决社会生活中各方面的可能的问题为最高目标，即政治要为整个社会乃至整个宇宙的秩序服务。而不是如在西方那样分而治之：政治权威只解决政治问题，宗教权威只解决宗教问题，法律权威只解决法律问题，等等。与西方不同，中国政治家往往要对全社会作巨大的承诺；在整个东亚政治传统中，政治的最高目的是解决所有问题，绝不是只解决政治问题。①当然，白氏所谓"全能政治"和政治学中常用的"极权政治"（totalitarianism）不是一个概念。

（2）**集权主义**（centralization of power）。中国人从小接受的权威概念使他们认为"最高权力必须是独一无二的"，不能容忍多个最高权力中心同时并存。因为他们担心，一旦容忍分权，将会导致帮派之争，破坏秩序和谐。这种思想和中国的民族主义常常结合在一起加以表达。总体上说，亚洲人为自己从属于一个强大的集体而自豪，所以要求人们对国家、宗族或家庭忠诚不二。相比之下，日本长期的封建传统，使得多个权力中心并存得以容忍。幕府将军只是多个大名中最大的那一个。另一方面，日本人的多权力中心观也与其家庭结构有关。日本的长子继承全部财产制度与中国诸子均分财产不同，导致了别子为宗普遍；在日本家庭中，父权与母权并存，并相互竞争。集权导致民主实践在中国的失败。②

（3）**意识形态化**。中国政治的另一重要特征是高度的意识形态化。人们把过多的精力用于进行意识形态的论证和道义的（moralistic）证明，而不是关注具体、精确的政治过程。这导致了中国政治的非功利化。在西方，功利、效益和自我表达才是政治活动的主要目的，而中国人则把一些仅具象征意义

① Lucian W. Pye, *Asian Power and Politics*, pp.43~45,49,183~184. 白氏多次强调，中国人认为最高领导应当是无所不能的。他们总是寄希望于出来一个各方面都很好的权威，由他出面来解决一切问题（the central authorities could claim omnipotence. Ibid., p.184）。因此，他们心目中理想的权威人物是具有某种神奇魔力的人，他们以近乎神话的方式来塑造上级的合法权力（the Chinese have been able to uphold the myth that legitimate power comes only from above. Ibid., p.186）白氏认为，亚洲政治的全能主义与其将政治理解以身份为基础有极大关系。他说："当人们认为权力与身份关系恰当的时候，政治行为的开展就不仅是为了社会中每一个人在任何状态下都获得尊严，而且是总为了实现整个社会系统的稳定和秩序。"（When power was seen as probably associated with status, the thrust of political behavior was always in the direction of stability and order for the total system as well as dignity for the individuals at every station in society. ibid.,49）

② Lucian W. Pye, *Asian Power and Politics*, pp.183~191.

的事物看得比政治活动本身还重要。但是中国人重意识形态，并不意味着他们真的追求理论自身的价值，这与俄国人明显不同。中国人的意识形态争论，总是为政治人物自身的需要服务的，他们很少在实践中严格遵守意识形态原则，中国也许是世界上理论与实践分离最严重的一个民族。①

（4）**人格榜样治国**。中国人传统上认为，力量来源于道德人格，而不是来源于实用主义的功利追求。而西方人则相反，认为力量就是来源于实用主义的功利追求。②西方文化中理想的领导人是支配能力强、决策作用大、敏于接受反馈；而亚洲人心目中理想的领导人是亲切、仁慈、善良、有同情心、说到做到、有牺牲精神。③在亚洲，总体来说，靠人格榜样治国、有德才有威是其共同特征。他还认为，作为一种德性治国论（virtuocracy），"人格榜样治国"（rule by example）从本质上是违反政治的内在本质的，因为它的政治竞争和政策选择不以投入-回报为标准，不把政策偏好和政策选择作为最主要的追求。④亚洲政治的人治特点还体现在权力高度的个人化而不是制度化，也许除了日本之外，其他亚洲国家的政治领导人选拔过程都充满了不确定性。⑤

（5）**关系学**（*guanxi*）。他认为，和亚洲多数国家一样，中国人真正信得过的并不是公共权威，而是自己的私人关系，一个在政府没有私人关系的人会感到自己孤立无助。在中国历史上一直存在着超越私人关系的公共立场与私人关系（personal ties）、国家需要与帮派需要之间的此消彼长。⑥但是中国和日本之间最大的区别是：日本人虽同样重视和依赖关系，但他们公开地承认关系（on-giri），公开提倡将这种关系作为政治运作的基础。而在中国，私人关系从国民党到共产党一直被执政者视为公共利益的敌人，认为对党、国忠诚的人就不会拉关系。由于私人关系遭到否定，对于非正式的权力关系该如何发挥作用也就缺乏任何指导原则。然而，这并不等于后者不发挥

---

① Lucian W. Pye, *Asian Power and Politics*, pp.186～187, 204～209.
② Lucian W. Pye, *Asian Power and Politics*, pp.49～50.
③ Lucian W. Pye, *Asian Power and Politics*, p.28.
④ Lucian W. Pye, *Asian Power and Politics*, p.42.
⑤ Lucian W. Pye, *Asian Power and Politics*, p.23.
⑥ Lucian W. Pye, *Asian Power and Politics*, p. 190.

作用，相反人人都时刻争相用它为自己服务。他们用关系瓦解公共权威，导致阴谋、权术盛行。①

（6）**中国政治的"反政治性"**。中国的政治严格说来恰恰是"反政治的"（anti-politics②），因为把意识形态问题看得比政治活动过程本身还重要，不注重政治活动本身的理性化；过于的道德化，不加置疑地强调献身与爱国，而不对政治价值进行公开讨论和质疑；崇尚集权，害怕分权，不利于政治的多元化，窒息人们的创造力；对于政治过程和政治价值不敢开放批评，缺乏权力竞争意识。这种权力和权威观念从根本上说不适应于其实现现代化的需要。他还在其他地方指出，西方人把权力理解为"参与重要决策"，而亚洲人则认为，有权意味着不必亲自费心，人们在权力阶梯上往上爬的精神动力来源于这样的想法，即有了权力就不必再亲自烦心去作决定。③西方人认为作决定是一件让人兴奋的事，被否定让人不快；而亚洲人则认为，作决定要冒风险，所以有权力意味着有安全感，即只要遵守规章就够了，不须冒险。④西方人不言而喻地把进步等同于个体独立性的加强，但在东方文化中则不然。⑤

## 2．中国式权威

尽管白氏在其著作中强调文化相对主义的眼光，反对对亚洲权力／权威模式作价值评判，但事实上他本人对亚洲权力／权威概念的否定态度是非常明显的。例如他多次指出，上述中国文化的权力／权威观不适合于现代化需要；只有中国人改变自身的权力／权威观，才能真正促进现代化。他说：

> 在中国这样一个高度中央集权、道德意识浓厚、权威依赖严重的政治系统中，实现自己的现代化之路似乎仍然是极其艰难的。……中国革命真正的"悲剧"在于，中国文化仍然是一种极其依赖权威的文化。⑥

---

① Lucian W. Pye, *Asian Power and Politics*, pp.190～191, 291～299.

② Lucian W. Pye, *Asian Power and Politics*, p. 42.

③ Lucian W. Pye, *Asian Power and Politics*, p. 21.

④ Lucian W. Pye, *Asian Power and Politics*, p. 22.

⑤ Lucian W. Pye, *Asian Power and Politics*, p. 26.

⑥ Lucian W. Pye, *Asian Power and Politics*, p. 213.

在谈及中国政府当前为了促进现代化而进行的一系列以行政部门撤、并为特征的改革时，他指出：

> 这些改革的成果之所以并不动人，是因为它们并未触及核心等级关系及此一文化对权力和行为的态度。①

相反，这类改革倒是引起了更多的人不安，招致他们利用各自的关系为自己寻求庇护。他批评中国领导人认识不到，只有分权、多样化、权力多元化，而不是动用国家力量把所有人集中到一个目标上来，才能真正促进现代化。他又说，中国历史上的"革命"，包括孙中山、蒋介石、毛泽东的革命，无非是为了追求一个更强有力的领导而已；中国文化从根本上缺乏追求政治和文化多样性的动力。如果邓小平的改革允许更多的地方性，就是一场"真正的革命"，跟毛泽东时代的革命相比更加意义深远，因为毛时代所坚持的不过是中国历史上所一贯存在的弘扬"共识和一致"而已。②

中国人的权力／权威观念，是不是真的像白氏所说的那样，有着致命的问题，非放弃不可，才能真正促进现代化？我认为答案是否定的，本章的主旨在于说明这一观点。

首先，我们要承认，白氏所谓的"父权型权威"的若干特征在中国文化中确实存在，这深刻地表现在中国人的"父母官"概念上。中国人过去一直注重家教，家庭生活中以男性为中心（所谓"父为子纲"，"夫死从子"）；在政治生活中，他们一直主张家、国一体，国是家的放大；所以中国人认为政府官员应该像父母一样关心、爱护人民。此外，中国人确实期望权威人物无所不能，有时把一些清官、好领导神化，体现为他们死后立祠，在"文化大革命"亦有类似现象；他们也确实自古一直强调"大一统"，反对权力的多中心（"天无二日，民无二主"），尤其典型地体现在儒家"三纲"思想中；中国人把政治意识形态化、道德化，以及崇尚人治而非法治，这些都是事实。

然而，白氏认识不到，所谓中国人从小在家教中就学会压抑真实情感，

---

① Lucian W. Pye, *Asian Power and Politics*, p. 210.

② Lucian W. Pye, *Asian Power and Politics*, pp.189～191.

不敢挑战权威并不完全符合事实。这一点，我们从历代儒家关于君道、臣道的论述，以及特别是有关谏君、格君的言论即可证明。我批评对"三纲"的误解中已经说明，古代儒家并无在君臣、父子、夫妇之间进行绝对的等级划分，或提倡子对父、妻对夫、臣对君绝对服从；相反，无论是孔、孟、荀等先秦儒家，还是董仲舒、班固、刘向、马融等汉儒，无论是程朱理学还是明清大儒，都把谏诤当作臣子最重要的品德和要求。另外，《春秋》时期"弑君三十六，亡国五十二"（《春秋繁露·灭国上》），读过《春秋左传》的人都知道，那时不仅权臣弑君时有发生，家奴杀主也时有所见，春秋时期的中国人从来不害怕权威。事实上，秦汉以来中国历史走了一条改朝换代不断、科举选拔官僚的道路，而没有走类似于印度那样把等级差异绝对化、或日本那样把贵族政治永久化的道路，正是由于在中国文化中不把权威绝对化，推翻、摧毁现有权威对中国人来说并不困难。如果我的论证成立，就可以推翻白氏的上述观点。

现在我们就来认识一下白氏的"分权"（division of power①）在中国文化中是否行得通。白氏不止一次地提到，中国真正的问题在于认识不到权力多元化才真正有利于促进竞争和现代化。他提到了中央集权与地方分权这个中国文化一直面临的矛盾，认为只有选择后者，让各地保持自己的独特性，在竞争中超越落后地区，实行权力多中心化，才是走向现代化的办法。②然而，这种观点可能是对中国历史不够了解所致。中国过去几千年的历史一直充满了"分"与"合"的矛盾，主要体现就是中央与地方的矛盾。如果从分权的角度看，中国历史上的"三代"比较接近。然而从西周封建到春秋战国，中国封建时代的问题充分暴露出来，那就是由分权导致战争，国无宁日、家无宁日。类似这样的局面在中国历史上后来也出现过多次，虽然维持时间没以前那么久，但每次的后果都是一样，那就是诸侯割据，战火纷飞，民不聊生。虽然中国历史上后来也一直有过恢复封建的倡导或努力，但一直没有成功（顾炎武"寓封建之意于郡县"，显然与时代背景有关，也不是真心要完全回到封建）。白氏在书中提到：民国军阀混战时期，中国确实出现过多元

---

① Lucian W. Pye, *Asian Power and Politics*, p.189.

② Lucian W. Pye, *Asian Power and Politics*, pp.189, 191, 213~214.

化的、竞争性的政治格局，但这种情况为中国人所不耻。中国文化的习性使越来越多的中国人认识到，为了实现强国这个唯一目标，为了"救中国"，每个人都必须服从统一领导。①他的语气显然对此"文化习性"持否定态度。然而，这显然是没有认识到，统一领导符合中国过去的历史规律。这不能用分权、分裂以便实现多样化、多元化为标准，历史证明中西方文化走的道路不同，分权、分裂并不能给中国人带来幸福和安宁，而是水深火热的生活。

那么，统一领导是否必然意味着扼杀多样性呢？白氏所谓的"多样性"，就其书所提而言，主要是指地方性多样性和文化多元化。狄百瑞（de Bary，1998）、包弼德（Bol，2001）曾经从乡约、私塾、书院等不同角度论证了中国古代社会自治的存在；Mary Rankin（1993），William Rowe（1993），Frederic Jr. Wakeman（1993），Edward Shils（1996），余英时（2004）等人也论证中国古代存在独立的私人经济组织。宋代以来中国的地方文化发展是有目共睹的，日本京都学派的研究可以在一定程度上证明这一点。白氏最大的问题在于不了解中国历史，他基本上是局限于从现代中国来理解什么是中国文化。然而现代中国是中国过去几千年文化在西方冲击面前最惨痛的一次遭遇，现代中国的政治局面可以说是中国在西方冲击面前一直没找到准确定位的特殊时期。所以这个时期中国的现实政治面貌，只能说明中国政治没上轨道。

应该承认的是，自从汉代特别是宋代以来，中国文化建立了一套在"大一统"的前提下认可地方自治、实现社会自治、促进行业自治的治道。它的基本特点是，对国家官员的选拔和任免有一套完整的选择机制，对于皇位继承、皇子培养及皇室生活有一套严密的规定，宰相、六部、州县行政区划及管理方式等等都有一套完整的制度。②这条治道不能说就是非理性的、完全靠强人领导、中央控制一切、君主随心所欲的极权统治，也不能说就是以完全否定地方多样性、消灭权力多中心为主要特点。然而，另一方面，从国家最高权力设置方式上看，它又确实是金字塔式的，只允许一个最高权力中心，故而是"大一统"的。这些正是历史所检验出来、实践证明有效、尤其

① Lucian W. Pye, *Asian Power and Politics*, pp.188～189.
② 钱穆：《中国历代政治得失》，北京：生活·读书·新知三联书店，2005 年。

适合于中国文化的政治－行政体制。即使在今天，恐怕也不能说过时了。

真正对中国历史有所研究的人都知道，中国古代灿烂而辉煌的科技、文学、艺术、建筑、学术、宗教等各领域的成就，证明了古代中国社会并非一个压抑个人创造力、否定文化多元化、取消权力多中心的社会。但与西方不同的是，这种创造力、多元化、多中心并不是建立在类似西方那样把个体人权绝对化、地方独立绝对化的基础上，而基于另外一套不同的核心价值（仁、义、忠、信等而不是人权、自由、平等）、不同的意识形态（儒家而不是自由主义）、不同的行政体系（郡县制而不是封建制）、不同的社会结构（小农经济为主而非贵族政治为主）等之上。既然在古代条件下可以拥有创造力和多元化，在今天应当更能拥有。但遗憾的是，现代中国人由于在西方冲击面前彻底失去了文化自信，在盲目模仿西方的过程中出现了种种无法逾越的问题，导致他们一直到今天都没有找到自身政治－社会建设的正确方向。

应当认识到，如果按照现代美国民主体制下的联邦制度来设计中国，建立类似于西方那样的地方分权体系，地方领导人的任免权不在中央，结果将有可能出现类似于春秋战国那样诸侯割据、军阀混战的局面。孔子的《春秋》经，儒家的"三纲"学说，以及后世的春秋学，说的都是这个道理，那就是：完全独立的地方自治在中国行不通，放任自流的分权自由在中国不可行。因此，今天在台湾推行的、完全模仿美国的民主制度，从历史的角度看并不适合于中国国情。我们完全可以设想，一个民族最合理的政治制度，特别是在集权与分权、中央与地方、国家与社会关系上，中国人过去有一套自己的办法，已经形成了自己的成熟模式，即使在今天也不能违背。坚持这一点，是符合白氏自己所坚持的文化相对主义立场的。①

如果白氏所谓中国文化中的"父权型权威"是事实的话，则其真实含义要复杂得多，绝非如他本人所理解的那样简单。但是白氏带着自己的价值判断来研究中国，他对中国政治模式的判断至少有两个错误，一是没有认识中国过去政治制度并非如他想象的那么集权、专制、非理性；二是没有认识到，中国人过去已经在集权与分权（包括中央与地方、国家与社会、行政与行业自治等方面）方面形成一套自己的理性化模式，只不过其特征不能用西方的

---

① Lucian W. Pye, *Asian Power and Politics*, p.28.

标准来衡量。下面我们进一步从文化模式角度来进一步分析白氏所说的中国文化中的权力／权威观及其合理性。

### 3．理解集权

白氏认为，中国人之所以一直强调"集权"，是因为中国文化永远面临着一个悖论——即"公私对立"：一方面，中国人只有在私人关系中才能找到安全感，每个人都只相信私人关系，争相拉关系为己服务；另一方面，在公共领域，他们又公开地反对拉关系、走后门。中国人在公开的政治领域对于非正式的"私人关系"讳莫如深；人们都被要求对国家忠诚，与意识形态保持一致，而对于非正式的权力关系（informal operation of power）该如何发挥作用持负面态度。[①]这种公私对立在中国文化中最典型的表现之一就是中央与地方、公共利益与私人团体（包括家庭、宗族、团体、会馆、同乡会等）之间的矛盾；由中央与地方矛盾导致地方主义，由公益与私利矛盾导致帮派主义。

他指出：一方面，在中国，人们认为只有跟自己关系最近的亲密团体（primary groups）才是真正可靠的，所以帮派主义和地方主义在中国文化中永远无法根除；但是另一方面，在上层权力机关看来，地方主义和帮派主义又会破坏稳定与和谐，伤害统一与团结，所以要不断地用集权来压抑分权，这就是中国文化中盛行集权主义，并导致多元化被限制、创造力被压制的根本原因。[②]现在我想结合文化心理学的研究成果来阐释一下白氏所说的问题。

根据前面的研究，关系本位／团体主义的文化习性（白氏曾使用诸如traits, characteristics, predispositions of culture，与我所谓"文化习性"含义类似），确实可以解释"公""私"矛盾在中国文化中的持久存在。这是因为一方面，在这种文化中，人们真正相信的并不是非人化的制度或规则（impersonal institutions/rules），而是私人关系。换言之，任何制度或规则都可能因为关系而被破坏。另一方面，东亚文化中的"关系式团体主义"导致了"圈子意识"、"帮派主义"，地方主义则是其自然延伸。所谓"帮派"，

---

① Lucian W. Pye, *Asian Power and Politics*, pp.295~296, 201~202.

② Lucian W. Pye, *Asian Power and Politics*, pp.292,187~191, etc..

就是人们基于需要、感情等因素结成小的利益共同体——in-groups。帮派主义是关系本位、或关系式团体主义给中国文化带来的"公""私"矛盾的一种表现形式，而地方主义则是帮派主义的另一种表现形式（或者说，"地方"是放大了的"帮派"）。"小团体"、"帮派"、"圈子"、"地方意识"等意味着私人关系、私人庇护，是一个由熟人、感情比较深的人构成的共同体，其成员相互比较了解、彼此比较信任。

现在可以从文化心理学的角度来分析一下：为什么分权、分裂在中国文化中容易导致天下大乱呢？为什么中国文化如此需要统一的中央集权？我认为主要原因是：地方主义和帮派主义在中国文化中并不能保证地方与地方之间、帮派与帮派之间"和平共处"、"和谐共存"，而是相反，他们你争我斗，彼此猜忌；当争斗、猜忌发展到了一定程度，全社会的安全感彻底崩溃，于是人心思定，统一成为人心所向。这与我们在古希腊城邦世界、欧洲封建社会以及日本封建时期看到的，多个权力中心长期并存的分而不合局面迥然不同。中西方道路不同的原因之一是：由于区分了"自己人"与"外人"，导致互不信任，安全感降低；另一个重要原因，则是中国人认为从属于一个强大的集体，自身安全感更强大（这当然是文化团体主义的思维方式）。但是，鉴于区分自己人与外人并不是中国文化中的独有现象（在日本同样强烈），以上述文化心理学成果来解释中国人追求统一的根本原因还不够。

这里需要提醒大家重视一个事实，即中国人的追求统一与日本人、德国人追求扩张是完全不同的。一个值得反思的现象是，中国人追求的统一通常局限于同一民族地区，后者在语言、生活方式、信仰等各方面都相同；而对于少数民族，去统一他们的兴趣并不高。所以古代汉人政权一直没有统一朝鲜、日本的强烈愿望，汉、唐之君消灭了一些少数民族政权，主要是因为持续不断的边境冲突对王朝安全构成了重大隐患；而对于琉球、安南、朝鲜等一些在他们看来安全隐患不大的小国，他们并无兴趣去武力征服并统一之，更感兴趣于以藩属的方式来处理。这一现象我认为还可用白鲁恂对中国人的"关系"与日本人的"关系"（*on-giri*）差别的分析来解释。

按照白氏的说法，中国文化中的关系本位与日本文化最大的不同在于，在日本，人与人之间关系建立在*on-giri*的基础上，即靠负疚（guilt）－情面（shame）来维系上下级关系。*on* 指 moral indebtedness（恩），*giri* 指 the constraints a debtor feels toward a creditor（情面等）。这导致在日本文化中，上下级之间的关系相当稳定，下级对上级通常不会有不满，上下形成一种互利互惠的局面。由此导致日本政治权威的两个特点，即一方面在人与人的关系中，每个人都对他人的感受高度敏感，人与人交往的手段和艺术高度发达；另一方面正式的体制结构僵化、死板，人与人相互模仿，追求一致。作者认为，这两方面并不矛盾，是由 *on-giri* 的逻辑决定的，它们导致日本人在与人关系中强烈的负疚感和面子意识，结果是没有人敢违背原则和规矩，过分保持与他人、与秩序、与规矩一致导致创造力的丧失。由于 *on-giri* 非常强烈，日本与中国不同之处就在于，私人关系得到公开承认，人们公开提倡将这种关系作为政治运作的基础。而在中国，私人关系无论是国民党时期还是共产党执政时期都被作为与公共事业有害的东西对待。在日本，德与才（也即红与专）的矛盾得以克服。而在中国政治文化中，德与才的矛盾始终是一个棘手的问题。①所以在政治系统中，日本人的团队精神比中国要强得多。②

　　白氏指出，和日本人的 *on-giri* 相比，中国人的"关系"是一种比较脆弱、随时可能变易的关系，这是由于其中没有日本人那么强烈的 *on-giri* 机制。所以在中国，人与人的关系有时是相互利用的，非常功利；关系紧密到什么程度，没有什么固定的、客观的标准或模式，只是看具体个人之间交往的随机和两个人性格、气质投合与否，或者说取决于两个人之间的"感情"（'affective component' of guanxi③）。这样一来，中国文化中的私人关系表现得非常非常的私人化、个性化而不是公开化，无法公开利用，因为没有稳定、固定的模式；由于它无法客观化为一种机制，所以也没办法被公开地接受为政治操作的原则。这客观上导致中国人在人际关系中勾心斗角严重，给人们的心理造成极大的负担。尤其是当他们关系不和、相互猜忌深刻之时，人们的不安全感会空前的强烈。④

　　通过白氏的上述分析，我们可以得出：中国人心目中的"外人"（out-

---

① Lucian W. Pye, *Asian Power and Politics*, pp.287～288.
② Lucian W. Pye, *Asian Power and Politics*, pp.292～293.
③ Lucian W. Pye, *Asian Power and Politics*, p.293.
④ Lucian W. Pye, *Asian Power and Politics*, pp.291～299.

group）其实可以区分为两种：一种真正的"外人"，少数民族或其他种族，语言不通、文化不同、信仰迥异，对于这种人我们常常说"非我族类，其心必异"。正因为"其心必异"，所以没有强烈的统一他们的愿望，因为即使统一了也永远是离心离德，依然没有安全感。另一种是作为自己人的"外人"，即语言、生活方式、信仰等皆同的本民族人。对于这种人，中国人有一种强烈的统一愿望，因为这样可以构建一个共同的"大家庭"，一致对外，无论是对内还是对外，都可以给人们更强大的安全感。因此，白氏对中、日两国文化中"关系"的不同可以解释为什么中国文化需要统一和集权，也即所谓"分久必合"。

也许你会问：如果不保证中央集权，是不是有更好的办法？答曰：帮派主义的斗争必须有一个超越所有帮派的最高权威为之仲裁，所以不得不走"分久必合"道路。具体来说，在不保证中央集权的前提下，地方与地方之间、团体与团体之间的竞争就会呈现恶性循环的局面，类似于一个单位中两位领导之间或同事与同事之间勾心斗角永无止境，也类似于春秋战国、魏晋南北朝、五代十国、民国时期。这种现象之所以发生在中国过去的历史上，就是因为中国文化习性的缘故。这就是说，一些人想象当中的美国模式，特别是其基于自由民主制的联邦政府构想，在中国是行不通的。

但是，中国文化需要集权，但不一定只能走白氏所言、法家所倡导过的那条道路。白氏对"关系"（*guanxi*）与集权关系的判断有一个巨大的误区，即他认为，集权的途径只有一条，那就是压制地方自主、阻止社会自治、消灭文化多元等。白氏认识不到，保持中央集权并不一定要以牺牲地方多样性和社会自治为前提，两者并不存在必然的冲突。白氏所言只是中国历史上法家的做法，儒家还提供了另一种做法，即集权并不一定表现为"以公灭私"。儒家当然也主张"中央集权"（所谓"君为臣纲"、"大一统"），但认为要化解"公""私"矛盾不能采取法家式的策略，即完全以压制"私"（包括家庭、宗族、社会团体和地方等）来得到解决，还可以通过尊重和照顾私人利益这条途径。儒家的理论逻辑是这样的：当财富分配公正、社会正义得到体现时，人民对政府的怨恨就会大大减少；当家庭、宗族的利益得到支持时，社会的道德就有了强大基础，社会秩序也就有了保障（"以孝治天下"）；当合理的地方利益得到保障、正规的宗教自由得到支持时，"私"与"公"的矛盾就会被降低到最低点。换言之，公私矛盾激烈是因为社会正义得不到伸张、地方愿望得不到尊重等原因。如果当权者能够充分地体谅人民疾苦，尊重社会需要，保障信仰自由，实现公平正义，人民就会归之如流水，这时"中央集权"不但不会受到损伤，反而会得到空前的加强，因为人民会更愿意顺从它。比如董仲舒在给汉武帝的对策中指出，人们之所以不遵纪守法，犯罪现象愈治愈多，就是因为当官的"与民争利"（见《汉书·董仲舒传》）。因此，所谓"以德服人"、"以善养人"、"仁者无敌"等王道政治理想的说法代表了儒家化解公私矛盾的主张。须知，这些主张都不是以抛弃中央集权为前提的；相反，儒家主张，一旦抛弃中央集权，诸侯背叛中央，就会出现春秋时期的战乱。这就是孔子作《春秋》的主要原因，也是历代儒家倡导"君为臣纲"的原因。

那么，为什么当社会财富分配公平、特权利益受到抑制、人民需要得到反映、地方自治得以实施时，公私矛盾就可以缓解呢？这恰恰是由于中国文化的关系本位／团体主义所决定的，具体来说：

第一、人们之所以结成帮派、小团体，主要是为了寻找安全感，或者说主要是因为现实的政治体制不公正，不能满足人们安全感方面的需要；

第二、当公共权威公正时，它给人们带来的安全感远远高于小团体给人的安全感，因为小团体（ingroup）永远不如大团体（国家）强大。文化团体主义的特征之一就是，集体越强大，人们的安全感就越高；

第三、小团体中盛行的关系由于与公共利益相冲突，即使能使人得到暂时的利益满足，终究由于不合法律与正义而使人心理不安。这是帮派主义缺乏强大心理或道义基础的必然结果。

基于上述，我们认为儒家针对中国文化的习性提出了另一种解决"公私矛盾"的可行方案，与法家通过压抑甚至消灭"私"来成全"公"不同，儒家主张通过成全"私"来成全"公"。历史证明：法家的做法会导致"一统就死，一放就乱"这样的恶性循环，儒家的方案则避免了此种由"公"、"私"对立导致的困境。如果这一说法成立的话，那就不仅证明白鲁恂的结论不正确（他只看到法家那一条道路），而且证明针对中国文化的习性，可以创造一种"公私兼顾"的权力／权威模式，与西方文化的权力／权威模式表现不同。其主要特点是通过国家或权力部门实施社会正义，包括满足人民需要、打击特权阶层、公平分配财富、实现地方自治、保证行业和社会自主等一系列措施。而这一切行为又都是、且只能通过中央集权的方式来做到。

## 4．全能政治

下面我们再来看看白氏亚洲"全能政治"的说法。在西方人看来，政、教分离是现代政治的基本特点，与此相应的还有国家与社会分离、政治与行政分离、道德与法律分离等一系列概念。这里我想说的是，从文化心理学的角度看，"全能政治"比较符合中国文化的心理机制。

从文化心理学的角度说，"全能政治"之所以更适合于中国文化的习性，是因为中国人有一种根深蒂固的"总体主义"（holism）、"团体主义"（collectivism）以及特别是此岸化取向思维方式，他们倾向于在从属或依附于一个较大的"总体"中找到自身的安全感，而这个较大的总体并不在彼岸，就是此岸世界本身作为一个"总体"。因此，中国人或亚洲人在政治运作上，更多地强调通过意识形态的方式先从"总体"上来定位自身，然后再落实到具体操作层面；而在思想深处，他们倾向于认为，政治必须解决这个世界作为一"总体"的全部问题，而不能只对其中一部分问题负责。

应该承认，"总体主义"的思维之所以出现，与中国文化自从"绝地天通"（《尚书·吕刑》）以来，走的并不是一条以死后世界为主要目标的道路有极大关系。前面说过，无论是印度还是西方，都曾长期以死后的彼岸世界为文化的终极目标，对于我们肉眼所见、感官感知的这个世界（this world）持消极、虚无、否定的态度。此即有些学者所谓"外在超越"。这与中国文化的信仰世界不同。正是中国文化的此岸化特征决定了中国人的"天人合一"、"天人和谐"等成为思想主流，同时也在一定程度上决定了中国人的总体主义思维。原因是这样的，因为并不真的相信死后世界是另外一个世界，所以他们把这个世界当成生命的最后安身之所；既然我们生生死死都是在这个世界之中，所以这个世界之"总体"是我们不得不与之和合的；把这个"总体"当作一种神秘力量来崇拜，所以有"天人合一"、"天人感应"等思想。这种世界观的内在倾向是什么呢？我认为就是让人不要去超越或否认这个世界，而是最大限度地与之融为一体。

与总体主义思维方式相应的是，最高权威必须是独一无二的，当然也必须是全能的，即要对所有问题全面负责，而不是只解决一部分问题，把其他问题交给其他领域或专业了事。所有这些，都是为了防止世界碎片化而使人失去安全感。

美国文化心理学家 Richard E. Nisbett 在《思维地图》（*Geography of Thought*, 2003）一书中用多个试验证实了东亚人的总体主义思维方式，也体现了东亚及中国人的总体主义思维方式。[①]比如东亚人更愿意一起接受挑战，美国人更愿意一个人去接受挑战；在面对同一组事物时，东亚人更倾向于把它们当作一个总体，美国人更倾向于把它们当作一个个独立的个体；在观看同一个对象时，东亚人比美国人看到了更多的背景，等等。这与许烺光在中国人的"处境中心"（situation-centred）说有类似看法。"处境中心"也是一种关系思维，其中包含总体主义倾向。孙隆基对中国文化深层结构的分析则说明，中国文化的"身－心设计"导致人生的安全感来自于身心一体、物我一体、天人一体的和谐与安宁，安身和安心是他们人生最大的需要。[②]

上述心理学研究，有助于我们理解中国文化的政治是一种全能政治，目标在于从总体上满足中国人心理安宁的需要。因为中国人不可能指望走出这个世界之外，到另一个世界寻找归处，"这个世界"（this-world）就是他们全部的终极寄托；把这个世界经营好，乃是他们唯一的指望。设想：世界（this-world）本来就包含多个不同的部分，让其各个部分各司其职、独立运作有何不可？答案是：当然可以，但必须是在保持"大一统"的前提下。否则如果把各个部分完全独立运作，"总体"就被碎片化了，中国人会感到自己生活在一个"破碎的世界"里，内心当然没有什么安全感了。所以像欧洲中世纪那样的政教分离，"恺撒的归恺撒，上帝的归上帝"；这种世俗与神圣"井水不犯河水"的分治之道，只能让中国人在内心感到迷失方向，找不到归处。更何况，如前所述，这种"分权"在中国文化中往往和勾心斗角、争

---

① Richard E. Nisbett, *The Geography of Thought: How Asians and Westerners Think Differently ... and Why*, New York: Free Press, 2003, pp.89~90, 99,142~143.

② 孙隆基：《中国文化的深层结构》，桂林：广西师范大学出版社，2004 年，第 12~226 页。

端四起联系在一起。也就是说，只有全能政治才能让中国人获得真正的安全感，也更适合于中国文化的需要。

## 5．意识形态

白氏在书中强调，一些亚洲领导人所做的政治宣言，与其说有具体的政策性含义，不如说更多的是一种象征性宣誓，不会在行动上动真格。这种行为似乎具有某种欺骗性（因为它往往是为了强化领导人的权威），而不具实质性政治意义。他似乎认为，亚洲政治的意识形态化特点与政治家运用象征性声明、宣誓、发言等手段是一样的，都体现了亚洲政治的"非政治性"，因为没有把主要精力集中到实绩等政治过程最重要的环节上，而是浪费在一些虚幻不实的事情上。显然，白氏对这一特点是持负面看法的。如果我们认识到，在一种以关系为本位的文化中，人心的安定是比任何政策或制度都更强大的力量，就可能不再这么认为了。这是因为，中国文化的关系本位导致它的另一大特征是从风效应。

Richard Nisbett、Taka Masuda 在实验中发现，日本学生比美国学生能更多地汇报他们"看到了"鱼的感受和动机，显示东亚人对别人的"感受"比较敏感，而美国人则对别人的感受相对迟钝。[1] Kwok Leung, Michael H. Bond 等人则在实验中发现，与美国试验对象相比，中国试验对象更喜欢对所在集体（in-group）成员平均分配报酬；但是当分配对象是别的集体（out-group）成员时，他们往往采取更公平的分配方案，结论是中国人在奖金分配时比美国人更多地受到了人际关系的影响。在人际敏感度（interpersonal sensitiveity）高的文化中，和谐、团结更受注重，平均分配比公正分配更受偏爱。另一方面，在注重生产率、竞争及个人成就的文化中，公正原则更受偏爱。[2]

中国文化中对他人感受、意见的高度敏感，导致人与人相互效仿，形成

① Richard E. Nisbett, *The Geography of Thought*, p.60.
② Leung & Bond, "The impact of cultural collectivism on reward allocation," *Journal of Personality and Social Psychology*, vol.47, no.4(1984), p.793; Also see: Bond, et al, "How does cultural collectivism operate? The impact of task and maintenance contributions on reward distribution," *Journal of Cross-Cultural Psychology*, vol. 13, no. 2 (Jun., 1982), pp.186~200.

中国文化中的"从风"效应。后面第4章专门总结"社会风气"在中国治理中的特殊意义。从政治学的角度说，"风"的问题也是所谓"人心朝向"的问题；当人心朝向一致时，就会形成一种合力，政治效益就大；这种人心一致，往往也是通过人为方式塑造出来的"风"。我们常说"人心齐、泰山移"，又说"同心同德，众志成城"，实际上是众人之心在某种有感召力的号召之下形成了某种"风向"；众人皆望风披靡、望风而动，事业就无往不胜了。这反映了中国人把人心看成公共事业的基础；如果人心不统一，不仅缺乏精神动力，更重要的可能会有些人在背后拖后腿。在一个主要靠人与人之间复杂而不稳定的关系构成的文化中，人心的统一无疑是做成任何重大事情的基础或前提。正因为这个原因，在中国历史上，很多重要或重大的政治行为的完成，都以舆论上、心理上先造势为前提。所以白氏说的一些亚洲领导人所作的、只具有象征意义而无具体政策含义的发言或讲话，可能是因为他们只想通过这些发言试探民众反应，了解做某件事的民意基础，而不能简单地说就是"没有政策意义或政治含义"。另一方面，意识形态在中国文化中的重大而不可缺少的作用就是统一与振奋人心。

现在的问题在于，如果说中国或亚洲政治的"意识形态化"这一特点不能说成是"非政治或反政治的"，接下来的问题就是如何为他们找一个好的意识形态了。20世纪中国人一直没有找到理想的、真正适合于中国文化习性的意识形态。其实这个问题并不难解决，在古代中国历史上，儒家就是适合于中国文化习性的意识形态。虽然中国古代在不同历史时期意识形态不曾统一（战国百家争鸣，魏晋玄学盛行，唐、元信奉佛教；汉宋明清崇儒，然主流精神不一），但是从整体上来说，中国文化从西周以来是以儒家为主流的，无论是战国、魏晋还是唐朝、元朝，真正对百姓日常生活起作用的还是儒家。近代以来中国文明遭遇了前所未有的巨大挑战，人们对于儒家或中国传统文化的信念遭到了空前的颠覆。所以中国今天的问题，并不是像白氏所说的那样，走一条"去意识形态化"的道路，而应当探索什么才是真正适合于中国文化的意识形态。一个多世纪以来中国人在这个问题上的徘徊，才是问题的真正症结，而不是白氏所谓的分权、多元化、多中心。

## 6. 礼治 / 德治 / 人治

西方理论家总喜欢问这样的问题：如何保证中央集权会往好的方面做呢？如果中央集权不正义，或走向腐败堕落，有什么约束措施？

首先必须指出的是，这一提问方式已经预设了一个偏见，即西方的法治、宪政和民主，才是最好的约束当权者的方式。然而，在关系本位的文化中，对当权者有自己的约束机制，只不过形态与西方不一样罢了。这是西方绝大多数学者，包括白鲁恂本人在内，长期以来所严重忽视的。在关系本位的文化中，约束当权者的方式千百年来已有无数探讨，不外如下几种：

1、礼治。"礼"不是正式意义上的制度，但在关系本位的文化中比正式的制度作用更大。本书有专章考察为什么礼治比法治在中国文化中更有效。礼指一种传统、一种约定俗成的习惯性规矩，它深植于人们的生活方式中，在人们从小到大的成长过程中耳濡目染，是人心中真正有力量的规矩。与"法"相比，它不是硬性的约束，但却能通过人心的力量发挥更大的约束作用，这是由于"礼"诉诸人情和面子这两个在关系本位的文化中特别有力量的因素。当然，礼在亚洲文化中指一种"身份等级制"（hierarchy of status）。作为一种约定俗成的制度，它把人与人的关系根据各种情境、对象、身份作了精确的区别和定位，所以是维系秩序的最有效武器之一。

2、德治。如果按照白氏的定义，德治是指让有德性的人治国（ruel by virtueous men，又称 virtuocracy[1]），而后者又可指依人格榜样治国（rule by moral example[2]）这种 virtuocracy 毫无疑问也就是我们现在所谈的贤能治国（meritocracy）。为什么需要贤能治国呢？德治之所以是中国文化中比较有效的治理方式，是因为中国文化是以人际关系为本位的。在一个人与人相互攀比、相互模仿的世界上，"以人治人"（《中庸》）成为最有效的治理方式。"以人治人"即任贤使能。这种"以人治人"的模式，在儒家经典里随处可见，而以孔子说得最为经典。孔子曰：

> 政者，正也。子帅以正，孰敢不正？（《论语·颜渊》）

其他类似的言论不胜枚举。

---

[1] Lucian W. Pye, *Asian Power and Politics*, pp. 200, 42.

[2] Lucian W. Pye, *Asian Power and Politics*, p. 42.

3、人治。"以人治人"会不会限于主观随意、武断专制呢？研究过中国历史的人可以发现，中国古代的治国方法并不是如白氏所说的那样，完全建立在一个强有力的领导之下，靠他的个人意志力征服所有人，靠国家的强权控制整个社会；相反，这套社会结构也是建立在一套理性化的设计之上。无论是礼，还是任贤使能，都不是没有规律可循。只要掌握了其中的规律，就可以建立一套理性化的制度；中国古代王朝受制于当时君主制度的局限，但其经过多年摸索所建立的任官择官系统并不是仅凭少数人意志操纵。从汉代的举孝廉，到唐宋以后的科举，不能简单地说成是"人治"，用"人治"来概括中国的政治制度是有不足的。中国古代的政治制度与其说成是"人治"，不如说成是"治人"。"治人"才能代表中国古代政治－行政制度的根本特点。

白氏在书中为文化的作用辩护。如果按照白氏自己所欣赏的米德（Magarette Mead, 1901~1977）、本尼迪克特（Ruth Benedict, 1887~1948）等人的文化相对主义，特别是其"不同的文化会产生不同风格的现代化"的观点，我们对于中国文化中的权力／权威模式，似乎不能持简单的肯定或否定态度。①我们应该认识到，文化自身的模式决定了这一文化的内在矛盾，以及为解决自身矛盾所采取的有效的权力和权威模式。比如，关系本位或关系式团体主义决定了中国文化并不适合走一条西方式分而不合的道路，中国式的极权、暴政不能用西方的模式来解决。由此出发，我认为对中国文化的权力／权威模式不能持一种简单否定的态度，所谓中国政治的"反政治性"严格说来应该理解为代表一种中国模式的政治。

---

① Lucian W. Pye, Asian Power and Politics, pp.19~21, 28, 13.

# 第三章　中国政治的逻辑与改革之道

　　2012年12月下旬以后，《凤凰卫视》评论员邱震海先生曾在若干节目中提出：过去三十年的中国改革，在取得巨大成功的同时，也带来了一系列新的社会问题、社会矛盾，如何在改革中解决这些矛盾和问题，无疑是下一步改革的重中之重；但是，在所有这些问题中，什么才是最重要的、牵一发而动全身的问题？如果找到了这个问题，无疑找到了下一步改革的最佳切入口。①但是对于这个问题的回答，众说纷纭，莫衷一是。有的说是城镇化，有的说是反腐败，有人说是缩小贫富差距，有人认为是政治体制改革，有人认为是利益结构调整，也有说是收入分配机制，还有人说是GDP增长，等等。

　　我认为，这个问题的答案不在别处，就在两千多年前写成的《春秋》中，更具体地说是在《春秋》公羊学中。董仲舒《春秋繁露》有云：

　　　　《春秋》之道，以元之深，正天之端，以天之端，正王之政，以王之政，正诸侯之即位，以诸侯之即位，正竟内之治。五者俱正，而化大行。（《玉英》）

　　其中所谓"元"，董仲舒解释道："元者，始也，言本正也。"（《春秋繁露·王道》）这段话阐释《春秋》的"正始"之道，其精神是，天下安定系于"元"；

① 参《凤凰卫视》2012年12月24日《时事开讲》节目。网上转载：http://phtv.ifeng.com/program/sskj/detail_2012_12/25/20504608_0.shtml，以及《凤凰卫视》2013年1月13日《寰宇大战略》："改革的核心切入点是将考验中国新领导班子智慧"（节目文稿，http://blog.huanqiu.com/537813/2013_01_24/2680703/）。

"元"即天地之始、化生万物者，可以"生生之道"称之；这个"元"，可借牟宗三之语称为"人生宇宙之本源"[1]；我曾称为文化的最高理想[2]。《春秋》学的核心在于认为：拨乱反正的首要任务是先确定价值理想，此即所谓"道统"；其次，让各行各业回归正位，即所谓"正名"，本章称为"行业自治"。这套治道，也被称为"王道"。

儒家这套王道在今天有什么意义呢？本章将说明，它是指通过重塑人心，重建价值和信仰，通过把人人能够接受的最高价值理想（即所谓"元"）贯彻落实到现实中去，即可找到中国改革的根本有效之路。

## 1. 中国政治的千年死结：分与合的矛盾

按照前述美国汉学家白鲁恂的理论，中国文化有强烈的集权和专制倾向，不能容忍多个权力中心并存并处于竞争状态，因为帮派主义、地方主义盛行，分裂、离心倾向根深蒂固。[3]据此，中国人重视集权，恰因为分裂、离心的倾向根深蒂固。

白氏点出了数千年来中国历史的内在张力，即分与合的矛盾。我们可能从小就听说过，中国古代有所谓"分久必合、合久必分"。所谓"合"指统一的中央集权以及专制；所谓"分"，指社会的独立与自由，其中包括行业、宗教及地方的独立与自治。"合"的极端而典型的体现，就是秦朝为代表的集权与专制。它不顾人民死活，不许行业自治，不给社会以空间，不让思想有自由。它对于地方的管理，主要靠行政命令和武力镇压。这种高度集权和专制的政体，为人们深恶痛绝，往往不能长久。"分"的极端而典型的体现，则是以春秋战国所代表的分裂与混战，在中国历史上出现过不止一次。它的最大特点是中央权威丧失殆尽，地方势力各行其是，诸侯争霸永难平息。它

---

① 牟宗三：《道德的理想主义》，台北：台湾学生书局，1982年，"序"。

② 参拙著：《文明的毁灭与新生》，第1～21页。

③ Lucian W. Pye, *Asian Power and Politics*, pp.183～191，另参同书 pp.187～191，201～202，292，295～296。白氏认为，相比之下，日本长期的封建传统，使得多个权力中心并存得以容忍。幕府将军只是多个大名中最大的那一个。另一方面，日本人的多权力中心观也与其家庭结构有关。日本的长子继承全部财产制度与中国诸子均分财产不同，导致了别子为宗普遍，在日本家庭中，父权与母权并存，并相互竞争。

的另一特点是"利"和"力"成为社会生活中的主导力量，由于道德价值为人不耻、人心个个唯利是图，社会秩序彻底崩溃，社会信任和安全感普遍丧失。这种状态被儒家称为"礼崩乐坏"。如果说主张"合"的主要理论代表是法家，主张"分"的理论代表也许道家接近些，在现代无政府主义或自由主义中也可找到相关表述。

无论是"分"还是"合"，哪一个走到极端，都会造成巨大的破坏和悲剧，也是任何中国统治者必须严肃面对和绝对避免的。但是，"分""合"虽相互对立，却又共同需要。道理很简单，只有"分"没有"合"，就变成了分裂与混乱；只有"合"没有"分"，就变成了极权与专制。"分"与"合"这种既共同需要又相互矛盾的关系，决定了它们对于中国社会发展的特殊重要性，处理不好容易导致"一统就死，一放就乱"。可以说，"分"与"合"的矛盾主导了中国历史几千年。①

研究过欧洲历史的人知道，希腊人喜欢分裂和自治，安于分裂和自治。古希腊同一民族有近千个城邦，小的只有几千人，大的也不过几十万人（其中公民只有数万人），即可自称为一个"国家"，享有充分的主权，不受外人统治。希腊人并不认为国家越大越好。亚里士多德曾在《政治学》第七卷探讨了一个理想的城邦人口和疆域的限制，以能在物质上自给自足、人际上相互熟识为原则，超过了这个限度将不利于建立理想城邦（1325b33～1327a10）。吴寿彭考证认为，在亚氏心目中，"一邦公民人数不能超过万人"，"等于一近代国家一个小城市或一乡镇的境界和人口"。②这种把"分"发展

---

① 对于中国古代中分与合的变奏规律的研究，参葛剑雄：《统一与分裂——中国历史的启示》（增订版），北京：中华书局，2008年。金观涛、刘青峰研究了中国历史的"超稳定结构"问题，侧重于社会子系统（包括政治的、经济的和文化的）之间的相互配合，试图从这个角度来解释中国古代社会结构的"大一统"之谜。参金观涛、刘青峰：《兴盛与危机——论中国社会超稳定结构》（增订本），香港：中文大学出版社，1992年。
② ［古希腊］亚里士多德：《政治学》，吴寿彭译，商务印书馆，1965年，第356页（脚注）。关于古代希腊城邦世界的"多中心"特点，参顾准：《希腊城邦制度——读希腊史笔记》，北京：中国社会科学出版社，1982年，第3～7页。

到极致的传统，在罗马帝国崩溃后的西欧再次出现过。①金观涛、刘青峰曾借马克思语，用"马铃薯"与"混凝土"之别来分别形容西方和中国古代社会结构之别。②然而，这种希腊式的分而不合传统，在中国文化中似乎走不通。春秋战国就是与希腊类似的分而不合，但由于长期战乱，人心思定，最终走上了"合"的道路。可以说，分与合的矛盾是中国特色。

　　既然中国文化不适合于走希腊式"分而不合"道路，又不适合于秦朝式"合而不分"道路，那么它是如何摆脱"分"与"合"的张力的呢？如果说，在现实中，中国历史上的多数王朝走的是一条"寓分于合"的中道的话；那么可以说，在理论上，儒家的王道学说提供的就是彻底解决分－合矛盾的方案。我们都知道，儒家坚决反对无止境的"分"。孔子的《春秋》讲尊王、正名分，后世的"三纲"提倡君为臣纲、事君以忠，讲的皆是此理。孔子说："天下有道，则礼乐征伐自天子出；天下无道，则礼乐征伐自诸侯出。"（《论语·季氏》）"八佾舞于庭，是可忍也，孰不可忍也？"（《论语·八佾》）"尊王"是《春秋》核心宗旨之一。后世的"三纲"学说，继承的正是此道。

　　那么试问：儒家既然要维护"合"，凭什么解决分与合的矛盾呢？我们知道儒家反对专制，倡导臣道、民本，主张爱民、任贤。孔子曰："以道事君，不可则止"（《论语·先进》）；孟子曰："长君之恶，其罪小；逢君之恶，其罪大"（《告子下》）。这些都是在讲臣道，是反对专制的。儒家的逻辑其实很简单，那就是认为：如果你不搞专制和特权，老百姓就会真心实意地拥护你；如果你爱民如子、任贤使能，你的地位就会稳固，权威就更强大，天下就更

---

① 萧功秦比较中西方文明历史的差异，认为欧洲文明的演化方式具有"小规模、多元性与竞争性"特点，是"由于欧洲地理的多样性，有利于形成具有独立的小国家或小共同体"；而中国的地理环境及农耕文明，造就了中国文明的"大一统"趋势。"秦汉大一统是同质共同体互动的必然趋势，另一方面，大一统专政帝国反过来又运用国家高度的权威进一步采取同化政策"。他认为中国文化从同质个体凝聚成一个整体，主要靠的是"分"的方式。"分"指各得其分、定分止争，并从"礼"的角度把它制度化，从而"有效地避免无休止地对稀缺资源如财富、名誉、地位、权力的争夺，整个秩序的平衡也就得以保证"。相比之下，日本社会宏观结构具有与欧洲类似的"小规模、多元性、分散性的结构特点"，这是日本比中国更能适应西方挑战，成功现代化的原因。参萧功秦：《从千年史看百年史——从中西文明路径比较看当代中国转型的意义》，《社会科学论坛》2007年第1期，第5～31页。

② 西方古代社会小国林立，缺乏足够通讯联系，彼此分散而不相属，类似于一袋马铃薯，中国古代社会则政治、经济、文化各子系统相互交融，呈"一体化"面貌，故形成稳定的大一统格局，类似于一堆混凝土。参金观涛、刘青峰：《兴盛与危机》（增订本），第21～22页。

统一，就"合"得更好，"自西自东，自南自北，无思不服"（《孟子·公孙丑上》）。换言之，如果你利用特权与民争利，将自己的意志凌驾于人民之上，控制人民思想，打压社会正气，重用奸佞小人，人民就会背叛你，与你"分"道扬镳。

孟子曾经非常经典地说明了这个道理。他说，天下的人君皆嗜杀人，"如有不嗜杀人者"，"民归之，犹水之就下，沛然谁能御之"？天下的统治者皆贪私利，"王如施仁政于民，省刑罚，薄税敛"，则"天下之民皆引领而望之矣"。（《孟子·梁惠王上》）总之，大王如能"发政施仁"，将会导致"天下仕者皆欲立于王之朝，耕者皆欲耕于王之野，商贾皆欲藏于王之市，行旅皆欲出于王之涂，天下之欲疾其君者，皆欲赴诉于王"这样百川归海的场面（《孟子·梁惠王上》）。故曰：

> 得道者多助，失道者寡助。寡助之至，亲戚畔之；多助之至，天下顺之。（《孟子·公孙丑下》）

"天下顺之"，就是理想意义上的"合"；正由此"合"，得出"地方百里而可以王"（《孟子·梁惠王上》）。

我曾在有关地方论证说明：孟子的性善论会导致行业的自治。[①]理由大致是：性善论的价值目标是让人们"各尽其性"（即每一个人潜能与价值的充分实现）；如果能让人们各尽其性，他们就有了健康的人格和健全的生命；一个由健康人格和健全生命构成的社会最和谐，也最安定有序；把各尽其性落实到具体的行业中，就是尊重行业自身的逻辑和规则，因为这是各行业的人们"尽其性"的唯一途径。按照同样的逻辑，我们也可以推论，孟子一定赞同地方自治；因为君主专制把个人意志强加于地方，让地方人们不能尽其性。由此可见，孟子的"合"是以"分"为基础做成的。

孔子也有类似的思想。他说："远人不服，则修文德以来之。"（《论语·季氏》）这是指"聚合"人心靠文德而不靠强制。同样，孔子的"修文德"在今天也会导致行业与社会的自治，这可以用孔子的"正名"思想来解释。所

---

① 拙著：《文明的毁灭与新生》，第186~203页。

谓"君君、臣臣、父父、子子"(《论语·颜渊》),用我们今天的话说,就是每个人都按照自身角色的职责和要求来做事。因此,天下事的逻辑不是由政治家来定,而是由角色的性质来定。这一思想在后来进一步发展为:治国有一套治国的道理,不能由统治者想当然地根据自己的意志来统治;教育有教育的规律,不能由教育者想当然地根据自己的需要来教育;治家有治家的道理,不能由家长想当然地根据自己的本能来管理。其他各业莫不如此。当然,在古代中国,社会分工不像今天这么发达,所以儒家也没有明确的社会分工和行业自治思想,但是重视各行业自治的精神在孔子那儿是具备的。由此可见,孔子、孟子都追求"合",但却是通过推行"分"来实现。

儒家的"王道"能否彻底解决分与合的矛盾呢?儒家认为,仁政爱民、行业自治等等,由于让人们"各尽其性",能导致"人心归服"、"天下一统",所以能彻底解决分与合的矛盾。这就好比有的家长强迫子女服从,教育手段僵化,与子女关系紧张;有的家长尊重子女意见,教育方式民主,与子女关系融洽。前者是求合而导致分,后者是由分而实现合。可见,分与合并不是必然矛盾的,关键是领导者、管理者能否认识到这个道理,实现思想的突破,处理好二者的关系。

然而,在中国过去几千年的历史上,真正能按照孔、孟倡导的王道来做的王朝基本上是没有的。朱熹在与陈亮的交流中,之所以说过去千百年都是"架漏牵补"[①],原因正在于此。现实中所存在的往往是"王霸杂用",或者更极端一点说,是"外儒内法"。因为没有完全抛弃王道,所以不会像秦朝那样短命;因为不能完全施行王道,所以往往长不过二、三百年。如果儒家的判断正确的话,那么问题出在哪儿呢?就出在君王的心胸上。因为求"合",即驾驭、控制天下,是每一个执政者本能的渴求;当他们遇到"分"的要求时,往往难免想到用霸道的方式来达到自己的目的,从而在压制"分"的时候也扼杀了社会的生机与活力。

大家可能说,王道既然尊重人性的需要,追求行业和社会的自治,那为

---

① 朱熹答复陈亮时说:"千五百年之间正坐如此,所以只是架漏牵补,过了时日。其间虽或不无小康,而尧、舜、三王、周公、孔子所传之道,未尝一日得行于天地之间也。"(《答陈同甫第六书》,《朱文公文集》卷三十六,景上海涵芬楼藏明刊本)

什么非要走大一统道路,而不走希腊式的分裂道路呢? 这恰恰是中国文化的习性决定的。如前所述, 一方面, 中国文化是一种团体主义文化。①中国人需要在一个更大的集体中寻求安全感, 这使人民自然地愿意归附贤能之君; 另一方面, 中国文化是一种关系本位的文化。②中国社会人际矛盾普遍, 勾心斗角盛行。当分裂发生时, 大家都没有安全感, 不如统一来得安全。从春秋到战国, 秦统一中国虽靠武力, 与人心思定也不无关系。同样的规律也发生在从三国到隋唐的统一。从五代十国到宋、辽、金, 因为有多个异族王国兴起, 情况比较特殊, 我们这里讲的统一主要针对汉文化圈而言的。

## 2. 今日中国政治的最大困境仍然是分—合矛盾

现在我们来思考从清末到建国、从建国到现在的道路, 就可发现分 - 合的矛盾同样一直贯穿其中。1912~1949年的中国历史证明: 当中央政府不强大时, 诸侯兴起、地方称雄, 中国历来都是天下大乱, 国无宁日; 所以强有力的政府一直是国家安定、经济发展、社会繁荣的前提。但是, 不是谁都能

---

① 目前最有影响的文化团体主义研究, 以开创者荷兰学者霍夫斯坦德 (Geert H. Hofstede) 及美国学者特里安德斯 (Harry C. Triandis) 等人的成果为代表。参 Geert H. Hofstede, *Culture's Consequences: International Differences in Work-related Values*, abridged edition, Newbury Park, London, New Delhi: Sage publications, 1980/1984; Harry C. Triandis, et al: "Individualism and collectivism: cross-cultural perspectives on self-group relationship," *Journal of Personality and Social Psychology*, vol. 54, no.2 (Feb. 1988), pp.323~338; 全面系统的总结评述参: Daphna Oyserman, Heather M. Coon, and Markus Kemmelmeier (University of Michigan), "Rethinking individualism and collectivism: evaluation of theorectical assumptions and meta-analyses", *Philosophical Bulletin*, vol.128, no.1(2002), pp.3~72.

② 有关这方面的研究成果, 参 (1) 心理学研究: David Y. F.Ho, "Interpersonal relationships and relationship dominance: an analysis based on methodological relationalism," *Asian Journal of Social Psychology*, vol.1, no.1(Dec. 1998), pp.1~16; Kwang~kuoHwang, "Chinese relationalism: theorectical construction and methodologyical considereations", *Journal for the Theory of Social Behaviour*, vol.30, no.2(Jun. 2000), pp. 155~178; (2) 实证研究: Yang, Mayfair Mei~hei: Gifts, *Favors and Banquets: The Art of Social Relationships in China*, Ithaca, N.Y.: Cornell University Press, 1994; Kipnis: Andrew B., *Producing Guanxi, Sentiment, Self and Subculture in a North China Village*, Durham and London: Duke University Press, 1997; (3) 比较心理学研究: Richard E.Nisbett: *The Geography of Thought: How Asians and Westerners Think Differently ... and Why*, New York: Free Press, 2003; Alan Page Fiske, et al, "The cultural matrix of social psychology," *The Handbook of Social Psychology*, fourth edition, 1954/1969/1985/1998, pp.915~981: "Chapter 36", (4) 中文总结参方朝晖著: 《文明的毁灭与新生》, 第73~87页。

建立一个真正强有力的中央政府的,更不是任何一个强有力的中央政府都符合民心,因为统一和集权也会带来专制极权、压制人民、特权腐败等一系列问题。

现在我们来看看 1949 年后,分与合的矛盾是如何演变的。新中国成立后,"合"的趋势被发展到了登峰造极的地步。党凌驾于全社会、全民族之上,以党代政、以党代国;在经济领域,一切归党领导;在私人生活中,一切按党的意识形态办事;在学术、教育以及各行各业中,国家意识形态可以说无孔不入。这是一种典型的集权专制式统治,与历史上的"合"的传统并无二致。可以想象,由于它把党、国家、意识形态放在至高无上的地位,也就谈不上社会的自治,个人的自由,思想的独立,行业的自立。这从根本上是不利于合的,有可能导致相反的极端,即彻底的分裂。秦朝就是例子。

改革开放以后,"合"的趋势被解禁,百业按照市场化规则运行,国家对社会生活的控制放松了,学术和思想有了一定的自由度,经济领域更是实现了大规模的自由化。但与此同时,又出现了另一种趋势,那就是社会走向失控,社会矛盾日益激化,群体性事件时有发生,知识分子和国家官员失去信仰,人民群众与政府离心离德。事实上这早已成为执政党的巨大心结,担心这样的趋势发展下去,会出现政治动荡、社会分裂,后果不堪设想。所以党和政府长期处在极端痛苦的两难徘徊中:一方面,不能再走回头路,必须允许社会一定的自由,这是经济发展和社会活力的必要条件;另一方面,"分"的终极方向究竟是什么并不清楚,如何才能保证"分"的趋势不至于失控不得而知。

事实上,改革开放以来制定的一系列政策,在某种意义上都一直朝着事与愿违的方向前进:本来是想通过让越来越多的人民受益,增加自身的合法性,赢得更牢的执政基础,结果往往是改革每前进一步,怨声就多一分,对合法性的怀疑也增强一分;更可怕的是,随着政治体制改革的呼声日益强烈,未来改革的前景似乎只能是通过多党制让共产党放弃执政地位,把中国政治这艘大船交给浩瀚无际的太平洋,从此彻底失控。这当然是有良知的中国政治家所不愿看到的。

让我们来具体分析一下改革开放以来中国政治中的分—合矛盾是如何展

现的：

首先，意识形态与市场经济矛盾。改革开放后马克思主义意识形态遭到空前质疑，共产主义信仰受到严峻挑战。这不仅与开放后越来越多的西方思潮涌入，对马克思主义的认识不同有关；另一方面则是在市场经济下行为方式与官方意识形态不一致。这个问题，也就是人们常说的信仰真空。党自身也认识到这一点，但从"邓小平理论"、"三个代表"到"科学发展观"，不能说不是我党在意识形态改革方面的良苦用心。但民众对这类改革往往不买账，可能一是因为他们觉得这些意识形态新提法羞羞答答，不够彻底；二是新的意识形态内容像是务实的政策路线，上升不到信仰的高度。

其次，主流价值与利益驱动矛盾。另一个损害执政党合法性的事实是，改革的主要策略是放权让利、让一部分人先富起来，其动机当然是为了实现全民富裕，但却导致了全社会疯狂的逐利潮，吞噬着党和政府的肌体，摧毁着社会道德的底线。由于社会主导价值变成了追求物质利益，导致人们对党所倡导的价值观的反感。党虽然在实际政策上鼓励人们追求利益，但无论如何不能把"逐利"当作核心价值来倡导。于是出现了这样一种悖论的现象：一方面鼓励人们去逐利，另一方面仍然要不断地宣扬集体主义、爱国主义。理论与实践的背离和脱节，对于刚刚从文革噩梦中醒来的中国人来说，是无法承受的。因为许多人觉得自己在文革中被骗受害，对于教条主义的说教反感至极。

其三，权贵争利与人民觉醒的矛盾。中国人自古有强大的反特权、抗暴政的"革命"传统，这一点只要拿中国与印度、日本比较一下即可看出。没有永久的贵族、没有永远的王朝、没有固定的阶级①，这种中国特有的社会结构特征背后所暗含的，是中国人对权贵强烈的反叛意识。然而，改革开放之后，由于社会自由度的增加，信息流动的加剧，特别是互联网的飞速发展，人民的自觉意识日益强化。在这种情况下，贪官污吏横行、贫富差距加大、财富分配不公等一系列现象，日益激起人民对执政党的强烈不满。

其四，外来思潮与一党执政矛盾。改革开放以后，人们每天从新闻上看

---

① 参梁漱溟先生关于中国无阶级的论述，见梁漱溟：《乡村建设理论》，《梁漱溟全集》（第二卷），1990年，第141～585页；梁漱溟：《中国文化要义》，《梁漱溟全集》（第三卷），第1～316页。

到世界各国的游行示威活动，欧美国家成功的民主实践，以及新闻、言论、结社、宗教自由在各国的实现等事实，不免心向往之。加以西方自由、民主、宪政、法治、人权等价值观，和数千年来中国人根深蒂固的"公天下"思想传统结合在一起，使得越来越多的中国人认为，西方的民主政治才是公天下理想的真正实现。他们觉得中国今天的各种问题都是由于专制、极权所造成，在这种情况下，他们认为执政党不搞政治体制改革是出于自身利益的考虑，不满情绪也在上涨。

以上诸方面加在一起，就构成了中国政府合法性的挑战，是一股巨大的"分"的力量。它的最严重的后果，当然是发生类似于苏东剧变的革命，导致中国的分裂与混乱。

### 3．今后改革的首要任务：重塑人心

金观涛等曾在多年前的研究中发现，"认同某一种统一的意识形态"是中国古代社会结构超稳定性的重要前提之一；[①]他们分析了清末以来，意识形态认同危机对大一统国家解体的巨大作用。[②]芝加哥大学赵鼎新教授认为，国家权力的合法性基础有三个来源：意识形态合法性、绩效合法性和程序合法性，其中意识形态合法性是指"国家统治的正当性是基于一个被民众广为信仰的价值体系"；程序合法性"必须有一个核心价值观支持"，所以，"意识形态是国家统治的一个最为根本的合法性基础"。[③]他认为当今中国政府同时失去了意识形态合法性和程序合法性，只剩下了绩效合法性。所以，近来也有学者明确提出了中国目前重建国家意识形态的紧迫性和重要性。[④]

如果说新中国的前三十年，我国政治的基本特征是"合"；那么，改革开放后三十多年的基本特征就是"分"。为什么改革开放以来，党进行了大量相当激进的改革，在政策路线方面沿着从"合"往"分"的方向前进了很

① 金观涛、刘青峰：《兴盛与危机》，第30页。
② 金观涛、刘青峰：《开放中的变迁：再论中国社会超稳定结构》，北京：法律出版社，2011年，第69~72、93~98页。
③ 赵鼎新：《当今中国会不会发生革命？》，《二十一世纪》（双月刊）2012年12月号，总第134期，第10、7页。
④ 参郑永年：《为什么中国需要建设国家意识形态》，《联合早报网》2013年1月29日；康晓光：《儒家宪政论纲》，《爱思想网》2011年06月03日（http://www.aisixiang.com/data/41111.html）。

多很多，也给人民带来了巨大的福利，却陷入了上述一系列矛盾之中去呢？根本原因在于，改革开放政策并没有找到一条有效解决分－合矛盾的途径。其根本问题并不在于"分"得不够，而恰在于"分"得不当。主要体现为对于"分"的过程缺乏正确引导，病根则出在意识形态上。

中国过去三十多年的改革开放在社会价值导向上的特点，我认为可概括为"利字当头"。一味追求利益、相信物质、狠抓经济，这种过分功利化、利益化的价值导向，或盲目地依赖利益驱动和竞争机制，不能为新生的各行各业确立应有的价值导向，导致实利和腐败盛行，人心和价值混乱。"义利关系"不明，不仅会造成全社会一切向钱看，而且会引起信仰和道德崩溃。总之，党和国家在"分"的时候该发挥引导作用的地方没有发挥，过分相信市场这只看不见的手，不仅导致全社会的信仰失落，也导致了党自身的信仰失落。

本来，改革需要有正确的价值理想和终极目标，这是个意识形态问题，也是本章的"正始"问题。但是，改革开放以来，党在放弃过去的僵化意识形态教条的同时，在意识形态领域也一直在摸石子过河。国家在大政方针上一旦偏差，给整个社会带来的价值导向的误导是无与伦比的，后果极其严重。因此，今天要想使"分"的趋势不至于失控，就必须用一根红线把分出的各部分拴住，使之"合"起来。这根红线就是重建信仰，重建中国人的价值理想，也即重建意识形态。

从中国文化的特点看，意识形态合法性涉及人心向背及社会风气问题。我们说中国与西方不同，中国文化是一个"伦理本位"的文化（梁漱溟语），上行下效、社会风气决定一切，人心的朝向对整个社会秩序的作用远远大于法律和制度。而人心朝向和社会风气，需要通过价值理想来确立，借助大政方针来推行，具有牵一发而动全身的效果。在中国文化中，没有价值理想，整个社会将一盘散沙。《春秋》"正始之道"的要义恰恰在于：以最高价值作为塑造整个社会秩序的关键或枢纽。从这个角度看问题，今日中国的改革，只有通过改革意识形态、重建价值信仰，才能收"正人心以正天下"之效。

然而，今天中国人的信仰重建不是去信仰儒家价值体系、自由主义或其他主义，也不是在耶、佛、道等教派之中选一个。在今天这样一个文化高度多元化的时代，我们不能把任何一种现有的意识形态或宗教当作全民必须共同接受的信仰；但是，这并不妨碍我们找到全民族共同接受的信仰，这就是对于生命价值与尊严的信仰。我相信，把生命的价值与尊严作为文化的最高价值，是今天任何一个党派、学派，也是任何一个阶层、职业的人所能共同接受的；也可以作为指导我们一切工作的共同价值原理。

需要注重的是，一个社会的具体建设目标虽然很有价值，但不一定可能成为这个民族的共同信仰。比如，和谐社会、小康社会、国富民强、现代化、民族复兴是我们的奋斗目标，但相对于生命的价值与尊严来说，它们只是实现它的途径，而不能成为全民的最高信仰本身。一个民族的共同信仰应当基于个体的人性，而不是基于群体的需要；应当使人性在现实生活中走向超越和升华，变得崇高和庄严，而不是变成物质的奴隶、国家的仆役、政治的工具。

自由主义者说，信仰重建的办法很简单，就是开放宗教自由。他们说，今天中国人的信仰危机主要来源于宗教的破坏和不开放。重建民族信仰当然包含理性地开放宗教自由这一项。但是我们也知道，不同宗教的信仰属于个人性质，不同教派的信徒之间是无法共享信仰的。宗教信仰虽好，但不能代替一种公共性质的、全民可以共享的信仰，即对人性价值与尊严的信仰。开放宗教自由当然可取，但不能代表改革的价值目标，不能直接引导社会风气，塑造主流价值。所以不是不要宗教自由，而是这个做法并未解决中国文化的道统问题。

那么，是否可以将个人自由、平等、人权之类当作中国文化的最高价值理想呢？回答也是否定的。这是因为，这些只是一些消极的价值，文化的价值理想要有对社会制度建设和社会生活有积极的引导作用。我们需要自由、平等和人权，但自由、平等和人权只能给我们提供活动空间，不能给我们提供精神归宿。比如在经济改革中，我们奉行的正是自由、平等的原则，但是这样的原则不代表人们在从事经济活动时就有了自身的精神价值和做人的信仰。对经济活动需要从价值观上引导，这是政府不应该放弃的职责。自由、平等、人权等作为现代人的基础价值是没有问题的，而且是必需的，但不等于能作为文化的终极理想或最高信仰。相对于实现每一个人的尊严和价值，它们仍然是途径而不是目的本身。

那么是否可以将儒家价值观，如"五常"当作各行各业改革的最高价值理想呢？当然也不行。我们不能说经济改革的目的就是实现仁、义、礼、智、信。毋宁说，"五常"是实现每一个人价值和尊严的途径。中国人自古就有对于生命价值与尊严的崇高信仰，但"三纲五常"是实现这一信仰的途径而不是最高信仰本身。所以，无论是自由、平等、人权，还是仁、义、礼、智、信，都是好的价值，都必不可少，但相对于人的价值和尊严来说，它们还是次一级的，或工具性的。

今天中国人失去信仰的主要原因是，国家在大政方针上没有在社会生活中各方面真正落实、推进人的价值和尊严（即人的全面发展）。今天中国社会的信仰失落问题，正是由于没有落实这个问题。改革的方向不明，是导致全社会急功近利、浮躁盲动的主要原因。如果国家能够改变自身急功近利的改革思路，真正落实每一个人的价值和尊严，社会风气就将被引导到一个健康的方向上去，不会出现如此空前的心灵空虚和信仰失落。

比如在经济领域，实现以私有财产为基础的市场经济改革之所以正确，绝不是因为它可以让人们致富，而是因为它是在经济领域充分尊重每一个人的个性、发挥每一个人的潜能最好的体制。所以，市场经济改革的目标不应当是放任市场自由来促进经济发展，而应将经济自由作为有利于每个人人生价值实现的途径，把确立商人个人自身尊严和价值在商业交易中的实现作为重要目标来对待，为此自然会狠抓商业交易规则、诚信和道德，而不是一味地追求经济效益。市场经济改革可以致富，但不应当以致富为首要目标，不能以 GDP 增长为主轴，而应以促进人的全面发展为首要目标，其中包括人格的独立、潜能的发挥等。坑蒙拐骗不利于人格的独立、人性的完善和价值实现，所以从一开始就应该狠抓，把它看得比发展经济更重要；每发现一起重大的坑蒙拐骗，在处理的同时要发动全民大讨论，如此才能真正确立商业交易的规则体系。我国市场经济改革受西方市场理论影响太深，盲目地相信制度本身的力量，忽视市场制度建设中的价值引导。在其他所有领域也存在同样的由于目标偏差所带来的混乱。

拨乱反正的真正目的应该是，将每一个人的价值和尊严为其最高价值目标，以此来看我们过去的公有制体制不适应于它的方面在哪里，与此相应地进行政治制度、经济制度、法律制度、文化制度、教育制度、学术制度等一系列领域的改革。今天，当人们惊讶地发现自己生活在一个连水、空气和食物这些最基本的生存需要都得不到安全保障的环境里，医疗、教育这两项关系到每一个生命一生成长的最重要领域也已经没有信任可言，他们不禁追问：究竟是什么原因导致的？原因之一就在于，多年来，我们把经济发展特别是人民生活水平提高当作了重中之重，自然忽视了各行各业道德和正义的建设；当经济改革中一系列欺诈现象刚开始出现的时候，改革者没有及时放慢脚步，正确定位各项改革的价值目标。

### 4．今后改革的基本方向：行业自治

如果说改革开放后党和政府在经济等领域一味注重"分"，增加个人自由，没有注重它应该履行的"合"的职责；那么，它们在社会其他领域又过于注重"合"，以国家目标代替社会目标，不能正确引导行业价值的确立和行业自治。这些行为，可以说大大削弱了执政党的合法性基础，招致人们的反弹。

一个理想的社会，是每个行业皆有自己行业的价值，按照自身的行业逻辑运转，形成行业的自治、自立和理性化发展。行业自身的逻辑和价值，是由行业的本性决定的、合乎人性需要的东西。比如，艺术创作这个行业的自身价值是发现美，其逻辑要求是追求美。如果我们改变这一逻辑，认为艺术的主要价值就是为政治或为人民服务。表面上听起来似有道理，但在实践中由于违背了艺术自身的规律，把艺术之外的其他目标人为地强加给艺术创作过程，就不利于培养孩子们爱美的兴趣，不利于艺术创作灵感的涌现，不利于艺术大师的诞生。当然，伟大的艺术作品一定是能够有益于政治、社会和人民的（不仅服务，更有引领），但这里有本末、源流的关系。艺术作品之所以有这样的社会效益，前提是要有遵循艺术创作的规律，否则就不可能有伟大的艺术出现，也谈不上为后者服务了。

又如，科学研究这个行业的主要目标是发现真理，其逻辑要求是满足人无穷的未知欲。这是科学的人性论基础。如果我们改变这一逻辑，把历史上

伟大的科学家都塑造成爱国者，假定他们首先是因为爱国、奉献才成为科学家，那就违背了科学研究的规律。科学的真正生命力来源于人性深处的求知欲。把政治或社会需要说成是科学的内在逻辑要求，因为违背了科学研究过程的规律，自然不利于培养科学探索的热情，最终不利于科学事业的进步。诚然，每个科学家都可能爱国，甚至确实有些科学家从国家需要出发来献身科学，但这些都带有个人性质。如果上升到从整体上以国家需要作为科学的动力，就违背了科学事业自身的逻辑要求。科学事业本身是无国界的，而且只有从人性自身的内在兴趣才能找到科学发展的真正动力。

又如，道德教育这个行业的主要目标是培养健全人格，逻辑要求是把每个人都当成目的而不是手段。然而，多年来，我们虽然也承认健康人格的重要性，但在实际推行时却又把爱国主义、集体主义等价值观当作道德教育不容置疑的内容灌输给人民。由于我们的道德教育没有以人性自身的价值和尊严为首要目标，特别是不能自由地讨论和质疑，导致大量的伪善、麻木，和对道德的唾弃与厌恶。道德教育的失败并不能归咎于官方的推动，而要归咎于官方的错误推动，即缺乏对道德教育规律的遵循。严格说来，道德教育只能由真正的人格高尚的道德家来推行，不能用行政手段来推行，政府的主要任务是发现和资助道德家。然而目前我们主要都在靠行政手段推行道德教育。由于目前的道德教育在人性深处缺乏根基，其实际效果是导致社会道德的全面崩溃，成为今天社会风气败坏的又一重要根源，极大地破坏着正常的社会秩序。也就是说，它过分追求"合"的成效，结果是导致"分"的后果。

严格说来，各行各业赖以存在的价值都在于人性，或者说，是人们实现自身价值的领域。但各行各业的具体价值目标和逻辑要求并不相同，所以不能要求所有行业追求共同的目标，无论是政治目标还是社会目标。如果说一个民族有一个所有行业共同追求的目标的话，那也是暂时的，比如外敌入侵时。但即使有阶段性的共同目标，也要以各行业自身的价值目标和逻辑规则为基础，不能用国家目标、政治目标或外在需要来破坏后者，要求后者服从于前者。如果把国家目标凌驾于各行业自身的目标之上，就可能用社会需要或政治需要的逻辑来破坏各行业自身的逻辑，最终将导致百业凋零，极大地摧残社会繁荣的基础。然而，恰恰是在这一点上，我们长期走不出自身思维的陷阱，人为地、甚至可以说是盲目地追求"合"（统一领导），结果反而破坏了行业的繁荣。

长期以来，我们最大的执政误区之一就是以国家目标代替社会目标，或曰以政治需要代替行业价值。这种思维方式，并不符合一个文明社会的正常运行方式，反而会伤害行业的逻辑，破坏社会的秩序，阻碍文明的进步。严格说来，党或国家为全社会制定的真正目标应该是：引导全社会各行各业按照自身的规则繁荣发展，形成百业并进、百舸争流的合理局面。它要帮助各行各业确立自身的逻辑，追求自身的价值，防止一切违背人性价值和尊严的事情发生。此外，国家确实担负着推动经济建设，平衡地区差异，打击特权利益，建立劳动保障，投资教育事业，促进文化繁荣等一系列重任，但是这些应当由专门部门的人来做的事，不应该凌驾于全社会之上、成为每一个公民的首要任务。我们时刻应该注意的是，政府所追求的终极目标在于不是自己把一切都包揽下来，而是最大限度地推动各行业的自治和理性化，促进全社会的主动性、自觉性。与此同时，它自身好比是一位仲裁者，防止社会混乱，阻止行业和社会自身不能解决的失序，进行更宏观的规划和指导。

前面指出，行业的自治与自立，与大一统的中央集权之间并不矛盾。孟子的性善论告诉我们：恰恰相反，如果执政党能够真正从社会自身的需要出发，懂得尊重行业自身的内在价值，以巨大的敬畏之心来推行行业的自治与理性化发展，不仅可以逐渐把许多不必要的担子卸下，而且由于社会找到了自身的价值落脚点，政府的合法性基础会越来越牢固，"分"反而有利于"合"。社会的自治，特别是行业的自立与自治，是一个社会道德的蓄水池、风气的中流砥柱；也是保证一个民族各行各业繁荣昌盛、乃至走向世界的根本保障，因而是任何一个现代民族建成文明国家的前提条件之一。在这里，需要改变一个误区：行业的自治与自立，不是指给予行业无限的自由，而是指政府按照行业自身的规则和价值来引导行业自治，政府行为本身也因此而纳入到规范化境地。所以这里我们并没有倡导西方式的自由，并不是一味主张"分"。

今天，能否走出思维误区，真正学会引导行业与社会的自治与理性化，用一种合理的方式去引导"分"，是决定中国能否建成现代文明社会的关键。

### 5. 王道是改革的根本出路

前面我们分别从"合"（意识形态）与"分"（行业自治）两个相反的方面来分析中国改革的根本出路。虽然这两方面相反，但我认为它们在现实中非但不矛盾，并且完美统一。原因正在于，本章所讲的"分"其实是"合"的应用，甚至是其必然结果。换言之，行业自治乃是保证人性价值与尊严得以实现的制度条件。如果说行业自治涉及制度问题，意识形态就涉及精神价值问题。事实上，任何改革都必然涉及制度与精神价值两方面，但是只有当一个社会中的这两方面相互支持而不是相互妨碍时，才能真正做到分、合兼顾，以分促合，保证改革成功。最近三十多年改革中的最大问题，恰恰也在于制度改革与意识形态改革不相匹配，所以会有分的失控，分、合不能兼顾。

亨廷顿曾分析传统的集权式国家在现代化改革过程中所面临的深刻困境，即一方面，要想有效推进改革，就必须集中权力；另一方面，随着改革进行，国家权威越来越受到质疑和挑战，导致改革进行不下去。[1]有人在探讨清末新政失败的原因时，发现了这样一种常见的改革困境[2]：改革是由于政府权威流失，政府合法性遭遇巨大危机，于是改革者希望通过激进的变革来克服危机；但是越是激进的改革措施，引发的问题越多，局面越是难以驾驭。问题的根源在于：没有认识到先解决权威流失的问题，是有效推进制度改革的前提，而不是希望用一个还没有建立起来的制度来解决一切；因为任何新制度有效发挥作用都需要时间，特别是需要在人们心目中树立权威。只要权威流失的问题不解决，社会就合不起来，再好的制度也可能付诸东流。

从文化心理学的角度看，可以发现，人们接受一种权威，并不完全是由于它合乎"程序正义"，有时是基于一种"心理习惯"。在中国文化中，一种能够统帅全社会、特别是全国各级行政机关的新型权威，绝不是可以人为

---

① ［美］塞缪尔·亨廷顿：《变化社会中的政治秩序》，王冠华、刘为等译，北京：生活·读书·新知三联书店，1989年，第169～174页。

② 萧功秦：《清末新政与改革政治学》，《天涯》2000年第2期，第30～37页。萧在《清末新政与中国现代化研究》（《战略与管理》1993年第00期第61～66页）中非常精彩地分析了改革把过去的社会精英抛弃，而新型教育背景下诞生的精英又与依旧存在的旧体制格格不入，于是改革变成了"自己搬起石头砸自己的脚"，自己给自己培养掘墓人。这实际上也是集权与分权之间的矛盾所致。

地、单纯靠制度合理性本身自动建立起来的，而往往是借助于重大历史事件（如国共内战导致共产党全国权威的建立，这与中国历代王朝更迭的情形类似；还有如新中国成立后，共产党不断地通过运动来推行变革，也是为了树立新制度的权威）。激进的变革之所以容易失败，原因往往是由于崭新的体制难于在人们心理上产生力量，出现了上下相欺、人人共犯的局面。所以改革如不能促进人们在心理和行为上的广泛整合，很容易分崩离析。

有人认为，"中国所面临的认同危机或意识形态危机，根本原因恰恰是国家权力被独一政党高度垄断的结果"[①]。这一观点否认在今日中国，一个威权体制对于推行政治和社会改革的必要性，否认威权政体重建正确的意识形态才是改革的最佳选择。所以会得出，"中国需要建构的不是什么官方意识形态，而是能够有效约束权力的宪政民主制度"[②]。然而，正如赵鼎新所言，程序合法性必须有意识形态合法性支持才能有效运转[③]。例如，今天有些国家或地区的民主化改革，由于意识形态领域没有把中、西方不同的价值观整合和协调好，所以不能从正面引领大规模的分权运动，导致各党派、各地区、各势力死拼恶斗，使国家陷于分裂或长期内讧。这样的结局在当下中国可以说是不可承受之重。从历史的眼光看，中国过去数千年都是走统一的、中央集权制道路，地方官员由中央统一任命，这是保证"合"的前提。如果实现民主政治，地方官员不受中央任免，可以想象后果是什么。

有人认为宪政和法治是当下中国改革中最重要的使命，这当然也属于程序合法性重建，也符合行业自治的精神。但是问题同样在于，执政者可能敏锐地意识到，推行西方宪政模式，不能给自己累积"合"的力量，而是在制造"分"的趋势，使其无法掌控中国这艘大船的舵。有理由相信，单纯地追求宪政和法治，会因为当今普遍盛行的裙带关系、帮派主义、利益集团、腐

---

① 姚新勇：《中国亟需建构"公民意识"还是"国家意识形态"（驳郑永年）》，《儒家邮报》第195期，2013年2月10日。

② 姚新勇：《中国亟需建构"公民意识"还是"国家意识形态"（驳郑永年）》，《儒家邮报》第195期，2013年2月10日。

③ 他举例说，在二战前的德国，共产党和纳粹党都想通过民主选举夺取政权、实现赢者通吃。由于两党的意识形态完全不同，都想利用同一套程序来达到目的，最后无论哪一方胜利，都会导致巨大的问题。参赵鼎新：《当今中国会不会发生革命》，《二十一世纪》（双月刊）2012年12月号，总第134期，第10页。

败风气等而无法进行下去；只有执政党动用强大的政治力量，改革意识形态，改造社会风气，累积人心资源，才能确保宪政和法治的体制真正建立起来，确保分权的改革不滑向失控的深渊。这就是说，政体方面的分权改革，最好有政府的正确运作为前提，从而保证有利于全民的"整合"。

总之，中国未来的改革应当朝着既有利于分、也有利于合，分合兼顾、以分促合的方向前进。这条道路不是自由主义之路，也不是极权专制之路，而是儒家的王道之路，其中根本特点是主张以中央为主导，通过合理引导，特别是价值方向上的正确引导，全面整合人心，促进行业与社会自治，实现分、合统一。本章所分析的正是这样一条道路。那么这条路的终极方向是什么呢？如果按照王道的方式改革下去，就将为执政党累积无尽的执政合法性，和推行政治体制改革的庞大资源。究竟以什么样的方式来推进中国式民主、甚至未来中国建成什么样的政体，我认为至今难有定论。亚里士多德在《政治学》（1291b30~1292b39）一书中曾讨论了五种不同形式的民主政体，认为城邦实行什么类型的民主，与其人口的质与量、贫富的悬殊对比、中产阶级的比例等等都有极大关系，还与财产制度、会餐制度、军事制度、家庭制度、外交政策等紧密相连。现在也有提倡社群主义民主（如安乐哲①）。可见民主政体好听，但具体怎么做，则有巨大变数。我们其实也不必过分把政治体制改革看得那么重要（像今天一些学者所想象的那样），真正重要的是精神信仰重建、社会风气改造、行业与社会自治等等。这些是中国未来任何一种政治制度最重要的基础。

回到邱震海先生的问题，什么是对于中国改革来说牵一发即可动全身的核心切入点呢？邱先生在媒体讨论中倾向于认为是经济增长，通过经济增长的红利来推动各领域的改革。②这一看法在一定范围内是相当有效的。然而，正如本章所论证过的，目前累积的、对于执政党的合法性基础构成巨大挑战的问题恰恰来源于过去几十年的经济改革。用赵鼎新的观点看，仅靠政绩合

---

① David L. Hall & Roger T. Ames, *The Democracy of the Dead: Dewey, Confucius, and the Hope for the Democracy in China*, Chicago and Lasalle, Illinois: Open Court, 1999.

② 《凤凰卫视》2012年12月24日《时事开讲》节目。网上转载：http://phtv.ifeng.com/program/sskj/detail_2012_12/25/20504608_0.shtml.

法性是远远不够的。本章认为，重建执政党的合法性基础，根本途径是实行王道，核心内容是重塑人心、重铸价值，包括重塑各个行业的价值以实现行业与社会自治，这些也就是我开头所说的、《春秋》正始之道中的"元之深"。

当然，本章所讲的两方面，即重塑人心和行业自治，并不能解决所有当下中国的所有问题，包括一些重大问题。比如腐败问题、贫富差距问题、城镇化问题、干部制度改革甚至房价过快上涨问题等等，皆是改革的重要任务，而在本章讨论范围之外。但是我相信，本章所提的两方面对整个改革有着全局性影响和生死攸关的意义。我把这一措施称为王道之路。

今日之中国是实现王道政治的大好时机，因为王道政治的实现需要以强有力的领导集团来推行，才能保证分、合统一。但是历史是否给我们这样的机会则不得而知。可以知道的是，我们认识到中国社会发展的规律，就知道未来的方向是什么。

# 第四章 从《毛诗》风教看
# 中国研究的范式危机①

本章提出这样的问题：一百多年来，中国人引进西方人文社会科学话语分析中国社会方面，一再发生错位和失误，这是否因为中国社会有自己独特的文化习性，及以此为基础的整合之道，因而不一定完全适用于西方社会科学的范式？也许，中国社会科学研究需要在西方社会科学理论之外，拥有一套"中国式"的理论预设或概念系统；这套中国式的概念系统的建立，需要通过分析中国文化的习性来发现。本章通过对《毛诗序》的分析来说明当代中国社会科学研究的范式（paradigm）危机。

## 1．从《毛诗》看"风化政治学"

《毛诗序》从《国风》第一篇《关雎》出发，系统地论述了"国风"之"风"的深刻政治含义，及其与儒家政治学说的内在关联，可以说是一篇最经典的"风化政治学"：

> 《关雎》，后妃之德也，风之始也，所以风天下而正夫妇也。故用之乡人焉，用之邦国焉。风，风也，教也。风以动之，教以化之……先王以是经夫妇，成孝敬，厚人伦，美教化，移风俗。故诗有六义焉：一

---

① 本文是作者在先前两篇文章的基础上改编而成，即《"风"与中国文化中的社会科学》（原载《天津社会科学》2003 年第 6 期）和《中国文化的习性与中国人文社会科学建构》（原载《开放时代》1997 年第 6 期）。本文所谓"中国研究"，指中国人文－社会科学中以中国的有关问题为对象的研究。

曰风，二曰赋，三曰比，四曰兴，五曰雅，六曰颂。上以风化下，下以风刺上，主文而谲谏，言之者无罪，闻之者足以戒，故曰风。至于王道衰，礼义废，政教失，国异政，家殊俗，而变风、变雅作矣。国史明乎得失之迹，伤人伦之废，哀刑政之苛，吟咏情性，以风其上，达于事变而怀其旧俗也。故变风发乎情，止乎礼义。发乎情，民之性也；止乎礼义，先王之泽也。是以一国之事，系一人之本，谓之风；言天下之事，形四方之风，谓之雅。

上面这段话的核心关键词是一个"风"字。所谓"风"，今日称为"风气"。本段可以看成是儒家对于"风"与政治关系的经典论述，它大体包含三方面内容：首先，"风"的状况是衡量一个社会治乱好坏的重要标志；其次，"风"的倡导是决定一个社会治乱好坏的重要因素；最后，"风"的表达是引导一个社会治乱好坏的重要手段。但《毛诗序》里的"风"有好几种类型——：

- 从起因上说，既有自然形成的风，也有人为倡导的风；
- 从内容上看，既有规范意义上的风，也有现实意义上的风；
- 从形态上说，既有正风，也有变风；
- 从空间上看，或流行于民间，或唱和于庙堂；
- 从方向上说，或从上向下吹，或自下往上刮。

"风"的重要功能是"化"。儒家常常用"风"来比喻政令①，用"化"来形容王道政治的成就，并谓"圣人久于其道而天下化成"（《周易·恒·彖》）。《说文解字》从字源上告诉我们，"风"的本义之中就包含着"化"，因为"風"字是形声字，从虫凡声：

> 风动虫生，故虫八日而化。（《说文解字·风》）②

儒家王道政治思想的重要观点之一是，最成功的政教不是通过强行灌输

---

① 以"风"比喻政令，在《周易》中多见：《周易·姤·象》曰："天下有风，姤，后以施命诰四方。"《周易·巽·象》曰："随风，巽，君子以申命行事。"
② 另见《大戴礼记·易本命》："八主风，风主虫，故虫八月化也。"

来改变人民，而是"潜移默化"。所谓"化"，就是让人们在不知不觉中被感化而向善，"民日迁善而不知为之者"（《孟子·尽心上》）。

郑玄《周礼·春官·大师》注称：

> 风，言贤圣治道之遗化也。

这里的"风"与今日所谓"社会风气"含义相近。孔颖达《毛诗正义》在疏《毛诗序》时，则从另一个角度解释了"风"与"化"的关系：

> 风训讽也，教也……言王者施化，先依违讽谕以动之，民渐开悟，乃后明教命以化之。风之所吹，无物不扁；化之所被，无往不沾。

郑玄所论为"已成之风"，作为圣王治理之历史遗留；孔颖达所述为"所运之风"，作为圣王治理之现实方略。在儒家政治学说中，这是同一个事物的两个方面；但它们均与"化"有关，体现了儒家对于理想政治的理解。

基于上述，我认为《毛诗序》表达了一种儒家政治学说，我称之为"风化政治学"。然而，"风"成为儒家政治学说中的一个重要概念，并非起于《毛诗》，而起于孔子：

> 季康子问政于孔子曰："如杀无道，以就有道，何如？"孔子对曰："子为政，焉用杀？子欲善，而民善矣！君子之德，风；小人之德，草；草上之风，必偃。"（《论语·颜渊》）

孔子用"风"与"草"之间的关系来形容上对下的影响力，暗示我们政治是否清明体现在它所导致的社会风气之上，而社会风气又是由"官场"所决定的，取决于官场中最有影响力的人。

"风"在儒家政治学说的特殊含义，可以从以下几个方面看出来：

"风"与"民"

衡量政局好坏的主要标准之一，是"民风"。一个好的政治家应该学会

"观风"、"辨风"、"省风"。"观民风"是治政的开始：

> 天子五年一巡守......命大师陈诗以观民风。(《礼记·王制》)
>
> 风行地上，观；先王以省方观民设教。(《周易·观·象》)
>
> 天子省风以作乐。(《左传·昭公廿一年》)
>
> 天子学乐辨风。(《大戴礼记·小辨》)

### "风"与"令"

"改变民风"是治理国家的重要任务之一。"改变民风"的工作可以称为"治风"；为了改变"民风"，需要"树新风"，这也被称为"树之风声"：

> 帝曰："俾予从欲以治，四方风动，惟乃之休。"(《尚书·大禹谟》)
>
> 天下有风，姤；后以施命诰四方。(《周易·姤·象》)①
>
> 古之王者知命之不长，是以并建圣哲，树之风声。(《左传·文公六年》)
>
> 旌别淑慝，表厥宅里，彰善瘅恶，树之风声......商俗靡靡，利口惟贤，余风未殄，公其念哉! (《尚书·毕命》)

### "风"与"德"

但是，由于"风"总是从最上层刮起的，而最上面的人能够影响一个社会的"风"的东西，主要是他的"德"。只有最上面的人"修德"，才能真正改变一个社会的"不良风气"：

> 王曰："呜呼! 说四海之内，咸仰朕德，时乃风。"(《尚书·说命下》)
>
> 君子之道：淡而不厌，简而文，温而理，知远之近，知风之自，知微之显，可与入德矣。(《中庸》第33章)
>
> 敢有恒舞于宫、酣歌于室，时谓巫风；敢有殉于货色、恒于游畋，时谓淫风；敢有侮圣言、逆忠直、远耆德、比顽童，时谓乱风。惟兹三

---

① 这是《周易》"姤"卦的"象辞"。按：姤的卦体是巽下乾上，八卦中"巽"卦卦象为"风"，乾卦卦象为"天"，故曰"天下有风"，本卦以"风"说明"施命"(参孔颖达《周易正义·姤》)。

风十愆，卿士有一于身，家必丧；邦君有一于身，国必亡。(《尚书·伊训》)

## "风"与"教"

由于"风"的形成不是一朝一夕之事，不能指望在一夜之间改变它；除了国君要修德之外，还有一项改造社会的持久工程，就是"教"。在儒家所推行的"教"之中，尤其重要的是"乐教"。儒家认为，通过"乐教"可以改变一个社会的风气，达到移"风"易俗的效果：

乐也者，圣人之所乐也，而可以善民心，其感人深，其移风易俗，故先王著其教焉……故乐行而伦清，耳目聪明，血气和平，移风易俗，天下皆宁。(《礼记·乐记》)

移风易俗，莫善于乐。(《孝经·广要道》)

## 2．"风"与中国文化的习性

现在我们可以一起来思考的一个问题是，为什么在儒家政治学说中，"风"会成为一个极其重要的概念？这一概念的提出和产生背后，有没有什么重要的文化心理因素在起作用？"风"这一概念是否反映了中国文化的某种习性？仔细想想也许可以得出，在目前人类各民族当中，也许没有哪个民族像中华民族那样容易受到风（气）的影响。在我们的国度里，几乎无论在哪个时期，都盛行着某种"风气"，50年代的"大跃进热"，60年代的"红卫兵热"，70年代的"参军热"，以及80年代以来的"出国热"、"下海热"，等等，无不代表着一系列特定时代的特定风气。尽管在一种"风气"过去之后，人们常常会嘲笑当时人们为何会那么愚蠢，盲目地热衷于对某个并不值得他们热衷的事物，近乎疯狂地崇拜某种并不值得崇拜的对象；然而他们却时常忘记了另外一个极其重要的事实，那就是在他们嘲笑前人的同时，他们自己现在可能也正沉浸在崇拜或热衷于另外一个事物的风气之中。这种新的崇拜或热衷与前者的唯一不同也许仅仅是对象发生了变化。与前人的盲目崇拜或热衷相比，他们今天的崇拜或热衷在盲目性上似乎并不比前人低。例如，今天的人总是嘲笑当初中国人为什么会那么愚蠢，竟然那么崇拜一个

"伟大领袖"，把他当成了"神"，居然不知道"金无足赤、人无完人"的简单道理。然而仔细想一想则会发现，他们今天对于出国和钱财的崇拜，难道不同样是盲目的吗？想想他们今天把"西方世界"或"金钱"当作了"完美无缺的目标"，这与把某个人当成"完美无缺的神"，二者在荒谬的程度上真的有本质区别吗？

问题的关键在于：究竟是什么原因导致了各种社会风气的流行？稍加思考即可发现，正如今天的人对于出国的崇拜主要是由于一种盲从心理在作怪一样，前人对于一些其他事物的崇拜也多半出于盲从。这种盲从心理从何而来？试问一个人为什么现在异常迫切地想出国？他可能会告诉你说，现在别人都在忙着出国，自己如果不出国，显得自己没能耐。所以问题并不在于出国这件事本身是否合理，而在于这件事现在是否成为一件公众向往、从而在公众心目中有价值的一件事。

"风"的事实暗示我们，在中国社会有这样一种特殊的民族文化心理，即人与人之间在心理上的相互模仿、相互攀比、相互依赖的思维方式；这种心理或思维方式导致那些比较突出的人的所作所为，容易对其他人的行为方式产生强大的示范效应。因此我们是否初步得出，导致"风"的产生以及"风"成为中国文化的一根"神经"的主要原因是，中国人的一种以人与人之间的相互攀比、相互依赖、相互追随为主要特征的心理活动。这种心理活动我们把它称为中国文化中的"人际本位心理"。这种人际本位（本书后面称关系本位）的文化心理，我们称之为中国文化的习性。所谓人际本位，是相对于西方的个人本位提出来的，其重要含义之一是指，中国人在他们的日常生活中，普遍有一种不自觉的心理倾向，即把自己在他人心目中的地位或形象当作衡量自身存在价值的主要准绳之一。

比如说，中国人所谓"功成名就"、"出人头地"、"人图名声树图荫"、"光宗耀祖"、"比上不足，比下有余"、"丢人现眼"、"死要面子活受罪"等一类话语，就是这种心理活动的典型体现。很多时候，正由于人们都很在乎他人的认可，故而会不自觉地追随社会潮流。因此当一种东西在某个地方变得很有影响时，往往会成为他人争相效仿的对象，由此引发的往往是一种时髦或风气。当一种社会潮流形成时，它所产生的效应也是"马太式"的。这就是说，正是一种"人际本位"的文化心理在起作用，才会导致中国社会在任何时期总会流行一些不同的"风"，极大地影响着中国人的日常生活。人们之所以会盲目地"从风"，往往是因为觉得现代社会人们都认同它，只有追随它，他们的内心才会得到平衡，这种心理平衡对于他们把握自身的存在价值至关重要。有时风气的影响力过分强大，达到了扼杀人的个性的程度，因为"不从风"会因此而遭到世人嘲笑、轻蔑，而不会因此被视为"有个性"。

"从风心理"并不是中国文化中独有的。的确，即使在基督教影响下的西方文化中，仍然会有从众心理，会有"社会风气"，也会有人们对领袖人物的仿效效应。可是要知道，在人类其他文化中，"风"也许从来没有像在中国文化中那样，对于日常生活、对于政治制度、对于国家安宁等等发挥着如此巨大的作用。我们可以设想，西方人在基督教文化的影响下，把人理解为同一个至高无上的上帝的子民，从这种意义上，不是人对人的依赖，而是人对上帝的依赖才最关键。许多学者早已指出，个人主义、自由主义在西方的兴起，是与基督教传统有关的。①这也使我们理解为什么西方式的个人主义和自由主义在东方文化中一直没有大行其道。

通过对"风"背后的文化心理机制的揭示，我们就能理解儒家的一系列政治思想是如何提出来的。比如儒家的"德治"思想、"用人惟贤"思想、"重教化"思想之所以提出来，显然是因为认识到中国社会人与人之间的相互影响对这个社会的自我整合有着至关重要的作用，以及认识到中国人普遍的从风心理决定了改变这个社会最有效的措施莫过于改变大多数人的心理状态特别是他们的心理倾向，因此，最重要的工作不是放在制度建设上（尽管制度建设总是必不可少的），而是放在影响大众的心理活动状态上，并通过这种影响进一步影响整个社会。用儒家的话来说就是："正人心而后正天下。"在这一过程中，有三件最重要的事情，就是：

（1）针对现在流行的不好的"风气"，制定相关的政策措施扭转之。这

---

① Samuel P.Huntington, *The Third Wave: Democratization in the Late Twentieth Century*, Norman and London: University of Oklahoma Press, 1991, pp. 72～85，[美] 杜威：《人的问题》，上海：上海人民出版社，1965年；第102～104、108页，等。亨廷顿强调了基督教对个人独立性的强调对民主化的影响，杜威提到了18世纪末以来由基督教所加强的人道主义和慈善主义对自由主义的促进，以及教会对信仰自由的强调。

叫作"治四方风动";

（2）利用大众的从风心理，把德行俱佳的人放到政府部门的最上层（"用人惟贤"），通过他们的言行将会影响一大批人的心理取向，从而极大地带动整个社会风气的改变。这叫作"树之风声";

（3）由于"从风"的心理带有极大的盲目性，要让人们从这种盲目性中走出来，只有提高全民的道德素质。因此，对一个社会、一个国家真正具有长远意义的工程是"教"和"化"的工作。这叫作"教以化之"。

现代中国学者在引进西方社会科学理论时，最容易犯的错误之一就是不考虑中国社会文化的习性，企图将西方的理论直接应用于中国社会的研究中，期望从中得出有益的结论。实际上，凡是这样做的人，往往最容易认识不到这样一个问题，即那些西方社会科学理论很可能非常好，但是应用它们来研究中国社会时，不容易使人把握到中国社会的"神经"。换言之，人们难于从中找到什么是中国社会中最有决定性意义的因素；西方社会科学理论确实有一整套完备的方法系统，但是在运用它们来研究中国社会时，人们却时常会失去"感觉"。当然，有一种观点认为这是由于对西方社会科学方法运用得不好的缘故，但是事实上在运用西方社会科学理论研究中国社会时，有时人们找不到"感觉"确实是由于他们未能抓住对于理解中国社会现象来说最关键的因素，从而使他们找不到"驾驭自己的研究对象"的感觉。

"风"代表中国文化以及中国社会中的一根"神经"。我的意思只是说，有很多时候我们确实可以从各种"风"——社会风气、官场风气、地方风气、部门风气、学校风气、行业风气等等——中找到理解中国社会问题的途径及解决中国社会问题的办法。这一点我们往往可以从政府部门所谓"狠刹歪风邪气"，"消除行业不正之风"，"纠正校风"、"狠抓学风建设"、"净化社会风气"等一类政策性宣言中看出。严格说来，这些政府部门的政策性发言往往不是从科学研究或应用西方某个社会科学理论中得出的，而更像是一种直观、素朴的经验总结。相反，如果真的应用西方社会科学思维来理解中国问题的话，很可能得不出上述政策性宣言来，乃至于根本不能为诊断或解决中国的现实问题提供有意义的方案来。尽管"风气"的兴起或流行有许多原因，有时并经常是一个当时当地最有影响的人或机构的鼓吹或煽动的结果，也可以是其他一些偶然的原因激发了公众的兴趣所致，但是它一旦形成，就可能对人心造成强大的力量，就可以让成千上万的人"闻风而动"，甚至许多政策、法规、权威都会因它而变化，它成为这个社会中最大的"权威"。

显然，并不是中国社会中的一切都与"风"有关，或者由"风"决定的。但是更重要的，我们以"风"为案例来研究，本来就不是想以"风"来解释中国社会中的"一切"，而更主要的则是想说明为什么"风"会成为中国社会的一根神经？我们的观点是，导致"风"成为中国社会的一根神经的东西，是某种特殊的中国文化心理——人际本位的中国文化心理，或称之为中国文化的习性。从中国文化的习性出发，可以解释中国社会很多现象。例如，"文化大革命"中红卫兵运动对"人权"的践踏，我们如果从今天的"法制"的角度来理解是很困难的。为什么法制会在一夜之间成为一纸空话？我们要知道，尽管"红卫兵运动"确实可能出于政治家别有用心的利用，但是当时许多红卫兵们做事情确实出于自愿，他们往往是义正辞严甚至义愤填膺地做那些事情的，这体现出中国文化中某种对个人人格尊严具有毁灭性的力量。但是这种毁灭却不能用"极权专制"一语简单地加以解释，因为是人民群众"自觉自愿地"践踏人权的。这种情况只有从中国文化的习性的角度才能得到恰当的理解。后者决定了在中国文化中有时"风（气）"的力量会表现得十分强大，会在某些地方对人们的行为方式产生强制作用，从而达到了扼杀人性、践踏人权的程度。

我们还可以想一想，为什么辛亥革命会失败，20世纪以来中国社会的各种改革，特别是那些激进的变革为什么往往失败？是不是因为那些改革者不了解引进一项制度很容易，但是改变人却是一项持久、宏大的系统工程，而改变一种文化则更是难上加难。包括辛亥革命在内的许多中国革命之所以失败，一方面有某种超越中国文化的普遍因素的作用，另一方面也有与中国文化习性相关的特殊因素的作用。中国文化的习性决定了中国文化中真正起作用的力量不是制度而是人，人际关系的力量，特别是人与人之间、人群与人群之间实力的对比与悬殊，才是决定这个社会的当下走向以及一切制度变革成败的关键。那些指望在不改变人群状况及其实力对比关系的情况下，在一夜之间建立一种崭新的制度，把中国建成现代化，这种理想注定了要化成泡影。即使法治、民主制度在中国的建立，本身也要遵循中国文化内在习性的要求，按照中国人的习惯或胃口、循序渐进地进行才能有所成效。

仔细想想可以发现，正因为在中国社会中，最具有决定性力量的东西有时不是"法律""制度"，而是"人际关系"，因此改变这个社会最重要的途径往往是改变人、改变人群关系。比如你发明一个好的制度，他可以运用人与人的关系来瓦解这种制度的效能。这就是中国文化的习性。中国历史上的儒家通过他们朴素的经验观察，发现了这一事实，因此他们把这条经验做成为一种政治理论，用之于治国、平天下的政治实践中：

> 季康子问政于孔子。孔子对曰："政者，正也。子帅以正，孰敢不正？"（《论语·颜渊》）
>
> 子曰："苟正其身矣，于从政乎何有？不能正其身，如正人何！"（《论语·子路》）
>
> 君仁莫不仁，君义莫不义，君正莫不正，一正君而国定矣。（《孟子·离娄上》）

人际本位的中国文化习性，是不是可以解释中国社会的一切？当然不是。我们必须承认，中国社会发生的很多事情，还有其他许多历史与现实的因素、普遍与特殊的因素、个性与共性的因素、经济与政治的因素等等在起作用，不能都归之于这里所谓的"中国文化习性"。但是，文化习性因素毫无疑问是影响中国社会的主要因素之一，唯其如此，我们今天要开展中国社会科学研究，就不能回避它；对中国文化习性的发现与思考，至少可以帮助我们建构一套新的理解和解释中国现象的途径，从而对于建立起一套有效的理解和解释中国问题的社会科学的理论预设、概念体系乃至方法论起到决定性的作用。

## 3．无用的学科循环链

迄今为止，中国的人文社会科学建立在这样一些前提上，即东西方社会是按照同样的逻辑和理路构成的，因而也适合于用同样的方式方法来分析思考。然而，对于中国人文社会科学学科的终极价值、意义基础和方法特征，迄今为止未必受到人们真正深刻的思考和探索。比如说，我们今天大学里多个不同学科如政治学、经济学、法学、社会学、历史学、哲学……的设置，完全是照搬西方而来的，并与此相应形成了一系列相关的教科书，但是对于这一设置背后的一系列问题却从未搞清，比如为什么要设置这么多学科？这些学科中的每一个存在的根据和理由是什么？这些学科中所学的东西对于解决现实社会中发生的问题有什么作用？这些不同的学科在面对共同的社会问题时彼此关系如何？我们随便翻开一本教科书，如某大学编的《行政学原理》教材，按照行政学的对象、方法、功能、作用、目的……等一系列范畴分成若干章节填补进相应的内容。然而学了这本书的人对于他们处理实际行政事务也许没多大作用，一个大学政治学系的教授在处理中国国际行政事务方面的经验和能力也许比一个基层的农村村长还差，后者比前者具有更丰富的处理人际关系的能力，协调人际心理的经验……这一切都是在教科书上根本学不到的，但恰恰正是它们才构成了中国政治学的全部秘密所在。一个不懂得中国现实社会之极其复杂的人际关系、人际心理、人际矛盾及相应的处理这些关系、矛盾的经验和毅力的人，可能是大学政治学系的教授。他可能对西方政治学十分熟悉，并在把西方政治学说没办法应用于分析中国政治方面出了不少专著。这一事实说明了什么？

究竟问题出在哪里？为什么我们的人文科学和社会科学的话语在生活的现实面前如此苍白无力，面对盛行于今日中国且已十分严重的精神价值危机不但不能给予一个令人信服的圆满答案，反而陷入自相矛盾的无休止争吵中去？这个问题又进一步促使我们思考另一个更重要的问题：即五四以来从西方引进的人文、社会科学迄今为止究竟有没有在中国这片天地获得自己的定位？它们究竟有没有在中华民族的文化土壤里找到自身存在的根基？

让我们从一个人所共知的今日中国社会现实说起，即当代中国人的精神价值危机问题。最近三十年来，中国社会进行了一场空前未有的变革，从一个以政治、意识形态为核心的时代到一个以经济利益为核心的时代。这一伟大转折及其成就举世皆知，也受到过无数学者知识分子的肯定，但是今天我们却出乎意料地发现我们——乃至我们整个民族——似乎都正陷入了一场可怕的精神价值危机中去了。正如我在一项未出版的调查报告中所描述的：

> 金钱、利益、物质成为时代的口号，道义、廉耻、良知为人们所不耻。一切的计较和考虑，一切的算盘和目标，都建立在个人对自身前途命运和狭隘的利害得失的认真计算之上。
>
> 几乎整个社会各行各业都同时陷入于一场普遍的腐败和堕落之中。银行、税务、警察等政府机构成为自己职工创收的渠道，文化成为商业谋生的手段，企业成为厂长经理私人捞腰包的场所，学校为了多发奖金则开始乱收费。
>
> 贪污、吃回扣、乱摊派、乱收费、坑蒙拐骗、假冒伪劣司空见惯，见怪不怪。在政府腐败的同时，难道社会文化生活不也已经腐败到了不堪设想的地步了吗？
>
> 道德的崩溃、精神的空虚、文化的堕落、生活的腐败、信仰的丧失……这一切事实上已成为衡量我们这个时代的时代病的重要指标。

鉴于这一空前未有的文化价值问题即精神价值危机在当前中国政治、经济、法律、社会、教育、文化、商业……乃至几乎所有领域正像瘟疫一样蔓延，摧残着我们这个民族的肌体，如不能治理则可能会陷入一场不能自拔的深渊，近年来它引起了国内各界特别是学术界的普遍关注和热烈争论。只要仔细看看近年来国内学者围绕着有关上述问题进行争论的方式方法和内容特征，就足以发现，当今中国的人文——社会科学研究正处在一场多么深刻的话语危机之中：人文科学工作者倾向于把它理解为一个伦理道德、文化教育、人文精神和宗教关怀方面的问题，社会科学工作者则倾向于把它理解为政治、法律、制度、经济等器物因素导致的问题，真可谓"公说公有理，婆说婆有理"。于是，形成了一种谁都说得有道理，又都没有道理，谁也说服不了谁，谁也不能拿出一个大家都能接受的、令人信服的圆满答案。

为了进一步搞清上述问题，1995年2月，笔者在安徽省枞阳县开展了一次有关农村经济文化现状的实地调查。本次调查中我所关心的问题是：如何站在现代人文或社会科学的立场上给予当今普遍盛行的精神价值危机（道德崩溃、精神崩溃、腐败盛行、良知丧失、信仰瓦解……）以一个恰当的解释。结果，在实地调查中，我比任何时候都更加强烈地感受到：现有的人文——社会科学理论在解释我们所遇到的问题时根本缺乏力量和有效性。相反，唯一的出路就是从旧的思维框框和理论范式中彻底地走出来，按照全新的范式来思考问题——即直接认为我们所遭遇的现实是一个本质上与西方社会（或人类其他文明形式）迥然不同的社会，它有自己独特的人际心理、文化习性、整合之道等等。对于这一社会所具有的问题真正有效的解释和解答，建立在对于上述文化习性及该文化习性所决定的，特有的社会整合之道的把握之上。具体说来，笔者感受最深的有以下几方面：

首先，当今所谓的精神道德危机既不仅是伦理道德领域的事，也不仅是政治、经济、法律、教育、社会等某一个领域的事情，它是整个社会的一个有机整体的事情，这个有机整体同时与上述诸多领域中任何一个都密切相关，如果在调查文化价值问题时仅仅局限于文化、道德等现象本身，而不考虑其他社会领域，其结果必然发现能够调查的材料太有限，以至于到后来很难再调查下去，因为每一个精神道德问题，几乎都同时不是这个问题本身，而是与它之外的某社会因素紧密相连；可是一旦你的调查涉及一项因素，比如政治因素，你就必须同时涉及它之外的几乎所有因素，包括法律、经济、教育等等因素，哪一个因素都不能被抽离出来单独研究。比如说一些农民进城坑蒙拐骗这一不道德行为不仅仅是由于道德境界问题，也不仅仅是由于政府管制不严，而可能与其家庭经济情况有关，也同时与其文化素质低及法制不健全、社会风气败坏等一系列因素都密切关联，难以明确区分。结果素质、教育、法制、世风等一切因素之间究竟谁的作用大，谁才是最根本的因素，根本无法分辨。

结果，为了使自己的调查能够进行下去，我发现必须把调查对象——枞阳县义津镇这个方圆数10里、人口4万多人的小镇——当作一个有机整体来对待，搞清同时包含上述诸多不同因素"五脏俱全"的有机整体（义津镇）内部是怎样运作的，在运作过程中它的各个环节是如何组合起来的，然后再来思考我们所关心的精神道德问题又是如何与该有机整体——相关。也就是说，我必须假设：所谓的精神道德危机不是某个具体领域所单独造成的，而是整个社会作为一个有机整体在运行过程中出了故障,结果必然表现为精神道德问题。如果不从前述人文社会科学研究中那种学科分割的范式中走出来,至多只能得出社会各不同领域同时对之负责任的结论来,而缺乏整体的眼光。在对义津镇的调查中,我试图不是从局部的因果关系,而是从整体的运作规律的角度来说明导致当前的精神价值危机的根源。

其次,社会风气像一只"看不见的手"一样对人们的生活方式和行为产生着强大的支配作用。本来,社会风气是由人造成的,只有大量的同类行为聚合起来才能成为风气,然而本来作为结果产生的东西却反而成为支配人们行为的动因。这确实是一个不可思议却又十分明显的事实。

在调查中,笔者接触了当地各种不同层次的人物,有普通农民、村镇干部、学校教师和领导等等,这些人无论是近年来捞到好处的还是没有捞到好处的,几乎无一例外地牢骚满腹,哪怕是那些靠改革开放政策发了大财的人同样是怨声载道,不满情绪甚高,几乎所有的人都对当前社会的道德风气十分不满,另一方面却又都以社会风气为挡箭牌来为自己正在干的不道德、不负责行为辩护。指责社会风气不好和自己干不道德行为成了相得益彰、相互支持的两个方面。人们指责社会风气的情绪背后可能暗含着两个方面:一是对自身处境不理想的埋怨和不满心理,二是对自己当下正在干的不道德的勾当构成一种解释——既然人人都不讲道德,既然社会风气是如此,那么我也只有这样了。老百姓觉得自己吃了亏,政府官员也觉得心里有委屈,没有人觉得满意,也没有人认为自己有什么责任,社会风气这只"看不见的手"却似乎可以成为一切罪恶行为的最后渊源。老百姓怪学校乱收费,学校怪地方政府腐败,地方政府怪社会风气不好以致难以治理……是谁把社会风气搞坏的?许多人说这是由于政府部门官员私心太重、腐败堕落、执法犯法导致。可是如果你去谴责你所接触的任何一位腐败官员,他都会发自心底地感到不服,他心里事实上确实很委屈,因为现在也并不是他一个人那样做,现在社会风气就是这个样子,人人都在腐败,都想通过当官发财,你若不那样做反而显得不正常、不被人理解了。他会说:"既然别人这么干可以,我为什么不可以这样干呢?比我腐败的人多得是,你为什么不去谴责他们,偏要来谴责我呢?"

也许读者要说：尽管社会风气的作用如此之大，但是事实上很难把它当作衡量社会状况，导致一系列社会问题产生的一个独立变量。因为社会风气只是一个表面现象，一个推卸个人的社会责任的托辞，在任何一种社会风气背后都存在导致它产生的具体原因，比如：政府官员腐败是因为他收入太低，农民进城是因为经济负担重，学校乱收费成风是因为教育经费不足……然而这一推论也经不起推敲。具体说来：对于把上述一系列因素当作某些社会风气产生原因的说法，就每一个具体说法而言，我们总是能找出相反的例证来。比如有人会说在50年代、在3年经济困难时期，政府官员收入比现在还低，为什么那时不贪污成风呢？为什么那时学校不乱收费呢？社会风气并不仅仅是人们从事某项违背道德和法律的行为的一个托辞，而且恰恰是一个实实在在的原因。更有趣的是，我们时常看到这样一种现象，即一种行为一旦流行成风，就在很大程度上对个人产生一种强制作用，如果你不接受流行的做法，你就得不到别人的理解，受到孤立，甚至被当作不可理喻的怪物。

在本次调查中发现，村与村的区别常常大于同村内部村民之间的差别。由于农村家庭负担过重，几乎家家户户劳力都把外出进城当作挣钱的主要渠道。一方面，常常是一个村子里几乎家家户户都出动做同一种生意来挣钱。比如前些年在义津镇一部分村庄家家户户劳力都出去销售饲料添加剂，在有的村则多数出去做建筑工人。而且常常是一种挣钱方法发明之后同村乃至周围几十里地的大批农户纷涌加入，形成强大的认同效应；另一方面，有时候两个村子虽然相邻，但却有天壤之别。在一个村子，几乎人人都出去销售饲料添加剂，而在另一个村子却家家都出动做建筑工人。尽管两个村子相邻，但有时贫富差距极大。有时在一个村几乎家家户户都入不敷出、盖楼的农户不到十分之一，而其相邻的一个村却可能家家户户都盖楼房。在富村农民嘲笑穷村人无能之时，穷村里的人则可能说他们是通过坑蒙拐骗赚钱而不屑一顾，更不愿意去效仿。但如果你却因此认为是道德境界的差异而导致两村悬殊就大错特错了。

几乎没有什么理由能使我们相信，这两个教育程度、文化素质及其他有关背景因素无甚区别的村子，人们之间道德的境界水准会有什么本质区别。唯一的解释是：某种在一个村子里流行的挣钱方法，在另一个村子里由于某些偶然因素未能流行起来。在多数情况下我们发现：一种社会风气常常容易在关系比较密切的同类人中间流行起来，而且在同一个交际圈子里它对个人的行为往往具有强制作用。

其三，社会本身的散漫、游离、紊乱、缺乏自组织能力和自治能力，是本次调查中遇到的又一个重要事实。义津镇在解放前是个家庭性很强的地方，同姓之家聚族而居，设立祖宗牌位、祠堂、族长等，那里的家庭在社会整合方面的自治功能是很强的，不仅负责本族的生产、祭祀、教育等活动，而且凡是本族成员犯有违背社会公德、进行诈骗犯罪活动的都可由家族内部自行解决。

解放后，不仅旧的家族势力已被彻底摧毁，而且家庭也日益走向小型化，连过去那种祖孙三代同堂都已基本不可能，一般儿子一结婚（甚至没有结婚）就会分家，父子之间、兄弟之间很少有密切的经济往来。血缘纽带已经从过去的积极的社会整合功能变成消极的捍卫、防御功能（指村民之间发生打架斗殴之时）。在集体时代，取代家族势力在基层承担社会整合、自治功能的主要角色是村级行政组织（那时称为"大队"）。自从实行联产承包责任制以后，村级行政组织的地方整合功能已大为削弱，几乎陷入半瘫痪状态。首先，它除了执行国家政策对村民征收各项费用（农业税、统筹费、超生抚育费）之外，已很少进行过去那种大规模的政治动员、政治宣传活动。事实上，它有时唯一所能做的一项政治工作——发展部分农民入党——也已少有人问津。其次，由于一切田地、山林乃至农业设备均已分配、承包下去，农民（指劳动力）获得自由之后几乎95%都外出打工挣钱，它连最起码的农田水利建设都难以组织起来。

在这种情况下农村社会出现了这样一种高度分散、游离和无序的面貌：①人多地少、农户家庭负担日益加重，现在几乎95%的农业劳动力都把外出挣钱当作维持家计的唯一出路，但是由于他们文化素质低下、缺乏知识和专门技术，在城市里又无任何根基，只能干那些低下的话，结果常做出偷盗、抢劫、坑蒙拐骗的事情来。②他们通常是以亲戚、朋友和相识为纽带结伙进城，一旦发现某个挣钱渠道，则往往带动村周围几十里地的成百上千人一起效仿，群体性极其强烈。③农民内部的自组织能力极差，他们进城做生意或打工常常三个一群、五个一帮；但不同帮、群在同一个城市相遇时常常发生由于纠纷和生意上的磨擦等而打架斗殴、致人伤残事件。正因如此，往往很难形成3～5个以上合伙、共同筹集资金投资做生意的例子。④家庭的分散化、细胞化这一事实客观上也使在那些富村，几乎无人想到共同集资办企业的。一般挣钱多的一年几万、十几万，少的几百、几千，挣了钱的农民第一件事想到盖新房，其次就是用钱改善家庭生活条件。我问过很多人有没有想到用挣来的钱加上集资办企业或搞其他副业规模经营，他们多认为那样风险太大，再者来说不如到城市里搞钱来得快、有把握。也有个别农户办了企业而倒闭的，甚至有的想到搞高产优质作物，但均难以实施。⑤在城里挣钱回来的农民在农村里逐渐助长了一种夸富竞奢、竞相模仿城市生活、竭力摆脱农村趣味的风气。他们有了钱不是想到长远规划，而是好慕虚荣，抽高档烟、喝高档酒，添置豪华家具，盖高级楼房，其投入是无止境的，也使农村农民消费状况被他们拔到了不适当的高度，近年来在本地形成了一股买户口到城市、彻底脱离农村的风气……在这里我们看到，在义津镇这样落后的农村地区，以极大伤害农业生产为代价的进城挣钱活动，并没有给当地农村经济的发展带来一个光明、正当、健康、符合当地绝大多数人的长远利益的效果，最多只能使部分农民家庭的生活水平有所提高而已。尽管很多致富了，但是他们在致富之后依然想不到集资开辟一条正当的农村致富之路。它背后无疑存在着某种值得检讨的深刻问题。

其四，政府的腐败堕落事实在某种程度上是社会腐败堕落的一个产物。尽管人们常常倾向于认为现在的社会腐败——指社会风气不好、社会道德水准低下等——是由于政府官员腐败堕落引起的，然而只要你深入仔细地调查，就会发现相反的事实：每一个政府官员的腐败都是由于某种社会原因而不是由于政府本身的原因造成的。他可能是因为自己父母家人人情关系的引诱而犯法，可能是由于自己昔日的同窗好友下海挣下钱而去贪污，可能是某种出人头地的虚荣心而腐败……总之，正是这些社会因素是促使他腐败堕落的主观原因、直接动因。在他的精神世界里，在他的心灵深处，他恰恰首先是把他自己当作一个社会成员，一个生活在自己的父母家人、亲戚朋友、邻里同窗等社会共同体圈子里的成员，而不首先把自己当作一个政府官员，因此当"社会共同体"的需求和政府法规相违背时，他常常首先满足来自社会力量的需求。

尽管在部分老百姓心目中，把对腐败行为的仇恨升华为对当地政府本身的忿恨，不适当地将政府本身似乎也当成了一个敌对的实体时，政府本身内部的官员却从来没有把政府当成一个实体，而是把它当作自己人情关系网中的存在，当成了自己社会共同体存在的一个支撑点，当成实现自己个人社会需求的一个手段、一个工具。每个人都生活在社会中，没有人生活在政府中。在普通百姓把自己和政府对立与一个政府官员以权谋私、贪污腐化两种相反的行为背后包含着的恰恰是同一种心理（心态）：二者都是把自己当作一个社会的成员、一个有私人需求的个人来面对政府的；政府官员对妨碍其私人需要的党纪国法的蔑视与一个普通百姓对于政府腐败行为的仇视心理，本质上却是一码事：都是为了服务于他所在的那些社会共同体的需要。官员的腐败行为虽然从国家法律法规的角度看是应受谴责和惩罚的，如果你站在遵纪守法、"为人民服务"等官方话语的角度来谴责你的家人当官腐败，反而使你自己变得不可思议。这里官方话语和私人话语处于格格不入的状态。最有效的解释绝不是如何把政府行为纳入法制的轨道，而是在政府行为背后站着一个特殊的"社会"：一方面，它高度分散、游离、难以自发地组织聚合形成有效的社会肌体；另一方面，它又是极其强大的，它以血缘关系为纽带，带有鲜明的群际心理、人际矛盾和人情面子特征，几乎每一个政府腐败行为都是它造成的。一个农民虽然对于政府腐败恨之入骨，但一旦自己需要办事时还是不得不请客送礼走后门，因为他不可能在短时期内聚集起一股足以铲除政府不合理行为的社会力量来。

在社会腐败之时，出现这样两个现象：一是每增加一个管理治愈腐败的部门，就等于增加了一个可能更加腐败的部门，一个监督政府官员行为的监督机构可能很快因为其手中权力比其他部门更大而成为一个更加腐败的机构；每增加一道新的管理混乱的措施，农民的负担反而加重一次。比如一些村为了管理农民进城的混乱局面，实行收费登记，结果成了只关心收费多少而不能治理混乱、令老百姓更加厌恶的政策；镇里为管理各村办建筑队而成立镇建筑公司，将村建筑队纳入其中以便统一管理，结果成了只顾向村建筑队收费勒索而不进行任何实质的管理和服务的新"婆婆"。

二是政府的腐败行为不断被发现、被治理，也不断可能以更加恶劣的形式重现。一旦出现了政府中的某位要员是腐化分子时，群众一开始都满心欢喜，仿佛心中出一口气。但是很快他们可能又发现新的替换他的官员并不是真的关心反腐败这件事本身，而是借此来巩固自己的位置，腐化现象屡禁不绝乃至愈演愈烈。

这两种现象都说明一个问题：腐败的根源之一是强大的、在中国文化中有着根深蒂固影响的社会力量、社会纽带；这个社会若不能根治，似乎一切法制、民主、监督、举报等等制度性安排和措施都是空谈。政府尽管在下层百姓看来似乎是一个"实体"存在，但实际上从来不是，它内部的官员、职员不这么认为，它也不具有实体的意志、统一集中的整体力量，组成这个"实体"的成员从他的社会纽带出发可能使自己和它对立起来，但它的生命力却极其顽强，一批人被换掉了，新一批人还会以同样方式工作下去、腐败下去。

## 4. 文化的逻辑与学科

前面讨论的四个方面究竟说明了什么？它们是否反映了中国农村乃至中国社会所特有的文化习性以及由此文化习性决定的中国特有的社会整合之道？如果回答是肯定的话，无疑足以说明中国现有的人文-社会科学是由于长期一直在用西方人文-社会科学的范式来探讨和思考中国的问题，因而对中国社会当下的运作和问题缺乏有效的解释力这样一个中心。如果答案是否定的话，则另当别论。现在就让我们围绕着上一部分提出的四个方面的问题进一步展开分析：

首先，关于社会有机整体问题。把精神道德问题归结为精神道德以外的其他社会领域，以及从社会有机整体角度来探讨和理解道德等问题的做法在西方早已有之。前者有实用伦理学、功利主义等伦理学说，后者有功能主义、结构主义等一些哲学或社会学学派。这些学说或思想都包含着这样一个思路：即精神、道德状况和社会其他领域是密不可分的。然而，问题的复杂性在于，沿着这样一种西方人文——社会科学思路出发，至多只能得出这样的结论，即：当今的精神道德危机与政治、经济、教育、法律、社会、文化等一系列领域都密切相关，或者说是它们共同作为一个整体发生作用的产物，解决问题的办法只在于这一系列领域同时综合治理。这样一种结论并没有摆脱学科分割的思维方式。

进一步探讨使我们发现，在我们所研究的精神道德危机面前，政治、经济、法律、教育、社会、文化等一系列社会领域既表现了自己存在的独立性又表现得没有独立性。它们存在的独立性在于：作为解释导致精神道德危机的原因而言，它们之中每一个都独立存在，似乎都能够作为上述危机的原因；然而，一旦回到实际操作过程中，它们又都于瞬间丧失了独立性：当你试图解决政治方面的问题时，你立即发现每一个政治问题都与上述精神问题一样不再是该问题本身，而是它之外的社会领域诸如道德、文化、法律、经济、教育、社会等共同造成的；当你试图解决经济方面的问题时，你又立即发现每一个经济问题的解决，都要归结到法律、政治、道德、教育……方面的问题；解决其他问题的情形也完全一样。如此一来就出现了这样一种非常滑稽的理论循环：道德问题的解决要依赖于政治问题的解决，而政治问题的解决又要依赖于道德问题的解决；其他各社会领域的问题也是如此。不仅是我们探讨的精神道德问题，而且几乎每一个社会问题、社会领域都可以归结为其他领域的问题，归结为不是它自身的问题。这也等于是对每一个社会领域独立性的否认和取消。

聪明的人当然会说，各个社会领域之间虽相互依赖，但这不等于其独立作用不存在。但问题在于：承认社会领域各自的独立性及其相互关联性，并不能解决什么问题。按照这样的观点，只有教育、政治、经济、法律等领域的问题都已完全解决，才会根本扭转现有的精神道德问题，而那一天什么时候到来谁也不知道。与此相反，地方上的有识之士则提出了一个在他们看来能够很快扭转现状的有效方案，而不必去一个一个问题地综合解决。与那些咬文嚼字的学者们的观点相反的是，凡是对地方事务非常熟悉的地方人几乎都异口同声地认为，只有把那些腐化、坑蒙诈骗分子中为首的抓起来乃至枪毙一部分，才是扭转当地社会风气败坏及道德精神状况的根本出路，而绝不会提出在教育、政治、法律、经济……方面综合治理来克服当前的精神道德危机的幼稚观点。

我们能从地方人士的观点中得到什么启示呢？启示在于：上述不同社会领域之间互相关联的方式是中国式的、中国社会独有的，和中国文化习性密切相关的。贯穿着所有不同社会领域的一条红线，或者说作为所有这些不同的社会领域构成的有机整体的"心脏"是中国社会的人心状态或人心取向，这个人心状态或取向是超越于一切具体社会领域、又在其中具有强大支配作用、能反映中国社会整合特点的一个因素。这种观点认为，正因为人心不正，才导致歪风邪气愈演愈烈，若不处决那些罪大恶极的坏分子，则根本不可能扭转人心不正的现状。正人心才能正天下。这是由中国文化习性、中国社会整合规律决定的，解决精神道德危机应当从正名、正人心开始，这是我在义津镇调查过程中许多地方人士的共同看法。可见孔子提出的正名思想之所以两千多年行之有效，是因为它符合中国社会的特征。

其次，关于社会风气问题。只要深入地研究一下社会风气背后的民族文化心理，你就不得不惊讶社会风气和中国社会文化习性的内在关联，并由此承认社会风气在中国社会影响之大而应把它当作中国人文社会科学研究的一个重要变量。尽管任何一个国家和民族都可能在某个时期或某个地域有某种社会风气，但是几乎没有哪个民族像中国人这样把社会风气，或更准确地说，把支撑社会风气的那种心态心理直接当成了中国人的基本生存方式。这种心态和心理就是几千年来中国人生活在一种相互认同、相互攀比、相互慑服的文化世界中，由于缺乏超验的外在上帝，在日常生活中个人总是把他们的存在价值建立于对他人的比照关系中。这是一种高度人际化的文化，而绝不是西方那种个人本位的文化；在这种文化中，人与人之间的竞争不是以外在利益大小为标准，而以心理、人格上的相互折服为标准。几千年来，中国人的一切面子心理、人际斗争、家族历史、政治角逐和其他较量都是建立在这种人际文化心理之上的，我们可以据此来解释中国人之间的窝里斗、怕出风头等特异心理，而且可以据此认为，在世俗社会里社会风气几乎成为普通中国人的基本生存方式。一方面是"风水轮流转"，在不同的历史时期社会之风气都大不相同，乃至截然相反，生活在某一时期的人们总是对该时期的社会风气乐此不疲；另一方面，人们对于社会风气的参预并不是真能做到以此一风气好坏与否为评价标准，相反，他们参预它主要是因为此一风气是现行潮流，周围绝大多数人都以此为准来衡量一个人。

不管风气是怎样形成的，它可能是由于宣传媒介的鼓动，可能由于政治意识形态的倡导，可能由于占主导地位的某种社会力量的推动，可能甚至因为某个偶然的因素，总之，它一旦形成，就并不是由于它在理论上有充分的道理可以成立，而仅仅是由于人人都这么认为、这么做，由于它已是风气而被人积极参与之。

这里所反映的正是构成中国人的生存方式的一种文化心理：个人正是把他的价值、归宿和生命意义在很大程度上寄托于对于他人的认同、攀比和对照关系之上。因此如果别人都那么做，且以此为择偶、择业及衡量一个人的标准，你不这样做，那么你可能就很难在你周围的人际圈中生存下去。

正是中国人特有的文化心理致使社会风气在这个社会具有巨大的强制作用。据此我们可以理解，为什么改革开放以来，党提出的"让一部分人先富起来"的口号主要是针对一部分农民、个体户、私营企业，而不是针对政府机关及教育等诸多非营利性部门的，然而却很快在全社会形成一股"一切向钱看"的社会风气。许多政府部门利用手中的信用、法律、税收、治安权谋取私利，各社会部门及学校纷纷效仿，千方百计搞创收，为自己的职工多发奖金，一发而不可收。

问题并不在于银行、信用社、法院、税务所、公安部门、学校等一系列不以营利为目的的部门搞创收如何不合乎道德，而在于：当一部分人先富起来并受到官方宣传奖励之后，全社会随即刮起来一切向钱看的"社会风气"，在人人皆把致富当作自己的当务之急的情形之下，这一行为对个人的意义就不在于它所带给个人的具体实惠有多大，而在于它与他在其人际圈中的身份、角色、荣誉、价值相关。既然在政府机关和学校工作收入太低，他们又怎么能够安心呢？正因如此，不仅应当把研究社会风气的形成、流行和结果的规律作为中国人文——社会科学研究的重要课题，而且我认为更重要的在于认识到：鉴于社会风气已构成中国社会内部整合的一个重要的独立变量，对它的解剖无疑涉及中国社会科学作为一门真正的学术在中国能否确立起来的问题。

其三，关于社会凝聚力问题。任何一个社会要前进、要发展，任何一个民族要富强，从而走向现代化，几乎都少不了一个重要的前提条件：具有高度的内部凝聚力和运作效率的社会组织的形成。正像一个组织纪律涣散的军队必定要打败仗一样，一个民族要富强、要实现现代化，而它的内部肌体松弛涣散、一盘散沙，简直是不可思议。在我们对义津镇进行的调查中发现，在家族力量和地方政府整合功能均大大削弱的今天，地方社会呈现紊乱无序的一盘散沙局面，农民们以分散的个人形式进城赚到的钱再多，也难以形成"有效率的经济组织"（Douglas North 语），形成具有强大后劲和巨大潜力的"现代企业"。

深入思考可以发现，以人际关系、人际依赖、人际攀比、人际认同为特征的中国文化，必然地决定了中国社会某些地方会出现这样一种紊乱的、永远形不成有效率的经济组织和社会组织的局面。因为一群人聚集一起形成一种有效的行动组织，一个有机的整体，前提是他们必须共同服从某个共同权威，由该权威颁布命令和规则，遇到问题或违反集体利益的内部行为时，由该权威出面来协调、应变和解决。

这种权威在以个人为本位的西方文化中是契约型的和以法治为基础的，而在中国则是表现为家族式的、等级化和以德性为本的。儒家的家国一体、注重贤才式的王道政治理想正是体现了这一思想。具体来说：在中国文化中，家庭几乎是此文化中人精神上的最后避难所和避风港，在相互依赖、相互攀比、相互嫉妒、相互认同的人际关系中，人与人之间的话语交流充满了各种猜忌、面子和禁区，每个人几乎都觉得自己活得很累，但一回到"家"中就不一样了。"家"几乎是唯一可以敞开心怀、一吐心声的场所，"家"在中国文化中的重要性几乎超过了它在任何其他文化中的位置。"家"的这种天然保护伞和避风港的地位决定了家族能成为这一文化中最强有力的社会整合力量。

基于中国文化习性，在家族的力量之外，能够对社会成员发挥有效的整合和治理功能的力量几乎就只有两种了：一是道德性的权威，二是等级秩序的威力。须知，相互攀比和相互依赖的人际文化是很难把"平等"当作它的社会原则的，因为在这种依赖和攀比中，每一个人都可能沉醉于人格上的征服、心理上的优势，他们机关算尽、相互争吵、谁也不服谁；"平等"一旦作为一种能够让人人自由争吵的法规确定下来，就必然导致无休止的争论，甚至酿成残酷的杀戮。德性之所以能成为相互争吵中的权威力量，是因为有德者常常能以其没有私心而使沉浸在私人计较中的众人为之慑服；但如果这种权威不制度化也很难维持，因此就形成了"明贵贱，辨等列"（《左传·隐公五年》）的思想，即建立一套以德性为本、以人格完善者（贤人）为首的等级秩序来治理国家；这种等级秩序当然不倡导平等，但它实际上是主张人格平等，而不平等只是指行使公共事务的权力而言。这种等级秩序即古人所谓"礼制"。

这套社会整治方案面临的主要问题是如何才能确保德性高尚的人掌权。几千年来，中国的官方哲学讲仁义礼智信，民间的组织讲忠孝节义，即使是土匪、山寨王也把自己的总府称之为"聚义堂"、"忠义厅"等；这里面难道不包含着深刻的文化信息吗？我们难道可以仅仅以儒家哲学有利于维护统治者的统治而一概抹杀吗？难道上述思想和民主、法治注定是水火不相容的吗？如果不的话，那么，所有的中国学者，无论是人文学者还是社会科学学者是否都应该返本复原，回过头来重新整理和研究一下中国古代重要经典，从中思考和整理、挖掘出一系列由中国文化决定的中国社会自我整合之道，其不同于西方社会的规律、规则？

最后，关于社会和政府、私人话语和公共话语的问题。从以上对贪污腐化问题的分析中可以看出，造成国家官员贪污腐化的一个重要根源是来自于"社会"的力量，这里所说的"社会"显然与西方所谓与国家相对独立和区分的"市民社会"迥然不同，这里是指和中国文化习性密切相连的、人际关系为纽带的人际关系共同体（有点类似于英文中的community）。在这个"社会"中，居于第一层次的往往是自己的父母家人，然后是亲朋好友、同窗邻里、同事熟人等等。这个"社会"是以"我"为中心的，在它之中盛行的是以"我"的利益为核心的一套私人话语。正是这套私人话语和官方公共话语的对立和格格不入，才是导致腐败行为的根本原因之一。正如在前面提到过的，每个人都生活在"社会"中，没有人生活在"政府"中。在实际生活中，人们为了给自己谋求安全和庇护，总是千方百计不断扩大自己生活于其中的那个小"社会"，于是形成中国文化中特有的山头主义、帮派主义，由此进一步在官府中相互勾连、官官相护。由于不同人的行为总是相互影响的，于是在"政府"中也形成了自己的"社会风气"。一种腐败行为若不受制约，很容易流行起来成为某种风气，成为政府中他人效仿的对象。

这个特殊的、反映中国文化习性的"社会"，尽管时时表现得与官方话语格格不入，但其力量却是异常强大的：它几乎是一切腐化行为的直接动因。任何一种新的制裁腐化的机构都可能被它拉下水；民主和法制在这里几乎不起作用，官官相护的私人"社会"可以很快把它的正面作用瓦解掉。

为什么这个"社会"如此强大？这个问题的背后涉及非常深刻的中国文化习性方面的问题。这个"社会"是中国文化中的"家庭"的扩大的形式，是中国文化习性的必然产物。中国文化的人际性一方面标志着人与人之间的人性斗争、人际矛盾极其深刻，另一方面也正因为如此，使每个人都感到活得很累的同时千方百计为自己寻求庇护之所。家庭无疑是这个庇护所的最初、最保险的形式，从夫妻两口的小家庭到几世同堂的大家族是家庭的第一次扩大，而人际交往圈子及官官相护、山头帮派之类莫不是家庭进一步扩大了的形式。正因为如此，"家庭"，几乎成为中国文化中一切秘密的焦点，个人的生生死死、荣辱悲欢、情感真实、胸襟怀抱几乎无不与"家庭"有关。

由于以"家"为基础而形成的中国文化中特有的"社会"极其强大，只要它盛行的私人话语和官方话语是对立的，腐败及政治低效就不可能铲除。"物格而后知致，知致而后意诚，意诚而后心正，心正而后身修，身修而后家齐，家齐而后国治，国治而后天下平"。（《大学》）这一儒家的《大学》八条目表达的正是这样一种思想：修身、齐家可以使"家"、"社会"中盛行私人话语和官方公共话语相统一，从而是克服腐败、建立起强而有效的政府制度的唯一根本有效的途径。

## 5. 重思中国研究的范式

在20世纪中国人所做的所有引进"西学"的工作中，"社会科学"可以说是一个全新的事物。这一点，与人文科学相比显得尤其明显。人们通常倾向于认为，像伦理学、哲学等一类西方人文科学学科，在中国传统学问中并不是不存在；但是，很少有人会说像政治学、经济学、法学、社会学等一些西方社会科学学科在中国古代也曾存在过。这不是说古人没有研究过社会科学领域的问题,而是说,这种研究在古代学术中没有成为一门或几门独立的学科;毋宁说,在中国古代学问中,社会科学领域的问题几乎都被当成了伦理道德问题。因此我们可以说,社会科学对于中国人来说是"全新的"。

　　然而,一个多世纪以来,中国人不仅在很短的时间里引进了几乎所有的西方社会科学学科,而且史无前例地建立了一套完整、规范的学科体系,形成了一支庞大的专业研究队伍。今天,在各个领域社会改革飞速进行、各种社会问题蜂拥而至的特殊时代背景下,人们对中国社会科学的期望可以说是与日俱增。特别是,经过将近一百年的文化运动和思想革命的洗礼,中国人今天似乎更加意识到制度变革的重要性。比起当初的"维新"、"共和"来,只有"改革开放"以来中国社会的制度变革才真正显示出其巨大的建设性力量,只有"改革开放"才开始把中国近代以来千呼万唤的制度变革落到实处。然而,令人深思的是,中国社会今天所经历的巨大变革绝不是某种出色的理论的产物,而是出于多年政治动荡的惨痛教训;在改革从"一波三折"到平稳发展的过程中,中国社会科学似乎也没有提出太多的理论资源来指导它,更加行之有效的原则却是"摸着石子过河";最有趣的是,在改革带来了一系列思想、道德及制度的问题之后,似乎没有一个社会科学学说能对之作出真正令人信服的理论解释,或提出一套行之有效的解决方案。

　　对于中国社会科学在解释中国现实问题面前的"苍白无力",可以找到许多理由来解释。其中一个重要解释是,中国社会科学是从西方引进的,它们在中国还太年轻。对于中国人,可能还没有来得及完整地消化它,而只能说引进了一系列新的标签而已。这种解释当然很有道理。但是除此之外,似乎还有其他更重要的原因。因为社会科学毕竟与自然科学有所不同,在对社会科学问题的研究过程中,一个国家的民族性、文化传统以及国情的因素影响甚大,中国社会的许多现实问题不能像套用数字公式那样照搬套用西方社会科学理论来理解或解释。许多人都已认识到,中国社会科学目前采用的研究方式完全是西方式的,在解释中国社会的现实时未必总是适用。长期以来,人们似乎只是习惯于应用西方社会科学理论来理解或解释中国的问题。这与中国人文科学诸学科形成了鲜明对照。因为几乎所有的中国人文科学工作者，都在强调中国哲学等与西方的不同，尽管"中国特色"在某些人心中已经变成了满足其民族自尊心的主要途径，但是需要指出的是，在西方汉学界，经过几代学者的努力，已有越来越多的西方人承认存在着一种"中国特色"的哲学思维等及其对于现代世界的特别意义。这里试图讨论的一个问题是，中国社会科学难道真的可以避免讨论"中国特色"的问题吗？或者，中国社会科学的确立，难道只是意味着将西方社会科学理论直接引进到中国来研究中国问题吗？为了开展真正有价值的中国社会科学研究，在西方社会科学理论及方法之外，是否还需要建立一整套新的理论预设、概念系统或方法论？这些正是我要说的要点。我们认为，这个问题没有解决，正是中国社会科学工作者面对今天的中国自己感到无能为力的重要原因之一。

鉴于目前没有找到一种更好的从事中国社会科学研究的理论或方法，我建议不妨以历史上曾经出现过的、曾经在理解或把握中国社会现实方面发挥巨大作用的某种学说为例进行个案研究；这种学说虽然算不上"社会科学"，充其量只能称为一种"经验的总结"，但是它确曾在理解或解释中国社会现实方面发挥过强大的作用，并且总能在关键的时候提出一整套行之有效的解决现实问题的办法来。我们试图通过对这种学说的个案研究，看看能不能找到对于今天从事中国社会科学研究有启发意义的思路。这门学问就是"儒学"（儒家学说）。尽管儒学的历史作用20世纪以来饱受人们批判，但是，一个无法否认的事实是，儒家学说在过去两千多年的中国历史上，一直在用自己的一整套理论来解释中国，包括解释中国的历史、文化、社会以及几乎所有重大的现实问题，并在解释的同时提出了解决问题的具体方案。不管儒家的解决方式该如何评价，我们不能不承认，儒家对中国社会问题提出的解决方案曾经在很长历史时期内发挥过无与伦比的巨大作用。它曾经形成了一套相对完善的制度系统，非常有效地整合了中国社会的各阶层，使中国的生产力水平和生产关系在相当长时期内占世界领先地位；它有一整套相对完备的学说体系，它使得中华民族经历了一次又一次重大的历史考验，使中国的历史、文化和民族性多次免遭分裂和毁灭的命运，对中华文明的兴起、发展和保存起到过决定性的作用。儒家对中国社会问题的"解释"，虽然没有形成一门"科学"，但是，它对于我们今天从科学的角度来研究中国社会是不是会有借鉴之用呢?

为了替一种可能是真正的"中国社会科学"寻找起点,我们提出如下几个假设:

一、一种可称为"中国社会科学学说"的东西,不应当是西方迄今所建立起来的既有的社会科学理论在中国的直接应用。相反,中国社会科学的建立需要在西方社会科学理论之外建立起一套独立的理论预设和方法系统。这种理论和方法要在对中国社会各种复杂因素进行分析和判断的基础上,经过一代又一代人的努力才能形成。中国社会科学与西方社会科学理论既有同质性,又有异质性;它可能是西方社会科学理论的一个"延伸",二者在研究方法上有相通之处,但是与此同时它又可能包含着自己的独立的理论前提和方法论;

二、"中国社会科学"之所以有中国特色,可能与中国文化的习性有关。我们的假定是,中国社会的整合规律可能以某种经过几千年漫长发展积淀起来的特定的民族文化心理为基础,这种长久形成的(虽不是一成不变的)文化习性,导致了研究中国社会的现实问题不能不有一套新的理论和方法。因此,任何一种对中国社会发展规律的研究都应关注中国文化的习性,特别是中国文化心理结构与中国社会自我整合规律之间的关系。西方社会科学理论之所以不能直接在中国套用,正因为它们的理论预设与方法论不是以中国文化的习性为基础建立的;

三、儒学虽然本身不能被称为一门科学,但是作为一门在解释中国现实问题有过特殊作用的学问,它的理论观点可能对于我们从"科学"的角度来研究中国社会有巨大启发意义。因此,我们把儒家当作一个案例,试图通过对儒家提出来的若干与社会科学问题相关的范畴的研究,来揭示中国文化的某种"秘密",从而找到解读中国文化以及中国社会的"钥匙",以此来寻找"科学地"研究中国文化以及中国社会自我整合和发展规律的合适的出发点,对于建立起中国社会科学的理论和方法提供某种有借鉴意义的思路。

正是出于上述思路,本章选取儒家政治学说中的一个重要概念——"风"——为突破口,在搜集儒家学说中一系列与"风"这一概念相关观点的基础上,试图分析这些政治观点背后的文化心理基础,藉此以揭示中国文化的习性，以及中国文化的习性与中国社会自我整合规律之间的关系，从而试图为研究中国社会科学问题提供线索。我们在文中提出的所有概念，都是"试探性"的，它们可能在某些"社会问题域"内有一定的解释力，但是并不是说可以解释中国社会所有的问题。

最后，我想说的是，本章的基本论点——中国社会科学研究需要有自己的范式——其实一点也不新鲜。因为在国外，类似的观点已有许多，现略加介绍：

John Clammer：从日本现代性看西方社会科学的范式问题[①]

John Clammer 是有名的日本研究专家，他认为，理解日本社会必须用新的范式。比如，西方社会科学只能把主体当作单数来研究，而日本本土社会科学则不是把个人，而是把共同体，尤其是具体情境当作研究对象。比如 domination（统治）这个范畴，就不如 discipline（训练）在理解日本社会关系时有用。所谓"训练"，指学会在习俗传统中、在生活实践中、在人与人的互动中生存技能的培养。

日本社会给社会科学提出的挑战有：

首先，经济、文化与政治之间的基本分野不明显。日本的官僚机构和商业之间紧密相连，但均受制于文化，特别是受制于它们各自的组织文化。经济是文化的，而社会也是经济的。由此可见，简单地套用"经济"、"社会"等一类概念作为普遍的学科术语，就将无法充分认识和理解日本社会的一些关系。

其次，日本的社会乃是一个关系网，其中经济的、社会的、政治的等等范畴并不十分清楚。西方目前分科式的研究在日本可能不适用，对日本必须进行跨学科的研究，否则就无法理解日本。

总之，现代社会学面临着巨大的方法危机，对自身的政治责任感缺乏明确认识，在观察社会政治权力方面缺乏合法性，缺乏真正的比较研究视野。日本社会是非常不同的一种社会，它的概念范畴、解释模式都表现出有限的、人种化的、意识形态的特征，以及认识论上的地方性。

---

[①] John Clammer, *Difference and Modernity: Social Theory and Contemporary Japanese Society*, London and New York: Kegan Paul International, 1995, pp.111~112,122~123,127.etc.

日本社会在许多方面向社会理论提出了挑战。

持类似观点的还有 John P. Arnason[1]，他批评西方理论家囿于自身概念，未能对日本现代性给予足够的重视。社会理论家在解释日本时不得不面对一种不同的现代性之路和景观的问题；艾森斯塔德[2]指出，日本的巨大成就，使得人们对西方文明的最基本观念产生了疑问。

Louis Dumont：从印度种姓制度看西方社会科学的范式问题[3]

Louis Dumont 在 *Homo Hierarchicus: the Caste System and its Implications* 一书"导言"中，对盛行于西方的个人主义观念及其后果加以批评，指出在西方社会科学和人文科学研究中，存在着范式的巨大危机，即近代社会科学奠基人（韦伯、杜尔凯姆、马克思等人）均以西方近代社会为原型构建了自己的方法论系统，但是它是个人主义假定为出发点的，必须实现如下转换：即从个人本位到关系本位和整体本位。这是理解非西方社会特别是印度社会的首要前提。

Cigdem Kagitcibasi：从儿童心理学看西方心理学的范式问题[4]

Kagitcibasi 以有关的儿童的价值观为例，对长期占统治地位的西方心理学提出严峻挑战，作者倾向于认为，长期以来西方的心理学是以个人主义为主导的，强调个人独立自主为特征的背景下获得的，在理论上强调普遍性高于特殊性，理论性高于实践性，科学性高于应用性，等。但是这种研究方法显然不适合于第三世界国家，尤其是一些以强调人与人相互依赖为特征的文化或社会。

例如，在西方心理学中，对儿童的研究长期以来毋庸置疑地把儿童当作

---

[1] John P. Arnason, *Social Theory and Japanese Experience: the Dual Civilization*, Lodon and New York: Kegan Paul International, 1997.

[2] Shmuel N. Eisenstad, *Japanese Civilization: A Comparative View*, Chicago and London: The University of Chicago Press, 1996, p.1.

[3] Louis Dumont, Homo Hierarchicus: *the Caste System and its Implications*, complete revised English edition,, trans. Mark Sainsbury, Louis Dumont, and Basia Gulati, Delhi: Oxford University Press (Bombay, Calcutta, Madras), 1988, pp.1~20(introduction).法文首版于1966年，英文有1979,1980年版等。

[4] Cigdem Kagitcibasi (Bogazici University, Turkey), "Socialization in traditional society: a challenge to psychology," in:Géry D'Ydewalle (ed.), *International Journal of Psychology*, Amsterdam: North~Holland Publishing Company,vol.19(1984), pp.145~157.

独立个体来对待研究，而在传统社会里，儿童实际上是家庭－群体－社会的一个分子，不能独立看待；又比如，西方心理学在研究家庭时倾向于把家庭当作一个独立单位，而在传统的家庭观里，家庭乃是宗族或社区的一分子。再比如，在个人主义的西方，在美国社会心理中，自主性（autonomy）是一个核心价值，人们不自觉地把自主性的发展当作人格建立之前提，在大量的研究中均侧重于儿童早期独立性训练责任感、自给自足、效率、隐私以及成就感方面,然而这些概念或价值如何能适应于以人与人相互依赖为特征的生活呢？①

许烺光（F. L. K., Hsu）：心理机制与中国文化中的"人"②

许认为，中国文化中的"人"这一概念，比英语中的personality更能反映人的真实面貌。即它本身承认人是生活在一系列由内向外的关系网中，而不是一个孤立的、原子式的实体。西方文化中的personality一词，来源于西方文化的个人主义传统，是对人的含义的扭曲，导致了一系列西方文化中的问题。如果说中国文化或现实中的"人"的概念是"伽俐略式的"，而西方"人"的概念则是"柏拉图式的"。他认为，在研究中国文化时，用西方社会科学建立在原子式个人假设之上的范畴来研究是不可行的。他的这一观点在人类学、心理学界影响很大，常常被用来作为论证社会科学本土化的重要根据。

何友晖：心理学的本土化及其范式转换③

香港大学心理学系教授何友晖（David Y. F. Ho）等人批评 Popper K. Watkins 所谓方法论上的个人主义。指出杜尔凯姆等人所强调的从社会立场而非个人主义立场出发来研究的重要。很多集体现象不能归结为个人现象或

---

① Cigdem Kagitcibasi, "Socialization in traditional society: a challenge to psychology,"pp.148～149.

② Francis L. K. Hsu, "Psychological Homeostasis and Jen: Conceptual Tools for Advancing Psychological Anthropology," *American Anthropologist*, vol. 73, no.1 (Feb. 1971), pp. 23～44.

③ David Yau～fai Ho & Chi～yue Chiu: "Collective representations as a metaconstruct: an analysis based methodological relationalism,"*Culture & Psychology*, vol. 4, no.3(1998), pp.349～369, SAGE Publications; David Y. F. Ho, "Interpersonal relationships and relationship dominance: an analysis based on methodological relationalism,"*Asian Journal of Social Psychology*, vol. 1 (1998), pp.1～16.

个人行为之和。他认为,目前在心理学研究中普遍存在着一个范式的转换问题,即从以前的个人主义方法论到关系主义方法论。亚洲人的观念无时无刻不反映着自我和他人的关系,但是关系主义方法论同样可以应用于西方,马克思、韦伯、杜尔凯姆都是其例。

提出"亚洲心理学"概念,强调它的主要特征不是一个知识,而是一种方法论。这种方法论建立在黑格尔式的辩证法上,即个人从属于他与别人之间的关系。他认为亚洲文化中有丰富的跟人际关系相关的概念,这些说明了对于亚洲心理现象,不能用西方建立在原子式个人基础上的心理学方法论来研究。

Anand C. Paranjpe:走出西方心理学的范式危机[①]

A. C. Paranjpe 认为,心理学在很大程度上是欧美文化的产物。它的两位创始者,德国的冯特以及美国的詹姆士(William James),受到英国经验主义及 19 世纪欧洲生物学、生理学发展的影响,与自然科学在亚洲建立的良好地位相比,社会科学在亚洲却不然。没有人怀疑牛顿力学在不同文化背景下普遍有效,但是马克斯·韦伯或弗洛伊德的理论在亚洲的应用有效性就很难保证了。

回顾了西方心理学在亚洲遭受批评以及亚洲心理学不同于西方心理学的趋势,从 60 年代开始,西方人开始注意到心理学的东方概念。

作者并从西方思想家中找到了大量资源来支持其所谓多元心理学、从而反对普遍心理学的成分。他不仅举了马克斯·舍勒(Max Scheler)、哈贝马斯(Jüren Habermas)、曼海姆(Karl Mannheim)等人的研究成果,而且依据库恩(Thomas S. Kuhn)的范式学说、认知建构主义及建构替代论、阐释学等作为自己的理论武器,来证明不同的文化应当有不同类型的心理学研究范式。

最后我想说,"五四"以来,我们不仅引进了许多西方人文科学和社会科学领域的思想、学说和学派,而且借用它们的方法、思路或受它们的影响和启发而建立了许许多多"中国的"人文、社会科学理论。然而在纷繁复杂

---

[①] Anand C. Paranjpe,"introduction", in: Anand C. Paranjpe, David Y.F.Ho and Robert W. Rieber (eds.),*Asian Contributions to Psychology*, New York: Praeger Publishers, 1988, pp.1~18.

的中国社会现实问题的挑战面前，它们却往往像纸老虎一触即溃；尽管它们时常给人以耳目一新的感觉，但是在深宏博大、积淀了5000年之久而已形成自己独特的民族文化心理、文化习性和整合之道的民族性的大地上空，却往往只能像空中楼阁一样飘忽不定。多年来，不少学者试图把西方人文—社会科学某些流派的思想观点用之于分析中国的问题，然而这些将西方社会科学本土化的努力往往总是由于缺乏对中国文化习性的透彻领悟和把握而显得力不从心。问题也许在于：5000年来中华民族在其生生不息的生存河流中已经逐渐形成了一系列自己民族独有的文化习性、文化心理、生存方式、人际关系、精神世界、价值认同、民族性格，并由此必然地决定了中华民族社会有着自己独特的价值追求和自我整合的规律；今天虽然中国社会在制度和物质层面等方面都发生了空前未有的巨大变迁，但是无数血的历史教训表明：上述这些民族文化的习性及由此决定的价值趋向、自我整合规律未必就发生了本质的变化，这是否才是导致上文所述的那种人文—社会科学的范式危机的主要原因呢？

由于长期以来我们对上述问题未能引起足够的重视，未给予充分的探讨，因而可以说：今天虽然可以探讨人文科学和社会科学，或站在它们的立场上来思考问题，但是那些可以称之为"中国"人文科学和"中国"社会科学的学科迄今为止并未真正出现，或者说是尚在期待和建构中的事物。当然，我的意思不是说不需要遵守西方人文——社会科学中通用的方法，但是我的疑问是：对于中国社会来说，一些西方社会科学的研究范式是否完全适用？这个问题长期以来是否受到了我们的忽略？

# 第五章　礼治与法治：中西方制度的基础研究

　　本章研究中西文化中的制度基础异同，即礼治与法治赖以存在的文化心理基础区别，认为法治（rule of law）在西方文化中有深厚土壤，但是在中国文化中则不然；中国文化需要法治，但迄今为止最有效的制度基础仍然是礼治。

　　下面先论礼之义。

## 1．礼的特征与本质

　　"礼"源于祭祀①，进一步演变成一系列重要场合的礼仪活动，即所谓典礼（亦称礼典），与今本《仪礼》内容相应。典礼应当是"礼"最初和最主要的含义②，包括吉、凶、宾、军、嘉五礼，又有冠、婚、丧、祭、朝、聘、射、乡饮八礼之分（参《礼记·昏义》，《大戴礼·本命》），此外还有郊、社、尝、禘、馈、奠、射、乡、食、飨十礼之说（《礼记·仲尼燕居》），等等。

---

① "礼"字的文字学根源证明了这一点，参《说文·礼》。《礼记·礼运》："夫礼之初，始诸饮食，其燔黍捭豚，污尊而抔饮，蒉桴而土鼓，犹若可以致其敬于鬼神。及其死也，升屋而号，告曰：'皋！某复。'然后饭腥而苴孰。故天望而地藏也，体魄则降，知气在上，故死者北首，生者南乡，皆从其初。"又云："先王患礼之不达于下也，故祭帝于郊，所以定天位也，祀社于国，所以列地利也，祖庙所以本仁也，山川所以傧鬼神也，五祀所以本事也。"

② 参沈文倬：《略论礼典的实行和〈仪礼〉书本的撰作》，《宗周礼乐文明考论》（增补本），杭州：浙江大学出版社，2006年，第1~47页。臣瓒、叶梦得、朱熹、段玉裁、阮元、黄以周、皮锡瑞皆指出，汉人所谓《礼》或《礼经》，即今日《仪礼》，今日"仪礼"之名为汉以后人所加。《仪礼》内容即本文"典礼"。皮锡瑞说，史公、班固所称《礼》，即今本《仪礼》，不及《周礼》和《礼记》。蒋伯潜说："西汉时人仅认《仪礼》为《礼经》，在'三礼'中之位置为最高。"（蒋伯潜：《十三经概论》，上海，上海古籍出版社，1983年，第323页）另参：皮锡瑞：《经学通论》，北京，中华书局，1954年（"三礼"）；黄以周：《礼书通故》（全六册），北京：中华书局，2007年，第3~11页，周予同：《群经通论》，上海：上海人民出版社，2012年，第26页。

"礼"也进一步引申为代表正式的制度体系，即所谓"礼制"。在《周礼》一书中，我们看到那么宏大的王朝制度，包括三公六卿的等级，春夏秋冬四官的配置，各级官员的职守和待遇……皆被纳入礼的范畴①。此外，《礼记·曲礼下》所述天子五官如司徒、司马、司空、司士、司寇之分，以及"天子建天官六大"，"天子之六府"，"天子之六工"之类，皆属礼制范围。

"礼"还可从上述人间世界的秩序，延伸到自然世界甚至整个宇宙，代表天地间一切秩序。《左传》记载子大叔论礼，一方面把礼的范围大大拓宽为涵盖一切事物的规矩，有声、色、味之律，有喜、怒、哀之度；②另一方面，又把礼的地位大大提高到"天之经，地之义"的地步，成为"上下之纪、天地之经纬"。也有人说，礼本来就源自天地，代表天地间最高秩序和法则，所以无比神圣，"本于大一，分而为天地，转而为阴阳，变而为四时，列而为鬼神"（《礼记·礼运》）；"体天地，法四时，则阴阳，顺人情"（《礼记·丧服四制》）。③正因如此，古人认为礼保证了天地万物及人间社会一切事物的有效运行，"天地以合，日月以明，四时以序，星辰以行，江河以流，万物以昌，好恶以节，喜怒以当"（《荀子·礼论》）。

---

① "周礼"作为书名起于西汉末刘歆，该书原名《周官》或《周官经》（参王应麟：《困学纪闻》，卷四[全三册]，翁元圻等注，上海：上海古籍出版社，2008年，第464、469、571页[翁注]，黄以周：《礼书通故》（全六册），第1～21页，章太炎：《国学讲演录》，上海：华东师范大学出版社，1995年，第94页，蒋伯潜：《十三经概论》，第251～252页）。然自东汉以来，人们已习惯将该书所记视为"礼制"，故沿用此义。章太炎引《左传》隐公十一年"礼，经国家、定社稷、序民人、利后嗣"一句曰："《周礼》则经国家、定社稷之书也。"（章太炎：《国学讲演录》，第94页）

② 《左传·昭公二十五年》："淫则昏乱，民失其性，是故为礼以奉之：为六畜、五牲、三牺，以奉五味，为九文、六采、五章，以奉五色，为九歌、八风、七音、六律，以奉五声。为君臣上下，以则地义，为夫妇外内，以经二物，为父子、兄弟、姑姊甥舅、婚媾姻亚，以象天明，为政事、庸力、行务，以从四时，为刑罚威狱，使民畏忌，以类其震曜杀戮，为温慈惠和，以效天之生殖长育。民有好恶、喜怒、哀乐，生于六气，是故审则宜类，以制六志。哀有哭泣，乐有歌舞，喜有施舍，怒有战斗，喜生于好，怒生于恶。是故审行信令，祸福赏罚，以制死生。生，好物也，死，恶物也。好物，乐也，恶物，哀也。哀乐不失，乃能协于天地之性，是以长久。"类似的观点亦参《史记·礼书》："人体安驾乘，为之金舆错衡以繁其饰，目好五色，为之黼黻文章以表其能，耳乐钟磬，为之调谐八音以荡其心，口甘五味，为之庶羞酸咸以致其美，情好珍善，为之琢磨圭璧以通其意。"

③ 又："夫礼，先王以承天之道，以治人之情。""是故夫礼，必本于天，殽于地，列于鬼神，达于丧祭、射御、冠昏、朝聘。故圣人以礼示之，故天下国家可得而正也。""夫礼必本于天，动而之地，列而之事，变而从时，协于分艺，其居人也曰养，其行之以货力、辞让：饮食、冠昏、丧祭、射御、朝聘。故礼义也者，人之大端也。"（见《礼记·礼运》）。

　　沈文倬认为，①礼可分为曲礼、典礼和礼制；如果说典礼指特定场合中的礼节，曲礼则指日常生活中的礼节，曲礼当为典礼含义的具体展开。②严格说来，这些只是礼的形式，无论曲礼、典礼还是礼制，代表的都是人物交接的恰当方式。所以古人也把礼定义为恰当的、合乎分寸和尺度的行为或行为方式。《说文解字·礼》曰："礼者，履也。"③《礼记·祭义》云："礼者，履此者也。"《礼记·仲尼燕居》曰："言而履之，礼也。"《荀子·大略》云："礼者，人之所履也。"现在，我们可以将礼的几种不同层次的含义区分如下：

| | 礼之义 | 示例 |
|---|---|---|
| 4 | 整个宇宙的规范 | 如天地、阴阳、五行 |
| 3 | 政治行为的规范 | 如礼制 |
| 2 | 社会行为的规范 | 如典礼、曲礼 |
| 1 | 个人行为的规范（或恰当方式） | 如曲礼、典礼 |

　　上面四个不同层次的"礼"中，从第1到第4，范围不断扩大，但其根本含义是一致的，无非是人与事物或事物与事物之间某种规范的关系，"礼"或许可以定义为人与人、人与万物（包括鬼神和自然）交接时的伦理规范；而王朝制度的典章制度及天地宇宙的法则，或可看作这种规范的进一步延伸或客观外在表现。所以，古人也把礼看成"人道之极"（《荀子·礼论》），"理

---

① 沈文倬：《略论礼典的实行和〈仪礼〉书本的撰作》，《宗周礼乐文明考论》，第114页。
② 郑玄、孔颖达皆分《礼》为经礼、曲礼，然谓经礼即《周礼》，曲礼即《仪礼》（清人考证出郑玄未用"仪礼"一词），章太炎亦主此说。朱熹承叶梦得、臣瓒而驳其谬，指出"经礼"即《仪礼》所载（亦即典礼）；而"曲礼"乃"礼之微文小节"，"如今《曲礼》、《少仪》、《内则》、《玉藻》、《弟子职》篇所记"。《礼器》中"经礼三百，曲礼三千"，《中庸》中"礼仪三百，威仪三千"，其中经礼与礼仪同，曲礼与威仪同。然经礼与曲礼之关系，则或以为经礼为常礼，曲礼为变礼（蓝田吕氏）；或以为经礼制之凡，曲礼制之目（叶梦得）；或以曲礼为"经礼中之仪文曲折"，即经礼之展开也（孙希旦、黄以周）；或以曲礼为"日常生活中的小威仪"，则与经礼全然不同（沈文倬）。若以《礼记·曲礼》看，则可依叶、孙、黄之说，即：曲礼乃典礼之外、日常之礼，亦是典礼所包含的交待之道的具体展开，本文从此说。孙希旦又区分曲礼为三："一为《仪礼》中之曲折，一则古《礼》篇之《曲礼》，一则《礼记》中之《曲礼》也"，未知当否（郑玄《目录》谓《投壶》《奔丧》为《曲礼》之正篇，孔疏谓为逸《曲礼》）。参孙希旦：《礼记集解》（全三册），北京，中华书局，第1～3页；黄以周：《礼书通故》，第1～3页，章太炎：《国学讲演录》，第103页，沈文倬：《宗周礼乐文明考论》（增补本），第114页。
③ 还有如：《白虎通·情性》："礼者，履也，履道成文也。"《汉书·公孙弘传》："礼者，所履也。"

万物者"(《礼记·礼器》)。

古人特别强调礼的主要功能在于塑造行为规范,确立生活秩序。"夫礼,禁乱之所由生,犹坊止水之所自来也。"(《礼记·经解》)"讲信修睦,尚辞让,去争夺,舍礼何以治之?"(《礼记·礼运》)"朝觐之礼,所以明君臣之义也;聘问之礼,所以使诸侯相尊敬也;丧祭之礼,所以明臣子之恩也;乡饮酒之礼,所以明长幼之序也;昏姻之礼,所以明男女之别也。"(《礼记·经解》)"以正君臣,以笃父子,以睦兄弟,以和夫妇,以设制度,以立田里。"(《礼记·礼运》)①

但是,把礼的本质理解为规范或秩序,同时需要把它与传统、习俗区别开来。至少在儒家看来,礼并不是某种机械的规矩或被动接受的习惯,"礼"的目标在于追求和谐、健康的共同体生活——人们相互尊重,彼此敬让;人人各安其分,不相僭越;人们彼此关爱,和乐融融;人民秩序井然,有条不紊,即所谓"父慈、子孝、兄良、弟弟、夫义、妇听、长惠、幼顺、君仁、臣忠"(《礼记·礼运》)。②如果说礼代表的是规矩、规范,那也只是它的形式,而不代表其实质,礼的实质是实现人与人相互尊重、彼此恭敬、和谐相处。单纯的规矩、规范可能演变成机械、死板的条条框框,与人性的内在需要相对立。正因为礼的本质功能在于创造理想、充满活力的生活共同体,才被称为"国之干"(《左传·僖公十一年》)、"国之纪"(《国语·晋语》)、"政之舆"(《左传·襄公二十一年》)、"治辨之极"(《荀子·议兵》)。

为什么礼有上述功能呢?这是因为它有如下一些重要特征:

一是重分。"人道莫不有辨,辨莫大于分,分莫大于礼。"(《荀子·非相》)"礼莫大于分。"(《资治通鉴卷第一·周纪一》)所谓"分",严格说来,是指根据每个人在人伦关系中的年龄、身份、位置、性别等来确定每个人的职责,以

---

① 又如《礼记·礼运》:"礼者君之大柄也,所以别嫌明微,傧鬼神,考制度,别仁义,所以治政安君也。"《礼记·经解》:"衡诚县,不可欺以轻重,绳墨诚陈,不可欺以曲直,规矩诚设,不可欺以方圆;君子审礼,不可诬以奸诈。"《史记·礼书》:"大路越席,皮弁布裳,朱弦洞越,大羹玄酒,所以防其淫侈,救其凋敝。是以君臣朝廷尊卑贵贱之序,下及黎庶车舆衣服官室饮食嫁娶丧祭之分,事有宜适,物有节文。"《汉书·礼乐志》云:"象天地而制礼乐,所以通神明,立人伦,正情性,节万事也。"

② 《左传·昭公二十六年》:"君令臣恭,父慈子孝,兄爱弟敬,夫和妻柔,姑慈妇听,礼也。君令而不违,臣共而不贰,父慈而教,子孝而箴,兄爱而友,弟敬而顺,夫和而义,妻柔而正,姑慈而从,妇听而婉,礼之善物也。"

实现人人各司其职、各安其分、各尽其能。古人认为，先王害怕人欲膨胀无度，导致混乱，故"制礼义以分之"（《荀子·礼论》）；以"定亲疏，决嫌疑，别同异，明是非"（《礼记·曲礼》）；"使贵贱之等，长幼之差，知贤愚、能不能之分，皆使人载其事而各得其宜"（《荀子·荣辱》）。所以，"分"的问题，反映了礼因人、因事、因地制宜的特点；"无别无义，禽兽之道也"（《礼记·郊特牲》）。①这与反对考虑每个人特殊情况和具体情境而随时变通的"法"存在着本质区别。②

二是主敬。礼标志着对生命的敬畏。"礼者，敬而已矣。"（《孝经·广要道》）礼源于祭，祭礼塑造着对生命的敬畏之心。荀子认为，礼有"三本"："天地者，生之本也；先祖者，类之本也；君师者，治之本也。……故礼，上事天，下事地，尊先祖而隆君师。"（《荀子·礼论》）在祭祀中，对人间权威的服从被对超人间权威的崇拜所代替，从而使人间的秩序获得了神圣内涵，使共同体生活有了神圣基础。没有这个内涵和基础，共同体生活及其礼仪规矩就不稳固。此外，祭祀实现了对人间权威的驯化，使之走向理性。当然，敬畏绝不仅仅体现在祭祀之中，古人认为一切人类行为都要主敬，才能体现礼的精神。《论语》中"敬"字出现二十多次，"出门如见大宾，使民如承大祭"（《论语·颜渊》），正是把礼的精神转化为日常生活中每一个行为的细节。

三曰称情。荀子又谓礼为"称情而立文"，多述喜怒哀乐之情合理发泄之道。在人生的道路上，人们有痛苦也有欢乐，有悲伤也有喜悦。一方面要让人们的真情实感得以发泄③，另一方面又要使情感的发泄合乎分寸和尺度，这就是"称情立文"。文者，饰也。"事生，饰欢也；送死，饰哀也；祭祀，饰敬也；师旅，饰威也。……创巨者其日久，痛甚者其愈迟。三年之丧，称

---

① 《大戴礼记·哀公问于孔子》："民之所由生，礼为大。非礼无以节事天地之神明也，非礼无以辨君臣上下长幼之位也，非礼无以别男女父子兄弟之亲、昏姻疏数之交也。"

② 刘泽华倾向于从"分"来理解礼的本质。他说，"礼的精神实质就是'分'。……'分'、'别'、'等'表现在社会生活各个方面，如君臣上下之分、等级之分，财产与权力的等差之分，职业之分，衣食住行器用之分等等。通过'分'使每个人各就各位，各奉其事，各尽其职。'分'的目的就是维护社会的等级秩序。"（参刘泽华："先秦礼论初探"，见陈其泰、郭伟川、周少川编：《二十世纪中国礼学研究论集》，北京：学苑出版社，1998年，第81页）他又说，"分"、"别"等是礼的主导，但是为避免分导致的压抑和对立，儒家又提倡"仁"、"和"、"中"、"让"，作为对其负面效果的调剂（同上书，第81~84页）。

① 《荀子·大略》："礼以顺人心为本。"

情而立文，所以为至痛极也。齐衰、苴杖、居庐、食粥、席薪、枕块，所以为至痛饰也。"（《荀子·礼论》）"人情者，圣王之田也，修礼以耕之。"（《礼记·礼运》）"缘人情而制礼，依人性而作仪。"（《史记·礼书》）相互尊重、彼此敬让、秩序井然、和乐融融的共同体生活之所以出现，正因为每一个人的情感都得到了满足；更准确地说，是每一个人情感都得到了适度的满足。①

四曰养性。"礼者，养也"，"以养人之欲，给人之求。"（《荀子·礼论》）②当人的情感、欲望、需要得到了恰如其分的满足、没有逾越分寸时，对人的生命构成滋养。"孰知夫出死要节之所以养生也！孰知夫出费用之所以养财也！孰知夫恭敬辞让之所以养安也！孰知夫礼义文理之所以养情也！"（《荀子·礼论》）《左传》昭公二十五年谓"淫则昏乱，民失其性"，"是故为礼以奉之"。《汉书·礼乐志》亦引刘向谓"礼以养人为本"。可见礼的本质不在于通过一套规范或规矩来统治别人，也不是人为地追求统一或一致，而是要让每一个人的生命得到健康的成长、健全的发育。"五四"以来，人们多指责礼教"吃人"，这是一个理论与实践的差距问题，即在现实实践中礼有时被当成了机械、死板的礼仪规矩，但那岂是礼的本义？

综而言之，"礼"不是硬性的约束机制，而是同一共同体中多数人在心理上认同、在情感上接受的行为规范，其根本精神在于对人、物的尊重。可以这样说，一套政策或制度就其本身而言也许不是礼，但当被人们从心理上广泛接受为人与人相互尊重的行为方式、从而赋予它以某种道德意义或价值时，就成为礼了。

有了这些理解，我们可以总结一下礼与法的区别。应该说，礼与法的区别主要不在形式上，而在内在精神上。梁漱溟先生曾这样区分礼与法：

---

① 《汉书·礼乐志》："人性有男女之情，妒忌之别，为制婚姻之礼，有交接长幼之序，为制乡饮之礼；有哀死思远之情，为制丧祭之礼，有尊尊敬上之心，为制朝觐之礼。"

② 《荀子·礼论》云："故礼者养也。刍豢稻粱，五味调香，所以养口也；椒兰芬苾，所以养鼻也；雕琢刻镂，黼黻文章，所以养目也；钟鼓管磬，琴瑟竽笙，所以养耳也；疏房檖貌，越席床第几筵，所以养体也。故礼者养也。君子既得其养，又好其别。曷谓别？曰：贵贱有等，长幼有差，贫富轻重皆有称者也。故天子大路越席，所以养体也；侧载睪芷，所以养鼻也；前有错衡，所以养目也；和鸾之声，步中武象，趋中韶护，所以养耳也；龙旗九斿，所以养信也；寝兕持虎，蛟韅、丝末、弥龙，所以养威也；故大路之马，必信至教顺，然后乘之，所以养安也。"

凡一事之从违，行之于团体生活中，人情以为安，此即谓之礼……大家相喻而共守，养成这么一种习惯。成为习惯即叫礼。所谓"礼"这个东西，除了道德上的义务或舆论上的制裁之外，它没有其他的最后制裁（如法一样有打有罚）。[①]

凡一事之从违，行之于团体生活中，借外面有形的，可凭的标准以为决定，可行者行，不可行者止；取决于外面，于事方便，此即所谓法。在法表面上的标准很清楚，很明白，很确定；然与内里人情不一定相恰。在法上来解决一切问题，凡不合法者，他都有一个解决或制裁。[②]

李泽厚曾对礼、法之别总结如下：[③]

| 礼 | 法 |
| --- | --- |
| (1) 非成文的习惯原则（"经"） | (1) 成文的规范形式 |
| (2) 重情境和条件（如"礼尚往来"），有更多灵活性、特殊性和差异性（"权"） | (2) 重普遍和确定，追求一定的平等和一致 |
| (3) 个体的自觉和主动 | (3) 个体的被动与服从 |
| (4) 公德（公共行为）与私德（内心修养）合而为一 | (4) 只求行为表现公德，不同内在私德如何 |
| (5) 更多社会舆论的制裁和谴责 | (5) 主要由政府部门制裁处理 |
| (6) 目的性（本身即目的） | (6) 工具性（本身乃手段） |
| (7) 情感性（归结于"仁"）…… | (7) 非情感性（与"仁"无关）…… |

同时李泽厚也对中国历史上所实际存在的"礼法交融、合情合理"的治理方式及断案特点进行了非常好的总结，认为共包括四个方面：①屈法伸情，②原心定罪，③重视行"权"，④必也无讼。[④]

由于礼以人们在心理上、情感上认同为特点，导致它不像法那样强调统

---

① 梁漱溟：《乡村建设理论》，《梁漱溟全集》（第二卷），第382页。
② 梁漱溟：《乡村建设理论》，《梁漱溟全集》（第二卷），第382~383页。
③ 李泽厚：《己卯五说》，北京：三联书店，2003年，第192页。
④ 李泽厚：《己卯五说》，第201~210页。

一的、一刀切的形式，而是更强调其处境化、人情化的特点。①尽管一些礼后来被以书面形式确定、表面上与法无异，但对人的约束方式仍有所不同：违背了礼可能被人嘲笑、批评，甚至给自己带来严重后果，但不一定会受到硬性的制裁；违背了法必定可受硬性的制裁。法律的权威来自于国家机关，而礼的权威来自于舆论，特别是地方社会或私人生活圈内的舆论，未必与国家权威有什么关系。另一方面，法律作为一种形式性原则，虽有强制性，但可以随时制定、随时废除。而礼虽没有法那样大的强制性，却不能随时制定或废除。因为礼往往首先作为一种风俗习惯自然而然地形成，而后受到正式认可；但它一旦形成，往往就已具有巨大的惯性，在人心中形成强大的力量，比法律的影响力要更加根深蒂固。所以，礼与法作为对人的约束，各有特点，各有优劣。我们不能简单地说，法治一定比礼治更高级。

## 2. 礼在今天过时了？

现代人重视法治，轻视礼治。其中最有代表性的观点也许是德国社会学家滕尼斯（Ferdinand Tonnies,1855-1936）关于"礼俗社会"与"法理社会"的划分，前者不过是一个藉由图腾、宗教、传统、礼俗等权威让人们被动地联结在一起的共同体而已。②另一相关的观点是昂格尔（R.M.Unger）关于习惯法、官僚法和法治法（又译法律秩序）的区分。③根据他的区分，礼相当于西方历史上的习惯法，当然是比较落后的制度，迟早要过渡到以法治为主。

在全面反驳这些观点之前，首先要问的一个问题是，礼治是不是像许多人所认为的那样仅仅适用于传统社会？在通向现代化的过程中，儒家的礼治

---

① 明代首辅张居正，在父亲去世后，没有选择离职丁忧。这当然违背了当时普遍通行的礼制。但是有了两宫皇太后及万历皇帝的特许，这一行为又变成合理的。尽管如此，张的行为还是引起了许多人的强烈不满，并在日后给他带来了麻烦。但是，我们不能说张这样做违法。也不能说，皇太后及皇帝公然鼓励违法。有关历史背景参黄仁宇：《万历十五年》（北京：中华书局，1982年）。

② 参〔德〕斐迪南·滕尼斯：《共同体与社会——纯粹社会学的基本概念》，林荣远译，北京：商务印书馆，1999年。

③ 〔美〕R.M.昂格尔：《现代社会中的法律秩序》，吴玉章、周汉华译，南京：译林出版社，2001年。

思想是不是完全过时了呢？近代以来，不少西方学者研究了礼、特别是儒家的礼学，向我们展示了礼学在现代社会中的普遍意义。下面我们提供一组资料，来帮助大家理解。

1993 年诺贝尔经济学奖得主、美国杰出的经济学家道格拉斯·诺斯（Douglas C. North）的《制度与制度变迁》一书①是目前西方新制度经济学领域的名作之一，该书对正式制度与非正式制度的关系作了相当精彩的分析，指出非正式制度是一切正式制度赖以形成的条件，也是一切后者得以有效运作的前提。一切正式制度比起其背后支撑它的非正式制度来说，前者是冰山露出海面的部分，而后者是冰山深藏在大海深处的基体。诺斯所谓的"非正式制度"，指的是习俗、规范、传统、风气、潜规则、流行信念之类的东西。我们都知道，法律是正式制度，"礼"无疑接近于非正式制度。根据诺斯的观点，我认为可以得出，"礼"是"法"的基础；"礼"广泛普遍渗透在我们的生活中，比"法"更能反映一个社会生活的本质。

女人类学家 Mary Douglas 从符号学的角度论证了礼作为文化的习俗和传统，其作用比正式的法律制度大得多。②作者并不是一位儒家学者，但该书却系统、全面、深入地探讨了"礼"（ritual）的重要性，认为礼是传统社会最重要的文化资源，而现代西方人通常所谓的"自由"不过是一种幻觉。她以大量宗教、儿童认识论及语言学等方面的例证来证明：人从来到世上的第一刻起就生活在种种关系、规范、规矩、礼节、结构等之中，每一个语言及行为都是社会规范影响的产物，不存在脱离礼节规范的绝对自由，改变、变革只是用一种规范、结构取代另一种规范和结构而已，而非彻底摆脱规范和结构。作者进一步认为，现代社会中礼的衰落是其文化贫困的一种表现。

芬格莱特（Herbert Fingarette）的《孔子：即圣而凡》一书③对礼的作用有极精彩的发挥。他受西方语言分析哲学影响甚大，且不是一位专业的儒

---

① Douglass C. North, *Institutions, Institutional Change and Economic Performance (Political Economy of Institutions and Decisions)*, Cambridge: Cambridge University Press, 1990.

② Mary Douglas, *Natural Symbols: Explorations in Cosmology*, with a new introduction, London: Routlege, 1970/1996.

③ Herbert Fingarette, *Confucius—the Secular as Sacred*, New York: Harper and Row, 1972。中译参芬格莱特：《孔子：即圣而凡》，彭国翔、张华译，南京：江苏人民出版社，2002 年。

学研究者，甚至不懂汉语，但是他的这本书却对西方汉学界产生了振聋发聩的影响。从他以后，西方汉学界对《论语》及儒学的认识有了巨大飞跃。而这本书阐发最力的方面就是儒家的"礼"这个概念。作者以极其生动的语言告诉我们，礼在当代人（主要指西方人）的生活中无处不在，只要我们稍微观察一下我们与他们交往的场景，在教室里，在教堂中，在公司、企业里……在几乎人与人相遇的场合。①芬格莱特认为，"礼"是一种神奇的力量，有时不能言喻但却威力无穷。他还论证认为，正是这个我们平常意识不到的礼，是决定我们一切人与人交往行为成败的关键，而且是人们在与他人的动态关系中"使人成为人"的关键。

美籍华裔学者柯雄文（Antonio S. Cua）教授对儒家的礼学作了相当精彩、深入的分析。他认为，仁和礼是道德生活中两个相反相成的范畴。"仁"好比是道德行为的实质或内容，"礼"好比是道德行为的形式或准则。他引用现代西方伦理学理论指出，任何道德行为都不可能没有外在的标准，否则道德学说将失去规范意义。一个理想的人格，应该是道德生活上述两个方面的完美结合，儒家的君子正是这一结合的典范。②另外，礼也可以说是人与人最恰当的交往方式，这就是它有时在英文中被译为 propriety，rules of propriety，rules of proper conduct 的原因。他还强调，从儒家传统看，礼还可以成为道德、宗教、审美三种价值的最高统一体。儒家并不仅仅从祭祀的角度谈礼（宗教），也不仅仅从道德修养的角度谈礼（道德），还注重礼乐并举、礼乐交相为用（审美）。由此可见儒家的礼绝不是僵化、压抑人性的教条和阻碍社会进步的负担，而是相反，它至少有两个重要功能：从个人的

---

① 例如，当我们以学生身分坐于教室时，我们必须跟老师保持一种距离，发言要听从老师指示，不能随便离席，不可大声喧哗，不能打断老师讲话，等等。如果我们可以拒绝这些规矩的话，老师一刻也不能在教室里教学了。又比如，当我们走进商场购物时，我们就不能像在家里跟兄妹一样的说笑，不能席地而坐，必须注意店员的反应，等等。如果我们可以不遵守这些规则，商店也就开不成了。类似的现象在日常生活中遍地皆是，芬格莱特在书中也举了一些。仔细思考可以发现，这些规矩与法律最大的区别就是，它们通常不是明文规定的，而是约定俗成的，它们的精神在于对人应有的尊重，捍卫权力不是其精神实质。恰恰是这些约定俗成的规矩构成了我们日常生活的绝大部分内容，反映了礼在现代人生活中的广泛存在，其巨大力量远远超出了我们的想象。

② A. S. Cua, "Reflections on the structure of Confucian ethics", *Philosophy East & West*, vol.21, no.2(1971),pp.125～140.

角度讲，它是培育道德人格、使人性自我实现的重要渠道；从社会化的角度讲，它是区分人群关系的准则或规范。①杜维明在有关论文中也对仁与礼的含义及关系作了相近的分析。②

南乐山（Robert Neville）是美国波士顿大学的一位神学家，对儒学也情有独钟。③"礼"成为他所重点阐发的对象，他认为礼代表一个文化中最重要的意义象征系统，礼的重要性体现在：任何成熟发达的文明均是象征符号发达、丰富、和谐一致的系统，保证象征符号的和谐一致及有效运作，是文明成败的关键，或者说文明好坏的标志，由此可见礼的特殊重要性。儒学的礼给我们一个重要启发就是：孝敬而不是出于需要，尊重而不是使用权力，友爱而不是利用别人，才是人类生活中最重要的东西。他说，文化是由礼构造出来的；礼代表文明的规范；礼构成或意味着人类社会中的和谐。他进一步从实用主义哲学观出发，指出：现代世界中文明的日益多样化、多元化，导致不同文化、文明样式之间的碰撞与融合成为现代世界上的主要问题之一，在这种情况下儒家的礼学思想给我们的启示之一是如何努力营造一种不同文化之间在生活习惯、行为方式、思想方式、风俗价值等方面的全面和谐。

《东西方哲学》杂志2001年有一篇标题《儒家之礼与自我的技术：一种福柯式解释》的文章，专门讨论儒家礼教思想与西方自由主义的关系，作者Hahm Chaibong在文章中论证认为，表面看来，儒家的礼教思想与西方自由主义是完全对立的，一个注重训练、适度、道德，一个讲独立、自由、自主。但是从另一方面看，二者之间所谓对立也可能是假象。因为自由主义者虽然

---

① A.S. Cua,"Li and moral justification: a study in the Li Chi,"*Philosophy East & West*, vol.33,no. 3(1983),pp.1~16. 柯雄文另有专门论述荀子礼学的论著，参 A. S. Cua, "Dimesnions of li (propriety): reflections on an aspect of Hsin Tzu's ethics,"*Philosophy East & West*, vol. 29, no. 4 (Oct. 1979), pp.373~394.

②Tu Wei~ming, "The creative tension between Jen and li", *Philosophy East and West*,vol.18(1968), pp. 29~69。杜认为，礼是仁在特定情境下的外化，礼体现了儒家不只是理论上谈仁，而且要在入世中实践仁的精神；如果说仁代表一种内在性原理，礼就代表一种特殊性原理。礼好比是世界的准则。有礼而无仁，人不成其为人；有仁而无礼，只是空谈。仁与礼之间存在一种张力和平衡，需要人在实践中体认和把握。

③ Robert C.Neville, *Boston Confucianism: Portable Tradition in Late ~Modern World*, Albany: State University of New York Press, 2000.

把个人自由看得高于一切，但是却从来不告诉人们如何运用自由、如何实践个人自由。从这个角度讲，儒家的礼学思想注重个人训练，这对于西方人如何在实践中运用自由同样是必不可少的，可见礼学与自由主义之间的鸿沟是可以填平的。①

John Clammer 是日本研究专家。他指出，当代日本社会到处渗透着礼的精神（ritualism），"礼制化"（ritualization）在日本社会中起着消解冲突、促进和谐的作用。西方人习惯于把现代日本看成一个没有现代性的等级社会，而不知道实际上，在日本社会，礼制之所以受到广泛的尊重，乃是因为通过礼所形成的等级秩序与西方人心目中的等级秩序含义并不一样，比如日本的等级秩序不仅允许个人自由存在，而且创造了生命能更好地成长的秩序。良好的礼把本来分离、对立的现实结合起来，并允许个人创造力的发挥。在日本，身份等级制并不意味着最上层的垄断集权，高度发达的分工也会导致大众生活在牢牢控制的鸽笼中。日本人"礼尚往来"的习惯证明了这个社会在深层上以相互关照为核心的精神，这一精神有助于合作精神的培养。他认为，日本的现代化是对西方现代性概念的严峻挑战，而礼是理解当代日本现代性的关键性概念之一。②

## 3．法治的西方土壤

现代中国人崇尚法治。法治在现代世界已成为一种不可动摇的神话。然而，很少有人认真地研究法治（rule of law）的本质。一个非常重要的问题就是，西方的法治源远流长，古希腊罗马以来未曾中断，是由于它在很大程度上来自于社会基层，是自下而上、自发形成的事物。法治，从某种意义上说，反映了的正是西方人对于任何社会秩序的基本认识。西方人所谓"法"（law），本是规律的意思；人类社会的秩序作为一种内在而自发的规律被揭示出来，就是"法"。这一概念非常典型地体现在西方自然法思想中。早在

---

① Hahm Chaibong, "Confucian rituals and the technology of the self: a Foucaultian interpretation," *Philosophy East and West*, vol. 51, no. 3 (Jul., 2001), Eighth East~West Philosophers' Conference, pp. 315~324.

② John Clammer, *Difference and Modernity: Social Theory and Contemporary Japanese Society*, London and New York: Kegan Paul International, 1995, pp.105~107,110,etc..

罗马时期，人们就曾将法律分为自然法、市民法和万民法三种（如果除去针对外族的万民法，只有两种），后来自然法传统一直影响到近代西方几乎所有的法律思想家。按照孟德斯鸠的说法，"自然法"乃是先于人类社会、"单纯渊源于我们生命的本质"①。他又说："法是由事物的性质产生出来的必然关系。"②这种关系从本质上是由上帝赋予事物的规律。就像自然事物之间存在上帝所赋予的规律一样，在人这种"智能的存在物"之间也存在上帝所赋予的规律。维尔说，欧洲在中世纪早期就强调"法律是确定不变的神启的习惯模式，它可以由人来适用和解释，但不能由人来改变。就'立法'的人来说，他们实际上是在宣布法律，澄清这一法律究竟是什么，而不是创造法律"。③

　　这种法代表人类社会内在规律、统治者也只能发现它、而不能根据主观意志和需要创造它的思想，即使在当代自由主义思想家哈耶克那里也得到了继承，后者强调法律的真正基础是自生自发的秩序。④康德的法律观表面看来反对自然法传统，醉心于从先验的角度寻找法律的基础。⑤但是从另一角度看，他与自然法学者同样，均认为人类社会内在具有的必然规则即是法，都把法看得无比神圣。这种法治思想，在中国文化中是不存在的；无论是管子、韩非子还是儒家，所讲的法均非某种内在、先验而超越的规律，与 rule of law 思想有本质区别。

　　现在我们不禁要问：在中国文化中，那种自发产生的、合乎人的内在本质、可以找到先验的绝对基础的秩序也是法律吗？至少在中国历史上，人们并不这么认为。正如何意志（Robert Heuser）所云："西方的法在中国古代的对应物，并不是《书经》称之为'法'的事物，而是'礼'这个概念。"⑥关于中国文化中自古以来最有效的制度是礼而不是法这一点，学界已有共识。这里有两个需要大家共同关注的问题，即为什么中国文化中内在、自发

---

① ［法］孟德斯鸠：《论法的精神》（上册），张雁深译，北京：商务印书馆，1961年版，1995年重印，第4页。

② ［法］孟德斯鸠：《论法的精神》（上册），第1页。

③ ［英］M. J. C. 维尔：《宪政与分权》，苏力译，生活·读书·新知三联书店，1997年，第23页。

④ ［美］哈耶克：《法律、立法与自由》（第一卷），邓正来、张守东、李静冰译，北京：中国大百科全书出版社，2000年。

⑤ ［德］康德著：《法的形而上学原理——权利的科学》，沈叔平译，北京：商务印书馆，1991年。

⑥ ［德］何意志：《法律的东方经验——中国法律文化导论》，李中华译，北京：北京大学出版社，2010年，第45页。

的秩序是礼而不是法？此其一。其二，既然直到今日为止，法治仍未作为一种自发的秩序在中国产生过，通过强制措施人为地建立法治是否可行？

对于第一个问题，人们也许会说，由于中国古代社会结构决定了礼治秩序在当时可行，因为礼治适合于熟人社会；而到了现代大型的、以陌生人为主的社会，礼治已不适应，只能追求法治。然而这一观点的问题在于，一方面，无论注重法治的古希腊城邦，还是近代早期的欧洲小共和国（现代法治的发源地），其规模均远比古代中国的王朝小得多（人口少则数千，多不过数万，且四邻相望，大体熟悉）。与中国古代王朝相比，它们才更近于熟人社会。从这个意义上说，欧洲的法治恰恰是在熟人社会中诞生的。另一方面，即使在现代的大型民族国家，人们也照样可以按照熟人社会的原则来对待其制度。就以今天的中国而言，无论人们之间一开始多么不熟悉，一旦他们发生交往，就把大量精力用于建立熟人关系。这种熟人关系除了表现人们在自己所在工作单位、所在行业、所在居住区、所在街道甚至所在城市建立熟人关系网，还通过同学、同乡、同事、亲戚、朋友等一系列方式建立了大量的熟人关系，遇事就通过这些关系来化解。即使没有关系的双方当事人，一遇到问题，也会千方百计找关系来解决。易言之，无论国家多大，无论结构如何不同，中国人总是把陌生的关系变成熟人关系、用熟人的原则来解决陌生人的问题。

按照谢遐龄先生的观点，"中西文化在其根基处就不同"[①]。据此，中国社会难以产生法治，是由此"根基不同"所决定的，无关乎熟人社会／陌生人社会、静态社会／动态社会、农业社会／工业社会之分。他的基本意见是，"法律体现普遍性"，"法治要求无条件地遵守法律及其他规则"；然而"现在的中国人对于普遍性不仅是冷淡，而且是厌恶"；"如果遇到一个严格照章办事的工作人员，都会在心中暗骂他'死脑筋！''不近人情！'"，"中国人民仍然遵照传统把自身置于规范之上"，"对于恪守规则的领导人轻则嗤之以鼻，重则发扬民主、赶他下台"。[②]

我也曾在几年前指出过，中国文化中人与人关系整合的机制是人情和面

---

① 谢遐龄：《马克思主义与儒学——我们是否仍处于经学时代？》，《中国之为中国：正统与异端之辩》，上海：世纪出版集团、上海人民出版社，2012年，第14、15页。

② 谢遐龄：《马克思主义与儒学》，《中国之为中国：正统与异端之辩》，第16页。

子，人们天生对于非人化、冷冰冰、没有人情味的制度与规则缺乏热情和信念。所以，对中国人的人际关系从制度上约束的最好方式不是通过"法"，而是通过"礼"。从文化模式上看，中国文化中人与人的关系呈现为费孝通所说的"差序格局"，凡是凌驾于具体个人关系之上的抽象法则，则由于其脱离人情，不顾处境，而难给中国人带来心理上的安全，所以这种文化对法治有天然的排斥心理。①

费孝通的差序格局／团体格局说，从文化模式上回答了谢遐龄所谓"根基处不同"。他说："在中国传统的差序格局中，原本不承认有可以施行于一切人的统一规则。"②因为中国人效忠于非常生动、具体的私人关系，即使大臣对于国君的忠，也是基于其私人的感情，所以非常缺乏公德意识。"一个差序格局的社会，是由无数私人关系搭成的网络。……传统的道德里不另找出一个笼统性的道德观念来，所有的价值标准也不能超脱于差序的人伦而存在了。……因为在这种社会中，一切普遍的标准并不生作用，一定要问清了，对象是谁，和自己是什么关系之后，才能决定拿出什么标准来。"③反映在制度上，就是中国人重礼治，因为礼重视差异、等级、处境等因素。

相反，在西洋社会中，社会结构是"团体格局"的，人们建构一种超乎个人之上的、无形的团体，此团体对人们彼此之间的私人关系持否定态度，公共、普遍的规范简直就是整合一切人际关系的基础。一个相应的结果，是出现了"笼罩万有的神的观念"，"团体对个人的关系就象征在神对于信徒的关系中"，其中有两个重要方面："一是每个个人在神前的平等，二是神对每个个人的公道。"由此我们才能理解美国《独立宣言》中"全人类都生来平等，他们都有天赋不可夺的权利"这句话的真正含义。④

类似的观点美籍华裔学者许烺光也提出过，他从文化心理学的角度解释为什么西方式的法治思想在中国没有发展起来：因为法律是impersonal[非人化的]，而中国人一切依赖于具体的处境和人的感情，而不是什么绝对的标准；"在中国人的哲学里，对法律的解释是依据情境和人的感情，而不是依

---

① 方朝晖：《文明的毁灭与新生》，第 68～102 页。
② 方朝晖：《文明的毁灭与新生》，第 57 页。
③ 费孝通：《乡土中国》，北京：北京大学出版社，1998 年，第 36 页。
④ 费孝通：《乡土中国》，第 31～33 页。

据绝对标准"①。由此看来，中国人排斥法治，可能与中国文化根深蒂固的注重情境和人情有关。如果现代中国人仍然如此，也会同样地排斥法治。

按照谢遐龄的观点，导致上述中西差异的深层原因之一，是"中国思想缺乏抽象化了的普遍性"，"中国社会未曾出现抽象人格"。体现在哲学上，是中国没有出现过希腊哲学那样"形式、质料的割裂与对立"；体现在宗教上，是中国没有出现过"抽象程度极高的纯形式的神"。②根据费、谢的分析，我们可以说，抽象、普遍的法律，就像上帝的一只手，对每一个独立、平等的个人进行着统治。因此，法治作为一种社会秩序，从哲学上反映了西方人追求抽象普遍性，从宗教上反映了以超人的力量来支配人间。无论是强大的自然法传统还是先验的法的形而上学，无论古希腊罗马的法治制度还是近代以来的西方法治传统，只有从这个角度才能找到其真正秘密。

现在来看上述第二个问题，对于没有法治的文化心理土壤的中国文化来说，法治可以人为地强加上去吗？对于这个问题，费孝通先生早已指出："法治秩序的建立不能单靠制定若干法律条文和设立若干法庭，重要的还得看人民怎样去应用这些设备。更进一步，在社会结构和思想观念上还得有一番改革。"③而谢遐龄则持悲观的看法，认为也许至少再过五百年甚至两千年。④我认为，既然中西方文化的模式不同，各自分别适用于礼治与法治，为何一定要让中国走西方模式的道路呢？

这里我想简单地提一下伯尔曼。伯尔曼特别反对人们把法律理解为一系列规则和法则的总和，他强调在法的历史发展中，"活动重于规则"。所谓"活动重于规则"，内涵之一是人们内心对于法的普遍信仰。他说，

> 法律必须被信奉，否则就不会运作；这不仅涉及理性和意志，而且涉及感情、直觉和信仰，涉及整个社会的信奉。⑤

---

① Francis L. K. Hsu, Americans and Chinese: *Reflections on two Cultures and their People,* Garden City, New York: Doubleday Natural History Press, 1953/1970, p.361.

② 谢遐龄：《马克思主义与儒学》，《中国之为中国：正统与异端之辩》，第21页。

③ 费孝通：《乡土中国》，第58页。

④ 谢遐龄：《马克思主义与儒学》，《中国之为中国：正统与异端之辩》，第16页。

⑤ [美]哈罗德·J·伯尔曼：《法律与革命——西方法律传统的形成》，贺卫方等译，北京：中国大百科全书出版社，1993年，p.iii，着重号引者加。

这段话强调了法律赖以存在并有效运行的文化－心理基础，即法律系统从来都不是某个人凭自身天才的想象或精密的理论构思建立起来的，而是来源于深厚的生活土壤，来源于最普通的人们在日常生活中、在自己的感情世界中、在自身的直觉和想象中认可或追随的信念。这也是我们今日理解西方法治概念不适用于中国的重要原因之一。

伯尔曼批评了狭隘的法律概念，即"仅仅把法律看作通行的规则、程序和技术"，而不能以整体的和历史的眼光看法律，因为现代西方法律体系的形成是多元的历史的产物，其中包括"基督教和犹太教的历史、希腊的历史、罗马的历史、教会的历史、地方的历史、本国的历史和国际的历史，等等"①。他强调要从欧洲中世纪后期丰富生动、高度复杂的历史源头来理解法律，并引用布莱克斯通的话指出，在英格兰曾经流行过的法律包括"自然法、神法、国际法、英国普通法、地方习惯法、罗马法、教会法、商人法、制定法和衡平法"。②

最后，我想从文化团体主义的角度来看法治在中国文化中的局限性。礼治和法治的另一重要区别在于，法治只对当前的这事情（指纠纷）负责，而礼治要把当前的这事情（如纠纷）和整个社会秩序的追求、甚至和宇宙的和谐等联系在一起。所以礼治可以满足中国人在心理上的更大的安全需要。欧洲近代的法治是在一个高度分裂的、权力多元化的世界里，维系秩序的有效选择。法代表一种形式原则，对事不对人，所以司法独立是法治的基本前提。然而，在中国则不然。当"天下"出现了巨大分裂、权力高度多元化之后，人们的安全感彻底破坏，重建安全感最有效的途径就是再统一。问题出在中国人不能安于权威的分裂和混乱，而西方人能，这就是文化团体主义的问题。我们知道，法治只是社会秩序的一个方面，在欧洲历史上它曾与分裂以及权力／权威的多元化并存。

## 4．为何是礼教文明？

两个人有事发生关系，比较圆满的结局是双方事后都感到心安。万一发

①　［美］伯尔曼：《法律与革命》，第 iv 页。
②　［美］伯尔曼：《法律与革命》，第 iii～iv 页。

生纠纷，诉诸法律，则已撕破脸皮，从此不能心安。这就是中国人的法律观：法治的理想境界是无需法律，即"无讼"——人们自觉礼让，秩序自发形成。故孔子曰："礼乐不兴，则刑罚不中"（《论语·子路》），此即所谓"礼大于法"的由来。"夫礼者，禁于将然之前；而法者，禁于已然之后。"（《大戴礼·礼察》）礼防于内心，法防于外表；礼诉诸自律，法诉诸他律；礼比法意义更大。

这里涉及如何看待法治的另一项重要内容——个人权利——的问题。按照梁漱溟先生的观点，法治之所以难以完全适应于中国文化，根本原因之一恰在于它以个人权利为核心，这是因为个人权利会导致争斗，而争斗会破坏关系，导致无法合作。早在上世纪30年代，他就指出，中国文化是"伦理本位的"，重视人情人心，故适合于礼制；西洋文化是"个人本位的"，重视个人权利，故适合于法制（用今日术语即"法治"）。如果说法治的特点是以势迫、以力争，那么礼治的特点就是"伦理情谊、人生向上"。中国人"本乎伦理以为秩序"[1]，难适应以个人权利为核心的法治。

梁漱溟总结认为，西洋文化中有效的社会整合方式就是注重权利、外势和制衡，表现为运用各种强力"相质相剂"，在碰撞中求平衡，在平衡中相制约。[2]他认为这种社会整合方式体现了西洋人的文化习性：摆脱限制，不断外冲（方按：今天也被称为外在超越）；进一步导致社会生活中特重个人权利，在经济生活中特重私人财产，在官僚制度中发明三权分立，在政治制度上借助政党竞争。

这种以相互制衡、彼此竞争为特征的设计，在西洋文化中"本是他固有的精神"，但在中国文化中实行起来却意味着对于人的不信任，后患无穷。[3]孔子曰："不逆诈，不亿不信。"（《论语·宪问》）中国人需要在礼让中达成谅解，在谅解中变得和气，在和气中建立情谊，在情谊中找到安宁，这才是做事的正常路数。相反，"走防制牵掣的路，越走越窄，大家都是不好的心理，彼此相持不高，心气越降越低，弊端越来越多，这个完全不是救弊之

---

① 梁漱溟：《乡村建设理论》，《梁漱溟全集》（第二卷），第175页。
② 梁漱溟：《乡村建设理论》，《梁漱溟全集》（第二卷），第388页。
③ 梁漱溟：《乡村建设理论》，《梁漱溟全集》（第二卷），第251页。

道"！①用这种方法搞地方自治，等于是让地方自乱。他说：

> 欧洲人以其各自都往外用力、向前争取的缘故，所以在它制度里
> 面，到处都是一种彼此牵制，彼此抵对，互为监督，互为制裁，相防相
> 范……所谓政治上三权分立，就是这个意思……中国于此尤不适用。用
> 在中国政治中，则唯有使各方面互相捣乱而已。②

另一方面，他还指出了人权作为一种核心价值在中国治理过程中所可能带来的问题，即大家都为自己的权利而斗争，结果不再注意给别人留面子，人家也不给自己留面子，于是双方较上了劲，斗来斗去，什么事也做不成。

> 如果从个人权利出发，那如何能使他合！③

由于受西方影响，有些地方搞乡村自治时，特别强调村民的权利，乡村自治法规充斥着相互检举、罢免的内容。但是如果真的这样做，就会导致人与人反目成仇，"从此你办事我捣乱，我办事你捣乱"，公家的事一事无成。④
所以中国社会的治理，"不能走法的路，就只能走礼的路"，"走的是与西洋恰好相反的路"。⑤这条礼的路有什么特点呢？就是重视人与人的伦理情谊，从人生向上的角度引导人们。⑥对于团体组织中人与人之间的矛盾与不和，"总要以情动、以理喻，而必不可以势相胁"。⑦他说：

---

① 梁漱溟：《乡村建设理论》，《梁漱溟全集》（第二卷），第328页。
② 梁漱溟：《乡村建设理论》，《梁漱溟全集》（第二卷），第251页。他也谈到了以竞选为特征的民主制度在中国社会中应用起来容易走样。以当时的村长选举为例，由于告村长的人很多，于是设立监察委员会。结果发现，有的村里选举村长，选来选去还是原来的人或是他的亲属当村长，甚至是村里最坏的人当村长。等监察委员宣布选举无效时，村民们一哄而散。
③ 梁漱溟：《乡村建设理论》，《梁漱溟全集》（第二卷），第324页。
④ 梁漱溟：《乡村建设理论》，《梁漱溟全集》（第二卷），第327页。
⑤ 梁漱溟：《乡村建设理论》，《梁漱溟全集》（第二卷），第383页。
⑥ 梁漱溟：《乡村建设理论》，《梁漱溟全集》（第二卷），第383页。
⑦ 梁漱溟：《乡村建设理论》，《梁漱溟全集》（第二卷），第387页。

　　我们这种组织的运用，与西洋比较起来，是各走一路。所谓各走一路者，即刚才所说的一条是法的路，一条是礼的路。①
　　礼仪就是让每个人的生命力出来。②
　　中国将来的组织构造是礼俗而非法律。③

他明确提出中国要建的新组织就是新礼俗：

　　所谓建设，不是建设旁的，是建设一个新的社会组织构造；—即建设新的礼俗。为什么？因为我们过去的社会组织构造，是形著于社会礼俗，且不形著于国家法律，中国的一切一切，都是用一种由社会演成的习俗，靠此习俗作为大家所走之路（就是秩序）。……西洋社会秩序的维持靠法律，中国过去社会秩序的维持多靠礼俗。不但过去如此，将来仍要如此。中国将来的新阶级组织构造仍要靠礼俗形著而成，完全不是靠上面颁行法律。所以新礼俗的开发培养成功，即社会组织构造的开发培养成功。新组织构造、新礼俗，二者是一个东西。④

　　我曾在有关论著中指出，⑤在中国文化中，当制度没有了礼的精神，就成为机械死板的框框；当社会没有了礼的统治，就变成没有灵魂的机器。今天的人，在西方思想影响下，或者普遍认为只有民主、法治等制度才是决定一个社会是文明、进步还是野蛮、落后的主要标准。但若衡诸中国文化，因为文化的逻辑不同，制度至上、规则主义在中国文化中是行不通的。
　　礼治思想代表了中国文化需要从伦理道德角度来建设理想社会秩序的重要特点。尽管近代以来人们大量批评儒学的所谓"泛道德主义"，可是如果我们从中国文化的习性出发，即可发现这一批评之片面。不管现代人是否承认，他们在现实生活中还是要从伦理道德的角度来重建秩序，而不能过多地

---

① 梁漱溟：《乡村建设理论》，《梁漱溟全集》（第二卷），第385页。
② 梁漱溟：《乡村建设理论》，《梁漱溟全集》（第二卷），第386页。
③ 梁漱溟：《乡村建设理论》，《梁漱溟全集》（第二卷），第277页。
④ 梁漱溟：《乡村建设理论》，《梁漱溟全集》（第二卷），第276页。着重号引者加。
⑤ 方朝晖：《中国文化的模式与儒学：以礼为例》，《复旦学报》（社会科学版）2010年第1期，第83~91页。

指望法治等制度建设。所谓伦理道德，并不就是今人通常所理解的道德说教，而主要包括社会风气的改造、行为规矩的塑造、社会道德的提升等内容。我们要明白，中国人历来都是相信非正式的制度胜过正式的制度，习俗、传统的力量大于制度、法律的力量，心理上认可的权威大于官方政策的权威。

如果法治代表的是用统一的、一刀切的制度来管理这个社会的话，礼治代表的则是通过习俗、传统和规范的力量来管理。中国人认为制度是死的，而人是活的；凡是不符合人情的制度、法律和规则，随时会被人们根据具体情况变通。所以，礼才是维护社会和人间秩序最重要的纽带，礼比法更能发挥约束中国人行为的作用。"法家不别亲疏，不殊贵贱，一断于法，则亲亲尊尊之恩绝矣。"（司马谈《论六家要旨》）这当然不是说中国人自古以来不重视法律，或中国文化不需要法律。我只是说在中国文化中礼大于法，没有说以礼代法。可以这样说，礼是中华文明成为文明的关键所在。

## 5．礼教文明亟待重建

李泽厚先生曾指出，中国历史上的礼法交融是建立在梁启超所谓"私德"基础上，与现代法治社会的公法追求相矛盾。他认识到西方的法治观念由于不重人情而有局限性，而中国人的援情入法也有徇情枉法等弊端，所以一方面提出可能需要新一轮礼法交融以补西方法治不足，另一方面也认为完全的礼法之治不符合现代社会超出血缘性联系的变化需要。为此他提出区分社会性道德与宗教性道德，前者即公德，后者即私德，想说明现代社会公德与私德兼需互补的观点。[1]

然而，通过前面的讨论，可以得出这样的结论：在中国文化中，虽然法治（法制）从来都必不可少（无论是过去还是现在），但法治（法制）的作用不能与礼治（礼制）相提并论。李泽厚显然没有从文化习性的角度看待中西方社会制度的不同基础，以及由此决定了法治－礼治在中西文化中的重要性有轻重之别；既然现代中国文化的习性因袭了过去，其有效的制度不能仅仅从人情的利弊来判断。孔子说："导之以政，齐之以刑，民免而无耻；导之以德，齐之以礼，有耻且格。"（《论语·为政》）这一观点我想仍然适用于今

---

① 李泽厚：《己卯五说》，第210~215页。

日，它恰当地描述了礼、法在中国文化中不同的功能：法充其量不过是消极的防范措施，不能从根本上解决社会问题；德和礼让人们从内心树立道德感和尊严意识，从而自觉地建立和维护秩序，是更加治本的解决之道。①

多年来，我们在社会制度建设过程中受到一种我称为"性恶论思维"的支配，即相信圣人千载难逢、常人难免有欲，所以只能寄希望于以恶制恶，由此相信制度决定论，特别是以制衡和对抗为特征的司法独立和三权分立。这种法治主张认识不到：在中国文化中，制度建设上升不到礼的高度，就会违背人情、伤害人心，往往堕落为法家式的严刑峻法，收效甚微，甚至适得其反。我可以这样说，严格西方意义上的法治，在中国文化中可能造成社会分裂，权威扫地，什么事都做不成。

在性恶论思维支配下，今天许多中国人都相信，竞争、利益激励和奖惩机制是调动员工积极性、促进单位活力最有效的管理措施。结果，鼓动竞争导致勾心斗角、人心狡诈；利益激励导致唯利是图、风气败坏；奖惩机制导致伤人自尊、寒人良心。因而，作为治理措施，这些做法往往不可能建立好的习惯、规矩和传统。梁漱溟之所以倡导"新礼俗"，正是为了避免这种性恶论的消极后果。可惜许多中国人不自觉地接受了性恶论，用法家的方式管理中国，主观上却认为自己在推行现代法治。儒家从来都主张治理的最大任务在于"得人"，而"得人"的最大关键在于尊重人。性恶论的大忌是不把人当人，把下属当动物来激励，当小人来防范。无怪乎下属们心领神会，纷纷用动物之道来谋私，用小人之心来钻营。

需要明确一点：无论是国家制度，还是学校制度、公司制度、地方制度，只有当它们不是压人、约束人的法则，而是养人、敬重人的规矩时，才是活泼的，才能转化为礼制。强调它们是法则，乃是法家的态度——不遵守就会有惩罚。于是人们绞尽脑汁、争相规避，人心日益狡诈，世风日益败坏。追

---

① 本文并不否认法治在现代中国的巨大意义。关于法治如何建设，这是另一个重大话题，非本文所能展开（拟日后专题探讨）。这里只想指出，未来中国法治的建设，首先要从法理学做起，而在法理学中，需要明确定位法与礼的关系，自觉地把法作为促进礼的途径，从礼的高度理解法的功能，此其一，其二，要对西方法治的基本概念如个人权利、司法独立等作重新界定，从更高的层次定位法的地位和作用，其三，要认真检讨最近一个多世纪抛弃中国古代法思想传统，盲目应用西方法治观念所带来的一系列现实问题。

求成为礼制，才是儒家的态度——遵守是出于自重。于是人们学会自尊、懂得自重，人性得以复苏，人心得以向上。因此，今天的主要任务未必是彻底重建新制度，而是赋予旧制度以新意义，为之输入精神、找回灵魂。

我们今天讲从礼的角度进行制度建设，就是指本着顺人之情、养人之性等激发人心活力的方式来引导社会，塑造规矩，形成传统。这绝不是可以靠颁发条文、下达文件等行政手段实现的，而是需要真正从尊重人的角度设计我们的制度，推动我们的工作。以学校为例，今日校园里有先贤纪念、先师纪念、校庆纪念、周年纪念等，与祭礼有关；有学生联欢、师生联欢，有入学典礼、毕业典礼，有演讲比赛、体育比赛，有音乐会、报告会，还有在教室里相遇、在食堂里相遇、在马路上相遇……所有这一切，无不需要靠礼来维持，体现礼的精神。然而，今天我们的大学之所以失去了灵魂，是因为没有真正把人当人看待，没有真正调动每一个人追逐生命价值和意义的积极性，没有找到让人全面发展的道路，所以也只能靠一个又一个政策、一道又一道命令来控制，这才是礼失落的体现。

"隆礼尊贤而王，重法爱民而霸，好利多诈而危，权谋倾覆幽险而亡。"（《荀子·强国》）必须彻底改变一种思路，即靠法律、制度和政策来治国，这是西方法治的影响，在中国只能流变成压抑人性、摧残活力的法家式管理。我们要实现一种转变：从主要依靠法律、政策、制度治理，转变主要依靠礼俗、礼制和礼乐治理（当然不是不要前者）。必须从根本上反思我们的政治制度、社会制度、单位制度等。它们究竟是制度，还是礼制？当一套体制把人当作追求利益的动物，处处防范，时时警戒，它就体现了法家的特征。这时人们相互争抢、毫无退让，而整个体制也成了失去了精神的机器、丧失灵魂的躯壳。反之，如果一套体制把人当作高贵的生命，处处引导，时时激励，它就体现了礼制的特征。这时人们相互尊敬、彼此礼让，感受到集体的神圣与职业的自豪，这就是礼治。

# 第六章　人伦重建是中国文化复兴必由之路

本章试图从文化心理学的研究成果出发，说明中国文化的关系本位特征，决定了人伦关系建设是中国社会秩序建设的基本起点；与此相应地，"五常"和忠孝仍然是今日中国文化的核心价值，而社会道德的树立还依赖于风化等外在环境因素；并由此来说明今日中国文化复兴的必由之路。

## 1．问题的提出

《日知录》卷十三"正始"条中有云：

> 有亡国，有亡天下。亡国与亡天下奚辨？曰：易姓改号，谓之亡国。仁义充塞，而至于率兽食人，人将相食，谓之亡天下。魏晋人之清谈，何以亡天下？是《孟子》杨、墨之言至于使天下无父无君而入于禽兽者也。……知保天下，然后知保其国。

今按：此条因论正始年间事而发。按照顾氏观点，当时玄风盛行，"弃经典而尚老庄，蔑礼法而崇放达"，"国亡于上，教沦于下；羌胡互僭，君臣屡易"（《日知录》卷十三）。顾氏举嵇康之子嵇绍为例，称其不计其父为司马昭所杀之仇，委身事晋，"三十余年之间，为无父之人亦已久矣"。嵇绍不以为耻，反以为荣；时人不以为耻，反以为尚；"自正始以来，而大义之不明，偏于天下"（《日知录》卷十三）。顾氏"亡天下"之语虽常被引用，然若揆诸原文语境，真正同意其观点者又有几人？凭什么说魏晋时"仁义充塞"、"入于禽兽"呢？

说魏晋时仁义充塞、入于禽兽，是指当时人伦关系的正当准则遭到了破坏，当时人与人之间奉行的原则是利益与需要，而不是仁义忠信或道义。比如，为什么说嵇绍为无父之人？设想你的父亲被人杀了，你还会效力于他或他的后代吗？如果会的话，你于心何安？你还算个"人"吗？所以说，所谓忠孝，所谓"五常"，代表的是中国人在人伦关系中如何成为人的基本准则。抛弃了这些准则，人将不成为人，即所谓"无父无君，入于禽兽"。这就是孟子人禽之辨的要义。正因为仁义忠信不行，君臣之道不彰，父子之义不明，所以政权更迭像走马灯一样频繁，谁的势力大谁就称帝。先是曹氏代汉，接着是司马氏代魏，再接着战火烧到了司马氏内部。没有"八王之乱"，何来"永嘉之祸"？西晋王朝才延续半个世纪就覆灭了，难道与纲常毁弃无关？

以顾炎武的眼光看今天，可以说我们今天同样有"亡天下"之虞。什么意思？你看：从食品中掺假，到奶粉中投毒；从丹顶红地沟油，到三聚氰胺明胶囊；还有什么电话诈骗、网络诈骗；坑蒙拐骗，层出不穷；假冒伪劣，不胜其多；坑人害己，防不胜防……这不是"人相食"是什么？人心麻木，良知荡尽；见死不救，见利忘义；唯我独尊，罔顾他人……这些不是"仁义充塞"是什么？你再看：成千上万个单位里，忠心耿耿、肝胆相照的有几个？还不是相互利用、唯利是图？千千万万个家庭中，生死相守、忠贞不渝的有几个？还不是各揣算盘、得过且过？在我们这个社会上，人与人之间、下与上之间、男与女之间、夫与妻之间难道不是同样失掉了恒常的准则，以至于人心大乱，秩序不稳吗？正因为人心皆为势利和欲望所主宰，人伦关系出现了空前未有的扭曲和变态，才会经常出现各种各样的怪现象。在人伦关系彻底失去准则这一现象背后，我们看到成千上万颗心的撕裂，成千上万个灵魂的煎熬，和成千上万个人格的堕落。当人的精神长期找不到家园，自然会由扭曲走向变态，由变态走向疯狂。这正是今日中国人精神面貌的写照，由此出发可以理解，顾炎武亡天下之忧，在今天并非过时之论。

荀子云：

> 圣也者，尽伦者也；王也者，尽制者也。两尽者，足以为天下极矣。
>
> （《荀子·解蔽》）

　　所谓"尽伦"，乃是人与人之间关系达到了理想、完善、极致的境地。在儒家传统中，理想的人际关系（尽伦）至少包含如下方面：一是亲情，即家庭和睦、亲人相爱、父慈子孝；二是人们遵循仁、义、礼、智、信、忠、孝等价值做人，人与人之间友爱、信任和忠诚；三是"君君臣臣父父子子"（《论语·颜渊》）：做领导就像个做领导的样子，做父母就要有父母的修为，当老师就要有当老师的风范，做商人要有做商人的德性。据此看来，今天中国社会的失序也表现为领导不像领导，商人不像商人，教授不像教授，子女不像子女。原因是人们一切向钱看，自我中心、唯利是图。按照儒家的观点，这是由于仁义忠信被废弃后，人心被撕裂的产物。无论如何，今天我们看到家庭关系、同事关系、上下关系、朋友关系等一切关系的扭曲，以及与此相应的道德滑坡、信仰失落和社会失序等问题，进一步说明了顾炎武的观点：亡国亡的是政权，而亡天下亡的则是文化和文明。

　　"尽伦"并非荀子个人一己之言，而是整个儒家社会政治思想之重要方面。我们不能忘记，数千年来，"尽伦"代表着中华民族道德的基础。只是自从20世纪以来，中国人崇尚西方，将一些西方价值观奉若神明，在民主、自由、人权、法治等一些口号或者国家至上意识形态支配下，中华民族几千年赖以立身的基础性道德遭到了摧毁。

　　大抵来说，这一摧毁过程是从两方面展开的：一是"文化大革命"时期以国家利益和政治需要为压倒一切的前提，彻底否定亲情、否定仁义忠信等传统价值的运动；二是西方自由主义思潮泛滥。经过一个多世纪的思想洗礼，今日之中国，社会道德的基础已被连根拔起，具体表现为千万个家庭在解体中，无数个单位在分裂中，整个社会已陷入混乱中。这是一个民族精神彻底沦丧的时代，一个文化之魂惨遭泯灭的时代，因而也是一个社会严重失序的时代。

　　今天，在中华民族重建社会秩序和道德基础的紧要关头，重新反省儒家人伦思想赖以建立的基础尤为重要。本章试图说明，儒家所强调的以人伦关系为社会秩序之本的思想，在中国文化中有深厚的文化心理基础；由此说明，即使是今天，人伦重建仍为中国社会秩序重建的基础，同时也是儒学复兴的必由之路。

## 2．人伦重建的现实基础是文化心理结构

有人会说，现代社会与古代不同，人伦关系是法治所保障的。所以只要推动法治，保障人权和自由就可以了。然而，单靠人权和自由就可以建立理想的人伦关系？

早在上世纪初叶，美国人类学家博厄斯（Franz Boas, 1858—1942）所领导的文化相对论思潮，对当时占主流地位的文化进化论展开激烈的批判，以大量雄辩的人类学和考古学等方面的资料推翻了古典进化论的一系列重要观点，这些论点大多数也都在长达一个多世纪的漫长时间里在我国长期流行，至今不衰。这些论点包括：人类所有的文化都遵从同样的发展规律、从低级向高级不断进化，人类各文化的发展有共同的终极目标或方向，等等。文化相对论证明了人类不同文化存在不同的逻辑和规则，就像语言的语法规则一样；因此，不同的文化可能存在不同的价值体系和评判标准；在对一个文化的深层规则或内在逻辑没有充分了解之前，千万不要对其作价值的评判；并不存在对人类所有文化普遍适用的统一的文化进化规律或方向，也不能轻易对其他文化是否高级或低级作出结论。其后本尼迪克特（Ruth Benedict, 1987—1948）、萨皮尔（Eward Sapir, 1884—1939）、克鲁伯（Alfred Kroeber, 1876—1960）等人分别从文化心理学的角度来说明文化的"模式"（patterns）问题，指出每一种文化均有自己的独特模式，它可能是由与该文化相关的"文化无意识"构成的。文化的深层无意识结构，可能决定了一个文化的价值体系、运行机制及目标追求等。①

一个民族的政治、经济、制度、科技等可以发生天翻地覆的变化，但它的文化心理基础可能并没有发生什么明显的变化；而一个文化的核心价值、社会整合方式和制度模式，有时建立在其深层文化心理结构之上。今天，在工业化、现代化席卷全球的时代里，世界上每一个民族都面临着极为深刻的社会结构、政治制度、经济基础等各方面的变化；但历史已经证明，这些变化不足以说明一个民族的核心价值、生活方式就会被颠覆。在工业化和现代

---

① 关于文化相对论、文化模式学说及对他们的批评，参拙著：《文明的毁灭与新生》，第71～73，259～335页。

化方面被公认为非常成功的日本就是典型一例。①文化价值的连续性部分地可以归因于某种风俗习惯的惯性，但也不尽然。根据目前文化心理学界对于中国文化模式，也即中国文化深层心理结构的研究，我认为中国文化的核心价值，可以从中国文化的深层心理结构来说明；鉴于中国文化自身数千年来一贯的深层心理结构至今并未发生变化，所以今天及未来中国文化的核心价值仍然不变。

　　李泽厚先生曾在上世纪70年代末至80年代初提出过有名的"文化积淀说"，探讨了中华民族的"文化－心理结构"。②真正在这个问题的研究上取得了实质性进展的是美籍华裔学者孙隆基先生。孙同样站在文化心理学的角度试图说明，中国文化对于"人"的设计与西方文化迥然不同，即中国文化把"人"设计成"身－心"的联动结构，而西方文化是把"人"设计成"灵（魂）－肉（体）"的分裂结构。我试以下表示之：

| | 外 | 内 | 深层结构 |
|---|---|---|---|
| 中国"人" | 身 | 心 | 安心安身 |
| 西方"人" | 肉（体） | 灵（魂） | 动态超越 |

　　我想这样来简单总结一下孙的观点：西方文化中的"灵（魂）"与中国文化中的"心"是不对称的，因为灵是不死的，灵与肉是分裂的、对立的；肉代表堕落、世俗和邪恶，灵代表超越、彼岸和真理。而在中国文化中，"心"是会随"身"一起死的，"心"与"身"从来都不是分裂的，"身"也不是堕落和邪恶的象征。我认为，中国文化的"身－心设计"使我们理解中国文化

---

① 参John Clammer,*Difference and Modernity: Social Theory and Contemporary Japanese Society*, London and New York: Kegan Paul International Ltd., 1995; John Clammer,*Japan and Its Others: Globalization, Difference and the Critique of Modernity*, Melbourne, Australia: Trans Pacific Press, 2001.

② 李泽厚的文化积淀说，参李泽厚：《批判哲学的批判——康德述评》（修订本）（北京：人民出版社，1979/1984），第56～57、415、435～437页，等；李泽厚：《美的历程》（北京：中国社会科学出版社，1984年），第30、32、35、59、265～266页，等；李泽厚：《中国古代思想史论》，第7～40页（孔子再评价），第295～322页（试谈中国的智慧），等；李泽厚：《说文化心理》，上海，上海译文出版社，2012年。李泽厚"文化心理结构"说，主要限于儒家所塑造出来的中国文化心理，他也没有充分注意和吸收上世纪70、80年代以来西方文化心理学的研究成果。对李泽厚这一思想的评述参见拙著：《文明的毁灭与新生》，第73～75页。

把人理解为存在于层级化的关系网络中的存在,每个人都是依存于其他人和对象的,"人情"和"面子"成为人际关系中最重要的两个枢纽。所谓"层级化",费孝通称为"差序格局",指人与人的关系按照亲疏远近分出层次来,距离越近双方感情联结越深;随着亲疏远近的不同,相互对待的方式也发生变化。这种设计导致人生的安全感不是来自于从背景和对象中独立出来,而是相反,来自于个人最大限度地融入关系、融入世界。用孙的话说,安身和安心是中国文化的深层心理结构,而追求动态的不断超越则是西方文化的深层心理结构。①我认为,孙隆基所揭示的中国文化的深层结构,不仅可以说明为什么中国文化是一种关系本位的文化,更重要的是可以说明,为什么"五常"和忠孝是中国文化的核心价值。

先认识一下孙隆基学说的局限。孙隆基在理论上的最大误区有二:一是完全缺乏文化相对论的视野,认识不到中国文化的深层结构有其自身的合理性,即:从某种意义上讲,文化的深层结构是超出价值评判而客观存在的文化现实;不同文化的深层结构之间有时缺乏可比性,不能用一种文化的立场来衡量另一种文化。他实际上陷入了用西方文化中的人格概念来衡量和评判中国文化中的人格问题,结果完全不能欣赏中国文化深层结构的优点,更不能欣赏中国古代的修道者在这一文化结构中如何超越深层结构的束缚,实现中国文化的自我发展。二是不能从自我修复机制这一角度来理解文化的深层结构。什么意思?每一种文化都有一种针对其内在问题的自我修复机制,体现在文化中先师、思想家和宗教领袖们出于对自身文化心理结构致命问题的洞察,而提出相应的解决方案;这一解决方案的功能和价值往往并不是旨在改变其深层结构(其实改变不了),而是在其深层心理结构的基础上对症下药。从这个角度看,中国历史上的儒、道、释、法等诸家学说,从某种程度上可以说是正在针对中国文化的心理结构问题而提出的相应的解决方案;这

---

① 孙隆基指出,西方文化的深层结构"具有动态的'目的'意向性,亦即是一股趋向无限的权力意志",它"不断追求变动,而变动又总是导向超越和进步"(孙隆基:《中国文化的深层结构》,桂林:广西师范大学出版社,2004年,第9～10页)。相比之下,中国文化的深层结构,"则具有静态的'目的'意向性","在个人身上造成的意向是'安身'与'安心',在整个社会文化结构中则导向'天下大治'、'天下太平'、'安定团结',而其政治意向亦为'镇止民心,使少知寡欲不乱'"(同上书,第10页)。

些解决方案当然不是为了改变中国文化的"身－心设计"及其"关系本位"，但却体现了针对关系本位的问题而来的鲜明特征。比如，如孙所言，中国文化中对人的"身－心"设计，导致了中国人的自主性不强，有所谓强烈的"母胎化"倾向；但是另一方面，无论是儒家，还是道家、佛家，所追求的恰恰是如何通过身心的修炼，来实现人格的独立，从而摆脱对环境的依赖心理。①再比如，孙指出，中国文化的深层结构导致中国人有强烈的要面子、铲平主义、嫉妒他人、相互攀比心理，但是他认识不到：道家的修炼所要达到的境界恰恰是让人们"无己、无功、无名"（《庄子·逍遥游》），来摆脱这些世俗的物累；而儒家则主张让人们通过义利之辨、人禽之辨，通过克己修身等帮助人们正确看待别人，节制自己的情欲和本能，并基于层级化的关系来重塑人伦世界，使之归于理性。由此我们理解，"尽伦"实际上就是儒家对于如何组织、完善人伦关系的理想，而"五常"和忠孝正是为了实现"尽伦"。

总之，儒、道、释所提供的方案都不是要改变中国文化的深层结构（身－心设计、关系本位），但却体现了如何把人伦关系导向积极的方向，即导向如何在关系中建立自我，完善人格，实现独立。因而中国文化中人的独立、自由表现形式就与西方不一样，即不是追求摆脱生存处境的抽象独立性，而是在关系中、通过关系来实现人格的独立性。这正是今日以狄百瑞、杜维明、安乐哲等人为代表的北美社群主义所试图说明的，兹不赘述。②

## 3．人伦重建从亲亲开始

如前所述，在一个以人伦关系为本位的文化中，人与人的关系呈一"差序的格局"（费孝通语）。关系本位的一个必然后果就是，家庭是中国人常规

① 比如《中庸》有"中立而不倚，强哉矫！国有道，不变塞焉，强哉矫！国无道，至死不变，强哉矫"，孟子讲浩然正气，讲大丈夫；庄子讲所谓"物物而不物于物"（《庄子·山木》）。

② Wm. Theodore de Bary, *Asian Values and Huamn Rights: A Confucian Communitarian Perspective*, Combridge, Mass.: Harvard University Press, 1998;Wm. Theodore de Bary,*The Liberal Tradition in China*, Hong Kong: The Chinese University Press & New York: Columbia University Press, 1983;David L. Hall, & Roger T. Ames, *The Democracy of the Dead: Dewey, Confucius, and the Hope for Democracy in China*, Chicago and Lasalle, Illinois: Open Court, 1999;Tu Wei~ming,*Centrality and Commonality : An Essay on Confucian Religiousness* (A revised and enlarged edition of *Centrality and Commonality: An Essay on Chung~yung*), Albany, N.Y. : State University of New York Press, 1989.

普遍的人生归宿，亲情是中国人挥之不去的精神寄托；因为在所有的关系中，家中的亲情是最亲密的也是最重要的关系，它理所当然地成为了中国人最大的心灵港湾；更重要的是，家庭和亲情是中国人能够活出人样子来的最重要基地。由此我们就能理解中国文化中社会秩序重建的主要起点是亲亲，以及儒家为什么倡亲亲之道：因为中国文化中最大的现实是人人皆欲亲其亲，人人皆欲建其家；从经营家这个"私"的领域开始，使之归于正，社会秩序才能开始；家是社会的最基本单元，也是社会最强固的单元；从亲亲开始，道德教育才能落实，社会秩序方能起步；否认这个现实，社会道德的理想将不切实际，社会秩序的方案将流于空谈。在其他文化中，家庭可能也有类似功能，但不像在中国文化中这么强烈和突出。

　　儒家认识到的正是中国文化中这一铁的逻辑：中国人是必须在家和亲情之爱中成为人的，因此中国文化中对人民真正的爱，就必须体现为鼓励人民经营家庭，追求亲情；而不能把国家利益和政权利益凌驾于亲情之上，让人们在二者冲突时为国家利益而背叛亲人、抛弃亲情。既然真正的道德是为了成全每一个人的生命，而在中国文化中只有诉诸亲情才能实现这一点，因此培育亲情就是培育社会道德的肥田沃土。牟宗三曾将中国文化中的亲情世界描述为"无底的深渊，无边的天"；①梁漱溟则曾描述为用"形骸上日夕相依，神魂间尤相依以为安慰"。②牟宗三和梁漱溟先生所描述的中国文化中的人伦世界，虽偏重于家庭亲情，但其意义绝不限于亲情，而可延伸至所有类型的人际关系中，从而体现人伦世界的精彩和魅力。

　　孟子是这样解释的："亲亲"的最大功能在于激活人的恻隐之心、羞恶之心、辞让之心和是非之心；"四端"好比暗夜里的明灯，一旦被点亮，人间之爱就有了源头；从此它就像那潺潺的溪水，奔腾不息，流向远方；有了这个源头，人生才复归正位；有了这个源头，生命才赢得尊严；有了这个源头，人性才放射光芒。故曰：

---

① 牟宗三：《历史哲学》（增订八版），台北：台湾学生书局，1984年，第74页。
② 梁漱溟：《中国文化要义》，《梁漱溟全集》（第三卷），济南：山东人民出版社，1990年，第87页。

> 恻隐之心，仁之端也；羞恶之心，义之端也；辞让之心，礼之端也；是非之心，智之端也。……凡有四端于我者，知皆扩而充之矣，若火之始然、泉之始达。苟能充之，足以保四海；苟不充之，不足以事父母。
>
> （《孟子·公孙丑上》）

曾几何时，中国人在一种来自于西方的现代意识形态的感召下，把国家利益和公共需要当作衡量道德的至上准绳，把家庭和亲情当作见不得人的"私"而予以否认，乃至于鼓励父子、夫妇、亲人之间相互揭发，彼此检举，或划清界限。这种做法完全违背了中国文化的基本逻辑，无视中国文化中人成为人的常规方式，使千千万万的人性扭曲。其结果就是：一方面你看到无数人一心一意地追逐着子孙和家庭的利益，另一方面又不得不高喊着要舍亲而爱人、废私而爱公。于是这个社会天天都在上演着"皇帝新装的故事"，人人都在表演着自欺欺人的闹剧，谁也不知道最后结局是什么。人们从这场戏中学到的经验就是要学会蒙骗、惯于作假。久而久之，人心开始冷漠，良知和正义感开始从人心中消失，于是在今天这样一个时代，我们才真正体会到孟子所谓"无恻隐之心非人也，无羞恶之心非人也，无辞让之心非人也，无是非之心非人也"（《孟子·公孙丑上》）的深刻含义。人不成其为人，何谈道德建设！

应当公开地提倡人们以亲情为本，教育人们由己及人、由私及公，学习长幼之序、敬长之方、忠信之道，并以此为基础让人们学习如何成为真正的人。

## 4．重新认识中国文化的核心价值

以亲情为基础，可以实现一个"尽伦"的社会。而这正是历代儒家所追求的目标（"五伦"为天下之达道），而这又决定了儒家以五常和忠孝为基本价值。易言之，仁、义、礼、智、信、忠、孝等之所以成为中国文化的核心价值，是由于中国文化适合于"尽伦"的社会理想。今天我们认识到：中国文化的深层心理结构未变，仍然以"尽伦"为社会理想，由此也决定了适合于中国文化的核心价值仍然未变，即仍然是"五常"和"忠孝"。

　　然而，在核心价值问题上，有两种意识形态一直在误导着我们：一是国家主义，二是自由主义。它们代表了两个极端，一以国家需要或集体利益为至高无上的道德准绳，要人们无条件地把为国家或集体献身当作道德。这种价值观违背了中国文化"差序格局"的现实，导致人们将真实的情感隐蔽起来。早在两千多年前，儒家就对墨子所主张的、不顾"爱有差等"现实的"兼爱"提出了强烈批评；同时，也坚决批评法家所主张的、将国家权力和公共利益置于无上地位，而不尊重个体生命的尊严和价值、否认社会自治的逻辑和私人生活的合法性。从关系本位的文化习性看问题，可以发现，私人情感、私人需要、私人动机容易与关系的平衡相对立，与社会的和谐相对抗，和天下的安宁相矛盾。这是导致法家、墨家废私存公的主要原因，也是现代国家主义/集体主义意识形态产生的思想动因之一，但是他们却忘记了"公"是以"私"为基础的，"公"的最终目标还是成全"私"；如果完全否认私人生活的合理性和私人情感的合法性，也就容易走到初衷的反面，摧残人们的正当生活，阉割人们的正常情感，乃至于抹杀人格、毁灭人性。这样的悲剧在人类历史上曾经上演过无数次，早已证明了其过时。相反，儒家虽在注重亲情之爱，提倡亲亲相隐，但是他们绝不是要人们去沉溺于家庭之私，固守亲情之爱，而是要人们在理解中建立自我，在"五伦"中完善人格，在治平中提高修养；为此他们必须将其善端扩而充之，"亲亲而仁民，仁民而爱物"（《孟子·尽心上》），此即所谓"壹是皆以修身为本"（《大学》）之真义。这一点，杜维明、狄百瑞等一大批学者已经作过大量有说服力的论证。①

　　另一种长期误导我们的意识形态是自由主义的价值观，以追逐个人自由、权利为至高无上的道德价值，这种价值观自从"五四"运动以来对中国人的思想影响甚巨。一个多世纪以来，许多学者强调了自由、民主等西方价值观的重要性，却忘记了中国人在人伦关系中安身的基本逻辑。我曾在有关

① 参狄百瑞：《中国的自由传统》，李弘祺译，香港：中文大学出版社，1983年版（该书英文版由同一出版社同年出版）；狄百瑞：《〈大学〉作为自由传统》，刘莹译，见哈佛燕京学社、三联书店主编：《儒家与自由主义》，北京：三联书店，2001，第184~193页，Wm. Theodore de Bary, *Learning for one's self : essays on the individual in Neo ~Confucian thought*,New York : Columbia University Press, 1991; Tu, Weiming, *Humanity and self ~cultivation : Essays in Confucian thought*, Berkeley : Asian Humanities Press, 1979.

地方指出，"自由"之所以没有成为中国文化的核心价值，不是如一些西方人所想象的那样，由于中国人愚昧落后、惯于听命于权威，而是由中国文化的心理结构所决定的。①为什么这样说呢？因为在中国文化中，人伦关系是这个社会中人安身立命的最重要土壤，中国人需要在人与人、人与社会、人与自然等的关系中寻求人生的安全感，承认这一事实才是中国文化中一切秩序和道德建设的正确起点。上面我们说，私人情感、私人需要、私人动机容易与关系的和谐、整体的团结以及世界的安宁这些中国人根深蒂固的信念相对立，这决定了中国文化中人有时易走极端、错误地把"私"当作恶来对待；这也决定了另一种后果，即自由主义引进中国后，很容易在现实中导致个人主义，进一步演变成自我中心主义而遭受批判。其原因不是别的，自由主义也罢，个人主义也罢，都没有把建立和谐的关系，确立中国人心灵的恰当归宿当作主要任务。这等于对中国文化的现实视而不见。②我认为，由于中国文化的心理结构不同于西方，自由主义和个人主义的价值观不可能成为中国文化的核心价值。

20世纪以来，阻挠我们正确认识中国文化核心价值的因素是多方面的。一个主要原因是在亡国灭种的威胁面前，人们对传统智慧的信心彻底动摇了；另一个重要原因是被西方意识形态和时尚思潮的美丽外表所迷惑，往往从抽象的人性论、价值论、形而上学角度来理解一些西方价值观，而严重忽视其赖以产生和运作的历史文化基础。其中特别值得一提的是儒家所倡导的"忠"这个价值。

长期以来，在我们的主流话语中，盛行着这样一种观点："五常"和忠孝是封建道德，是为维护封建统治秩序服务的，是建立在对"愚忠"的基础上。然而，"忠"代表一个人对自己生命尊严的理解。宋明理学家常常说"尽己之谓忠"（程子、朱子皆有类似言论），用今天的话说就是："忠"是为了

---

① 方朝晖：《文明的毁灭与新生》，第68~98页。
② 事实上，早在上世纪40年代，梁漱溟先生就曾指出，中国文化是一伦理本位的文化，故无人权自由观念。梁认为，西洋人的个人有向外求自由之"势"，形成扞格、对抗，故求"消极性的自由"。而在中国，"伦理本位使中国人混而不分，不成对立，不过使自由不得明确而已。而遇着对立时候，又无可以对立者（个人抗不了），则自由不立"，中国人的"人生向上"，"相与之情厚"，故"人权自由首先就在这里发生不了"。（梁漱溟：《中国文化要义》，《梁漱溟全集》，第三卷，济南：山东人民出版社，1990年，第248、249页。）

对得起自己的良心。当一个人接受一项职责时，也就是他用自己的人格向另一个人、乃至向国家甚至天下人作出了一项神圣的承诺，即自己将尽最大努力来完成它，正是在这种"忠"的精神中才能树立一个人的人格尊严，正是在这一过程中我们才能感受到古人身上的体温。中华民族过去几千年一路走来，历经无数艰辛，它的每一步前进，它的每一项成就，都有这种"忠"的精神在其中。"忠"的功能在于让人格获得尊严，让灵魂获得升华，让生命获得价值。

用同样的方式来思考，我们可以发现，仁、义、礼、智、信、孝等价值观具有同样的功能。以"仁"为例。前面已说过，它是指建立在"爱有差等"基础上的爱，以亲情之爱为起点，进一步上升到对他人、对万物和整个世界的爱，也体现了中国人是从亲情出发开始学会理解人，并担负起做人的责任。仁这种爱区别于其他类型的爱的另一重要特点在于，它建立在人对别人真实、深切的情感的基础上，因而也应当是自然的爱。通过它，同样让一个人的人格获得尊严、灵魂获得升华、生命获得价值。

之所以说仁、义、礼、智、信、忠、孝等等是中国文化中的核心价值，因为这些价值的主要功能在于维护一种合情合理的人与人关系，因为这些价值都是以人际关系为导向的。因而，它们不像自由主义价值那样，以个体的需要为导向。"五常"和忠孝鲜明地体现了关系本位的中国文化自我整合——即尽伦的需要；也体现了中国人从亲情出发、从齐家做起理顺一切人际关系，特别是社会关系的文化逻辑。和自由、人权等一样，"五常"和忠孝也是普世价值；但是正如自由、人权等只能成为西方文化而非东方社会的核心价值那样，"五常"和忠孝是中国文化而非西方社会的核心价值。我们区别普世价值和核心价值，普世价值是就一种价值的人性意义而言的，而核心价值则是考虑一种价值赖以存在的文化心理基础。中西方文化的心理结构不同，所以会有不同的核心价值。

如果我们能摆脱由文化进化论所强加于我们的错误的思维框框，并能认识到国家主义－集体主义，以及自由主义－个人主义这两类价值观都不符合中国文化的心理结构，就会重新认识中国文化的核心价值。其实中国文化的核心价值并不是不清楚、不明白，是我们自己被各种思想的误区所误导、才对这些价值视而不见，甚至嗤之以鼻。也正是这个原因，一个多世纪以来，中国人的精神世界被扭曲了，中国文化的方向被误导了，中国社会的秩序被打乱了。这是一个十分可怕和危险的时代，我们不能再这样误己误人，自欺欺人，我们该醒醒了！

### 5. 社会秩序的终极基础在于各遂其性

这里需要特别指出的是：儒家虽重人伦，但从不认为人伦关系或集体本身就是目的，相反，儒家一直以"尽性"、"生生"、"各正性命"①为文化的最高理想，也可以表述为"各遂其性"。一个"尽伦"的世界，是人情被发扬到极致的世界；正是在人情这个无边的海里，个人才找到人生的安乐和精神的归宿。牟宗三、梁漱溟所渲染的，正是这个人情世界的魅力。亦可这样来说明："尽伦"让人找到生命的终极归宿，其终极理想就是每一个生命最大限度的自我实现和健全发展。所谓"为己"之学，所谓"修身为本"，所谓"尽心知性"，均体现了儒家以人格的完善和自我的实现作为"外王"的基础。事实上，儒家的修己、修身，是在人伦关系中进行的，在君臣、父子、夫妇、兄弟、朋友关系的建设中实现的。也可以说，"尽性"通过"尽伦"来实现，"尽伦"以"尽性"（各遂其性）为价值目标。按照孟子的观点，仁、义等价值内在于人性，因此，仁、义、忠、信等价值是以让每个人的人性得到健全发展为终极目标的。

我曾指出②，孟子的性善论有两个重要的前提假定：

（1）每个人都希望最大限度地成全自己的人性／天性，即所谓"尽其性"（《中庸》）或"知其性"（《孟子·尽心》）。

（2）人要成全自己的人性／天性，就不能作恶，因为作恶会戕害自己的人性／天性，即所谓"戕贼杞柳以为桮棬"（《孟子·告子》）。

性善论的这两条假定，使之具有强大的现实意义：①它揭示了道德的真正基础不在于外部的社会需要或总体目标，而内在于每个人的天性之中；②

---

① 《周易·乾·象》曰："乾道变化，各正性命。"《周易·系辞》："生生之谓易。"《中庸》曰："唯天下至诚为能尽其性。"

② 方朝晖：《重新认识强大的性善论》（陈菁霞整理），《中华读书报》2011年3月9日第10版。

它主张人性的尊严和价值是比其他一切外在的社会需要或总体目标重要得多的东西，因为只有每一个人的人性都得到充分尊重和实现，才谈得上理想社会；③它包含一种全新的政治理论（王道），即统治者只需引导人民自觉追求自身天性－人性的完满实现即可天下太平，而丝毫不必害怕人民为非作歹。因为只要人民知道如何实现自身的天性－人性，自然就不会为非作歹。这是一个革命性的结论，是刺向一切不尊重人性尊严的专制统治的一把匕首，这也是孟子性善论比荀子性恶论在历史上更受青睐的原因。

孟子的性善论启发我们：道德教育必须基于一个全新的起点，即全心全意地为了每一个人自身人格的健全、自我的完善、个性的独立、价值的实现这一方向。这将是中国社会人心回归正途的重要起点。这才是对人真正的关心和爱，真心实意地为千千万万人的自我完善和人生价值服务，而不是出于统治的需要来推动道德建设；如能这样做，一定会激发出无穷无尽的人心潜力，化为长久不息的道德资源，成为整合社会秩序、收拾世道人心最强大的武器之一。

一个致命的误区是认为，让人们"各遂其性"，将导致天下大乱。这种观点误把"各遂其性"当作自由主义、利己主义。殊不知，儒家尽性立命的思想是让人们学会正确认识什么是真正符合自己人性的东西；儒家认为，一旦人性回归于正常而不是扭曲、健康而不是邪恶的状态，自然会捍卫人间的正义和社会的秩序。"尽其心者，知其性也。"（《孟子·尽心上》）"知其性"就是唤醒了心中的良知，是"恻隐之心、羞恶之心、辞让之心、是非之心"由萌动至闪耀；这是人间一切道义力量取之不尽用之不竭的源泉，这是一切社会秩序赖以建立的最强大基础。

另一个致命的误区是：社会秩序的基础在于所有人的思想和行为都能接受统一领导。这种观点建立在这样一种理想化的假定之上：人的思想可以用人为的方式来塑造和统一，而不管其自身的规律；据说通过无数次灌输某种有利于集体利益的思想，可以把所有人的思想统一起来，使所有人的行为趋于一致。这是一种非常主观、想当然的错误观点，是在政治决定一切的思想前提下想出来的，它的最大误区在于没有认识到：这违背了人性自身的逻辑。也就是说，人性有它自身的本质特征，不是谁想要塑造就能塑造得了的；

道德教育有它自身的规律，不是可以用灌输方式来强加于人的。前面我们说过，人性受制于文化的心理结构，中国文化的心理结构决定了中国人在什么样的情况下才能成为人，才能保证其人性不被扭曲；不尊重文化的逻辑，只会使人性被扭曲，人心被撕裂，而不能建设社会秩序和道德。

此外我们也知道：人不是猪，只要吃饱了、喝足了就很幸福，人的价值包括人格的完善、精神的独立、自我的实现、人性的尊严等等，这些都是只能由个人亲身来实践，而不能由国家或任何第三者代劳；要人们把自己的全部灵魂都交出来，由第三者来为他们负责，是对人性尊严和人格独立性莫大的侮辱，也是对他们极不负责任的表现；毕竟人一生的幸福和价值即使极其痛苦的自我奋斗、极为残酷的自我磨砺也不一定能实现，把自己的一生交给别人来主宰，对自己本身就是不负责任的。我们必须明确一个原则：个人的尊严和价值高于一切，任何国家利益都必须全心全意地为这个目标服务才对。

寄望于用集体的意志来统一每个人的意志，即使成功了也十分危险。因为这将催生一个高度集权的社会，一旦掌权者犯错误，整个社会将付出无可挽回的代价。由于追求统一意见、统一思想，容易构成一种"集体的专制"，让天才灭绝，让人才压抑，让无数人的意志归于沉寂；从而不能真正集思广益，发挥贤达、豪杰和社会不同阶层意见的作用。此外，它容易滋生一种极端错误的倾向：认为为了国家利益和集体需要，有时不得不牺牲个人的正当利益，少数人的尊严和价值在国家利益和集体需要面前不算什么，这种思想是十分可怕的。

事实证明，出于自身方便的需要而试图统一别人的思想，往往都会失败，原因是其动机很容易被人窥破；毕竟人都是有自尊心的，他们宁可相信自己的理智，而不是别人对自己生命价值和意义的代理。孟子曰：

> 以善服人，未有能服人者也；以善养人，然后能服天下。天下不心服而王者，未之有也。（《孟子·离娄下》）

善哉，斯言！

## 6. 社会道德依赖于风化

按照儒家的观点，一个理想的社会确实是人心统一的社会，上下一心、同心同德、众志成城①。但是这样的社会不是通过外在手段人为地灌输或塑造出来的，而是建立在"化民"的基础上。只有"以德化民"才能建立理想的政治和理想的社会道德面貌。孔子曰："君子之德风，小人之德草，草上之风必偃。"（《论语·颜渊》）《毛诗序》云："上以风化下，下以风刺上。"

儒家所谓的"化民"就是指用自己的实际行动来感化人民。也可以这样说："化民"就是不把人民当傻子——群众的眼睛是雪亮的，他们会自己看：哪些是做出来给他们看的政绩，哪些是虚浮不实的宣传，哪些是有目的的说教。他们自己会判断：那些口口声声讲大道理的人，自己在干些什么；那些宣称为人民服务的人，自己在为谁服务；那些要人们无私奉献的人，自己有没有奉献。《孝经》对此有经典的论述：

> 先王见教之可以化民也，是故先之以博爱，而民莫遗其亲；陈之以德义，而民兴行；先之以敬让，而民不争；导之以礼乐，而民和睦；示之以好恶，而民知禁。《诗》云："赫赫师尹，民具尔瞻。"（《孝经·三才章》）

> 圣人因严以教敬，因亲以教爱。圣人之教，不肃而成，其政不严而治，其所因者本也。（《孝经·圣治章》）

要"化民"就必须认识到：当社会正义得不到伸张时，正直的人就会越来越少；当欺压百姓得不到惩罚时，遵纪守法就会被当成傻子；当权钱交易得不到遏制时，克己奉献就不再是美德。奸巧者得利、老实人吃亏，人民自然越来越自私；说假话受提拔、说真话会倒霉，社会的良知自然会埋没。对于其他部门来说同样如此。古人云：

> 上老老，而民兴孝；上长长，而民兴弟；上恤孤，而民不倍。是以君子有絜矩之道也。所恶于上，毋以使下。所恶于下，毋以事上。所恶

---

① 可参《孟子·梁惠王上》"可使制梃以挞秦楚之坚甲利兵"，《公孙丑下》"得道者多助"等处。

于前，毋以先后。所恶于后，毋以从前。所恶于右，毋以交於左。所恶于左，毋以交于右。此之谓絜矩之道。(《大学》)

尧舜帅天下以仁，而民从之；桀纣帅天下以暴，而民从之；其所令反其所好，而民不从。(《大学》)

当人民的良心已然麻木，整个社会也就失去了道德的肥田沃土；当社会的良知普遍沉寂，一切法令政策都无济于事了。各种坑蒙拐骗、巧取豪夺、敲诈勒索的挣钱手段将层出不穷，防不胜防！正所谓：

法出而奸生，令下而诈起，如以汤止沸，抱薪救火。(《汉书·董仲舒传》)

然而，按照儒家的观点，扭转社会风气在任何情况下都不是件很难的事，只要你真心想扭转。关键不在于你怎么宣传，而在于你怎么做；包括正义的伸张、贪官的惩治；包括维护千百万普通人的利益，尊重每一个人的生命及价值；还包括鼓励人们说真话，维护每一个人的个性及尊严；等等。只要做到了这些，社会风气立即会发生根本性扭转，君不闻：

子欲善，而民善矣！(《论语·颜渊》)
子帅以正，孰敢不正？(《论语·颜渊》)

会不会出现这种情况，那就是：当官的做了好事别人不知道，从而达不到改变社会风气的效果？答曰：非也！孔子云：

德之流行，速于置邮而传命。(《孟子·公孙丑上》)

经过三十多年的改革，今天中国人的信仰世界面临着彻底崩溃。在这个社会上，我们除了看到金钱和利益主导一切之外，再也看不到任何神圣的东西了。无论从事什么行业的人，仿佛都不再为什么崇高的价值而奋斗，一切的算计和筹划，都沉浸在金钱和利益的污泥浊水中。导致这种现象的根本原因之一在于，多年来，在"以发展经济为中心"这个指导思想支配下，经济增长指数特别是GDP成为衡量各地区、各单位、各部门工作绩效的主要标准，利益激励被当成促进经济发展的主要动力。经过多年一而再、再而三的宣传和动员，整个社会都已经被成功地引导到经济利益这个方向上去。由于风传有些人利用特权办公司、做买卖，由于有些政府部门也加入到以权谋利的行列中，许多政府官员想方设法捞钱，由此自然导致了整个社会见利忘义的疯狂。发展到今天，各行各业的人们，都自觉或不自觉地把挣钱谋利当作了主要任务，而忘记了行业自身的目标和价值。比如教育行业的主要价值是教书育人，如果将挣钱当作主要目的，就毁掉了这个行业的神圣性。政府部门的主要工作是维护社会正义，如果将谋利当作主要目的，就毁掉了这个机构的神圣性。其他行业同样如此。孟子云：

> 王曰"何以利吾国"，大夫曰"何以利吾家"，士庶人曰"何以利吾身"，上下交征利而国危矣！（《孟子·梁惠王上》）

董仲舒指出，当权贵们与民争利，当豪强们横行霸道，当公平正义得不到彰显，社会就会像朽木和粪土之墙一样，愈治而愈乱：

> 身宠而载高位，家温而食厚禄，因乘富贵之资力，以与民争利于下，民安能如之哉！是故众其奴婢，多其牛羊，广其田宅，博其产业，畜其积委，务此而亡已，以迫民蹙民……此刑罚之所以蕃而奸邪不可胜者也。（《汉书·董仲舒传》）

这才是我们反思今日中国社会道德风气败坏的重要视角。

因此，必须从根本上改变整个社会的价值导向。那就是，不能再把经济利益当作未来发展的主要目标，必须从国家政策层面确立新的指导思想，并层层落实、具体实施，这个指导思想就是：一个国家发展的根本目标，在于通过建立公平、合理的制度，确保每个人的人格尊严与价值；促进人性魅力的展示，道德水准的提升，文明程度的进步；通过激发人们内心深处的良知和做人的尊严，让人们为人格的自我完善，为潜能的自我开发，为正义的无限伸张，为精神的不断升华而奋斗。具体到每个地区、每个部门，不应当把经济利益或 GDP 当作其考绩的最重要标准，而应当从地方社会及行业本身的逻辑出发来确立相应的衡量标准。《大学》云：

> 德者本也，财者末也。外本内末，争民施夺。……国不以利为利，以义为利也。

## 7. 如何进行人伦重建

今日之中国，人伦重建是当务之急，也是一切秩序重建之起点——：

必须明确人性的价值高于社会的价值，社会的价值高于政治的价值。当政治价值高于一切时，社会的价值必遭破坏，而最终受伤害的是人性的福祉。这就是儒家"王霸思想"的精髓。

必须明确认识到，道德教育的最高宗旨不是让人们去爱国家、爱集体或任何外在的对象，也不是为了追求个人形式上的自由或权利，而是让人们唤醒做人的良知，确保人格的独立，捍卫人性的尊严，追求自我的完善，实现自身的价值等。我们必须充分相信：只有人格健全，才是决定一个人是否爱国、爱集体，以及是否为他人献身的根本因素。我们不能倒果为因，为人性人为地预设某种目标。

必须放弃以国家主义或自由主义价值为核心价值或衡量道德的最重要标准，确立仁、义、忠、信、孝、礼、智为社会基本价值或核心价值，并由此开展与如何做人有关的一系列待人接物之道教育。成人教育主要不是教育人们大公无私或听话，而是教育人们修身成为人格独立、健全的君子。

国家主义者说，只有把国家发展好了，个人才能有发展。这是对人性尊严的公然漠视：一个人的自我成全是一件极其艰难而痛苦的事，决非"国家好了，个人自然好"的逻辑所能概括的。人只有从小就学习如何捍卫自身的尊严和价值，才有可能在人生的道路上度过无数曲折，保全人格。

自由主义者说，只有保障每一个人的自由和权利，个人才能发展好。但它忘了，个人权利和自由只是最低限度的保障，不代表个人人生价值本身，而且不知道在中国文化的土壤中，每个人如何实现在与亲人、他人、社会及自然的关系中来实现自身生命的健全是一项多么艰巨的工作。

现代中国人在盲从西方文化的时候，认识不到每一个文化中的道德赖以建立的基础可能不同。即：道德虽有普世性，文化的核心价值却有特殊性。比如说勇敢、智慧、节制、正义虽可看成是人类一切社会的普世价值，但也许只有在古雅典城邦才具有至高无上的重要性，成为核心价值；又比如仁、义、礼、智、信等就其内涵而言，也可以是放之四海而皆准的普世价值，但是只是在中国或东亚少数地域才成为核心价值；同样的道理，民主、自由、人权、法治等是普世价值，但未必能成为所有文化的核心价值。核心价值，指对一个民族和社会来说最重要的价值观，它的基础是什么呢？本章认为核心价值与一个民族的文化心理结构有关，认识不到这一点，是一个多世纪以来无数中国学人知识分子盲目崇尚西方文化价值，导致对中华民族文化生命摧毁的重要原因之一。

必须认识到：道德教育不是指设立重要的价值、原理或信条，由专门机构按照行政管理的方式从上往下推广，让全社会接受；这会把道德教育变成若干人所共知的信条教育，违背了道德教育的基本规律。[①]把只有道德家、宗教家才有资格做的事，交给一些行政人员来做，是对人性复杂性的低估，也是对"道德"一词的亵渎。正因为不承认道德教育在政治之外的独立性，完全用政治标准来衡量它，才会强行地把人纳入到若干整齐划一的模块中来教育；今天看来，其所造成的后果是十分可悲的。

我们必须明白：人的精神的改变是世间最艰难的事，不能指望用工程项目的思路，期望在预定的期限内达到预定的目的；道德教育是一项长久、系统的建设过程，必须充分尊重其自身的规律，通过几代人逐步累积出效果，

---

① 中国历代的儒学大师们都反对将道德教育变成了若干客观规则、原理或信条的教育，故而朱熹、王阳明等人生前皆反对门人将其平时教育人的话刊印出版。《王阳明全集》记载这样一则故事云："门人有私录阳明先生之言者。先生闻之，谓之曰：'圣贤教人如医用药，皆因病立方，酌其虚实温凉阴阳内外而时时加减之，要在去病，初无定说。若拘执一方，鲜不杀人矣。今某与诸君不过各就偏蔽箴切砥砺，但能改化，即吾言已为赘疣。若遂守为成训，他日误己误人，某之罪过可复追赎乎？'"（王阳明：《王阳明全集》，上海：上海古籍出版社，1992年，第1567页）

而不能追求一些人人可见的、大而空的效果（这些效果多半是一些人根据自己对社会需要的判断主观地、想当然地制定出来的）。要建立社会道德的深厚基础，使之成为一个民族长治久安取之不尽、用之不竭的源泉，必须按照社会道德建设自身的规律来做，充分尊重民族文化心理结构的巨大力量，并以人性的尊严和价值为最高目标。

最后，我想指出，从儒家的观点看道德建设，社会教育重于学校教育。这是指，一个社会的风气和人心导向，一个社会中千千万万个官员、父母、行业从业人员的行为方式，以及一个社会的公平正义程度等对人心的塑造作用，比任何学校教育力量都大。我们必须放弃选官制度过度政治化、意识形态化，让人品正直、敢于极言直谏的人被提拔，从正面引导社会的道德方向。在社会道德教育方面，中华民族有几千年实践的丰富经验，世界各国也有许多伟大的传统，绝不是什么难以操作的事。

总之，必须改变整个社会的风气和人心的导向，必须改变道德教育的指导思想，必须正确认识中华民族的核心价值，必须促进行业的自治与理性化，大力引导宗教的繁荣和理性化，让道德教育由道德家、宗教家而不是政府来承担，等等。下面我引用《孝经》上的几段话来结束本章：

> 教民亲爱，莫善于孝；教民礼顺，莫善于悌；移风易俗，莫善于乐；安上治民，莫善于礼。礼者，敬而已矣。故敬其父则子悦，敬其兄则弟悦，敬其君则臣悦，敬一人而千万人悦。（《广要道章》）
>
> 君子之教以孝也，非家至而日见之也。教以孝，所以敬天下之为人父者也；教以悌，所以敬天下之为人兄者也；教以臣，所以敬天下之为人君者也。（《广至德章》）

# 第七章　从政道到治道：中国文化的方向与出路

牟宗三认为，中国古代政治思想的最大缺陷之一，是只关心"治道"而忽视"政道"。①政道是政体模式，治道是治国方式。中国人自古只讨论治国方式，不知道改造政体；由于士大夫"始终不向政道用心"，中国自古只有"治权的民主"，没有"政权的民主"②；由于士大夫一味向治道用心，理想的政治"只有靠着'圣君贤相'的出现"。③因此，在他看来，政道远比治道重要，现代中国政治的首要任务是政体改造而不是治道探索。

然而，牟的观点可以说犯了哈耶克所谓"理性建构论"（constructivist rationalism）的错误。所谓理性建构论（也译为建构论唯理主义），指忽略政体赖以存在的历史－文化－心理基础，相信最重要的制度可以通过理性人为地设计并建构出来。哈耶克指出，人类历史上那些最重要的制度，从来都不是人为设计出来的，也不是由人的先天本性决定的，而是源于漫长的历史进化，经过不断的淘汰、选择和调适，基于某种"自生自发的秩序"。"如果我们无视我们理性的限度，那么这种雄心和抱负便有可能促使我们把我们的制度引向毁灭。"④在《法律、立法与正义》一书第二卷，哈耶克重点批评了"社会正义的幻象"，即根据一套理想的分配正义理论来全面重建制度。今天的中国学界，许多人大谈民主、宪政，往往也是如此，以某种抽象的人性论、

---

① 牟宗三：《历史哲学》（增订八版），台北：台湾学生书局，1984年，第187页。
② 牟宗三：《历史哲学》，第187页。
③ 牟宗三：《政道与治道》（增订新版），台北：台湾学生书局，1987年，"新版序"。
④ ［英］哈耶克：《法律、立法与自由》（第二、三卷），邓正来、张守东、李静冰译，北京：中国大百科全书出版社，2000年，第514页。

价值原理或形而上学为依据，倡导建立某种据说具有超越历史、时代和文化而有效的理想政体。

理性建构论的一个严重后果是导致"政体决定论"，将政体看成是万能的、超时空有效的理想来追求，认识不到政体的产生总有一定的历史局限，政体的消亡总有一定的现实规律。比如牟宗三所否定的君主制（monarchy），之所以曾经在人类历史上那么长的时段和那么大的范围存在，绝不是偶然的。无论是中国还是西方，无论是东亚还是中东、俄罗斯，君主制都曾长期存在。我想，这并不是由于那时的人们不知道限制君权，不知道反抗专制。春秋时代"弑君三十六"（《春秋繁露·灭国上》），就是古人知道反抗专制最好的证明。可是每次弑君之后，还是要重新立一位国君。有时到了无君可立时，权臣们还是不得不想方设法去远方、甚至别国去寻找一位与国君家族有血缘关系的人来继位，显然是因为当时并没有其他更好的政体。

纵观历史，人类在过去数千年间建立的典型政体并不多，包括禅让制、君主制、贵族制、民主制等等。柏拉图的《理想国》分析的五种政体（民主政体、寡头政体、贵族政体、僭主政体、荣誉政体）其实可以归结为君主制、贵族制和民主制三种。亚里士多德在《政治学》中讨论了君主政体、贵族政体、平民政体、共和政体、寡头政体、僭主政体等六种政体，它们可归结为三种：一人执政、少数人执政或多数人执政。他告诉我们，从来就没有什么政体本质上是好或坏的，因为决定政体好坏的东西不是其制度本身，而是人口的质和量。因此，每一种政体都有好的和坏的形式，都有多种变体；如平民政体有五个品种，寡头、贵族政体各有四个品种，共和政体有三个品种，僭主政体也有三个品种。

有人认为，西方人对理想政治秩序的探求着眼于政体，中国人对理想政治秩序的探求着眼于治道。①这一观点很有道理。不过也须指出，无论在西

---

① 王绍光主编：《理想政治秩序：中西古今的探求》，北京：生活·读书·新知三联书店，2012年，"序"，第75～124页。王绍光先生最近分析中国近代史上的"政体决定论"，批评西方学者及近代中国学者皆主政体思维，即政治问题主要归结为政体问题。他认为其问题至少有：把复杂的现实简单化为一两个指标的问题，"重形式、轻实质"，"忽略政治体制其他方方面面的变化，导致用静止的眼光看变化的现实"，导致制度决定论。我基本同意他的这一思路，不过并不认为他对政体与政道的区分合理。本文所用"政道"一词更接近于牟宗三，是指关于政体的学说；王所谓的"政道"只相当于本文中所谓的"治道"。参王绍光：《政体与政道：中西政治分析的异同》，《理想政治秩序：中西古今的探求》，第75～124页。

方还是中国，每一种政体或制度的产生和演变，都是特定历史背景下的事。设想一下：秦汉以后多数学者认同郡县制，但如果在春秋时期搞郡县制，真的行得通吗？真的能给历史带来进步么？同样，秦汉以后一直有学者怀念周政，试图恢复封建，结果无一成功，也不是没原因的。可以发现，中国历史上出现过的几种主要制度，包括君主制、封建制、井田制、郡县制、科举制等，都不是哪个思想家发明出来、强加给这个社会的，而是在特定历史条件下形成。同样，现代民主制也不是来源于思想家的发明或设计，而源于公元9世纪以来西欧自发形成的城市公社或商人城镇。因此，忽略经济结构、社会组织状况、权力/权威观念等一系列因素，由学者在书斋里根据抽象的思维逻辑来设计或论证一个国家的政治制度，是荒谬可笑的。我们不能仅因一种道义的立场，出于某种抽象的原理，对于中国当下究竟应该实行什么样的政体或制度轻率判断。

可以把政体比作一个人身上的皮肤，历史－文化－心理基础则相当于这个人的骨骼、血脉、肌肉等等。可以想象的是，如果我今天羡慕另一个人的皮肤，可不可以在不改变骨骼、血脉、肌肉等内在组织的前提下，单纯靠移植建立与他人一模一样的皮肤？显然不可能。也许，好皮肤容易找到标准。但它永远是皮，而不是肉；对一个民族生命肌体的运作来说并不具有本质的重要性。同时，由于各个人的内在组织结构千差万别，我们不能仅仅出于审美或价值观的偏好而为所有人定制同样的皮肤标准，同样也不能仅仅由于价值观偏好而为所有民族定制同样的制度标准。正如不同的个体有不同的理想皮肤，不同的文化应当有适合于自身的不同的理想制度。

按照白鲁恂的观点，一百多年来，亚洲人对权力/权威的理解并无大变。白氏的研究，凸显了文化心理因素对于政治制度的重要性。他研究了包括印度、巴基斯坦、孟加拉国、泰国、菲律宾、马来西亚、新加坡、印度尼西亚、日本、中国、越南、韩国等许多亚洲国家的权力／权威及政治合法性概念，发现二战以来亚洲殖民地/半殖民地国家的纷纷独立，以及对于西方现代制度理想的追随，并没有导致其权威模式的改变。相反，由于传统的家长式的（paternalistic）、以私人关系（personal ties）等为基础的制度模式继续在这些地区发挥着强大的、根本性的作用，不少亚洲领导人也认识到只有遵守自身文化的权威模式才能成功，并在实践中有意识地抛弃了西方民主制度模式。

今天，真正重要的是要研究清楚，中国文化在自我整合方式上有什么重要特点和规律，其权力／权威赖以建立并有效运作的内在机制是什么；当人们不遵守这些规律和机制时，会受到什么样的惩罚。一百多年来，我们一直在学习西方，也曾像许多亚洲国家一样模仿西方的政治制度，但是却一而再、再而三付出代价的原因究竟是什么？这些问题的答案，我认为恰恰应该在于牟宗三所摒弃的"治道"。这是因为，治道研究是在充分尊重文化习性的基础上，基于对某种文化中权威模式的认知，来分析权力发挥作用的有效方式。所以，它可以帮助说明某种政体在一种文化中发挥作用的条件是什么。不仅如此，我们还可以设想，在政体改革的目标尚未十分明朗的情况下，通过搞清一种文化中有效的治道，也可以帮助我们逐渐发现政体改革的方向，因为政体或政治制度的变化必须有利于治道充分发挥作用。

从某种意义上讲，"治道"研究比"政道"研究更加重要。这是因为政体往往受制于时代条件，在经济组织、社会结构、文化权威、民众心理、历史传统等未出现巨大变化的情况下，其适合的政体形态也不能轻易变革。由于人们习惯的权威模式建立于过去数百甚至数千年的历史经验，有巨大的惯性，有时政体变革风险很大，与其急于从事政体变革，不如从事治道研究。

"治道"的重要性还体现在它对政体的巨大改造能力上。虽然"政体"有其不可逾越的时代局限，但是其运作方式往往有巨大的改进空间。比如同样是君主制，也可以通过不同的治理方式展现出不同的面貌：周代君主制已与秦代不同，秦代的君主制又与汉代不同，唐、宋君主制已有较大区别，跟清代相比差别就更大。另外，君主制本身也有多种存在方式：有封建制下的君主制，也有郡县制下的君主制，还有现代宪政制度下的君主制，而宪政下的君主制也有英国模式与日本模式之别。正因为政体的僵硬形式，可以通过治道的灵活方式得到巨大改善，人们有时可以在不放弃君主制形式作为象征符号对于稳定民心、满足民众心理需要的同时，通过"治道"找到解决当前政体问题的办法，从而极大地弥补政体的局限性。

不要小看"治道"化解"政道"局限性的能力。中国人过去在君主制下发明了宰相制度、职业文官制度、监察御史制度、征辟科举制度、地方自治及行业自治，并建立了道统学说、民本学说、君道臣道学说、王道霸道学说、以德治国学说等等，都起到了极大地限制君权、化解君主专制的效果。换言之，正因为政体有极大的弹性，我们不应把应由治道来解决的问题归咎于政体，过早过急地对政体动大手术。因为如果能用治道来解决的问题，非要诉诸政体改革，弄不好就会造成社会的巨大动荡，引发一连串意想不到的后果。比如辛亥革命时，不少激进的青年认为清廷已不能再指望，推翻它才是中国的唯一希望。但他们却没想到，推翻清廷后带来了长达数十年的内战，也没有想到君主制在日本、英国以另一种方式保持下来对于社会稳定变革的心理作用。

"治道"可以为政体／政道提供精神、方向和原则。政体就好像一架机器，作为一套制度体系，需要治道为它灌输精神。比如儒家的王道学说，为君主制提供了灵魂，几乎起到了化腐朽为神奇的效果。又比如人民主权等价值，是民主政治的价值；但是它们不可能在任何一种民主政治中自动地得到实现，能否实现取决于各国的政治现实。从这个角度看，治道的重要性就并不亚于政体。因为任何政体都不是"永动机"，都需要人来支配、维护和修理，使之朝理想目标前进，这些都是属于"治道"范围的事。

诚然，民主、宪政在今天可欲；但只要我们出于某种天真的价值理想或抽象的价值原理来追求民主、宪政，不研究它们与中国文化习性的关系，就没有找到中国政治的真正出路。基于前面各章对于中国文化习性的研究，本章将中国文化中的治道归纳为德性权威、礼大于法、风化效应、政教不分、义利之辨、大一统等若干方面，并在此基础上总结当代中国文化的方向与出路。在我看来，无论中国未来采取什么政体，这些治道都要遵循。我相信，学者们如果沿着这条路走下去，或许能找到中国政治的真正方向，而无需一味沉溺于政体变革，单纯寄望于民主宪政。

牟宗三先生关于政道与治道的区分非常有意义，但他的错误则在于缺乏社会历史眼光，将政道乌托邦化，严重忽视了中国文化中有效的治道及其存在的文化心理基础。这正是本章所要做的工作。

## 1．中国文化的内在逻辑

让我们从前面讨论过的公私矛盾出发。白鲁恂认为，公私矛盾构成了中国政治的内在动力机制①，中国历史上一直存在着公共立场与私人关系、国家利益与小团体利益之间的对立和消长②。

公私矛盾在中国文化中的根深蒂固，是由于中国文化的"关系本位"特征所导致的。这是因为，中国人倾向于在自己与他人的相互关系中寻找自己的安全感和人生价值；由于一个人不可能与所有人感情同样深，他们对不同人的方式也自然呈现费孝通所谓"差序格局"的方式。中国文化中的"公私矛盾"可以说正是这种层级化的人际关系所决定的：每个人都以自我为中心，"我"是私，"集体"是公，于是有了初步的公私对立；当两个人关系亲近时，形成两个人之间的默契和共识，把他们与"外人"区别开来，于是有了属于两个人的"小私"，这是"私"的初步发展；当一些人出于血缘、地缘、出身、身份、背景或需要等共同因素结成小团体时，就是"帮派"，古人也称为"同党"，这是"私"的进一步发展；当地方官员与他们共同的上级即中央发生利益冲突，需要共同来面对时，就形成所谓的"地方主义"。"地方主义"也是与国家相对立的新型的"私"。（见附图）

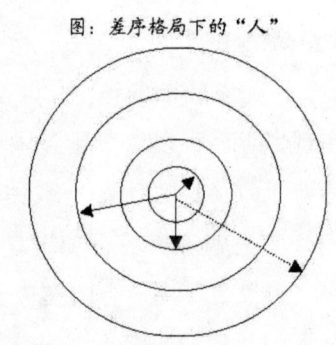

图：差序格局下的"人"

图注：自我处在同心圆的中心，每一层同心圆代表一种私人关系。同心圆距我越近，与我的私人关系越亲密。

中国文化的关系本位，不仅在政治上表现出上述公私矛盾，还在行政上表现为任人唯亲与任人唯贤的永恒矛盾。白鲁恂指出，尽管国民党、共产党政府都反对人们拉关系、走后门，但这丝毫不等于私人关系就不发挥作用，相反人人都时刻争相利用它为己服务。为了达到私人需要，人们拼命建立自己的关系网，从而瓦解公共权威，毁坏正式制度。所以实际情况是，不管人们口头上如何强调国家和社会利益，在用人之际，还是千方百计地把那些跟

---

① Lucian W. Pye, *The Dynamics of Chinese Politics*, Cambridge, Mass.: Oelgeschlager, Gunn & Hain, Publishers, Inc., 1981, "Preface".

② Lucian W. Pye, *Asian Power and Politics*, pp. 190, 201~204.

自己感情亲近的人提拔上来。

关系本位导致的另一个后果就是，"君子"与"小人"之争几乎成为中国文化中独特的现象（我们很少在其他文化中看到从道德上对人的这样一种区分，或发挥同样重要的作用）。自从孔子以来它主要是一种道德上的区分：君子就是那些能顾及他人感受、做事公正的人；小人则相反，是那些罔顾他人感受、只顾私人利益的人。尽管小人总遭唾弃，但往往再高明的君子也难免在背后被指责为小人。这是因为，即使是君子，也不可能保证照顾所有人的感受，也可能在别人心目中成为小人；即使是小人，也会照顾亲近之人的感受，成为这些人心目中的君子。因此，君子/小人在理论上容易界定，在实践中则难分辨，它深刻地体现了以人际关系为本位的中国文化需要讲求做人方式，正因如此君子与小人之争在中国文化中永恒存在。

虽然说公私矛盾普遍存在，但不意味着公、私双方所对应的行为主体是一成不变的。比如说，在中央和地方、公共利益与私人团体的矛盾中，国家常常是"公"的代表；而在国家与社会的矛盾中，国家则可能变成了"私"的代表。这是因为在社会与国家的张力中，国家常常被用来形容统治者或特定阶层（如权贵）所代表的私人利益，这时"社会"才有资格代表公共利益。总之，公私矛盾在不同领域、不同意义上会有不同的表现，只有从具体两个主体相互关系的具体处境出发才能确定谁代表公、谁代表私。

基于上述，我们发现，中国文化的关系本位特征，导致了如下几种永难消除的矛盾：

（1）公与私的矛盾；

（2）君子与小人的矛盾；

（3）任人唯贤与任人唯亲的矛盾；

（4）公共利益与私人团体的矛盾；

（5）国家与社会的矛盾；

（6）中央与地方的矛盾。

也可以说，上述几种矛盾都可以概括为公私矛盾：中央是公，地方是私；公共利益是公，私人团体是私；社会是公，国家是私；任人唯贤是公，任人唯亲是私；君子公正，小人自私。

## 2．中国文化中的治道

如何来面对和处理中国文化中的这些矛盾呢？我认为，对这些矛盾的处理就构成了中国文化中的"治道"。不同文化面对的内在矛盾不同，是因为构成不同文化的逻辑不同，"治道"则是由文化自身逻辑决定的对症药方。中国文化的逻辑体现于以人情和面子为机制的"关系本位"，以及由此所衍生出来的上述一系列矛盾。只有理解了这一点，才能真正认识中国文化的出路。下面，我们就以此逻辑为基础来总结中国文化中的治道。

### (1) 德性权威

白鲁恂多次提到亚洲文化特别是东亚以德治国的现象 (rule by virtuous men, or rule by moral example)，这体现了亚洲文化中一种独特的权力／权威观，即认为只有德高望重之人才能让人信服，而具有统治别人的力量。[①]白氏认为这其实是一种"反政治的" (anti-politics) 的政治文化，因为没有把效益和功利作为政治的直接目标。然而，如果我们认识到上述中国文化中一系列根深蒂固的矛盾，即可发现，只有以德治国才是比较好的解决上述矛盾的办法之一。所谓"有德的人"，在儒家学说中就是指君子或圣贤，而君子或圣贤本身重要特征之一就是重义轻利，因为他们的人格达到了以义的态度看待利的境界，所以他们是化解公私矛盾、君子小人矛盾、中央与地方矛盾、社会利益与国家利益矛盾的最重要力量。

白鲁恂在书中分析了巴基斯坦、印度尼西亚等国二战后独立以来，曾经真心尝试全面接受西方式政治体制，特别是通过大选、议会、法治、政党等制度的引入来建立一个现代国家。然而，他们的实践导致了巨大混乱，因为亚洲人心目中的权威／权力概念与西方人不同。人们不仅发现通过民选上来的官员常常"无德"，更重要的是他们的办事方式，不符合亚洲人熟悉的心理习惯，也不能保证效率。白氏认为，亚洲人真正在心理上接受的权威／权力模式是家长式的以德治国模式。我想这也适合于中国。

在一个以人与人的关系为本质力量的社会中，人是最有决定性的力量，如何保证品德兼优的人掌权成为头等大事。所以古人特别强调"为政以德"（《论语·为政》）、"授有德，则国安"（《管子·牧民》）。这是因为，"关系本位"

---

① Lucian W. Pye, *Asian Power and Politics*, pp.42,48~50.

的后果之一就是在上位的人对他人的示范作用特别大。用孔子等人的话说，有德则身正，身正则民服，故能"居其所，而众星拱之"（《论语·为政》）；"一正君而国定矣"（《孟子·离娄上》）；"御民之辔，在上之所贵；道民之门，在上之所先；召民之路，在上之所好恶。"（《管子·牧民》）《大学》云："上老老而民兴孝，上长长而民兴悌，上恤孤而民不倍。"类似这样的话在古代经典里不胜枚举。

不要小看以德治国或贤能政治。从《尚书》开始，中国文化中以德治国的倾向即已十分明显。贤能政治之所以比民主政治更适用于中国文化，一方面是因为帮派主义、地方主义等根深蒂固的文化习性，会使党派之争走向负面，导致帮派斗争和社会撕裂；另一方面是因为中国人从文化心理上更崇拜的权威或真正能信服的权威永远是有德者，而不是其他类型的人。也可以说，中国文化中有效的权威概念决定了以德治国或贤能政治的必要性。

（2）礼大于法

如果说，以个人为基础的社会适合于法治的话，那么以关系为本位的社会适合于礼治。

中国人对于法与礼有完全不同的评价，法治标，礼治本。然而在西方文化中，这种判断未必有同样大的意义。因为在西方社会，民法作为基层社会最基本的约束力量早已深入人心，它实际上就是在社会生活中比礼更加强大得多的力量。法作为一种纯粹形式的规则，在西方社会的作用绝不仅仅是消极的防范机制，而是代表一种积极有效的整合力量。许烺光先生曾将法在西方人心目中的作用与上帝相比，指出西方人相信"人的世界"一定要通过"非人或超人的力量"来支配。①用希腊哲学家的话来说，具体的个人好比无规

---

① 许认为，美国人对于世俗政权的态度有时与他们对于上帝和法的态度是一致的。（Francis L. K. Hsu, *Americans and Chinese*, p.226 等）他解释为什么西方式的法律思想在中国没有发展起来（Francis L. K.Hsu, *Americans and Chinese*, pp.360~361）：因为法律是 impersonal 的，而中国人一切依赖于具体的处境和人的感情，而不是什么绝对的标准（"在中国的哲学里，对法律的解释是依据情境和人的感情，而不是依据绝对标准。"）（Francis L. K. Hsu, *Americans and Chinese*, p.361）。作者还指出，中国人在发生矛盾时宁愿诉诸中间人或妥协，而不是采取无止境的斗争方式。日本学者滋贺秀三对中、西方法律作了极为精彩的比较分析，其结论与许的观点类似。参 [日] 滋贺秀三等著，《明清时期民事审判与民间契约》，王亚新、梁治平编，王亚新等译，北京：法律出版社，1998年，第1~53、112~138页（寺田浩明对滋贺、中村等人研究成果的总结）。

则的质料，只有超越时空的理念／形式才能支配他们。柏拉图、亚里士多德均认为，人是有限的动物，应当追求无限的理念／形式或真理。

如果"法"是一种硬制度，"礼"就是一种软制度，以多数人在心理上认同、在情感上接受的规范为内容。如前所述礼的精神在于自己面对的人、物和事的尊重。礼的本质不在于统治别人，也不是追求一致，而是要让每一个人的生命得到健康的成长、健全的发育。由于礼以人们在心理上、情感上认同为特点，导致它不像法那样强调统一的、一刀切的形式，而是更强调其处境化、人情化的特点。礼与法作为对人的约束，各有特点，各有优劣。我们不能简单地说，法治一定比礼治更高级。

前面说过，礼是中华文明成为文明的关键所在。这是因为，中国文化中人与人关系整合的机制是人情和面子，中国人天生对于非人化、冷冰冰、没有人情味的制度与规则缺乏热情和信念。所以，对中国人的人际关系从制度上约束的最好方式不是通过"法"，而是通过"礼"。因为礼是人情化的，也可理解为一种软性的制度，它的最大特点是以人情、风俗为基础，以人们在心理上广泛认可为特点。中国文化之所以走上了一条"礼大于法"的道路，而没有形成严格意义上的"民法"（civil law），与其关系本位的特征有关。在中国文化中，当制度没有了礼的精神，就成为机械死板的框框；当社会没有了礼的精神，就变成没有灵魂的机器。礼成为衡量一个社会文明还是野蛮的主要标准，成为决定一个文化进步还是落后的主要依据，成为导致生活繁荣还是衰退的主要因素。今天的人，在西方思想因素下，或者普遍认为只有民主、法治等制度才是决定一个社会是文明、进步还是野蛮、落后的主要标准。但若衡诸中国文化则不然，因为文化的逻辑不同，制度至上、规则主义在中国文化中行不通。

礼治思想代表了中国文化需要从伦理道德角度建立秩序的重要特点。尽管近代以来人们大量批评儒学的所谓"泛道德主义"，可是如果我们从中国文化的习性出发，即可发现这一批评之片面。不管现代人是否承认，他们在现实生活中还是要从伦理道德的角度来重建社会秩序，而不能过多地指望法治等制度建设。总之，礼代表中国人维护社会和人间秩序最重要的纽带。这当然不是说中国人自古以来不重视法律，或中国文化不需要法律。我只是说在中国文化中礼大于法，没有说以礼代法。

（3）风化效应

顾炎武《日知录》（卷十三）评论历朝风俗之好坏，谓曹操、王安石等人取士以悦己为准，导致"权诈迭进，奸逆萌生"，世风为之大坏；汉光武"尊崇节义、敦厉名实"，宋初诸贤"以直言谠论倡于朝"，天下风俗为之一变。其"宋世风俗"条引苏轼上神宗书曰：

> 国家之所以存亡者，在道德之浅深，不在乎强与弱；历数之所以长短者，在风俗之厚薄，不在乎富与贫。臣愿陛下务崇道德而厚风俗，不愿陛下急于有功而贪富强。

真是精妙绝伦，至今不觉过时！

以人与人的关系为本位的中国文化，由于不以彼岸（死后世界）作为其终极归宿，使得人对人的模仿或攀比成为最常见的现象。人与人的相互嫉妒和攀比，导致流行各种风气。不同时代、不同地方、不同单位、不同年龄段、不同性别等等内部都可能流行各自的风气。有校风、党风、学风，有单位风气、部门风气、行业风气、社会风气，词语中有风气、风潮、风靡、风尚、风传、风闻、风俗、风声、风味、风行、风范、风向、风流，有闻风而动、望风披靡、见风使舵、闻风丧胆、风起云涌、风言风语、蔚然成风、流行成风、风行一时、风声鹤唳、风云变色、风吹草动，有中国风、亚洲风、世界风、时代风、西北风、流行风、龙卷风、五月风、四季风、都市风、文明风，还有儒风、仙风、正风、妖风、歪风……此外，还有各种"热"，什么出国热、下海热、参军热、京剧热、读书热、国学热……据说"风车轮流转"，风气若干年一变。

风气在中国社会中的力量无比强大。一旦某种行为流行成风，再强大的制度罗网也可以被它撕破。比如，改革开放之初，主张放权让利，通过让一部分人先富起来，带动全社会都富起来。但是做梦都没有想到，在一部分人先富起来并成为官方榜样后，立即在全社会掀起了一股"一切向钱看"的风气。从地方政府到学校，从政府部门到新闻媒体，都纷纷利用职权搞起了创收。于是，整个社会的风气从过去追求政治理想、注意意识形态，转变到了追求经济利益、注重物质享受。这种风气一旦形成，就再也不受政府的左右。恰恰相反，它瓦解着政府的权威，破坏着法律的信誉，毁灭着学校的名声，败坏着社会的道德。这时我们发现，政府无论制定什么防范措施，都无法阻止坑蒙拐骗、假冒伪劣。历史再次给我们上演了一出好戏，不接受古人几千年前所讲的教训，历史自然会重演。

另一个需要指出的事实是，风气代表的人心取向，反映出在中国文化中精神力量对于治理的作用极大。历史已经一再证明：中国社会治理中最重要也最有效的手段之一是动员强大的人心资源，形成万众一心、众志成城、意气奋发、斗志昂扬的局面，即孟子所谓"可使制梃以挞秦楚之坚甲利兵"（《孟子·梁惠王上》）。而当这个社会涣散的时候，必定首先表现为人心的涣散。在中国文化中，政府能否有效地动员人心的资源，是衡量其行政效率高下的最重要的标志。毛泽东可以说充分认识到或在实践中运用了这一点，但他所诉诸的手段有些是非理性的，不具有可持续性，因而并不可取。

（4）政教不分

白鲁恂指出，亚洲或中国政治总是过多地意识形态化。政治人物们把比较多的精力用在论证一些仅具象征意义的符号上面。我认为这说明中国人比较多地注重心理上的满足，也说明精神、思想因素在中国人的集体生活中占有比较重要的分量。中国人做事之前，需要先在思想上形成共识，在精神上进行凝聚，在心理上达成默契。这些在其他文化中不能说没有，但是对于崇拜形式化原则的西方人来说，这类做法有时会被当成是浪费时间，或舍本逐末，他们认为直截了当地提出规则比精神思想工作意义大。

意识形态问题的重要性在于，在中国文化中，心理或精神上的统一或一致比制度上的规范或统一更重要，因为它满足了中国人对安全感的追求。中国文化的关系本位、处境中心等特点，说明中国人只有生活在一个团结的集体里才会感到踏实，只有处在和谐的环境中才会感到安全；而意识形态或思想上的统一，让他们感觉自己生活在一个大的、完整的集体里，而不是孤立无助。有时即使明知这个大的集体是人为塑造出来的虚幻之物，他们也觉得比没有好。对于一个高度此岸化的文化来说，一个明确的"总体目标"是比其他任何东西都更重要的。

意识形态的重要性表明了中国文化中政、教不分的现实性。关系本位的中国文化，不可能走一条政、教分离的道路。诚然，在中国文化中确能容许"教"脱离"政"（如佛教、道教等），但却不能容许"政"脱离"教"。中国人认为"政"必须有依赖于"教"来管束，就像小孩需要家长来管教一样。像西方人那样，从中世纪以来一直信奉政、教分离，结果使政治成为脱离宗教的、非道德化的系统，把功能上的功利和效益当作首要宗旨来追求，这在中国文化中缺乏基础。在儒学史上，我们看到一再强调道统高于政统。在近代历史上演变成三民主义还是共产主义，或者说自由主义、保守主义和马克思主义之争。而在如今，也变成要通过五年一次的代表大会来确定总路线、总方针或总政策。

（5）义利之辨

与政教不分相关的一个问题就是义利之辨。义利之辨之所以在中国文化中特别重要，是因为公私矛盾以及与之相关的一系列矛盾，均可从道德上概括为义利矛盾，所以义利之辨也代表了处理公私矛盾等最重要的道德原则。"义"代表公，"利"代表私；"义"代表国家，"利"代表私人团体；"义"代表中央，"利"代表地方；"义"代表任人唯贤，"利"代表任人唯亲；"义"代表君子做人的准则，"利"代表小人做人的准则。孔子曰："君子喻于义，小人喻于利。"（《论语·里仁》）可以说，中国文化的逻辑决定了：正确处理义利之间的关系，是实现善治的最重要条件之一。

我们知道，在西方近代文化中，追求己利是理之当然，以财产权为首要私人权利。现代的个人主义、自由主义作为西方资产阶级的意识形态，正是以求利为出发点，将利与个人权力紧密挂钩，从而对中国古典理论构成巨大冲击，成为许多中国人放弃古典儒家义利之辨的主要原因。然而，也正是由于盲目崇洋，不能正视由儒家所揭示的中国文化中的义利矛盾，又导致最近三十年来中国人一味求利，结果是一切向钱看，社会风气败坏。为什么西方那一套以个人逐利为中心的财产制度在中国行不通呢？这是因为西方的个人主义和自由主义背后有一个宗教背景，及制度至上理念下的法治，而在中国没有这些传统。西方的宗教背景及制度至上的法治精神，保证了他们的利益追求和个人财产权利，朝着合乎公义或众人之义的方向前进。黑格尔在《精神现象学》中论述从原子式个人到"普遍的个人"的转化，指的就是这一现象。除此之外，还有马克斯·韦伯新教伦理的有名论述。我们要明白，在中国，社会风气的力量无比强大，而制度至上思维根本行不通，当"利"被抬到首要位置后，将形成一切向钱看的风气，导致人心腐烂，从而毁坏一切制度。孔子说："放于利而行，多怨"（《论语·里仁》）；孟子曰："上下交征利，而国危矣"（《孟子·梁惠王上》）。

从根本上讲，以义利关系作为中国文化中治道的一部分，本身就体现了伦理而非制度在中国治理中的首要价值。从20世纪50年代以后共产主义运动中以公灭私、以义灭利，导致人心压抑、人性变异；到70年代末改革开放后放权让利、崇尚功利，导致人人逐利、见利忘义，现实一再告诉我们：忘记历史是要受到教训的，中国文化的发展是有自身规律的。可以这样说：无论是激进共产主义运动所倡导的以公灭私、否认私利，还是改革开放后的崇尚功利、见利忘义，都是在不知不觉之中受到了中国文化中根深蒂固地存在的义利矛盾支配的明证。显然，中国人至今还在义、利这两个极端之间徘徊，而没有认识到儒家早在两千多年前所看到的问题，及其解决方案的合理性。这难道不再一次证明了儒家治道的强大力量吗？

(6) 大一统

这里的"大一统"不是《春秋公羊传》中的"正始之道"，而是指通常所谓统一的中央集权的管理模式。我这里试图回答中央与地方的矛盾问题。从中国过去几千年的发展经验看，中国文化走的是一条"分久必合"的道路，"分而不合"这种西欧封建模式在中国文化中也曾经在春秋战国及魏晋南北朝时期出现过，但后来都被证明行不通。原因可能与中国文化以"关系"为本位的团体主义精神有关。

如前所述，一方面，由于公与私、国家与社会、公共利益与帮派团体、中央与地方之间的矛盾，中国文化中有根深蒂固的分裂倾向，这也证明与分裂倾向作斗争是中国文化中永恒的任务。但是，另一方面，由于中国人需要在此岸中安身，具体表现为要在一个完整而和谐的集体中才能找到安全感，分裂必然导致所有人共同缺乏安全感。这正是中国文化不像希腊或西欧那样长期保持分而不合而能安然无恙的重要原因。

但是，中国文化的一大问题在于，这种追求"合"的本能的无意识心理，也导致专制甚至极权容易出现，"大一统"有时会耗尽整个社会的活力。对于中国政治来说，如何避免"被统死"是始终要面对的一大问题。在中国历史上，"大一统"并不意味着不尊重地方特殊性和民族多样性，而把"分"与"合"、地方自治与中央集权处理得比较好的是西周封建制。但是自从封建制在秦统一之后结束后，就再也无力恢复。也可以说，春秋战国把封建制那种地方自治模式的弊病彻底地、淋漓尽致地暴露了出来。郡县制比较好地解决了"分"的问题，但又容易导致专制和极权。于是，人们发明职业文官制度（包括科举制），通过将为官之道建立在一定的法则之下，在一定程度上极大地限制了专制和极权；地方乡绅制度（包括乡约）则为保护地方特殊性作出巨大的贡献。从这个角度看，宋朝确实是一个值得研究的案例，尽管它的国家力量比较弱。

## 3．今日中国文化的出路

有了上述一系列对中国文化内在矛盾及治道的探讨，下面我试图从若干方面提出今天中国文化的方向和根本出路，具体来说包括：

（1）道统①

本条是从前述治道中的"政教不分"条衍生出来的，即政府必须从精神

---

① "道统"之说，倡自韩愈，自朱熹以"执中"释道统以来，学者多从之。根据梁涛对儒家思想史上"中道"传统流变的考察，有以仁义释中，以礼义释中，以公平、公正释中，还涉及中正、中庸、中和等概念，作者得出"'尧舜以来确有中的传授'，儒家内部存在一个中道传授谱系"，认为应当将宋儒以仁义释中和荀子等以礼义释中结合起来，提出"统合仁学与礼学，'合外内之道'才是儒家道统所在"。（梁涛：《清华简〈保训〉与儒家道统说再检讨——兼论荀子在道统中的地位问题》，全国政治儒学和现代世界研讨会提交论文，2012 年 9 月 27～28 日，北京。参会议论文集，第 229～264 页。另参梁涛：《儒家道统说新探》，上海，华东师范大学出版社，2013 年，第 69、91～97 页，等）我以为，中道传授的谱系，与"道统"一词的本义还当区别对待，即不能将道统等同于"中道"的传承。因为，"中道"主要是针对道的应用而言（应用于人生，应用于治国，应用于社会），而非针对"道"的本体而言。就应用言，道指行道之道，就本体言，道指终极价值。故牟宗三从"道德宗教之价值"、"孔孟所开辟之人生宇宙之本源"来理解道统，乃是从本体言（参牟宗三：《道德的理想主义》，修订六版，台北：台湾学生书局，1985 年，"序"），接近于梁涛所谓"即道而言统"。如果我们不受朱熹等人局限（即将不将道统理解为中道），也不受韩愈影响（即不从判教立场出发），立即可以发现"道统"的含义大为丰富起来，因为几乎诸子百家无不以"道"为宇宙最高价值，无不在讨论道统问题。本文所谓"道统"一词即然，是从本体上着眼，故讨论的是中国文化的终极价值或最高理想。

上引导全社会，明确全社会的最高精神价值理想是其中的首要问题，这个理想我称之为今日之"道统"，亦可以牟宗三所谓"宇宙之本源"称之①。

从道统角度讲，今日中国社会的最大问题就是失去了信仰。20世纪中国人在抛弃古代道统以后，另寻他途，一错再错。其中最大的、最有代表性的意识形态包括民族主义、国家主义、自由主义、无政府主义、民主主义、社会主义、共产主义等说法。历史已经证明：抛弃古人的思想传统，自作聪明，以为自己能给全体国民提供一种新信仰，而事实上根本不可能做到。信仰错误泛滥的结果，就是人们越来越失去信仰。

换言之，道统重建并不是指去人为地接受某个"主义"，无论是左的或右的，无论是儒家还是他家，严格说来都是为道统而存在，而不代表道统本身。不要错误地以为，信仰就一定是信仰某种宗教或"主义"。长期以来我们思想上的一大误区就是：把精神信仰领域，把大量精力用之于探讨该信什么主义、什么宗教，而忽视每一个普通、正常的人，无论他属于什么教、什么派，都还应该有更基础的信仰，即对人性尊严与价值的信仰。"文化大革命"中那么多摧残人性、践踏生命的骇人听闻的事情之所以发生，不正是由于把"主义"或意识形态看得比个人的尊严和价值更重要么？多年来，我们所犯的最大错误之一，恰恰在于用各种"主义"蒙蔽了双眼，严重违背道德教育的基本规律，先入为主地将若干政治价值当作信仰对象，这样做的结果正是我们今天所看到的，人们变得什么都不愿相信，变得不再有任何信仰。

必须认识到：在所有"主义"之上，"最高的主义"只有一个，即人性和天道（孔子早在两千多年前即已认识到这一点②），这就是今天我们要追求的"道"和要建的道统。我们必须明确：人性的逻辑高于社会的逻辑，社会的逻辑高于国家的逻辑。这是在世俗社会中重建中国人信仰的最基本条件。诚然，一个有宗教或主义信仰的人，或有助于捍卫其人格尊严与价值。但是反过来，一个人确立人生价值与尊严的信仰，并不必然要接受某种宗教或主义。我们必须明白：在我们的生活中，最基本、最值得我们去信仰，且无可争议的信仰对象就是人性的价值和尊严。

---

① 牟宗三：《道理的理想主义》（修订六版），台北：台湾学生书局，1985年，"序"。
② 子贡曰："夫子之文章，可得而闻也；夫子之言性与天道，不可得而闻也。"（《论语·公冶长》）

让我们来分析一下为什么我们丧失在"主义"之中而不能自拔。原因很简单，把国家目标看得太重，尤其是在国难当头的情况下。长期以来，出于种种可以谅解的原因，我们被各种国家目标、国家拯救计划所缠绕，每天都在设计国家战略、强国梦想，反而忘记了这些计划的终极目的，结果导致用这些国家目标把全民的私人空间全都占据，导致现实生活中具体生动的个人作为完整生命的尊严和价值被剥夺，走到了初衷的反面。尤其是近代以来，当国家变得无比强大时，可以打着全民的旗号对个人私生活进行肆无忌惮的进攻和没有底线的侵占，个人的生命遭受不应有的摧残。诚然制定国家战略和国家目标是合理的，但是为什么这些国家战略和目标有时会走到初衷的反面？其中一个重要原因恰恰在于文化终极理想——也就是本章所说的道统没有搞清，结果误把"主义"当成所有人的最高理想，于是认为这些理想对私人生活的侵占可以不受任何限制。

诚然，今天，尤其是改革开放后，我们的国家目标、国家理想不再像过去那么强大、那样无孔不入，但不等于过去那种倾向、那种思想误区已经被认清。正因为如此，当我们从过去那种浪漫的革命理想转向务实的经济建设时，却出现全民追逐利益、乃至一切向钱看的疯狂局面。在这股潮流中，一切崇高的理想都威风扫地，一切神圣的价值都消于无形。为什么一种出于良好初衷的经济建设，却会导致全民信仰的迷失呢？因为在经济建设为中心这一思维推动下，尤其当权贵们运用特权与民争利、金钱财富成为衡量人的主要标准时，自然地导致了全民的逐利潮。一方面，正如后面要讲的，这与国家在引导社会时，没有处理好义利之辨、自身急功近利、缺乏道统信仰有关；另一方面，如果我们的社会、我们的各行各业在国家意志之外有基于对人性价值与尊严的基本信仰，建立起自己的自治和理性化系统，自然也不会过度受国家意志影响、轻易为浮躁情绪左右。只有当社会自治、自立时，才不会轻易受国家左右。但后面我们会说到，行业和社会的自治，前提是必须树立自身独立的价值，这些价值也必须是以人的尊严和价值为基础建立的。这些都说明，以人性的尊严与价值为基础重建道统是多么重要。

所谓道统重建，就是中国文化最高理想的重建，我曾经把这个理想表达为八个字："保合太和，各尽其性。"道统问题就是信仰问题，但不是宗教意义上的信仰，而是世俗意义上的、所有人的普遍信仰。

（2）核心价值

本条的重要性同样来源于前述治道中的"政教不分"，从根本上则是由关系本位决定的。因为关系本位，制度主义行不通，加上中国文化高度"此岸化"（this-worldly orientation），导致这个社会主要靠价值观维持秩序。据此我们可以说，中国社会是一个典型的"伦理社会"（借用黑格尔在《精神现象学》中术语）。由此我们可以理解，为什么朱熹等一大批学者把"三纲五常"抬到至高无上的地步。①

中国文化作为一种靠人伦关系维系的文化，人与人之间形成牢固的联结，是维持这个社会正常运转的必要条件。由于它崇尚以人情为基础的动态关系远胜于崇尚制度或法律，所以一旦人与人的关系缺乏有效的束缚，将出现人欲横流的局面，人心涣散，一盘散沙，任何制度都无济于事。过去几千年来，中国人维系合理人伦关系的主要途径有二：一是靠核心价值，主要是"三纲"和"五常"；二是靠礼。前者是更主观的力量，后者是更客观的力量。

现代中国人在核心价值问题上常常在两个极端之间徘徊，即国家主义价值观和自由主义价值观。国家主义价值观强调无私奉献、爱国主义、民族情感等等，弄不好演变成对人性的压抑、个性的丧失、人格的扭曲。自由主义价值观追求个人独立、自由、人权、民主等，结果演变成自我中心主义、个人主义、唯我独尊。如果我们从中国文化中的公私矛盾来看，就很容易看出，为什么这两种价值观容易为中国人所接受。首先，国家主义价值体现了在公私矛盾双方中站在"公"一边的特点，满足了中国人害怕以私害公的心理，所以在中国文化中满足了领导、尤其是希望别人服从的领导的本能愿望。但它把"公"抬到极端，完全否认"私"的合理性，也就适得其反，这就是今天那么多人把爱国主义教育当成洗脑教育的主要原因。

其次，自由主义价值体现了在公私矛盾双方中站在"私"一边的特点，

---

① [宋]朱熹《文集》卷七十"读大纪"："宇宙之间一理而已，天得之而为天，地得之而为地。而凡生于天地之间者，又各得之以为性。其张之为三纲，其纪之为五常。盖皆此理之流行，无所适而不在。"[明]薛瑄《读书录》卷六称"天地间至大者莫过于三纲五常之道"。[元]吴澄后学韩阳亦谓"三纲五常之道"，"在天地间，一日不可无者"。（《吴文正集·原序》）[宋]真德秀《西山先生真文忠公文集》卷第四"召除礼侍上殿奏札一"称"三纲三常"为"扶持宇宙之栋干"。

满足了中国人不愿接受压抑人性、个性乃至以公灭私的实际需要。因此，近代以来一直有不少中国人提倡自由主义。然而，中国的自由主义者往往想不到，为什么他们提倡的自由主义在中国文化中总是会变质，变成自我中心主义。问题并不是出在自由主义本身不好，但是提倡者们忘记了一点：在关系本位的中国文化中，每个人最大的安全感都是来自于人与人关系中的和谐与平衡。因此，尊重、理解、包容、牺牲这些品德之所以千百年来一直为中国人所提倡，不仅因为它们是普世价值，更因为极大地满足了中国人在心理上的安全需要。人们意外地发现了这样一种有趣的现象：20世纪以来在中国文化中提倡个人自由的大学者，往往本质上都是爱国主义者，比如鲁迅、胡适之类，他们的精神归宿从来都不是他们所声称的个性自由之类。

因此，中国文化的核心价值，应当是与中国文化的习性紧密相连、或者说针对中国文化的需要而来的。这个问题古人已经给出答案：它们就是"三纲"和"五常"。我曾在多处论述："三纲"不是指绝对服从或绝对的等级关系，而是指一种从大局出发、从国家民族大义出发、从做人的良知和道义出发做人的精神。和自由、平等、人权等西方价值观一样，"三纲五常"也是普世价值。但是在中国文化中更具有针对性的普世价值，是在中国文化的习性中"让人成为人"的价值，所以才成为中国文化的核心价值。今天关于核心价值的讨论很多，然而其中许多皆没有抓住这个要领，有的学者将儒家经典中的一系列道德范畴进行统计、归类，确定哪些是核心价值，哪些是基本价值，哪些是普通价值。这样的研究没有搞清，为什么"三纲五常"在过去两千多年里一直是中国文化的核心价值？

现代中国人对以"三纲五常"等为代表的中国文化价值的全面批判，导致的一个可怕后果就是：今天，我们看到人们在权力面前不能挺直腰杆，而是将自己当成了奴才。电视连续剧《乡村爱情小夜曲》中刘大脑袋在王大拿面前、王长贵在齐镇长面前，就是这种现代中国人格的典型写照。这种没有精神自立的奴才人格，在今天的现实中遍地皆是，难道与我们长期宣扬对权力的崇拜无关吗？然而，这绝不是儒家的态度，儒家从来都强调臣子们的人格独立性。孔子曰："以道事君，不可则止。"（《论语·先进》）现代中国人一面成天批判"三纲五常"是下对上的绝对服从，另一面他们自己在日常生活中天天强调绝对服从,尤其强调对于权力／权威的服从。这难道不是很有趣吗？问题的根源恰好在于:当我们丢掉了曾教人们在权力／权威面前勇敢地站起来的"三纲五常"之后,在现实中就只能强调以权力／权威为中心,结果导致人们拜倒在权力的面前,卑躬屈膝,直不起腰来。

现代中国文化失去方向的一个标志就是核心价值的沦丧,具体地说就是"三纲"、"五常"的丧失。今天,所谓民族文化的核心价值问题,其实就是如何认识"三纲"、"五常"的问题,也是如何在现实中将其激活的问题。要认识到,"三纲五常"是中国文化中"人成其为人"的正常方式,也是中国文化中重建人伦关系的必要条件。"三纲"与"五常"的崩溃,导致中国文化中人与人的关系彻底失去基础,人心被撕裂,人欲横流,行为失范。这是今天中国家庭、男女、同事、上下等各种关系中严重扭曲的重要根源。

(3) 社会风气

顾炎武有云:

> 目击世趋,方知治乱之关必在人心风俗,而所以转移人心、整顿风俗,则教化纪纲不可缺矣。百年必世养之而不足,一朝一夕败之而有余。(《亭林文集》卷之四《与人书九》)[①]

今天的中国已到了人心近乎糜烂的地步,对于中国社会来说,没有比这更可怕的问题了。人与人的关系堕落到除了简单的生物性需要、利益需要等个人需要之外,再没有任何崇高和神圣的内涵。在这个世界上,我们每天所看到的一切,除了冷冰冰的脸之外,没有温情,没有敬意。除了利益还是利益。在我们的生活中,几乎到处是陷阱,处处有机关,假冒伪劣盛行,坑蒙拐骗吃香。人与人之间缺乏起码的互信和尊重。我们在这个社会中连最起码的安全感都找不到。导致这一可怕局面的根本原因,绝不是由于人们道德境界不够高这么简单,而是一系列客观现实原因所致:

首先,义利问题。正如前述,今天全社会追求利益不择手段的风气,与多年来指导思想上一味追求经济发展、未能正确对待义利关系有极大关系。

---

① 顾炎武,《顾亭林诗文集》,华忱之点校,北京:中华书局,1983 年第 2 版,第 93 页。

董仲舒说："尔好义，则民向仁而俗善；尔好利，则民好邪而俗败！"（《汉书·董仲舒传》）如前所述，义利关系倒置，导致了信仰的失落，反过来进一步加剧风气的败坏。国家要从根本上把每个人的尊严和价值，而不是经济利益当作首要目标来追求，才能真正改变当前这种好大喜功、功利浮躁的局面。古人说得好："国不以利为利，以义为利也。"（《大学》）

其次，均寡即社会公正问题。今天社会风气败坏的另一根源是社会财富的分配失去公正，穷者益穷而富者益富。孔子曰："有国有家者，不患寡而患不均。"（《论语·季氏》）当人们看到特权阶层疯狂地与民争利，他们就会觉得法律不过是为权贵而设的，从而失去了对于国家权威和法律应有的敬意。在这种情况下，人们会认为遵纪守法就是傻瓜；因为他们争夺不过权贵，只有违法乱纪、铤而走险，攫取自己的利益。董仲舒在给汉武帝的对策中指出，与民争利问题不解决，是导致欺诈横行、犯罪违法的主要原因（参《汉书·董仲舒传》）。

其三，正己问题。今日中国道德风气败坏的另一重要根源，就是为官者失德。孔子云："其身正，不令而行；其身不正，虽令不从。"（《论语·子路》）我们成天说人民群众的眼睛是雪亮的，可是又在实践中常常向人民隐瞒真相。"尧舜帅天下以仁，而民从之。桀纣帅天下以暴，而民从之。其所令反其所好，而民不从。"（《大学》）要想改变民风，首先从当官的做起。"是故君子，有诸己，而后求诸人。无诸己，而后非诸人。所藏乎身不恕而能喻诸人者，未之有也。"（《大学》）

其四，养人问题。以强制的手段逼迫别人服从，会造成整个对权力的畏惧，摧毁人们的人格独立性和自由意志，造成精神的矮化和人格的猥琐，造成道德的沦丧和风气的败坏。多年来，我们总倾向强迫别人接受自己认为正确的意识形态或政治立场，殊不知人格尊严受到摧毁的代价，比一个"正确的"意识形态或政治立场未被接受要严重得多。

其五，纳谏问题。打击人品正直、敢讲真话、敢于批评政府的人，必然造成人们良知的麻木，导致社会正气得不到伸张，久之会使越来越多的人学会昧着良心说话、昧着良心做人，社会道德走向沉沦。孔子曰："举直错诸枉，则民服；举枉错诸直，则民不服。"（《论语·为政》）治国者要学会辨认什

么是忠奸，子思曰："恒称其君之恶者，斯可谓之忠臣矣。"（《郭店简》）

其六，教育方式。长期以来，我们把爱国主义当作不容置疑的首选内容，错误的教育方式引起无数年轻人对道德的误解和反感。当他们成年后，他们可能毫不犹豫地选择背叛道德，变成一心为己的动物。真正有道德力量、能唤起千千万万人的正气的教育，是把每个人的尊严和价值当作最高目标，让他们从小学习如何捍卫它们。我们不能再用政治教育来绑架道德教育了。

今天中国文化的方向之一在于，必须从根本上调整人心的普遍取向。

### (4) 礼乐重建

美国学者南乐山（Robert Cummings Neville）认为[1]，一个精致发达的文明必定也是表征符号发达、意义丰富且彼此和谐的系统。因此如何保证符号系统的一致、和谐及有效运作，就成为文明成败的关键，或者说文明好坏的标志。他所谓的"表征符号"，是指各种人为发明的、具有一定意义、或成文或不成文的习惯、规则或价值。他认为，儒家的"礼"（civility/ritual propriety）就是一种典型的表征符号，因为它代表一种习惯，一种人与人之间的相互尊重、相互爱护的行为规矩或规范。

今天中国文明的重建，从某种意义上讲就是礼乐的重建。礼的重建，绝不是在各行各业设置文明行为规范这么简单的事，而是从整体上重新思考中国文化中的制度建设问题。即自从清末以来，中国人抛弃了过去的礼教，在不知不觉中接受了法家的路子，一切制度的建构都是就制度谈制度，而不是依礼乐谈制度。我们前面说过，礼是中国文化中衡量文明与野蛮、进步与落后的主要标准；没有了礼，中国文化就会像一架没有灵魂的机器一样，失去生命力。因此，一个多世纪以来中国人在制度建设上所走的路子，实际上就是从根本上摧毁中国文化的根基，抽干中华文明的源泉。但是可笑的是，这一普遍的、深入人心的运动，却是打着学习西方、追求法治和宪政的旗号进行的。

多年来，我们在社会制度建设过程中，总是认识不到：从制度谈制度，而上升不到礼的高度，制度就会成为压抑人性的工具。前面说过，中国人不

---

[1] Robert C. Neville, *Boston Confucianism: Portable Tradition in the Late ~Modern World*, Albany, N. Y. : State University of New York Press, 2000, pp.10~15.

适合于形式至上的制度主义，所以不可能像西方人那样来追求法治。只有回复到"礼"的角度建设制度，制度才会变成合乎人性、温暖人心的东西，起到激发人心的效果。梁漱溟先生早在七十多年前开展乡村建设时就已提出，中国文化中的制度建设不适用于西方那一套以人与人相互限制、相互抗争以及自我中心、权利本位的方式；因此，乡村组织构造的重建，从根本上讲就是"新礼俗"的重建，并采取"伦理情谊、人生向上"的方式。[①]

今日之中国，礼乐的重建已到了刻不容缓的时候。要彻底解决问题，必须首先改变认识问题，必须从中央到地方，从国家到社会，在社会生活的各行各业、各个领域全面开展礼乐重建的重要工作。为此，首先必须实现观念的转变，认识到社会制度重建主要是礼乐重建；其次，必须在公共生活领域实现礼乐重建，包括通过"三祭"（祭天地、祭始祖、祭先师）来确立敬畏，通过"五礼"（吉、凶、宾、军、嘉）来培育自尊，通过行仪（公共礼仪、社交礼仪、人生礼仪等）来塑造规范；其三，必须在各行各业内部进行礼乐共同体的塑造，其中包括确立行业价值，铸造行业传统，形成以礼义等为核心价值的生活共同体。总之，只有通过在社会生活的各个领域"正风俗、明人伦"，才能真正建设礼制。

礼的重建与乐的重建要同时进步。礼和乐的关系可以这样来理解：它们是中国文化中理想共同体生活的两个必要方面；如果说礼代表行为的规矩，乐则代表行为的境界；礼代表共同体生活的秩序，乐代表共同体生活的情调。礼是乐的基础，乐是礼的提升。乐（音约）者，乐（音洛）也，有感化人心的效果。

(5) 任贤使能

本条来自于治道中的"德性权威"，即如何保障有德的人掌权。贤能在中国文化中不仅可以更好地发挥作用，更重要的是身在高位的人，其言行举止会成为全社会的风向标，极大地影响着全社会的潮流。孔子曰："为政在人……其人存，则其政举。其人亡，则其政息。"（《中庸》）

一个多世纪以来，我们把古代的选官制度视之为封建糟粕而彻底抛弃，结果没有想到的是，到今天为止，我们的官僚制度只能靠裙带关系来运作，

---

① 梁漱溟：《中国文化要义》，《梁漱溟全集》（第三卷），第320～345页。

所有重要官员的选拔往往只能靠私人关系在幕后进行。殊不知，古代的科举制度，就是一种打破裙带关系的利器。通过定期举行的最高规格的科举考试，让全天下的人才有一条不必靠拉关系、走后门即可走上政坛最显要位置的道路，从而达到这样的效果：不断打破现有官僚体制中盘根错节的人际关系网的束缚，不断给朝廷输入新鲜的血液。今天中国官僚体制方面的最大问题，与其说是来自于缺乏民主宪政，不如说是来自于人际关系、裙带关系、官官相护等等。多年来，我们总是在宣传竞争上岗、择优录用，而在实际工作中，我们看到整个政坛弥漫的还是靠裙带关系当官。多年来，我们一直在高谈民主作风、群众路线，在政治实践中，我们发现现代东亚的民主实践进一步强化了裙带关系，成为民主体制所永远无法根除的毒瘤。

必须立即省思现有的官员选拔方式，必须放弃过于意识形态化的审查标准，必须彻底打破现有的以裙带关系为基础的选官体制，采用一系列新的办法来选拔官员，包括采用古人采用过的策论、公开招标、社会推荐、考试考核等一系列新方式。只有不断打破常规，用各种新的方式突破裙带关系、人脉纽带，才能真正发现人才。国家的希望在于人才，而人才的发现一定要不拘一格，不断粉碎后台和背景的作用，有效保证人品正直、信仰坚定的人当选。

我们长期认识不到：好官的标准不是听话或与上级保持一致，而是正直、敢谏、敢说真话、有坚定信仰。古人讲君有君道、臣有臣道，君道相当于如何做上司，臣道相当于如何做下级，其核心内容之一是十分重视作臣子的人格独立性。孟子曰："惟大人为能格君心之非。"（《孟子·离娄上》）多年来，我们把政治标准当作选拔人才的主要标准，导致假、大、空横行；把听话、保持一致当作衡量人才的重要标准，导致小人当道，君子隐处。只有抛弃高度意识形态化的择官标准，才能不自欺欺人；只有摆脱那种出于霸道愿望、误把奴才当人才的选官办法，才能真正发现人才。

（6）行业自治①

这是对前述治道中"大一统"条的回应，也是儒家王霸之辨的现代含义之一。我所谓的社会自治，与行业自治相伴，是其中的一部分，指同一职业

---

① 专门论述参方朝晖著：《文明的毁灭与新生》，第186~203页。

或同一单位的人们在国家之下、家庭之上建立的自己的团体、协会或实体。

20世纪中国政治的最大悲剧之一就是用政治的逻辑摧毁了行业的逻辑。它忽略了社会自身的逻辑，忘记不同行业、不同部门严格说来皆有其自身内在的价值，而不能一概归结为"振兴中华""实现现代化"之类外在的价值。国家价值、民族需要、社会理想作为行业价值的伴随物是可以的，但必须以行业自身价值的充分尊重为前提。然而恰恰是在这一点上，我们往往严重地忽略了。

今天中国出不了真正的企业家、政治家、教育家等等，其真正的原因之一在于，经过几十年的洗脑和整顿，人们已经不知道除了国家利益、社会需要和政治理想等之外，还有行业自身的逻辑和价值。据说每一个行业从业人员都应当把献身于国家和社会当作最高目标，只有这样才是高尚的。殊不知，人们从事于某一行业是为了实现人性的潜能，和自身的价值，为此必须遵从这个行业自身的逻辑和要求。只有人懂得认识自身的潜能和价值，并按照这一方向来择业，才能真正实现自身。任何行业，都要把每个人各遂其性当作最高目标，只有这样他们才能在这一过程中找到神圣感和尊严。只有这样，才会有各行各业真正的繁荣。循此，科研机构的根本目的不在于为国争光，而在于每一个科研人员人性自身价值的实现。科研就是科研，不是也不应当出于政治目的而开展。同样的道理，其他行业莫不尽然。

在美旅行期间，看到许多一百、两百年前的建筑，给人以历经沧桑的厚重之感。我当时就觉得，解放前我国大学校园里的建筑还让人回味，为什么现在大学里建的房子，豪华气派，却没有一点厚重、深沉之感呢？因为人没有赋予这些建筑以这种感觉。为什么今天的人不能给建筑这种历史感呢？恐怕是因为今天的中国人没有这个能力，而之所以没有这个能力，就跟今天的教育急功近利一样，他们的精神世界并没有对自身事业的神圣感和发自内心的敬畏。也就是说，他们的行业价值被掏空了。

今天，衡量一个国家是否真正进入了文明之列，主要标准之一就是看行业与社会是否实现了自治。行业自治首先是指行业拥有独立于一切国家、政治和社会需要的自身的价值。每个行业都有自身的逻辑，而人性能否在某个行业中实现自身的价值，也是因这个行业的逻辑所决定的。一句话，人性的尊严和价值因行业逻辑受到尊重而受到尊重。比如一个国家从富国强兵这一角度来发展科学固然无可厚非，但是当他们把爱国等实用目的当成所有青年学科学的至上目标来灌输时，就严重违背了科学自身的逻辑要求。由于爱国不是科学这门学科内在具有的必然要求，所以当爱国长期被强行纳入科学探索的首要动机中去后，就会导致耗尽人们从事科学探索的热情，导致科学研究陷入停滞，也难以出现真正的、有世界意义的科学家。现代世界上很多发展中国家都把国家荣耀当作本国科学家最大的荣耀来对待，固然有其现实历史多重因素的综合作用，但对科学的误解也是重要原因之一。

又比如，教育的本质逻辑是成人，即培养人格独立、心智健全、专业精通的人，也可以说是培养全面发展的人。但是在现实生活中，我们把所有的中小学教育都变成了应试教育。在高等教育中，我们从前苏联继承来的教育传统几乎把技能教育放到了主导一切的首要位置。这些，都让年轻人的好奇心从小遭到严重扼杀，让他们的人格从小得不到健康的养育，让无数的生命被消耗在没有实际意义的学习中。当他们长大之后，一批批缺乏健全心智和人格的人掌握了国家的权力，决定着民族的方向，会把这个民族引向何方呢？

又比如，无论是工业还是商业，都不能仅仅从赚钱、发展生产力、提高生活水平、满足国家社会需要等实用功利的角度来理解。我们应该引导人们认识到：这些行业都是人们发掘自身潜能、实现自身价值的方式。它们是人性的价值与尊严得以展现的场所，它存在的首要逻辑依据也在于此。至于对国家、对社会、对民族的贡献，虽然也是各行各业赖以存在的价值依据，但不能把它们当作首要价值；换言之，这些外在的价值目标是以前者——即行业本身对于人性的普遍价值——为基础的。如果我们把两者的关系颠倒了，在追逐国家社会需要等实用功利价值的过程中，忘记或歪曲了行业对于人性尊严和价值的意义，就成了舍本逐末，直至摧毁行业本身的意义。

总而言之，今日中国社会价值混乱的重要原因之一，恰恰是由于多年来我们在自己最重要的生活、学习和工作中，都忘记了人性本身。凡此种种，都严重违背了《周易》"生生之谓易"及《中庸》"尽其性"的要求，也可以用本章的话说，背弃了"道统"。所以我们生活在道统迷失的时代，而其根本原因则是由于霸道代替了王道。因为行业与社会自治的问题，用儒家的话来说就是在王道与霸道之间作出选择的问题，王道是在中国文化中"人人各尽其性"的必然要求。

（7）教育立国

本条也是对前述"政教不分"的回应。中国既然是一个以人际关系为本位的伦理型的社会，人的力量是这个社会中最强大的力量，如何培养人、塑造人自然成为其永恒的最高任务。在中国历史上，虽然也有类似于基督教那样独立于政治的佛教、道教等宗教存在，但是从国家的官员到社会的贤达，都有一套与现实政治密不可分的教化体系存在。过去承担这一任务的是儒家，现代以来中国政治家也曾试图努力发明很多新的意识形态来代替儒家在这方面的功能，但往往归于失败，其中教训不可谓不深刻。

多年来，我们在道德、思想教育方面所犯的最大错误之一是把道德教育政治化、行政化，这种完全漠视道德教育规律的做法早已经百孔千疮，但我们就是不愿承认。我们错误地认为，国民的精神和道德，可以通过人为的方式来清理；我们想当然地认为，国民的思想和境界，可以用行政手段来塑造。这种教育从本质上是反人性的，已经成为中国今天全社会道德沦丧最重要的原因之一。

人的精神、道德教育，从来都不可以按照政治家主观设计的方式来进行，而有其自己的规律；从来都不能依靠行政手段来推行，而只能通过社会和宗教机构的自治来完成。真正的道德教育，必须以人的尊严和价值为最高目标，而不能把社会需要和政治需要凌驾于道德教育之上。认为道德教育的目的在于为社会服务，于是想当然地根据自己对社会需要、国家需要乃至政治需要的理解提出若干目标或价值，让道德教育围绕着它们旋转，这是一种完全错误的、想当然的道德教育方式。只有承认人性的尊严和价值是道德教育最神圣的目标，才能培养千千万万个健康的人格，成为全社会取之不尽、用之不竭的道德资源。

应当把教育特别是精神道德教育交给社会，支持和发展那些在历史上已经被证明是伟大的教育传统，包括尤其是儒、道、释甚至基督教的教育传统，广泛地促进各种宗教机构的自治和理性化发展。鉴于儒家传统在中国文化中的特殊重要性，应当大力重建儒家学统，把"四书五经教育"纳入到现有教育体系中去；应当广泛地恢复以传统教育为特色的私立教育体系，包括各种书堂、书院。

本来，在西方，知识教育是有"灵魂"的。因为西方人不认为知识教育的根本目的在于灌输知识，而在于满足人的好奇心、激发人探索未知世界的欲望、开发人生命的潜能、扩充人的心智。所以特别强调尊重和发现个人兴趣，强调所谓liberal arts。在西方大学的本科的课程设置和开设方式，重要特色之一就是专业性模糊，选课余地大、专业更换自由大。这些代表知识教育灵魂的东西，在中国的教育体制中受到了不应有的忽视。在今天中国的教育体制，作为50年代从苏联引进模式的产物，最大的问题之一就是，专业划分过细；它另一个致命的问题就是完全为实用性追求所主宰。这些使我们的教育体制失去了灵魂，使人成为技能的奴隶而失去了自主性。这样的教育模式，怎么可能培养出一流的大家呢？

最后需要强调的是，本章所论述的解决中国文化的问题和出路的途径，是试图论述儒家王道思想的现代意义。几千年来，儒家一直倾向于以"王道"作为政治和社会改革的根本有效途径。什么是王道？就是反对霸道，反对以力服人；就是以民为本，仁者无敌。用现代汉语来表达，"王道"就是以每个人的尊严和价值为最高目标，就是尊重行业和社会的自治，就是追求社会的公平与正义。我们在前面所讲的七个方面，正是试图说明现代的王道。正如前面说过的，王道政治是中国文化中解决分合矛盾、统乱悖论的最好途径，所以以上七条也可看作是对前述"大一统"问题的回应。

# 附录：如何为中国立制度——答复批评①

2012 年最后一天，本人在《中国青年报》发表了《反腐败从正人心做起》一文（以下简称"拙文"），引起许多争议。因我曾在博客上撰文澄清有关误会，本不打算再作回应。后来同事张绪山在《人民论坛·学术前沿》2013 年 4 月上撰长文《"正心反腐论"仍是官本位政治学——驳方朝晖教授〈反腐败从正人心做起〉》（以下简称"张文"），对我进行了全面反驳。蒙其雅爱，我撰写此文，对包括张文在内的有关批评统一回应。由于批评较多，回应无法面面俱到，本文只能讨论有关要点。

## 1．莫让误会占据你

首先我想说的是，尽管我在拙文中明确交代，"这个'人心'的问题，就是社会风气问题"，批评者却几乎一致认为我主张用道德手段——包括加强道德教育、提升道德境界等——来反腐（"张文"亦然）。尽管拙文所引董仲舒"为人君者正心以正朝廷"一段易产生误会，但本段以"风气已彻底败坏"为主旨则异常明确，并从四个方面讨论了风气败坏的原因。细读不难发现，我所谓的"人心"意指一个社会流行或占主导地位的、人心的普遍朝向——即社会风气。尽管拙文是编辑从六千字原文大幅删减而成，但从头到尾没说过通过开展道德教育、提升道德境界来反腐。

社会风气问题就是道德问题吗？当然不是，至少我是把它作为影响一个社会的非正式制度之一。美国新制度经济学家道格拉斯·诺斯（Douglas C.

---

① 本文发表于《人民论坛·学术前沿》2013.05 上，总第 25 期，第 70~79 页，发表时更名，此处有增删。

North）曾从"正式约束"与"非正式约束"两方面来理解一个社会中有效的制度，并强调了非正式约束对于制度建设的重要性。他所谓"非正式约束"，包括风俗、习惯、传统甚至道德等。①我因此认为一个社会中的制度包括正式与非正式的两种类型，兹列如下：

| | | |
|---|---|---|
| 法律 | 正式制度 | 制度 |
| 风俗、习惯、传统等 | 非正式制度 | |
| 道德 | 道德 | |

显然，这里的非正式制度，不是什么"'反求诸己'的'内功'"，或仁义道德的说教；塑造非正式制度，当然会改变一个社会的道德面貌、从而与道德有关，但它与道德训诫、道德教育根本上是两码事。我在文章中正是从"义利"、"均寡"、"贤能"、"养士"四个方面来讨论如何塑造非正式制度，根本谈不上开展道德教育来反腐。然而，"张文"在读过我的博客澄清的情况下，仍认为我通过道德教育来反腐，让我愕然。

我们知道，除了诺斯之外，重视非正式制度的学者还有许多。比如，托克维尔详细论述了美国民主有效运作的条件，并明确指出："法制比自然环境更有助于美国维护民主共和制度，而民情比法制的贡献更大。""只有美国人特有的民情，才是使全体美国人能够维护民主制度的独特因素。……我确信，最佳的地理位置和最好的法制，没有民情的支持也不能维护一个政体。"②现代法治思想的鼻祖孟德斯鸠尤其重视风俗和习惯，他说："法律是立法者创立的特殊的和精密的制度；风俗和习惯是一个国家一般的制度。"③不是用法律来改变风俗和习惯，而是相反，法律要与风俗、习惯相适应："法律应该和国家的自然状态有关系；……和农、猎、牧各种人民的生活方式有关系。法律应该和政制所能容忍的自由程度有关系；和居民的宗教、性癖、财富、人口、贸易、风俗、习惯相适应。"④他所谓"法的精神"，正是由法律"和

① Douglas C. North, *Institution, Institutional Change and Economic Performance*, Cambridge & New York: Cambridge University Press, 1990.

② ［法］托克维尔：《论美国的民主》，北京：商务印书馆，1988年，第354、358页。

③ 孟德斯鸠：《论法的精神》（上册），第310页。

④ 孟德斯鸠：《论法的精神》（上册），第7页。

作为法律建立的基础的事物的秩序"之间的"关系"等组成的。①又如，亚里士多德在《政治学》中论述了政体建立在于人口的量和质的基础上的，政体的划分也是由于人口成分及其势力对比所决定；没有绝对理想的政体（政治制度），城邦好坏由多重因素决定（包括疆域、人口数量、人口质量等决定），并在卷七、卷八对人的素质（他所谓善德）进行了详细分析，强调善德决定善邦。

我在拙文中明确指出，"如果把制度比作冰山的话，人心和社会风气则好比汪洋大海，它们深刻地决定、影响着制度的运作"；因此，我强调人心和风气，只不过是为了探索在中国文化中建立制度的途径，"丝毫不是说不需要制度防腐，也不是说不需要对权力的监督、制衡。我只是想提醒人们，奢谈制度不如探索制度之路，重视制度不如研究制度之基"。尽管如此，批评者还是将我一棍子打死，认定我否定了"制度"对于反腐的重要性。于是一系列批评甚至谩骂就显得无的放矢，不值得一驳。

多数批评者都认为，儒家政治理论建立在人性善假定上，期望通过道德教育来培养圣贤，然后依靠圣贤来治国；由于儒家用道德而不是制度治国，结果适得其反，人治横行，法治不立。这种观点在"张文"中表现得尤其典型。按照这种思路，我就成了"道德反腐论"的典型代表，也形成了"道德反腐论"与"制度反腐论"的所谓争论。可是，既然我并未主张用道德手段来反腐，把我说成是道德反腐论者自然就不成立。对我的这一标签化处理不仅是错误的，也包含着对儒家政治学说的肤浅认识。

儒学虽以道德为重心，但是将儒家政治学说曲解为以性善论为基础、依靠道德和圣贤、不要制度和规则，则是对儒学缺乏应有的了解。如果说在八十年代初刚改革开放之初对儒学的认识如此肤浅还可理解，到今天对儒学的认识还停留在这样的地步就显得太不应该。首先我们知道，儒家人性学说中除了性善论，还有性恶论等；其中最重视制度建设的荀子、董仲舒等人恰恰是反对性善论的。只要读读他们的书就知道，他们如何论证由于人性的贪婪而需要礼乐等制度来约束。儒家的制度理论绝不是像一些人想当然地理解的那样，由于认识不到人性中贪婪、自私的成分，把人性理想化，一切寄托于

①　孟德斯鸠：《论法的精神》（上册），第7页。

圣贤。

我们知道，儒家历来是主张礼、乐、刑、政四者并举的，这四者都跟制度有关，其中礼、乐跟非正式制度有关，刑、政跟正式制度有关。孟子说：

> 徒善不足以为政，徒法不能以自行。《诗》云："不愆不忘，率由旧章。"遵先王之法而过者，未之有也。圣人既竭目力焉，继之以规矩准绳，以为方员平直，不可胜用也。（《孟子·离娄上》）

这不是在讲制度是什么？孔子"祖述尧舜，宪章文武"（《中庸》），当然也是在讲制度。孔子作《春秋》，"明王道、正大法"，当然也是为了立制。儒家的制度理论没有低估人性的复杂性，没有指望完全靠道德教育来反腐，没有把天下秩序寄托在人人成圣成贤上。我曾在有关地方论证过，认为儒家制度理论的精髓在于礼大于法，重视通过人心整合、行业自治、移风易俗等途径来确立正式制度。它符合中国文化的习性，和中国社会制度确立的规律。

最后补充一点，一些批评者从性恶论来说明西方现代民主、法治、宪政制度的人性论基础也让人感到奇怪。西方近代史上主张性恶论的学者如马基雅维利、霍布斯等皆主张君主专制，而为现代民主、宪政奠定理论基础的人如卢梭、孟德斯鸠、洛克等恰恰都从自然状态说出发，其自然人性假定更接近性善论，孟德斯鸠甚至专门批判了霍布斯的性恶说。[①]由性恶论出发主张君主专制一点也不奇怪：因为人性不可靠，所以要人管，西方学者马基雅维利、霍布斯与中国学者韩非子等人均是例子。认为现代西方民主、宪政和法治以人性恶假定为前提，则是中国学者对西方政治学的曲解。恰恰相反，作为现代西方体制思想基础的自由主义，所谓 liberalism，恰恰以承认每个人都有自我主宰的能力为前提，至少这一点与儒家性善论完全一致。

## 2．制度是如何确立的？

"张文"和其他批评者所犯的一个共同错误，在我看来就是对于制度建立过程之艰难缺乏清楚认识，根本认识不到制度赖以存在的文化心理基础，

---

① 孟德斯鸠：《论法的精神》（上册），第 4 页（第 1 章第 2 节）。

想当然地认为只要根据某种人性原理（如性恶论）就可设计一国之制度，把理想的制度看作可以超然于一切文化、心理、习惯和传统的普世存在。这种幼稚的制度乌托邦，在"张文"中体现得非常明显。比如文中说，"大抵'制度'，都有具体的实施措施与细则，只要人人遵守，照章办事，即可收立竿见影之效"，可是如何来保证人人遵守呢？如果人们不遵守怎么办呢？千百年来人们在制度问题真正构成困扰的，从来都不是不知何为好制度，而是无法落实好制度。"张文"又说，"一种制度的有效性与优越性一旦得到公认，那么，即使在既有社会风气阻力下面临困难与险境，甚至被摧毁，但最终还是能建立起来，并最终改变社会大环境与社会风气"，可是即使得到了公认，也只是停留在理论上，如何保障从理论到实践不发生变异呢？为何那么多第三世界国家真心诚意学习、仿效西方制度都不成功呢，难道不正是因为理论与现实的差异总是一次又一次发生作用吗？

多年来，我心中一直思考着这样的问题：什么是中国文化中有效的权威？中国文化中的秩序究竟建立在什么样的基础上？这两个问题直接关系到如何在中国文化中建立制度。如果靠民主、宪政、法治、人权等一些西方概念就可以解决制度问题，那确实一切就都变得简单了，只要老老实实地按照西方制度的模式做就行了。然而事实并非如此。多年来，无论我们怎样强调宪政和法治，在日常生活中真正行之有效的制度，从来都还是建立在中国文化习性的基础上。它体现在诸如一个基层村长的行政工作能力上，表现在一个普通厂长的行事风格中，甚至展现在每一个家庭的管理方式上。只要我们稍加思索，即可发现，中国社会中的制度总是因人事而立，也因人事而废。千百年来，凡是在中国文化中建立制度的人，都必须从人事出发。脱离这一点，空谈法治和宪政，总是受到现实的无情教训。

不妨设想一下：假如要在你现在的工作单位真正建立一种好制度，需要依赖什么条件？你可能认为，需要好的、有魄力的领导，需要制定好的政策，还需要领导自身带头去遵守，等等。我们很容易发现，有时真正的问题不是出在制度上，而是出在人上面。如果领导不能以身作则，带头执行，就不能整合全单位的人心，也就无法建立真正有效的制度。这并不是一些人所误解的、支持"人治"和关系学的问题，而如何"治人"、理顺关系以及特别是任贤使能的问题。我们可以说，中国文化中有效的制度建立在人心整合的基础上。但是，等到它已经建立起来，也会反过来对人心构成约束。这正是董仲舒、陈亮"正人心而后正天下"之意。

我认为，中国文化中最重要的制度，从根本上讲是礼而不是法。原因部分在于，礼比法在中国文化中有更牢固的基础。礼不同于法的地方，在于它依据于习俗、尊重人情。正因为只有尊重人情，才能整合人心，从而建立制度，所以古人"缘人情而制礼"（《史记·礼书》），"因人之情为之节文"（《礼记·坊记》）。这就是儒家制度思想的核心——即"礼大于法"——的问题。因为中国人不可能脱离人情去爱制度，与其抽象地讨论制度，不如从理顺人情、整合人心做起。人情理顺了，人心整合了，制度也就自然建立起来了。理顺人情和整合人心，绝不同于搞亲亲庇护和乡愿，而是指从正面引导和塑造它们。但是，重礼不等于弃法，古人只是强调两者轻重之分。为什么道之以政、齐之以刑，不如道之以德、齐之以礼（《论语·为政》）？因为礼可以防于未然，禁于内心；而法只能惩于已然，禁于外表（《汉书·贾谊传》）。从社会治理上讲，礼乐才是治本，刑政只能治标。儒家常将衰落社会形容为"礼崩乐坏"，因为只有当制度能够通过礼乐来表现时，才表明它在人心中扎下了根。

儒家认为，理想的社会秩序是一切制度之基石，它从根本上讲以人与人关系之基本准则的确立为前提。所谓人与人关系的基本准则，其实是一些伦理规范和行为规矩。当一个社会中人与人关系的基本准则遭到了破坏，这个社会的秩序就失去了基础；一旦秩序崩溃，制度也建立不起来。这也是儒家"三纲五常"思想的实质所在。这一思想，很容易被现代人理解为主张用道德教育来治国，于是大肆批判，一味误解。儒家只是认为，要想重建社会秩序、建立有效制度，就必须分析是哪些因素导致了人与人关系基本准则的破坏。例如，"文化大革命"中鼓励公开说谎、打压正气、伪善盛行、小人得势，就是对人与人关系基本准则的重大破坏。除此之外，政策急功近利导致拜金主义，分配不公、贪污腐败导致人心变质，行业不能自治导致社会不能自主，道德说教导致道德沦丧，等等，都是重要的破坏因素。按照《大学》、《孝经》等的看法，道德教育主要不是靠学校，社会教育才是道德教育的最重要战场。早在两千多年前，董仲舒在跟汉武帝分析当时社会"法出而奸生、令下而诈起"的原因时，正是从一系列国家大政方针的失误出发的，而从未指望过用行政手段来推动道德教育。"张文"将现实中大量的道德沦丧现象归咎于儒家式的道德教育，这是从当代人道德教育失败的经验来比附古人，对古代道德教育思想缺乏应有的了解，是很不应该的。

### 3. "三纲五常"何以重要

我年轻的时候，也和无数学子们一样，沉浸在对民主、自由、人权等西方价值的崇拜中。然而，时移势迁，年龄的增长，阅历的丰富，使我对很多问题的看法有了转变。多少年来，生活中主导我们的价值正是自我中心主义，这种思维通过民主、自由、人权等西方话语中表达出来，变得一发而不可收。然而，这些西方价值并不能让我们感到生命多一份沉重，对人生多一份责任，对我们的心灵所能起的塑造作用实在少之又少。这些西方价值对于我们成为一个真正的人来说，究竟有什么意义？我实在是很怀疑。我进一步想到，过去数千年来，真正推动中华民族进步的精神动力，绝不是什么自由、人权之类的价值，而是忍辱负重、顾全大局、以德报怨等千百年来一直受到称颂的价值观。这些东西不正是忠孝和"五常"等范畴所要表达的吗？我们必须正视我们民族过去几千年的立身之本，必须正视那些让我们在现实中成为人的价值。

"三纲"之所以被张之洞、陈寅恪视为中国文化之定义，其中秘密在于，中国文化是一靠人伦关系、而不是抽象法则来维持的文化。"三纲五常"被古人称为人伦关系之纲常，这绝不是为了服务于专制统治的需要，而是一个民族赖以维护秩序之秘密，得以久安之法宝。为什么这样说？正如本书所努力证明的，"三纲"是以"五常"为基础的，本义只是一种从大局出发、以他人为重的精神。我们在与人交接时尽量体谅别人，从他人出发，而不是自我中心，就有了"以他为纲"的意思；当对方处在比我重要的位置时，对他的尊重又获得了新的含义，即对于秩序的尊重，而不是为了他个人；正因为是出于秩序的考虑，所以对他有不同意见当然要提，但这应当是出于忠心、公心，而非为了个人需要。反过来，一个人自己如果处在"纲"的位置（如领导／父母／家主等），就要担当起自己的责任，做出"纲"的样子来，使自己真正成为"纲"，展示"纲"在维系秩序方面的功能。这就是"三纲"的最基本含义，同时包含两个相辅相成的方面。因此，"三纲"思想的精神实质在于：社会需要贤能杰出的人来维持，这些人就是"纲"。梁启超先生在《袁督师传》中曾这样评价袁崇焕（1584～1630）：

> 若夫以一身之言动、进退、生死，关系国家之安危、民族之隆替者，于古未始有之。有之，则袁督师其人也。①

这里讲的正是指如何发挥"纲"的作用，这也是袁崇焕受梁启超赞美的根本原因。

大家也许会说，如果在上位者人品太差，不值得敬重，无法成为"纲"，难道不能反抗吗？当然可以。但是你也别忘了，有时真理未必掌握在你手里，有时你的愤怒是因为自尊心太强。这里恰恰涉及"纲"的另一更重要含义，那就是"忍"的精神。如果你多次向上司建议无效，你也许会放弃，包括走人、反抗或自保。但你也可以走另一条道路，即把个人的屈辱放下，以更理智的方式来说服他。多少次你忍受心理的折磨、人格的屈辱，把眼泪吞进肚里，强打精神、想尽一切办法来说服他、帮助他；多少次在一种心底之爱的强大驱动下，你没有放弃，选择了尽一切可能来改变他，哪怕前路已经断绝，哪怕希望已十分渺茫，你却无怨无悔、竭力挣扎、奋不顾身。这才是人身上最难得的品质！这种品质是我们的家得以保全、社会得以进步、秩序得以维系的根本力量！人最可贵的地方并不是以对抗来争取权利，以斗争来捍卫自尊，而是在受到误解时仍顾全大局，在遭受屈辱时仍坚持努力，在历经磨难时仍满腔赤诚。正是这种忍辱负重、顾全大局、牺牲自己的精神，才是中华民族过去几千年得以存续之法宝，才是"三纲"思想之精华！

"三纲"精神即使在现代人的生活中也异常重要。具体来说，古代的君臣关系对应于现代人的上下级关系，性质上变化不大；古代的父子关系对应

---

① 梁启超：《袁崇焕传》，见《饮冰室合集第六册·饮冰室专集之七》，北京：中华书局，1989年，第1页。

于今天的父子关系；变化最大的是夫妻关系，但这不等于说现代的夫妻关系不需要有纲常。夫妻之间在人格上虽完全平等，但在家庭分工中有主次轻重之别，在心理归依上存在着谁是主心骨的问题，这些都可以理解为是"纲"的问题。正如《白虎通·三纲六纪》所言，"夫妻一体，荣耻共之"，故而有家庭分工和心理归依之需。从根本上讲，现代夫妻如果没有忍辱负重、顾全大局、牺牲自我、终身相守的精神，是不可能建立理想的家庭的，这也可以说是互为其纲。在一夫多妻制消亡的今天，不可能再讲"夫为妻纲"，但不等于不再需要"纲"的精神。现代年轻人想着要追求个人自由、捍卫一己权利、追求绝对平等，是不可能理解古人的"三纲"的。

"出来混，总是要还的。"一个多世纪以来这些问题搞不清楚，导致中国文化价值的沉沦，导致中国文化迷失了方向。难道我们为自己的误解付出的代价还少吗？难道我们不该为中国文化长期迷失方向痛心疾首吗？我之所以说"三纲"代表的只是一种从大局出发的精神，而不是指绝对服从或绝对尊卑，不是我个人的私见，而是基于对古人思想的深层理解。我相信，我对"三纲"的理解，经受得住历史的考验，绝不是出于任何狭隘的民族主义。

## 4．不要迷信竞争和对抗

我曾在"拙文"中质疑将反腐希望寄托于司法独立和分权制衡，被很多批评者理解为反对司法独立和分权制衡本身。从长远来说，让法律找回到自身的价值，走上一条自治的道路，而非成为政治的工具，是我一向坚决支持的。但我所担心的是，人们忽略司法自治的内在条件，把司法独立简单等同于不受行政干预；在独立的法律传统尚未形成、司法自治的内在条件尚不成熟的条件下，指望用一个自身尚不能自立的司法系统解决腐败，未免望梅止渴。事实上，在今天实施司法独立和分权制衡的一些第三世界国家或地区，之所以并没有取得像在欧美那样大的抑腐成效，原因恰在于这些源于西方的制度在各民族文化中发生了变异。司法的自立与自治绝不是一朝之功，可能需要几代人的难难努力，需要大批优秀的法律家经过可能是艰苦卓绝的奋斗。而在当下，将反腐的希望寄托于司法独立，就好比指望一个尚未长大的小孩来解决大人才能解决的问题。

如果分权制衡是指通过社会与行业自治来限制政治权力，我认为这是中国社会走向文明的必要条件，是我一贯坚持的主张（其他地方有述）。但是，作为分权制衡前提的行业与社会自治，同样是一项艰苦、持久的工作，绝不可能一蹴而就。因为行业的自立与自治决非政府放权那么简单，它依赖于伟大的行业传统的形成、独立的行业精神的兴起、独特的行业价值的塑造等等，而这同样需要几代人的艰苦努力。今天，经过＂文化大革命＂前后几十年的摧残，行业精神荒于无形，行业传统一穷二白，行业价值极度功利。在这种情况下，行业行为极容易为金钱或权力所收买或控制，行业与社会自治也可能发展成不同行业、不同团体之间的无理性争斗，分权制衡也可能演变成不同利益集团合谋瓜分全民利益。这正是拙文"不着边际、无从下手"之意。

今天，很多中国人受西方思想影响太深，总是倾向于认为，竞争、对抗、利益激励是促进社会活力甚至建立制度的主要动力；他们所谓反腐主要靠制度，指的主要是通过司法独立、分权制衡等手段，在不同部门之间建立竞争、对抗的机制，以达到相互监督的效果。这一观点当然不能说没道理，信息公开、新闻自由、相互监督等制度对于反腐确实异常重要、必不可少。但是，我要提醒人们注意一个事实：斗争和对抗从来不是在中国文化中建立制度的最有效途径。这涉及中国文化的习性（"张文"对我提到的文化习性有严重曲解）。我所谓的文化习性，类似于文化心理学家所说的"文化模式"。它决定了中国文化中的制度会走"礼大于法"的道路，也决定了竞争和对抗在中国文化中的局限性。因为竞争和对抗虽有积极作用，但也可能撕裂中国人的人情世界，让中国人的心理安全感彻底破坏。到那时，竞争变成无理性的斗争，对抗变成面子的较量。由此出发，再重要的制度也可能被弄得百孔千疮，无法运作。

那么，在中国文化中制度如何才能建立起来呢？前面说过，必须整合人心，必须有贤能示范，必须在全社会树立新风。有人怀疑任贤使能不切实际，因为贤能无法鉴别。这确实是个问题，但我们不妨以学术界为例。上世纪三十年代中国学术基本步入正轨，名家林立，群星璀璨。难道不正是通过一批学术大家树立风范，才在中国学术界建立了好的学术规范和学术体制的么？

如果没有这批人的出现，可以想象一下，还能有什么更好的方法建立健全的学术体制呢？同样，今天中国学术界的腐败、堕落，固然与体制有关，但是从重建的角度看，将来如果没有一批杰出的学者特别是大师出现，为学术界树立风范，为学子们建立规矩，请问中国学术界如何能建立自身独立的传统、形成自己健全的体制从而彻底走出当前的混乱？因此，中国学术传统及学术体制的重建，绝不是政策放开那么简单的事情，它需要一大批优秀学者的不懈努力，也需要政府的正确引导。诚然不能将全部希望寄托于政府，但是如果政府能走出思维误区、以其庞大资源正确引导而不是误导学术发展方向，将会发挥极为关键的作用，这难道不是我们应该大力呼吁的吗？有人说我是官本位，其实我不过是认为社会精英率先垂范、官方当局正确引导是实现行业与社会自治的必要条件。至于说贤能难于鉴别，这属于领导的素养问题。

再谈社会风气问题。我相信，今天的中国，最严重、最可怕的也许不是制度缺位，而是人心糜烂、全民皆腐。腐败几乎已成为一种生活方式。只要不改变人们的人生观和价值信仰，只要占主导地位的价值观是功利的，再好的制度也可能被侵蚀、破坏乃至瓦解。因此，重塑人心、重整社会风气才是至关重要的。《孟子·梁惠王上》记载了一段孟子与梁襄王的对话如下：

> 问曰："天下恶乎定？"
>
> 吾对曰："定于一。"
>
> "孰能一之？"
>
> 对曰："不嗜杀人者能一之。"
>
> "孰能与之？"
>
> 对曰："……如有不嗜杀人者，则……民归之，由水之就下，沛然谁能御之？"

所谓"天下定于一"，就是"大一统"。正如有的学者指出的，"《春秋》大一统"不是"《春秋》大统一"。[①] "大统一"就是追求思想、行为、言论

---

① 郑卜五：《清代中叶今文家之公羊学述论》，高雄：高雄复文图书出版社，2005年，第73～75页。

等的统一，"大一统"则不然，是指让人心归一。人心归一就是同心同德、众志成城。唯此，才能为社会发展累积无尽的精神能量，为制度建设提供强大的社会基础。孟子的话，正是出于对中国社会内在规律的识破。今天我们要建立能反腐防腐的制度，真正重要的绝不仅仅是好制度，而更在于如何让好制度在中国文化中奠定人心的基础。

我奉劝那些死抱三权分立思想不放的朋友想一想，你们那一套法治思想听起来美妙，但是究竟怎样才能在中国建立起来呢？你们如何能保障这套制度在中国文化中不变异呢？如果你们认为当前法治不健全的主要障碍是当局的话，那岂不说明你们自己也寄希望于政府、回到了官本位吗？如果法治不健全是因为社会力量不够的话，你们可曾想想，你们心目中理想的那套制度，在中国文化中可有深厚的基础，又如何才能建立起深厚的基础？我在拙文中说：

> 如果我们真的重视制度建设，就应当重视人心和社会风气问题……只有从人心和风气这个突破口出发，有些制度才能真正建立起来。因此，在进行制度建设时，不能盲目崇洋、空谈法治；一定要研究中国文化自身的逻辑，认识中国社会的规律。制度建设永远都不错，但是为了制度而制度，不思考制度建设的艰难曲折，难免流于空谈，不切实际。[①]

请问我说错了吗？这是在否定制度反腐吗？

## 5．制度决定论何以浅薄

张绪山在自己的文章里一再表达了这样的观点，那就是今天社会道德败坏的主要根源，全在于没有好制度。他声称："在恶行得不到及时有效遏制时……任何'正心'劝善的理论，都难以避免沦为伪善的说教。""一个干净的国家，如果人人都不讲规则却大谈道德，谈高尚，天天没事儿就谈道德规范，人人大公无私，最终这个国家会堕落成为一个伪君子遍布的肮脏国家。"这些说法用意在于，只有先确立了制度，才能谈道德建设。这不仅不符合人

① 方朝晖：《反腐败从正人心做起》，《中国青年报》2012 年 12 月 31 日。

类一切国家，包括张先生自己向往的欧美国家的经验；其分析方式的特点，在我看来就是典型的制度决定论思维，根本不知道道德有独立于制度的自主性。须知道德有自身存在的规律，绝不完全是制度的产儿。

事实上，今天中国社会道德空前沦丧、风气极度败坏，不是由于不该搞道德教育，而是由于教育方式错了。这一方面表现在长期以来把道德教育政治化，道德教育本来应当是以人格的健全与完善、个人的尊严与价值为目标，而我们却长期把爱国主义、集体主义这些本来是"流"的东西当作了"源"，不探索道德的人性论基础，违反了人性的正常需要。另一方面，本来道德教育只能是道德家、宗教家这些身体力行之人来从事的专门工作，但我们长期以来不尊重道德教育的规律，用行政方式推行道德教育，才使道德教育形式化、教条化，走到了适得其反的境地。而在中国古代，人们从来都没有像今天这样推行道德教育，不仅以"为己"、"成人"——即人性价值与尊严之实现——为神圣目标，而且基本上是通过儒、道、释等宗教传统以独立于政治的方式开展。试问古人可曾像今人这样把道德教育政治化、并用行政手段推行道德教育？试问在古代中国宗教组织在政府之外可有相当大的独立发展空间？"张文"既然不了解儒家道德教育思想的实质，当然也只能混淆今古，更不可能找到今日中国道德问题的症结。

与制度决定论思维模式将风气败坏和道德沦丧归咎于一个渺不可及、不知道猴年马月才能实现的理想制度不同，我站在儒家的立场来分析，则认为除了上述道德教育方式的失误之外，还有如下几重原因：

**一是"文化大革命"的遗产**。人们感觉在"文化大革命"中受骗上当，对执政者失去信任；由于一切从政治需要出发，让人们相互揭发，摧毁了人与人关系的正常纽带；由于意识形态高于一切，说假话受欣赏，说真话遭惩罚，人品正直的人受打击，巧言令色的人受提拔，久之让越来越多的人学会昧着良心说话和做事，导致整个社会的良知麻木和道德沉沦。

**二是公平正义得不到实施**。正如董仲舒在上汉武帝对策中所言，由于百姓自知与权贵争利力单势孤、决非对手，于是想到用违法犯罪手段来与权贵抗衡。当人们感到这个社会没有公平、正义可言时，自然易铤而走险，犯罪不再可耻，诈骗也觉光荣，故而有董氏所说的"法出而奸生，令下而诈起"！

**三是政府公信力下降。**政府的许多行为让百姓感到是在做假，比如宪法规定的许多权利根本无法落实；新闻联播节目形式主义说教令人反感；贪官污吏得不到应有惩罚，公检法部门执法犯法；食品污染、空气污染、房价暴涨这些关系民生的头等大事长期得不到解决……当人民对政府失去信任感时，他们会认为官方推行的价值观都是骗人的，根本目的在于维护当权者的既得利益；既然他们这么想，又怎么可能真心按照政府教导的道德准则做呢？

**四是意识形态僵化、功利，不能正确引导全社会的风气和价值导向。**改革开放以来，国家在大政方针上注重利益激励、强化竞争机制，以经济建设为重心、以GDP增长为要务，取得了举世瞩目的伟大成就，不可否认，但也在同时促成了整个社会急功近利的风气，导致各行各业好大喜功、追名逐利、目光短视，这些负面效应长期以来受到了忽视。

**五是行业不能自治。**当前中国社会价值混乱、道德沦丧的另一重要根源是行业价值踏空。行业价值长期失去基础，什么都是为了报效祖国、振兴中华，一切只能为了奉献、为了政局。行业自身价值黯然不彰，行业独立性受到忽视，故而导致人们到最后只知道利益，没有崇高的精神追求和职业的神圣感，没有对人性尊严的深刻体认。只有实现行业自治，才能铸造社会道德的巨大蓄水池，抵御坏风气的中流砥柱。

上面我从六个方面总结今天道德与社会风气败坏的根源。对于这些根源，也许制度决定论者会说，你讲的这些我全知道，但我还知道问题的最后根源还是制度不立；只要有了自由、民主、宪政和法治，这些问题就全解决了。此言差矣！正如前面说过的，当一个社会行业的自治没有建立起来，独立的宗教传统还不能在全民道德教育方面扮演关键角色，当整个社会还不能从金钱决定一切的迷雾中走出来，如果大幅度开放政治自由，直接引进三权分立，非但不可能取得预期成效，还可能走向自身愿望的反面。另外，正如世界各国的经验所已证明的那样，民主、自由和法治也可能在第三世界国家和地区导致地方主义、山头主义、帮派主义横行，导致新的权贵当道、官官相护并合起伙来巧取豪夺、鱼肉百姓，形成可怕的恶性循环；由于民主可能为"乡愿"和巧言令色提供巨大温床，并使之合法化，也可能极大地败坏社会的风气，引发新的社会道德问题。

我并不否认好的制度对于道德进步作用巨大，但我也看不出今天中国的道德问题如何通过三权分立等制度来解决。

## 6. 今天当如何反腐？

经过前面一系列分析，我想总结一下儒家的反腐观。孔子曰：

> 道之以政，齐之以刑，民免而无耻；道之以德，齐之以礼，有耻且格。（《论语·为政》）

从这段话可以看出，儒家的德治思想并非不重体制，"礼"就代表一种体制。孔子的意思只是说，只有通过领导者率先垂范，主持公正，引导风气，治礼作乐，成人成己，才能牢固确立制度，真正治好国家。这就是所谓的"以德化民"。

那么如何才能以德化民、反腐防腐呢？从今天的现实看，我认为包括如下几方面：

一、**改变价值导向，扭转社会风气**。当前中国社会最大的问题之一是社会风气向钱看，人心朝向太功利。只要此风不变，腐败问题就难以从根本上好转。必须认识到，这一风气的出现与国家政策导向有极大关系。我建议国家在引导社会上，从过于功利的思维方式中走出来，把"人的全面发展"这一标准真正落实到大政方针和各地、各行业的发展计划中去。一个社会的最高指导价值不应是功利的物质成就，而应包括每一个人精神、心理的健全，每一个生命潜能、创造力的发挥，还有人格尊严与完整性的确保、人生幸福与价值的实现等核心内容。多年来，我们在发展经济的同时，严重忽视国家大政方针对社会价值导向的深刻影响，导致今天全社会的急功近利和人心浮躁，进一步成为腐败的巨大温床。需要开展一场关于人生观、价值观的大讨论，让全民都来思考究竟什么样的生活才是健全的，究竟什么样的人格才是完整的。

二、**确立行业价值，推动行业自治**。长期以来，各行各业名义上都把一些宏大的政治价值当作目标，却忽视了行业自身的内在价值，和行业的独立性，由此导致行业从业人员缺乏职业的神圣感和尊严，缺乏功利之外的崇高价值和人生境界。比如在科研领域，长期以来过分强调学术的价值在于满足国家和社会需要，而忽视学术自身的内在价值，包括学术独立于社会和他人需要的神圣境界和内在魅力。由此导致学术不能自治、学者不能自立，被社会风气牵着走。在商业领域，长期以来以为经商的目的就是赚钱，或为社会作贡献，而忘记了经商作为一种人生事业的精神价值和意义，包括人格的自立、自我的实现等核心内容。只有当商人在自身行业中找到了自身的神圣价值和崇高理想时，他们才不会成为官场腐败的温床和社会风气的牺牲品。在教育领域，我们强调教育的目的在于报效国家，把一切道德教育变成政治教育，忽视对人性价值的反思和人格独立性的探索。这导致教育者缺乏神圣感，被教育者缺乏人格独立性，如此岂能引领社会潮流？凡此种种，表明中国今天急需确立行业的价值，推动行业的自治。

三、**实行吏治改革，改进干部制度，确保党和干部队伍的纯洁性。**今天我们从大量的腐败案例中发现，一个人没有坚定的信仰，是无法抵抗来自现实的巨大诱惑和强大压力的。然而，我们不禁要问：目前通行的党员培养机制真的能培养出真正有信仰的人么？目前采取的干部选拔机制真的能发现真正有信仰的人才么？要回答这两个问题，就必须认真思考，目前党的意识形态在培养人的信仰方面，是否有僵化、教条、落后于时代的成分，是否有形式主义、不合乎人性规律的东西；时代变了，它所坚守的信仰体系是否真的还能全部让人确信？此其一；其二，目前推行的干部选拔机制坚守民主集中制，经多年实践已有一套成熟的经验，也有不少成功的例子。但它是否足以发现那些有风骨、敢说真话、人格高迈、信仰坚定的人才呢？还是容易把一些没有棱角锋芒、处事圆滑世故、善于献媚讨好、擅长结党营私的奸滑之徒或巧言令色之辈提拔上来？

四、**改革教育体制，培育健全人格。**一个人年轻时在学校学到的价值观，长大后发现毫无用处，这时他容易走到另一个极端，那就是对主流话语的仇视和对抗。今天这种仇视和对抗情绪可以在网络上轻而易举地找到。应该改革我们的价值教育体系，帮助人们建立起适合于市场经济、现代化、全球化时代需要的健全人格和坚定信仰。长期以来，由于片面推动爱国主义、集体主义价值观，主流价值与实际生活不衔接，人们每天带着面罩生活，对于整个社会价值导向以及社会风气都产生了巨大的负面效应。要彻底走出当前的价值混乱、信仰失落和道德沦丧，就必须抛弃教条主义的道德说教，真正把每一个人的尊严与价值、每一个人格的独立与完整等作为最重要的价值来提倡。只有当我们的教育真正落实到每一个人的尊严和价值上，符合人性需要和教育规律，才能真正培育健全的人格、树立坚定的信仰，成为抵挡腐败之风取之不尽、用之不竭的精神源泉。

五、狠抓大案要案，重视社会效应。反腐行为要有目的、有计划、有重点地进行。可由中央设立专门反贪机构，确立各地贪污数额较大、受贿程度严重的标准，将反腐的工作重点指向那些腐化特别严重、群众意见相当大的对象或部门。每发现一起，即广泛宣传、全民讨论，使之成为重要的社会学习过程，让社会凝聚共识，使人民心悦诚服。对于情节不是特别严重的贪腐行为，一定要区别对待，以鼓励自首为主，打击面不要太宽，惩罚不要太重，不要搞得人心惶惶、人人自危，要让绝大多数人找到一条安定生活、没有风险的生活道路，这样才真正有利于法治的确立。

除了上述几条之外，一定要打击特权利益、实现社会正义；实行公平分配、消除两极分化，等等。比如当前民众特别关心的房价问题、食品掺假、空气污染等关乎国计民生的重大问题，应当着实解决，作为赢得民心的重要举措。我们必须明白，反腐的最终目标是要创建一个人心向善、人人自觉维护法律的社会；如果人心不服，法律就没有尊严；法律没有尊严，反腐就可能走入死胡同。因此，反腐行为应该带着这个目标，以振奋人心、敦化风俗、示范他人、引导全社会为重点，才是事半功倍的做法。

"大学之道，在明明德，在亲民，在止于至善。"（《大学》）如果说严刑峻法是治标，以德化民则是治本。"以德化民"的反腐措施并不是像一些人简单地理解的那样，指靠圣贤治国，从事道德说教。它的特点是指通过端正风气、振奋人心、促进行业自治、重建价值导向等方式，让反腐、防腐制度真正稳固地建立起来。需要强调的是，"以德化民"的精神实质根本不是人治。儒家之所以反对法家，正因为法家本质上是一种人治的思维；它过分抬高君主权威，一味相信严刑峻法，结果使腐败越治越多。

# 主要文献

（注：所引古籍，除下列之外，用的是清华大学图书馆提供的、台湾版《景印文渊阁四库全书》；有些清末民初学者排列时权作清代学者，以列入古籍；中文论文一般不列。）

蔡德麟、景海峰主编：《全球化时代的儒家伦理》，北京：清华大学出版社，
　　2007年2月版。

《陈独秀著作选编》（第一卷，1897～1918），任建树主编，上海：上海人民
　　出版社，2009年。

陈美延、陈流求编：《陈寅恪诗集》，北京：清华大学出版社，1993年。

陈序经：《文化学概观》，北京：中国人民大学出版社，2005年。

[德] 黑格尔：《精神现象学》（上卷），贺麟、王玖兴译，北京：商务印书馆，
　　1979年第2版。

[德] 黑格尔：《精神现象学》（下卷），贺麟、王玖兴译，北京：商务印书馆，
　　1979年。

[德] 何意志：《法律的东方经验——中国法律文化导论》，李中华译，北京：
　　北京大学出版社，2010年；

[德] 康德：《法的形而上学原理——权利的科学》，沈叔平译，北京：商务
　　印书馆，1991年。

狄百瑞：《中国的自由传统》，李弘祺译，香港：中文大学出版社，1983年版
　　（该书英文版由同一出版社同年出版）。

东北师大、华东师大等八所师范院校合编：《中国古代史》，福州：福建人民

出版社，1982年。

[法] 列维－斯特劳斯：《结构人类学》（1～2），张祖建译，北京：中国人民大学出版社，2006年。

方朝晖：《文明的毁灭与新生：儒学与中国现代性研究》，北京：中国人民大学出版社，2011年。

费孝通：《乡土中国　生育制度》，北京：北京大学出版社，1998年。

《冯友兰文集》（第八卷），《中国哲学史新编（三、四）》，邵汉明编选，长春：长春出版社，2008年。

冯友兰：《中国哲学史》，北京：中华书局，1961年。

[古希腊]柏拉图：《理想国》，郭斌和、张竹明译，北京：商务印书馆，1986年。

[古希腊]亚里士多德：《形而上学》，吴寿彭译，北京：商务印书馆，1959年第1版，1995年第8次印刷。

[古希腊]亚里士多德：《尼各马科伦理学》（修订本），苗力田译，北京：中国社会科学出版社，1999年。

[古希腊]亚里士多德：《政治学》，吴寿彭译，北京：商务印书馆，1965年第1版，1997年第7次印刷。

哈佛燕京学社、三联书店主编：《儒家与自由主义》，北京：三联书店，2001年，第184～193页。

[汉]班固：《汉书》（《全四史》第2册），颜师古注，北京：中华书局，1997年。

[汉]董仲舒：《春秋繁露》。[清]苏舆：《春秋繁露义证》，北京：中华书局，1992年。

[汉]刘向：《说苑》（四部丛刊本）。

[汉]许慎：《说文解字》（附检字），[宋]徐铉校定，中华书局影印，北京：中华书局，1963年第1版，1999年第17次印刷。

[汉]杨雄：《太玄经》（四部丛刊本）。

侯外庐、赵纪彬、杜国庠、邱汉生：《中国思想史》第二卷（两汉思想），北京：人民出版社，1957年版，2004年重印。

黄俊杰编:《传统中华文化与现代价值的激荡》,北京:社会科学文献出版社,
　　2002年,第129～161页。

蒋伯潜:《十三经概论》,上海古籍出版社,1983年。

蒋伯潜、蒋祖怡:《诸子与理学》,北京:九州出版社,2011年。

荆门市博物馆:《郭店楚墓竹简》(引时简称《郭店简》),北京:文物出版社,
　　1998年。

李亦园、杨国枢编:《中国人的性格:科际综合性的讨论》,台北:中央研究
　　院民族学研究所专刊乙种第四号,1972年。

李泽厚:《美的历程》,北京:中国社会科学出版社,1984年。

李泽厚:《批判哲学的批判——康德述评》(修订本),北京:人民出版社,
　　1979/1984年。

李泽厚:《中国古代思想史论》,北京:人民出版社,1986年。

李泽厚:《说文化心理》,上海:上海译文出版社,2012年。

《梁漱溟全集》(第二卷),中国文化书院编,济南:山东人民出版社,1990年。

《梁漱溟全集》(第三卷),中国文化书院编,山东人民出版社,1990年。

梁涛:《儒家道统说新探》,上海:华东师范大学出版社,2013年。

林毓生:《中国意识的危机:"五四"时期激烈的反传统主义》,穆善培译,贵
　　阳:贵州人民出版社,1986年;

刘泽华、葛荃:《中国古代政治思想史》(修订本),天津:南开大学出版社,
　　2001年。

《鲁迅全集》(第一卷),鲁迅先生纪念委员会编,《鲁迅全集》出版社,1948
　　年第3版。

[美] 本尼迪克:《文化模式》,北京:华夏出版社,1987年。

[美] 哈耶克:《法律、立法与自由》(第一、二、三卷),邓正来、张守东、
　　李静冰译,北京:中国大百科全书出版社,2000年。

[美] 格尔茨:《文化的解释》,韩莉译,南京:译林出版社,1999年。

[美] 克鲁克洪:《文化与个人》,杭州:浙江人民出版社,1986年。

[美] 林顿:《人格的文化背景:文化、社会与个体关系之研究》,于闽梅、陈
　　学晶译,桂林:广西师范大学出版社,2007年。

[美] 孙隆基：《中国文化的深层结构》，桂林：广西师范大学出版社，2004
　　年。

[美] 余英时：《儒家伦理与商人精神》（《余英时文集》第三卷），沈志佳编，
　　桂林：广西师范大学出版社，2004 年。

[美] 余英时：《朱熹的历史世界：宋代士大夫政治文化的研究》，北京：生
　　活·读书·新知三联书店，2004 年。

贺麟：《文化与人生》，北京：商务印书馆，1988 年。

《王阳明全集》，上海：上海古籍出版社，1992 年。

[明]王夫之：《读四书大全说》，杨坚总修订，长沙：岳麓书社，2011 年。

[明]顾炎武：《日知录集释》（全校本）（全三册），黄汝成集释，栾保群、吕
　　宗力校点，上海：上海古籍出版社，2006 年，

[明]黄宗羲原著、全祖望补修：《宋元学案》（第二册），北京：中华书局，1986
　　年版。

牟宗三：《道理的理想主义》（修订六版），台北：台湾学生书局，1985 年。

牟宗三：《历史哲学》（增订八版），台北：台湾学生书局，1984 年。

牟宗三：《政道与治道》（增订新版），台北：台湾学生书局，1987 年。

Philip Smith：《文化理论的面貌》，林宗德译，韦伯文化国际出版有限公司，
　　2004 年。

钱穆：《中国历代政治得失》，北京：生活·读书·新知三联书店，2005 年。

[清]陈立：《白虎通疏证》（全二册），吴则虞点校，北京：中华书局，1994。

[清]谭嗣同：《仁学》，见蔡尚思、方行编，《谭嗣同全集》（增订本，全二册），
　　北京：中华书局，1981 年，第 289～374 页。

[清]王懋纮：《朱熹年谱》，何忠礼点校，北京：中华书局，1998 年。

[清]李道平：《周易集解纂疏》，潘雨廷点校，北京：中华书局，1994 年。

[清]孙希旦：《礼记集解》（全三册），沈啸寰、王星贤点校，北京：中华书局，
　　1989 年。

[清]皮锡瑞：《经学通论》，北京：中华书局，1954 年。

[清]黄以周：《礼书通故》（全六册），王文锦点校，北京：中华书局，2007 年。

[清]张之洞：《劝学篇·内篇》，光绪二十四年，两湖书院刊印本。

[清]康有为:《春秋董氏学》,楼宇烈整理,北京:中华书局,1990年。

[清]刘师培:《刘申叔遗书补遗》(全二册),万仕国辑校,扬州:广陵书社,2008年。

[清]梁启超:《饮冰室合集》(第六册、第九册),北京:中华书局,1989年。

[清]梁济:《梁巨川遗书》,黄曙辉编校,上海:华东师范大学出版社,2008年。

任继愈主编:《中国哲学史》(二),北京:人民出版社,2010年第2版。

[日]滋贺秀三等著:《明清时期民事审判与民间契约》,王亚新、梁治平编,王亚新等译,北京:法律出版社,1998年。

沈文倬:《宗周礼乐文明考论》(增补本),杭州:浙江大学出版社,2006年。

[宋]王应麟:《困学纪闻》(全三册),翁元圻等注,上海:上海古籍出版社,2008年。

[宋]程颢、程颐:《二程集》(上下册),王孝鱼点校,1981年。

[宋]黎靖德编:《朱子语类》(全八册),王星贤点校,北京:中华书局,1994年。

[宋]真德秀:《西山先生真文忠公文集》(四部丛刊本)。

[宋]朱熹、吕祖谦编:《近思录集注》,江永集解,上海:上海古籍出版社,1994年。

[宋]朱熹:《晦庵先生朱文公文集》(简称《文集》,四部丛刊本)。

[宋]朱熹:《四书集注》,陈戍国标点,长沙:岳麓书社,1987年。

[魏]王弼[晋]、韩康伯注、[唐]孔颖达疏:《周易正义》。[清]阮元校刻:《十三经注疏》(附校勘记),北京:中华书局,1980年。

韦政通:《中国思想史·上》,长春:吉林出版集团,2009年。

王德有、陈战国主编:《中国文化百科》,长春:吉林人民出版社,1991年。

王绍光主编:《理想政治秩序:中西古今的探求》,北京:生活·读书·新知三联书店,2012年,第75~124页。

萧公权:《中国政治思想史》,台北:联经出版社,2004年。

熊十力:《原儒》,上海:上海书店出版社,2009年。

徐复观:《中国思想史论集》,上海:上海书店出版社,2004年。

杨国枢主编:《中国人的心理》,南京:江苏教育出版社,2006年 (台湾原版 1988年)。

杨国枢主编:《人际关系与人际互动》(《本土心理学研究》第12辑),台湾 大学心理学系编,台北,桂冠图书公司,2000年,第105~179页。

杨劲松:《滨口惠俊及其"人际关系主义"理论》,《日本学刊》2005年第3 期,第152~159页。

杨中芳:《如何理解中国人:文化与个人论文集》,重庆:重庆大学出版社, 2009年。

[英] 泰勒:《原始文化:神话、哲学、宗教、语言、艺术和习俗发展之研究》 (重译本),连树声译,桂林:广西师范大学出版社,2005年。

[元]苏天爵编:《国朝文类》卷第三十六 (四部丛刊本)。

曾亦、唐文明主编:《中国之为中国:正统与异端之辩》(《思想史研究》第 九辑),上海:世纪出版集团、上海人民出版社,2012年,第5~28页。

[周]老子:《老子道德经》(《诸子集成》第3册),王弼注,上海:上海书店, 1986年第1版,1994年第7次印刷。

翟学伟 (特约主编):《中国社会心理学评论·第二辑:面子与文化》,北京: 社会科学文献出版社,2006年。

翟学伟:《人情、面子与权力的再生产》,北京:北京大学出版社,2005年。

翟学伟:《中国人的关系原理——时空秩序、生活欲念及其演变》,北京:北 京大学出版社,2011年。

翟学伟:《中国人的脸面观——形式主义的心理动因与社会表征》,北京:北 京大学出版社,2011年。

《荀子》,见王天海校释,《荀子校释》(全二册),上海:上海古籍出版社,2005 年。

《张岱年文集》(第四卷),刘鄂培主编,北京:清华大学出版社,1992年。

《张岱年文集》(第五卷),刘鄂培主编,北京:清华大学出版社,1994年。

《张岱年文集》(第六卷),刘鄂培主编,北京:清华大学出版社,1995年。

张舜徽:《周秦道论发微》,武昌:华中师范大学出版社,2005年。

赵毅、赵轶峰主编:《中国古代史》,北京:高等教育出版社,2002年。

Bol, Peter K., "The Rise of Local History: History, Geography, and Culture in Southern Song and Yuan Wuzhou", *Harvard Journal of Asiatic Studies*, vol.61,no.1 (June 2001), pp. 37～76;

Bond, et al, "How does cultural collectivism operate? The impact of task and maintenance contributions on reward distribution," *Journal of Cross～Cultural Psychoiogy*, vol. 13, no. 2 (Jun., 1982), pp.186～200;

Bond, Michael H., Kwok Leung & Kwok Choi Wan (Chinese University of Hong Kong), 1982: "How does cultural collectivism operate? The impact of task and maintenance contributions on reward distribution," *Journal of Cross-Cultural Psychology*, Vol. 13, No. 2, June 1982, pp.186～190;

Brewer, Marilynn B. & Ya-Ru Chen, 2007: "Where (who) are collectivism? Toward conceptual clarification of individualism and collectivism," *Psychological Review*, 2007, Vol. 114, No. 1, 133～151,

Clammer, John, *Difference and Modernity: Social Theory and Contemporary Japanese Society*, London and New York: Kegan Paul International Ltd., 1995;

Clammer, John, *Japan and Its Others: Globalization, Difference and the Critique of Modernity*, Melbourne, Australia: Trans Pacific Press, 2001;

Cua, Antonio S., "Dimesnions of Li (propriety): reflections on an aspect of Hsün Tzu's ethics," *Philosophy East & West*, vol. 29, no. 4 (Oct. 1979), pp. 373～394;

Cua, Antonio S., "Li and Moral Justification: A study in the Li Chi," *Philosophy East & West*, vol.33,no.1 (Jan., 1983) ,pp.1～16;

David L. Hall, & Roger T. Ames, *The Democracy of the Dead: Dewey, Confucius, and the Hope for Democracy in China*, Chicago and Lasalle, Illinois: Open Court, 1999;

De Bary, Wm. Theodore, *Asian Values and Huamn Rights: A Confucian Communitarian Perspective*, Combridge, Mass.: Harvard University Press, 1998;

De Bary, Wm. Theodore, *Learning for one's self : essays on the individual in Neo-Confucian thought*, New York : Columbia University Press, 1991;

De Bary, Wm. Theodore, *The Liberal Tradition in China*, Hong Kong: The Chinese University Press & New York: Columbia University Press, 1983;

Douglas, Mary, *Natural Symbols: Explorations in Cosmology*, with a new introduction, London & New York: Routlege, 1996;

Fingarette, *Confucius—the Secular as Sacred*, New York: Harper and Row, 1972;

Fiske, Alan Page, Shinobu Kitayama, Hazel Rose Markus & Richard E. Nisbett, "The Cultural Matrix of Social Psychology,"in: Daniel T. Gilbert, Susan T. Fiske and Gardner Lindzey,eds.,*The Handbook of Social Psychology*, fourth edition,volume I, Boston, Mass.,etc.: the McGraw-Hill Companies,Inc.,1954/1969/1985/1998, pp.915~981:"Chapter 36";

Gaenslen, Fritz, "culture and decision making in China, Japan, Russian, and the United States," *World Politics*, Vol. XXXIX, No.1, Oct. 1986, pp. 78~103

Herskovits, M. J., *Man and His Works: The Science of Cultural Anthropology*, New York: Alfred A. Knopf, Inc., 1948;

Ho, David Y. F., "Interpersonal relationships and relationship dominance: an analysis based on methodological relationalism," *Asian Journal of Social Psychology*, 1:1(Dec. 1998), pp.1~16;

Hofstede, Geert H., *Culture's Consequences: International Differences in Work-related Values*, abridged edition, Newbury Park, London, New Delhi: Sage publications, 1980/1984;

Hsu, Francis L. K., Americans and Chinese: *Reflections on two Cultures and their People*, Garden City, New York: Doubleday Natural History Press, 1953/1970;

Huntington, Samuel P., *The Third Wave: Democratization in the Late*

*Twentieth Century*, Norman and London: University of Oklahoma Press,1991;

Hwang, Kwang-kuo, "Chinese relationalism: theorectical construction and methodologyical considereations", *Journal for the Theory of Social Behaviour*, vol.30, no.2, June 2000, pp. 155~178;

Hwang, Kwang-kuo, "Face and Favor: the Chinese Power Game," *The American Journal of Sociology*, 92: 4 (Jan 1987), pp.944~974;

Hwang, Kwang-kuo, "The deep structure of Confucianism: a social psychological approach," *Asian Philosophy*, vol. 11, no. 3, 2001, pp.179~204;

Kipnis, Andrew B., *Producing Guanxi, Sentiment, Self and Subculture in a North China Village*, Durham and London: Duke University Press,1997;

Kroeber, A. L. & Clyde Kluckhohn, *Culture: A Critical Review of Concepts and Definitions*, Cambridge, Mass. : The Museum, 1952£»

Leung & Bond, "The Impact of Cultural Collectivism on Reward Allocation," *Journal of Personality and Social Psychology*, 1984, vol.47, no.4;

Leung, Kwok (Chinese University of Hong Kong), "Some Determinants of Reactions to Procedural Models for Conflict Resolution: A Cross-National Study," *Journal of Personality and Social Psychology*, 1987, Vol.53, No.5, pp.898~908;

Marilynn B. Brewer & Ya-Ru Chen, "Where (who) are collectivism? Toward conceptual clarification of individualism and collectivism," *Psychological Review*, 2007, Vol. 114, No. 1, 133~151,

Neville, Robert C.: Boston Confucianism: *Portable Tradition in the Late-Modern World*, Albany, N. Y. : State University of New York Press, 2000;

Nisbett, Richard E.: *The Geography of Thought: How Asians and Westerners Think Differently ... and Why*, New York: Free Press, 2003;

Oyserman, Daphna, Heather M. Coon, and Markus Kemmelmeier, "Rethinking Individualism and Collectivism: Evaluation of Theorectical

Assumptions and Meta-Analyses," In: *Philosophical Bulletin* , 2002,Vol.128, No.1, pp.3~72;

Pye, Lucian W., *Asian Power and Politics:The Cultural Dimensions of Authority*, with Mary W. Pye, Cambridge, Massachusetts and London, England: the Belknap Press of Harvard University Press,1985;

Pye, Lucian W., *The Dynamics of Chinese Politics,* Cambridge, Mass.: Oelgeschlager, Gunn & Hain, Publishers, Inc., 1981;

Rankin, Mary Backus, "Some observations on a Chinese public sphere,"Modern China: *An International Quaterly of History and Social Science*, Vol.19, No. 2, April 1993, pp.158~182;

Rowe, William T., "The problem of 'civil society' in late Imperial China," Modern China: *An International Quaterly of History and Social Science*, Vol.19, No.2, April 1993, pp.139~157;

Schiller, David R., *Confucius: Discussions/Conversations, or, The Analects (Lun-yu), translation, commentary, interpretation*, Charlton, MA: Saga Virtual Publishers, 2008;

Shils, Edward, "Reflections on civil society and civility in the Chinese intellectual tradition," in: Tu Wei-ming(ed.), *Confucian Traditions in East Asian Modernity: Moral Education and Economic Culture in Japan and the Four Mini-Dragons*, Cambridge, Mass. : Harvard University Press, 1996, pp.38~71;

Shweder, Richard A. & Robert A. Levine, eds., *Culture Theory£ºEssays on Mind, Self, and Emotion*, Cambridge, London, New York, et al: Cambridge University Press, 1984;

Shweder, Richard A., "Cultural Psychology—What is it?," in: James W. Stiger, Richard A. Shweder & Gilbert Herdt, eds., *Cultural Psychology: Essays on Comparative Human Development*, Cambridge, New York,et al: Cambridge University Press, 1990, pp.1~43;

Shweder, Richard A., *Thinking through Cultures:Expeditions in Cultural*

*Psychology*, Cambridge, Mass. and London, England: Harvard University Press, 1991;

Triandis, Harry C., *Individualism & Collectivism*, Boulder, Colorado, Westview Press, Inc., 1995;

Triandis, Harry C., et al , "Individualism and Collectivism: Cross-Cultural Perspectives on Self-group Relationship," *Journal of Personality and Social Psychology*, Vol. 54, No.2, Februrary 1988, pp.323~338.

Triandis, Harry C., et al, "The measurement of the Etic aspects of individualism and collectivism across cultures," (totally 15 authors) *Austuralian Journal of Psychology*, Vol. 38, No.3, 1986, pp.257~267;

Triandis, Harry C., I*ndividualism & Collectivism*, Boulder, Colorado, Westview Press, Inc.,1995;

Tu Wei-ming, *Centrality and Commonality : An Essay on Confucian Religiousness* (A revised and enlarged edition of *Centrality and Commonality: An Essay on Chung-yung*), Albany, N.Y. : State University of New York Press, 1989;

Tu, Weiming, *Humanity and self-cultivation : Essays in Confucian thought*, Berkeley : Asian Humanities Press, 1979;

Wakeman, Frederic, Jr., "The civil society and public sphere debate: Western reflections on Chinese Political culture," *Modern China: an international Quaterly of History and Social Science*, Vol.19, No.2, April 1993, pp.108~138;

Yang, Mayfair Mei-hei, *Gifts, Favors and Banquets: The Art of Social Relationships in China*, Ithaca, N.Y. : Cornell University Press, 1994.

# 后记

　　本书以我近年来发表过的多篇论文为基础扩编而成。不过，在扩编汇集时作了不少修订、完善和改写。其中上篇论述"三纲"的部分，曾经比较系统地发表于《战略与管理》杂志2012年5/6、7/8期连载，后亦出版过一本小册子——《为"三纲"正名》(上海：华东师范大学出版社，2014年1月)。该书篇幅短小，相当于本书上篇的压缩版，但由于交稿时间晚于本书，在对"三纲"的阐发方面更准确、更全面。相比之下，本书论"三纲"是作为文化秩序重建这个大问题的一部分来对待的，资料亦更加充分。

　　本书下篇各章也基本上发表过，内容发表过的地方如下：

　　(1)　"中国人的思维方式与精神世界——关系本位、团体精神和至上的亲情"，《人民论坛·学术前沿》2013.05下，总第26期，第6～34页；

　　(2)　"什么是中国文化中有效的权威？——评白鲁恂《亚洲权力与政治》一书"，《开放时代》2013年第3期（总第249期），总198～213页；

　　(3)　"重建王道：中国改革的出路新探"，《探索与争鸣》2013年第6期，总第284期，第25～30页；

　　(4)　"人伦重建是中国文化复兴必由之路"，《文史哲》2013年第3期，总第336期，第83～93页；

　　(5)　"从政道到治道：中国文化的方向与出路"，《人民论坛·学术前沿》2013年03下，总第22期，第36～55页；

　　(6)　"从毛诗风教看中国研究的范式危机"（上）（下），《国学新视野》（季刊）2012年3月，春季号，总第5期，第55～70页；2012年6月，夏季号，总第4期，第69～85页；

(7) "从中国文化传统看'制度决定论'之浅薄"，《人民论坛·学术前沿》2013.05上，总第25期，第70～79页。

这些文章在发表时的名称或本书章名不同，或已经过编辑修改加工，本书在采纳时作了不少处理。上述文章中，除《从〈毛诗〉风教……》一章的部分内容早在1997年和2003年即已发表外，其他各篇各章多数为我在最近一、两年时间里集中写出。虽然是各自单独写出并发表，但观点比较一致、文献往往交叉，重复偶有所见。尽管我已把所有发现的重复都尽量删除，但还是担心未删干净。

本书上下两部分的内容及风格差异较大，我原来的想法是将两部分分开来、作为两本书出版，最后变成了这个样子。我非常感谢中央编译出版社编辑的宽容大度。如果因此给您阅读带来烦恼，我深表歉意，也许你可以把上下篇当作两本书看。

我多年来思考的核心问题之一是未来中华文明的基本样式。本书内容是本人多年思考的结晶，有些部分得益于学界朋友之间的争论。我非常感谢这些朋友们的意见。我关于中国文化中的价值与秩序的研究，尚未结束，接下来计划对西方社会科学理论特别是政治、法律理论和国学经典做更系统、全面的研究，也希望学界同行们多多指教、帮助。

本书能在这么快的时间内出版，主要是由于中央编译出版社刘明清社长，以及董巍、曲建文等人的大力支持。本书清样曾得到李志超、杨凡两位同学的校订。在此谨对帮助过我的人表示衷心的感谢！

2014年元月1日于清华园

# 人名索引

# 术语索引

注：含书名，书名不加书名号。

**图书在版编目（CIP）数据**

"三纲"与秩序重建 / 方朝晖著.
——北京 ：中央编译出版社，2014.5
ISBN 978-7-5117-2090-0

Ⅰ．①三…
Ⅱ．①方…
Ⅲ．①三纲五常－研究
Ⅳ．① B822.1

中国版本图书馆 CIP 数据核字(2014)第 048093 号

**"三纲"与秩序重建**

| | |
|---|---|
| 出 版 人： | 刘明清 |
| 出版统筹： | 董 巍 |
| 责任编辑： | 赵 健 曲建文 |
| 责任印制： | 尹 珺 |
| 出版发行： | 中央编译出版社 |
| 地 址： | 北京西城区车公庄大街乙 5 号鸿儒大厦 B 座（100044） |
| 电 话： | (010) 52612345（总编室） (010) 52612370（编辑室） |
| | (010) 52612316（发行部） (010) 52612315（网络销售） |
| | (010) 52612346（馆配部） (010) 66509618（读者服务部） |
| 网 址： | www.cctpbook.com |
| 经 销： | 全国新华书店 |
| 印 刷： | 北京金瀑印刷有限责任公司 |
| 开 本： | 787毫米 × 1092毫米 1/16 |
| 字 数： | 380千字 |
| 印 张： | 25 |
| 版 次： | 2014 年 5 月第 1 版第 1 次印刷 |
| 定 价： | 75.00元 |

| | | | |
|---|---|---|---|
| 网 址： | www.cctphome.com | 邮 箱： | cctp@cctphome.com |
| 新浪微博： | @中央编译出版社 | 微 信： | 中央编译出版社(ID:cctphome) |

本社常年法律顾问：北京市吴栾赵阎律师事务所律师 闫军 梁勤
凡有印装质量问题，本社负责调换。电话：010-66509618